全国水利水电类高职高专统编教材

工程水力水文学

主　编　王金亭
副主编　刘华平　黄泽钧
　　　　张艳萍　高振芬
主　审　张耀先

黄河水利出版社
·郑州·

内容提要

本书是全国水利水电类高职高专统编教材，是根据全国水利水电高职教研会制定的《工程水力水文学》课程教学大纲编写完成的。本书主要介绍水静力学、水流运动的基本原理、有压管流运动、明渠恒定均匀流和非均匀流、泄水建筑物的水力计算、泄水建筑物下游水流衔接与消能、水文循环、频率计算、年径流与洪水的分析及计算、水库调度等内容。

本书可作为水利工程专业、水利水电工程建筑专业、水利工程管理专业、港口与航道工程专业或其他相近专业的教材，也可供相关专业技术人员参考使用。

图书在版编目(CIP)数据

工程水力水文学/王金亭主编．—郑州：黄河水利出版社，2008.8 (2015.1 修订重印)

全国水利水电类高职高专统编教材

ISBN 978-7-80734-483-4

Ⅰ．工…　Ⅱ．王…　Ⅲ．①工程水文学－高等学校：技术学校－教材　②水力学－高等学校：技术学校—教材　Ⅳ．TV1

中国版本图书馆 CIP 数据核字(2008)第 126433 号

组稿编辑：王路平　电话：0371-66022212　E-mail：hhslwlp@163.com

出 版 社：黄河水利出版社

地址：河南省郑州市顺河路黄委会综合楼 14 层　邮政编码：450003

发行单位：黄河水利出版社

发行部电话：0371-66026940、66020550、66028024、66022620(传真)

E-mail：hhslcbs@126.com

承印单位：河南地质彩色印刷厂

开本：787 mm×1 092 mm　1/16

印张：16

字数：370 千字　印数：10 001—12 000

版次：2008 年 8 月第 1 版　印次：2015 年 1 月第 4 次印刷

2011 年 5 月修订

定价：29.00 元

前 言

本书是根据《国务院关于大力发展职业教育的决定》、教育部《关于全面提高高等职业教育教学质量的若干意见》、《关于加强高职高专教育人才培养工作意见》和《面向21世纪教育振兴行动计划》等文件精神，以及由全国水利水电高职教研会拟定的教材编写规划，报水利部批准，由全国水利水电高职教研会组织编写的全国统编教材。

本书根据水利工程类专业改革的要求，对专业基础课程进行了有效整合。本书可作为水利工程专业、水利水电工程建筑专业、水利工程管理专业、港口与航道工程专业或其他相近专业的教材，也可供相关专业技术人员参考。

本书主要包括绪论、水静力学、水流运动的基本原理、有压管流运动、明渠恒定均匀流和非均匀流、泄水建筑物的水力计算、泄水建筑物下游水流衔接与消能、水文循环、频率计算、年径流与洪水的分析及计算、水库调度的基本知识与计算等内容。

本书力求概念清晰，计算方法步骤清楚，深入浅出，强化实践，淡化理论，理论上以适度够用为原则，不苛求学科的系统性和完整性，力求结合专业培养技能，突出实用性，体现高等职业技术教育的特点，以学生为本，以培养学生的应用能力为主线。每章均有学习指导与小结，并配有适量的例题和复习题，以方便学生学习。

本书编写分工如下：山东水利职业学院王金亭编写前言、绪论、第8章、附录，华北水利水电学院水利职业学院张艳萍编写第1章、第2章，山东水利职业学院高振芬编写第3章、第4章，山东水利职业学院王娟编写第5章，山东水利职业学院郭青芳编写第6章，湖南水利水电职业技术学院刘华平编写第7章、第8章，湖北水利水电职业技术学院黄泽钧编写第9章、第10章，山东水利职业学院肖汉编写第10章。

本书由王金亭担任主编，并负责全书统稿，由刘华平、黄泽钧、张艳萍、高振芬担任副主编，由黄河水利职业技术学院张耀先主审。

在本书的编写过程中，还参考引用了有关院校编写的教材和生产科研单位的技术文献资料，除部分已列出，其余未能一一注明，在此一并致谢。

由于作者水平有限，不足之处在所难免，我们恳切地希望各位教师和广大学生及其他读者对本书存在的缺点和错误提出批评和指正。

编 者

2008年5月

目　录

绪　论

0.1　水资源及其开发利用

0.1.1　水资源的含义

水是一种重要的自然资源,也是人类乃至整个生态系统赖以存在和发展的基本物质条件。对于水资源,目前还没有非常明确的定义,但普遍认为是有广义和狭义之分的。广义的水资源是指地球水圈内的水,它以气态、固态和液态等形式存在和运动着,如海洋水、湖泊水、河流水、地下水、土壤水、生物水和大气水等。地球上水资源的总储量达 13.86 亿 km^3,其中海水占总储量的 96.5%;天然淡水量约 0.35 亿 km^3,占总储量的 2.53%,而其中的 99.86% 是深层地下水和两极、高山冰雪等难以为人们所利用的静态水。真正与人类活动密切相关的江、河等河槽淡水量只占淡水总储量的 0.006%,而地下淡水的储量却占淡水总储量的 30%。

因此,从狭义角度讲,水资源是指在目前的经济技术条件下,可供人们开发利用的淡水量;是在一定时间内可以得到恢复和更新的动态量。其一般包括水量和水质两个方面。由地表水、土壤水和地下水及其相互转化构成水资源系统。大气降水是其总补给来源。但是,随着科学技术和社会经济的不断发展,狭义水资源的内涵也在不断发展变化。现在人们常说的水资源,一般是指狭义水资源。

0.1.2　水资源的开发利用

水资源是一种动态资源。其特点主要表现为可恢复性、有限性、时空分布不均匀性和利害双重性。人们在长期的生产、生活过程中,为了自身和环境的需要而不断地认识和开发利用水资源,其内容包括兴水利、除水害和保护水环境。兴水利主要指农田灌溉、水力发电、城乡给排水、水产养殖、航运等;除水害主要是指防止洪水泛滥成灾;保护水环境主要是指防治水污染,维护生态平衡,为子孙后代的可持续利用和发展留一片绿水青山。

水资源的开发利用主要是通过各种各样的工程措施来实现的。

按照开发利用水资源的目的,工程措施可分为:

兴利工程——农田灌溉工程、水力发电工程、城乡给排水工程、航道整治工程等。

防洪工程——水库工程、堤防工程、分洪工程、滞洪工程等。

水环境保护工程——治污工程、水土保持工程、天然林保护工程等。

按照开发利用水资源的类型,工程措施可分为:

地表水资源开发利用工程——引水工程、蓄水工程、扬水工程、调水工程等。

地下水资源开发利用工程——管井、大口井、辐射井、渗渠等。

综上所述,无论哪种工程措施都与水密切相关。所以,工程的规划设计、施工和管理运用都必须用到关于水的科学知识。

0.1.3 我国水资源的特点

0.1.3.1 水资源总量多,但人均、亩[1]均占有量少

据统计,我国平均年降水量为648 mm,年水资源总量约为28 124亿 m^3,其中河川径流量为27 115亿 m^3。就总量而言,在世界上仅次于巴西、俄罗斯、加拿大、美国和印度尼西亚,居第六位。但中国人口众多,人均水资源占有量仅为世界平均值的1/4,相当于日本人均占有量的1/2、美国的1/4、俄罗斯的1/12、巴西的1/20、加拿大的1/44。在统计的149个国家中,我国排第109位,属于人均水资源贫乏的国家之一。耕地亩均占有河川径流量也只有1 900 m^3,相当于世界亩均水量的2/3左右,远低于印度尼西亚、巴西、日本和加拿大。因此,我国水资源总量从绝对数量来看还算丰富,但人均、亩均水量却很少。

0.1.3.2 水资源地区分布不均匀,水土资源配置不均衡

我国水资源的地区分布很不均匀,南多北少,相差悬殊,与耕地和人口的分布极不相适应,是我国水资源开发利用中的一个突出问题。总趋势是南方水多地少,北方水少地多。西南诸河流域片水资源最为丰富,而海河流域片水资源最为匮乏。

0.1.3.3 水资源年际、年内变化大,水旱灾害频繁

我国大部分地区受季风的影响,水资源的年际、年内变化较大。南方地区年降水量的最大值与最小值的比值达2~4,北方地区为3~6;最大年径流量与最小年径流量的比值,南方为2~4,北方为3~8。水量的年内分配也不均衡,主要集中在汛期,汛期的水量占年水量的比重,从长江以南地区的60%左右(4~7月),到华北平原等部分地区河流的80%以上(6~9月)。大部分水资源量集中在汛期,以洪水的形式出现,利用困难,且易造成洪涝灾害。近一个世纪以来,受气候变化和人类活动的影响,我国水旱灾害更加频繁,平均每2~3年就有一次水旱灾害,如1991年长江大水、1998年的长江和松花江大洪水,1999年、2000年北方及黄淮流域的大旱,灾害损失愈来愈严重。水旱灾害仍然是中华民族的心腹之患。

0.1.3.4 水土流失和泥沙淤积严重

随着人口的膨胀,过度砍伐树木、放牧、山坡垦田和不合理的耕作使地面被覆遭到严重破坏,水土流失严重。据统计,到1992年全国水土流失面积已扩大到367万 km^2,占全国陆地面积的38.2%,每年流入江河的泥沙有50亿t,流失的肥力相当于全国化肥年产量的9倍之多。水土流失不但造成土壤瘠薄、农业低产、生态环境恶化,而且同时造成河道、湖泊淤积严重,使其行洪、防洪能力减小,防洪难度加大。比如,1998年长江大洪水的洪峰流量比1954年的小,而洪水位却超过了1954年的。泥沙淤积还使水库库容减少、效益降低。此外,多沙河流在引水灌溉、供水方面的泥沙处理也是个难题。

0.1.3.5 天然水质好,但人为污染严重

我国河流的天然水质是相当好的,但由于人口的不断增长和工业的迅速发展,废污水的排放量增加很快,水体污染日趋严重。1999年废污水日排放量达606亿t,80%以上的

---

[1] 1亩 = 1/15 hm^2。

废污水未经任何处理直接排入水域，使河流、湖泊遭受了不同程度的污染。根据1999年水质监测结果，全国11万km长的河流中有37.6%被污染（Ⅳ类水质以上），被调查的24个湖泊中有5个湖泊部分水体受到污染，9个湖泊受到严重污染。水资源污染后失去了使用价值，严重的甚至破坏生态平衡，造成水资源的污染性短缺，加剧了缺水的危机。

0.1.4 地下水资源的特点

地下水因储存在地表以下的岩石空隙中，所以与地表水相比，用地下水作为供水水源有下列优点：地下水在地层中渗透，经过天然过滤，水质透明无色，一般不需净化处理；地下水（特别是深层地下水）因有上部岩层作为天然屏障，一般不易受地表污物的污染，卫生条件较好；地下水温较低，常年变化不大，特别适宜于冷却和空调用水；地下水取水构筑物可适当地靠近用水户，输水管道较短，构筑物较简单，基建费用较低，占地面积也小；水量、水质受气候影响较小，一般能保持较稳定的供水能力，因此在很多缺少地表水的地区（如干旱半干旱的山前地区、沙漠、岩溶山地），地下水常常是唯一的供水水源；可以利用含水层调蓄多余的地表水，增加有效水资源总量，工业上还可利用含水层的保温和隔热效应开展地面水的回灌循环，达到节能、储水、节水的目的。

0.1.5 我国水资源开发利用现状

新中国成立以来，水利事业取得了长足的发展，水资源开发利用成绩斐然。据统计，截至1996年底，全国已整修、新修江河堤防24.8万余km，形成了一个初具规模的防洪体系。建成水库约8.5万座，总蓄水库容4 571亿m^3。其中，大型水库394座，总库容3 260亿m^3；中型水库2 618座，总库容724亿m^3；小型水库81 893座，总库容587亿m^3。同时，灌溉事业也得到了蓬勃发展，建成万亩以上灌区5 606处，配套机电井333万眼，机电排灌动力发展到7 020万kW，全国灌溉面积发展到5 116万hm^2（7.67亿亩）。累计治理水土流失面积达61.3万km^2，累计解决饮水困难地区1.59亿人的吃水问题。目前，全国水电装机总量约4 770万kW，年发电量达1 560多亿kWh。

全国总用水量从1949年的1 000多亿m^3增加到2000年的5 498亿m^3。其中，工业用水占20.7%，农田灌溉用水占63.0%，林牧渔用水占5.8%，生活用水占10.5%（其中，城镇生活用水占5.2%，农村生活用水占5.3%）。但是，与世界发达国家相比，工业和城镇生活用水所占的比例较低，农业用水占的比例过大，总用水水平较低。例如，我国1997年工业万元产值用水量136 m^3，是发达国家的5~10倍。据统计，我国工业用水的重复利用率为30%~40%，实际可能更低，而发达国家为75%~85%。全国城市输配水管网和用水器具的漏水损失高达20%以上；农业灌溉水的利用系数平均约为0.45，而发达国家为0.7，有的甚至达到0.8；消耗每立方米水所能生产的粮食平均只有1.1 kg，也与发达国家相差较远。

据有关资料显示，我国总人口的75%在饮用地下水。北方地区由于比较干旱，地表水源较少，地下水常常是重要的供水水源，如北京、西安、沈阳、太原、济南、石家庄、呼和浩特、兰州、包头等很多大中城市都在利用地下水作为供水水源，至于一般中小城市和广大农村对地下水的利用更为普遍。在地表水比较丰富的一些地区，由于地表水体容易被工业排除的废物所污染，而地下水则有水质好、水温低、不易污染、比较经济等优点，因而一般优先利用地下水作为供水水源，尤其是作为饮用水源。

0.2 课程的研究内容与任务

0.2.1 研究对象

工程水力水文学包括水力学与水文学两部分内容。

水力学是以水作为主要研究对象，研究流体处于平衡和机械运动状态下的力学规律，并利用这些规律解决实际工程问题的一门科学。水力学的基本原理和一般水力计算方法不仅适用于水，还适用于其他一些流体。水力学主要包括水静力学和水动力学。水静力学主要研究液体处于静止或相对平衡状态时的力学规律及其在工程实际中的应用；水动力学主要研究液体处于机械运动状态下的力学规律及其在工程实际中的应用。

水文学是以水体作为主要研究对象，研究地球上水体的存在、循环和分布规律；探讨水体的物理和化学性质以及它们对环境的作用。本课程主要研究水循环的基本规律和径流形成过程的物理机制；根据长期实测和调查的水文资料，运用数理统计法预估未来长时期的水文情势，为水资源开发利用措施的规划、设计、施工和运用提供水文数据；在水文分析计算的基础上，综合研究水文情势、用水需要、调节方法等方面，针对水利工程的规模和工作情况，提出经济合理的决策。

0.2.2 课程任务

在水利工程建设中，水力学占有十分重要的地位，被广泛应用于各个领域，如水利工程建筑、水力发电工程、农田水电工程、机电排灌工程、港口工程、河道整治工程、给排水工程、水资源工程、环境保护工程等。在这些水利工程的勘测、设计、施工和运行管理的各个阶段都需要解决大量的水力学问题，为其提供合理的依据。

为了明确水力学的任务，我们以水资源综合利用的水利枢纽工程为例来了解一下工程中常见的水力学问题：

(1)为了满足防洪、灌溉、航运、发电、养殖等各方面的需要，常在河道上筑坝以抬高上游水位形成水库。同时，修建泄洪、通航、引水及输水建筑物、水电站等组成水利枢纽。这些建筑物的存在调整和改变了天然的水流形态，使之按人们预定的调度方案运行。另外，由于水流反抗由建筑物所形成的人工边界条件的约束，水流与边界的相互作用形成了新的水流形态。因此，在规划设计时，就必须分析自然河势与天然水流形态，因势利导，妥善布置每一个建筑物，正确确定水库的各种水位和下泄流量；合理设计引水、输水和泄洪建筑物过水断面的形状、尺寸以及过流能力的大小以充分利用水资源，最大限度地发挥综合利用的效益。

(2)在河道上筑坝后，坝上游水位将沿河道抬高，导致河道两岸的农田、村庄和城镇有可能被淹没，要确定筑坝后水库的淹没范围，必须解决坝上游河道水面曲线的计算问题。

(3)水库蓄水后，大坝会受到静水或动水压力的作用。在坝前水压力的作用下，水库中的水还会有部分沿坝基土壤或岩石的缝隙向下游渗透。在校核坝体稳定时，必须计算上、下游水对坝体的水压力及渗透对坝基的作用力。

(4)泄洪时，因溢流坝段上、下游水位差一般较大，水流下泄时往往具有较大的动能，必须采取有效的工程措施，消除多余、有害的动能，防止或削弱高速下泄的水流对下游河床的冲刷，以确保坝体的安全。

以上简单介绍了枢纽工程中的一些水力学问题。归纳实际工程中常见的水力学问题，大致可分为以下六个方面：一是水流对建筑物的作用力问题；二是建筑物的过流能力问题；三是水能利用和能量损失问题；四是河渠水面曲线计算问题；五是泄水建筑物下游水流的消能问题；六是建筑物的渗流问题。此外，还有一些特殊的水力学问题，如管、渠非恒定流问题，高速水流中的掺气、气蚀、脉动和冲击波等问题，挟沙水流问题，有害物质对水资源的污染问题等。

水力学的任务是研究液体处于平衡和机械运动状态下的各种基本规律，研究和提出利用这些基本规律来解决实际工程中所遇到的各种水力学问题的具体方法。

水资源的合理开发利用和水害的防治是国民经济建设中非常重要而艰巨的任务，它与国民经济各部门息息相关，直接影响着工农业生产的发展和人民生活水平的提高。水资源开发利用的各种措施（包括工程措施与非工程措施）都必须是在充分掌握水体的水文变化规律的基础上制订和实施的。

对于水利水电工程建设来说，每一项工程在实施过程中都可以划分为规划设计、施工、管理运用三个阶段。每一个阶段都需要进行水文水利计算。而每个阶段水文水利计算的任务又是各不相同的：①在规划设计阶段主要是通过对比不同方案的投资和效益，选定最优方案。而水文计算和水利计算是计算工程投资和效益的基础。例如，设计水库时，若来水和调节库容估算偏大，据以设计的水库容量就会过大，不能充分发挥工程效益，造成资金的浪费；反之，来水估算和水利计算失误使工程容量设计偏小，水资源就不能得到充分利用，特别是对河流洪水量的估算，更关系到工程本身的安全和下游人民生命财产的安全。因此，在工程规划设计阶段，水文计算的任务是为工程设计提供水文数据，如设计年径流、设计洪水等。水利计算的任务是根据设计水文数据，通过调节计算选择枢纽参变数（如正常蓄水位、死水位、装机容量等），并确定主要建筑物尺寸（如坝高、溢洪道尺寸、引水渠道尺寸等），然后再详细计算各项水利经济指标，进行论证。应该指出，在进行水利计算时，必须按照国家的方针政策，根据国民经济各部门的要求，进行多用途（如防洪、灌溉、发电、航运及旅游等）和多工程目标的流域系统开发，使流域内的水利与土地资源得到充分的综合利用。②在施工阶段，为了修建临时性水工建筑物，如围堰、导流隧洞等，需计算施工期设计洪水。显然，施工期设计洪水的大小关系到施工建筑物的造价与安全。③在管理运用阶段，需要根据当时的和预报的水文情况编制工程调度运用计划，以充分发挥现有工程的效益。例如，对于具有防洪任务的水库，需要进行洪水预报，以便提前腾空库容或及时拦蓄洪水，更有效地减轻洪水灾害。此外，在工程建成以后，流域自然情况有所变化，随着观测资料的增多，有时还要复核和修改设计阶段的水文水利计算成果，必要时需对工程进行改建。譬如，有的工程就因当初设计洪水估算偏小，不得不在建成后再扩建溢洪道或加固工程。

复习题

0-1 如何理解水资源的有限性和可恢复性？

0-2 中国水资源的特点是什么？

0-3 如何理解水资源的含义及其特点？

0-4 解释水资源的可持续利用。

0-5 举例说明水资源的不合理开发给国民经济带来的危害。

0-6 我国水资源存在的问题及其对策是什么？

第 1 章　水静力学

学习指导

目标

● 掌握液体密度、容重的定义及计算，黏滞性含义及牛顿内摩擦定律，静水压强的定义及特性，静水压强基本方程及其几何意义、物理意义，压强的单位及量测，绝对压强、相对压强、真空压强的概念及其相互间的关系，平面壁及曲面壁上的静水总压力的计算。

● 理解表面力、质量力的含义及其表示方法，位置水头、压强水头及测压管水头的概念。

重点

掌握重力作用下的静水压强基本方程及其应用，平面壁及曲面壁上的静水总压力的计算。

液体的“静止状态”有两种：一是液体相对地球处于静止状态，如水库、蓄水池中的水；二是液体对地球有相对运动，但液体质点之间不存在相对运动，而处于相对静止状态，如做加速运动的油罐车中的油。本章主要研究相对地球处于静止状态的液体。

水静力学的主要任务是根据力的平衡条件导出静止液体中的压强分布规律，并根据其分布规律，进而确定各种情况下的静水总压力。因此，水静力学是解决工程中水力荷载问题的基础，同时也是学习水动力学的基础。

1.1　液体的主要物理性质

自然界的物质一般有三种形式，即固体、液体和气体。液体和气体统称为流体。固体分子的间距很小，内聚力很大，所以它能保持固定的形状和体积，承受一定的拉力、压力和剪切力；流体则不同，由于流体分子间距较大，内聚力较小，几乎不能承受拉力，所以流体不能保持固定的形状。

液体与气体相比，液体分子间的距离比气体小，内聚力比气体大得多，所以能保持一定的体积。气体没有固定的形状，也没有一定的体积，极易膨胀和压缩，液体的压缩性很小，气体和液体的主要区别在于它们的可压缩程度不同。因此，液体是易流动的、不易被压缩的。

液体运动状态的改变，一方面是受外力作用的结果，另一方面取决于液体自身的物理性质。所以，我们在研究液体的机械运动规律之前应首先了解液体的物理特性。

1.1.1　液体的主要物理性质

1.1.1.1　液体的密度和容重

单位体积液体的质量称为液体的密度，以符号 ρ 表示，单位为 kg/m^3 或 g/cm^3。它的

通用微分表达式为

$$\rho = \rho(x,y,z,t) = \lim_{\Delta V \to 0} \frac{\Delta m}{\Delta V} = \frac{\mathrm{d}m}{\mathrm{d}V} \tag{1-1}$$

式中 x,y,z——液体所在的空间位置坐标；

t——时间；

m——液体质量；

V——液体体积。

对于质量均匀分布的均质液体，其表达式可写成

$$\rho = \frac{m}{V} \tag{1-2}$$

单位体积液体的重量称为容重，也称重度或重率，以符号 γ 表示，单位为 N/m^3 或 kN/m^3。它的通用微分表达式为

$$\gamma = \gamma(x,y,z,t) = \lim_{\Delta V \to 0} \frac{\Delta G}{\Delta V} = \frac{\mathrm{d}G}{\mathrm{d}V} \tag{1-3}$$

对于均质液体，其表达式为

$$\gamma = \frac{G}{V} = \frac{mg}{V} = \rho g \tag{1-4}$$

式(1-4)表明液体的容重 γ 与液体的密度 ρ 和液体所处位置的重力加速度 g 有关。g 一般作为常数，取 9.8 m/s^2。

因为液体的体积随着温度和压强的变化而变化，故其密度和容重也将随之发生变化，但变化很小，如表 1-1 所示。通常将水的密度和容重视为常数。在一个标准大气压、温度为 4 ℃的条件下，水的密度为 1 000 kg/m^3 或 1 g/cm^3，容重为 9 800 N/m^3 或 9.8 kN/m^3。几种常见液体的容重见表 1-2。

1.1.1.2 液体的黏滞性

液体在运动状态下，流层间存在着相对运动，从而在相邻流层间及液体与固体边壁的接触面上成对地产生内摩擦力，具有抵抗液体的剪切变形。液体所具有的这种产生内摩擦力，具有抵抗剪切变形能力的特性，称为液体的黏滞性。黏滞性是液体的固有属性，但静止液体不显示黏滞性，也就是说，静止液体是不能承受切力来抵抗剪切变形的，只有液体流层间存在相对运动时，液体的黏滞性才显示出来。

在两层很大的平行平板间夹一层很薄的液体，如图 1-1(a)所示。将下层平板固定，而使上层平板以速度 v 运动。在液体底部，由于黏滞性的存在，水流与边壁之间存在着附着力，液体质点的速度为零，距下层平板顶部愈远流速愈大，与上层平板底部接触的液体质点流速最大，等于平板速度 v，垂线上的流速呈直线分布，如图 1-1(a)所示。垂线上各点的流速不等，表明液体内部流层间存在着相对运动。

设液体质团 $ABCD$ 上、下层中心处的坐标分别为 $y+\mathrm{d}y$ 和 y，其对应的流速分别为 $u+\mathrm{d}u$ 和 u。因为两流层的速度不等，所以在两流层间存在相对运动，快层的质点将带动慢层的质点，从而在相邻流层的接触面上产生成对的内摩擦力，如图 1-1(b)所示，它们大小相等，方向相反，作用在不同流层上。

表 1-1　不同温度条件下水的物理性质

温度 t (℃)	密度 ρ (kg/m^3)	容重 γ (kN/m^3)	动力黏滞系数 μ ($\times 10^{-3}$ Pa·s)	运动黏滞系数 ν ($\times 10^{-6}$ m^2/s)	压缩系数 β ($\times 10^{-9}$ Pa^{-1})	弹性系数 K ($\times 10^9$ Pa)	表面张力系数 σ (N/m)
0	999.9	9.779	1.781	1.775	0.495	2.02	0.075 6
4	1 000.0	9.800	1.518	1.559	0.485	2.06	0.074 9
10	999.7	9.797	1.306	1.306	0.476	2.10	0.074 2
15	999.1	9.791	1.139	1.141	0.465	2.15	0.073 5
20	998.2	9.782	1.002	1.007	0.459	2.18	0.072 8
25	997.0	9.771	0.890	0.896	0.450	2.22	0.072 0
30	995.7	9.758	0.798	0.803	0.444	2.25	0.071 2
40	992.2	9.724	0.653	0.657	0.439	2.28	0.069 6
50	988.0	9.682	0.547	0.548	0.437	2.29	0.067 9
60	983.2	9.635	0.466	0.465	0.439	2.28	0.066 2
70	977.8	9.582	0.404	0.400	0.444	2.25	0.064 4
80	971.8	9.524	0.354	0.347	0.455	2.20	0.062 6
90	965.3	9.460	0.315	0.305	0.467	2.14	0.060 8
100	958.4	9.392	0.282	0.270	0.483	2.07	0.058 9

表 1-2　几种常见液体的容重

液体名称	水银	汽油	酒精	四氯化碳	海水
t(℃)	0	15	15	20	15
γ(kN/m^3)	133.28	6.664 ~ 7.35	7.778 3	15.6	9.996 ~ 10.084

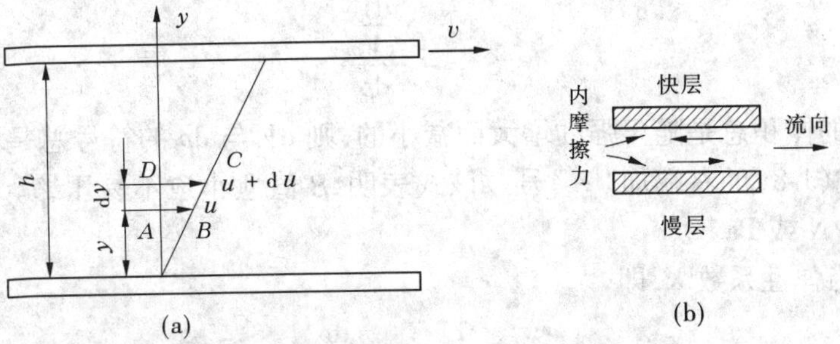

图 1-1

内摩擦力的大小可由牛顿内摩擦定律确定，即

$$T = \mu A \frac{du}{dy} \tag{1-5}$$

式中　μ——动力黏滞系数，N·s/m² 或 Pa·s；

A——相邻流层间接触面的面积，m²；

$\frac{du}{dy}$——流速梯度，它反映流速沿 y 方向的变化率。

内摩擦力的大小也可用单位面积上的内摩擦力表示，称为黏滞切应力，可表示为

$$\tau = \mu \frac{du}{dy} \tag{1-6}$$

式(1-6)表明黏滞切应力与流速梯度呈线性关系。

动力黏滞系数 μ 值与液体的性质和温度有关，它反映了液体的性质对内摩擦力的影响，是度量液体黏滞性大小的物理量。μ 值大的液体黏滞性大，μ 值小的液体黏滞性小。

液体的黏滞性还可用运动黏滞系数 ν 来表示。$\nu = \frac{\mu}{\rho}$，单位为 cm²/s 或 m²/s。

设水温为 t，以摄氏度(℃)计，水的运动黏滞系数可用下式求得，即

$$\nu = \frac{0.01775}{1 + 0.0337t + 0.000221t^2} \tag{1-7}$$

式中，ν 的单位为 cm²/s。不同温度条件下水的 μ 值和 ν 值见表 1-1。

注意：牛顿内摩擦定律只适用于做层流运动的牛顿流体，如水、空气、汽油、甲苯、乙醇等。

1.1.1.3　液体的膨胀性和压缩性

液体随温度变化而体积发生变化的特性称为液体的膨胀性。一般物体都有热胀冷缩的性质，而水的温度为 4 ℃时体积最小。当水的温度大于 4 ℃时体积随温度的升高而增大；当水的温度小于 4 ℃时体积随温度的升高而降低。水体结冰时，体积比水体增大 10%，水的这种特性在工程中危害比较大，故水管、水泵、公路路基等要注意防冻。

液体不能承受拉力，但可以承受压力，会由于抵抗体积压缩而变形，当压力除去后又恢复原状、消除变形。液体具有的这种性质称为液体的压缩性，也称弹性。

液体压缩性的大小可用体积压缩系数 β 表示。设质量一定的液体体积为 V，当压强增加 dp 时，体积相应减小 dV，其体积的相对压缩值为 $\frac{dV}{V}$，则体积压缩系数为

$$\beta = -\frac{\frac{dV}{V}}{dp} \tag{1-8}$$

由于液体的体积总是随压强的增大而减小的，则 dV 与 dp 的符号总是相反的，规定 β 取正值，故在式(1-8)的右端加"－"号。该式表明，β 值愈小愈不易压缩。体积压缩系数 β 的单位为 m²/N 或 Pa^{-1}。

β 的倒数为弹性系数 K，即

$$K = \frac{1}{\beta} = -\frac{dp}{\frac{dV}{V}} \tag{1-9}$$

K 愈大则表明液体愈不易压缩，K 的单位为 N/m² 或 Pa。

液体的种类不同，压缩性也不同，同一种液体的压缩性也随温度和压强的变化而变

化，但变化不大，一般视为常数。对于水，在常温（0～30 ℃）下，每增加一个标准大气压，水的体积比原体积缩小约1/21 000，可见水的压缩性是很小的。在实际应用中，除某些特殊问题外，通常情况下，我们认为液体是不可压缩的，即认为液体的体积和密度是不随温度和压力的变化而变化的，从而引出“不可压缩液体模型”，可使之分析简化。

1.1.1.4 液体的表面张力特性

表面张力是指液体表面在分子作用半径内的一薄层分子，由于引力大于斥力而在液体表层沿表面方向产生的拉力。表面张力的大小可用表面张力系数 σ 来量度。σ 是液体表面单位长度所受的拉力，单位为 N/m。

表面张力系数 σ 的大小与液体种类、温度以及表面接触情况有关，与空气相接触的水面在不同温度情况下的表面张力系数 σ 值，见表 1-1。

液体的表面张力很小，通常情况下可以忽略不计，仅当液体的表面曲率很大时才需考虑。由于水利工程中所接触到的水面一般较大，自由表面的曲率很小，故在水力学问题中，一般不考虑表面张力的影响。但在某些情况下，它的影响也是不可忽略的，如微小液滴（如雨滴）的运动，水深很小的明渠水流和堰流等。

在水力学试验中，经常使用盛水或水银的细玻璃管做测压管，主要是由于表层液体分子与固壁分子的相互作用会发生毛细现象，如图 1-2 所示。

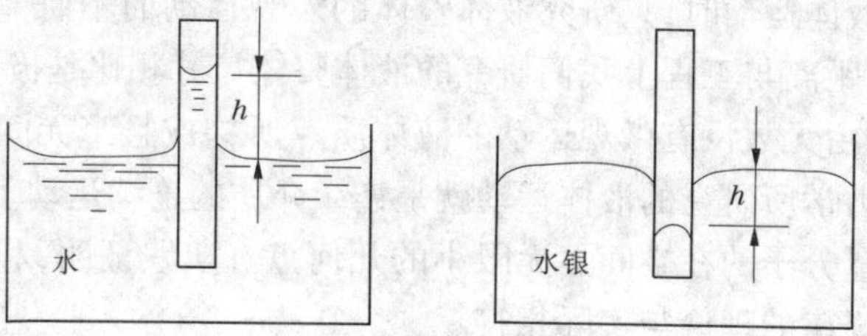

图 1-2

对于温度为 20 ℃的水，玻璃管中水面高出容器中水面的高度 h（mm）约为

$$h = \frac{29.8}{d} \tag{1-10}$$

对于温度为 20 ℃的水银，玻璃管中水银面低于容器中水银面的高度 h（mm）约为

$$h = \frac{10.5}{d} \tag{1-11}$$

上述两式中的 d 为玻璃管的内径，以 mm 计。由于毛细管现象的影响，使测压管读数产生误差，h 称为毛细影响高度。由两式可见，d 愈小时 h 愈大，因此通常测压管的内径不小于 10 mm。

1.1.1.5 汽化压强

液体分子逸出液面向空间扩散的过程称为汽化，液体汽化为蒸汽。汽化的逆过程称为凝结，蒸汽凝结为液体。在液体中，汽化和凝结同时存在，当这两个过程达到动态平衡时，宏观的汽化现象停止，此时液体的压强称为饱和蒸汽压强或汽化压强。液体的汽化压强与温度有关，水的汽化压强见表 1-3。

当水流某处的压强低于汽化压强时，该处会发生汽化，形成气泡，称为空化现象。当气泡被水流带到压力较高的地方,就会溃灭。大量气泡的溃灭会使邻近的固壁颗粒松动、脱落,称为气蚀现象。

表 1-3　水的汽化压强

水温(℃)	0	5	10	15	20	25	30
汽化压强(kN/m²)	0.61	0.87	1.23	1.70	2.34	3.17	4.24
水温(℃)	40	50	60	70	80	90	100
汽化压强(kN/m²)	7.38	12.33	19.92	31.16	47.34	70.10	101.33

1.1.2　连续介质和理想液体的概念

1.1.2.1　连续介质

液体和任何物质一样,是由大量分子所组成的,并且分子与分子之间存在着空隙。常温下,每立方厘米的水中约含有 3.34×10^{22} 个水分子,相邻分子间距离约为 3.1×10^{-8} cm,因此液体在空间上的分布是不连续的。并且由于液体分子不是静止的,而是处于不断地微观运动之中的,因此液体在时间上的分布也不是连续的。

水力学在研究液体运动时,只研究液体整体的宏观运动而不研究液体分子的微观运动,且分子间空隙的距离与工程上我们研究的液体整体尺寸相比是极为微小的,因此在水力学中,将液体视为由无数没有微观运动的液体质点所构成且毫无间隙地充满其所占据空间的连续体。水力学所研究的液体运动就是连续介质的连续运动。液体质点可以近似地看做一个含有大量分子的在空间上无限小的几何点。实践证明,利用连续介质概念得出的有关液体运动规律的理论与实际相符。

将液体视为连续介质的概念是由瑞士学者欧拉(Euler)于 1755 年提出的。高等数学对函数进行微积分运算必须满足连续性条件。我们把液体当做连续介质,液流中的一切物理量(如速度、压强、密度等)都可以看做是空间坐标和时间的连续函数,这样在研究液体运动规律时,就可以利用高等数学连续函数微积分的分析方法,给水力学研究带来极大方便。

1.1.2.2　理想液体

前面我们讨论了液体的主要物理性质,其中液体黏滞性的存在给液体运动的分析和处理带来很大的困难。因此,为了使复杂的水力学问题得到简化,我们引入了"理想液体"的概念。

一般的水利工程不考虑液体的压缩性、表面张力特性和汽化压强,所以在研究液体运动规律时,是否考虑液体的黏滞性是理想液体和实际液体的根本差别。所谓理想液体是指没有黏滞性的液体,这时液体的黏滞系数 $\mu=0$,相应地我们把有黏滞性的液体称为实际液体。这样,我们在解决复杂的实际水流问题时,可以先不考虑液体黏滞性的影响,按理想液体进行分析,求得其运动规律,然后再根据实际情况,对液体黏滞性的影响进行修正,得到实际液体的运动规律,并用来解决工程实际问题。这是水力学的一个重要研究方法。

需要注意的是，理想液体是为了简化问题的处理而提出来的"假设"，理想液体实际上并不存在。

1.1.3 作用于液体上的力

液体的机械运动是由外力作用引起的，外力是液体机械运动的外因，液体的物理力学特性是其内因。作用在液体上的力，按其物理性质来看，有重力、摩擦力、惯性力、弹性力、表面张力等。为便于分析液体的运动规律，在水力学中，又按这些力的作用特点将其分为面积力和质量力两大类。

1.1.3.1 面积力

作用在液体表面，其大小与受作用液体的表面积成比例的力称为面积力，是相邻液体或液体与其他物体壁面相互作用的结果。如一部分液体对相邻另一部分液体在其接触面上产生的水压力、液层与液层之间产生的内摩擦力、固体边界对液体的摩擦力、固体边界对液体的反作用力等都属于面积力。由于面积力作用在液体的表面上，故又称为表面力。

面积力的大小，除了用在整个面积上的总作用力来表示，还可以用在单位面积上的面积力来表示，称为应力。与作用面正交的应力称为压应力或压强；与作用面平行的应力称为切应力。

其中，压强 p 垂直于作用面，有

$$p = \lim_{\Delta A \to 0} \frac{\Delta P}{\Delta A} \tag{1-12}$$

切应力 τ 平行于作用面，有

$$\tau = \lim_{\Delta A \to 0} \frac{\Delta T}{\Delta A} \tag{1-13}$$

顺便指出，在静止液体中，液体间没有相对运动，即$\frac{\mathrm{d}u}{\mathrm{d}y}=0$，或者在理想液体中，$\mu=0$，则 $\tau=0$，则作用在 ΔA 上的力就只有法向力 ΔP。

在国际单位制中，ΔP 及 ΔT 的单位均为 N，p 及 τ 的单位为 $\mathrm{N/m^2}$ 或 Pa。

1.1.3.2 质量力

质量力是指作用于所研究液体的每一个质点上，其大小与液体的质量成比例的力，如重力、惯性力等。对于均质液体，因液体的质量与其体积成正比，故质量力又称为体积力。

质量力常用单位质量力来量度，即单位质量液体上所受的质量力。设质量为 M 的均质液体作用于其上的总质量力为 F，则单位质量力为

$$f = \frac{F}{M} \tag{1-14}$$

若总质量力 F 在坐标轴上的投影分别为 F_x、F_y、F_z，则单位质量力 f 在相应坐标轴上的投影 X、Y、Z 分别为

$$X = \frac{F_x}{M} \quad Y = \frac{F_y}{M} \quad Z = \frac{F_z}{M} \tag{1-15}$$

如取 z 轴与铅垂方向一致且规定向上为正，则作用于单位质量液体上的重力在各坐标轴上的分力为：$X=Y=0$，$Z=-mg/m=-g$。

单位质量力具有和加速度一样的单位,即 m/s^2。

1.2 静水压强及其特性

液体质点之间没有相对运动时,液体的黏滞性便不起作用,故静止液体质点间无切应力;又由于液体几乎不能承受拉应力,所以静止液体质点间以及质点与固壁间的相互作用是通过压应力(称静水压强)形式呈现出来的。

1.2.1 静水压强的定义

在静止的液体中,围绕某点取一微小作用面,设其面积为 ΔA,作用在该面积上的压力为 ΔP,则当 ΔA 无限缩小到一点时,平均压强 $\Delta P/\Delta A$ 便趋近于某一极限值,此极限值便定义为该点的静水压强,通常用符号 p 表示,即

$$p = \lim_{\Delta A \to 0} \frac{\Delta P}{\Delta A} = \frac{dP}{dA} \tag{1-16}$$

静水压强的单位为 N/m^2 或 Pa。

1.2.2 静水压强的特性

1.2.2.1 静水压强的垂直性

静水压强的垂直性即静水压强的方向与受压面垂直并指向受压面。在静止的液体中取出一块水体,用任意平面将其切割成上、下两部分,如图 1-3 所示。现取下半部分为脱离体,假如切割面上某一点 M 处的静水压强 p 的方向不是内法线方向而是任意方向,则 p 可以分解为切应力 τ 和法向应力 p_n。而静止的液体不能承受剪切力,τ 的存在必然会使 M 点的液体沿切割面运动,将平衡破坏,与静止液体的前提不符。同理,若 p_n 不是指向受压面,而是背向受压面,则液体将受到拉力,与液体不能承受拉力相矛盾。所以,静水压强的方向只能垂直并指向受压面。

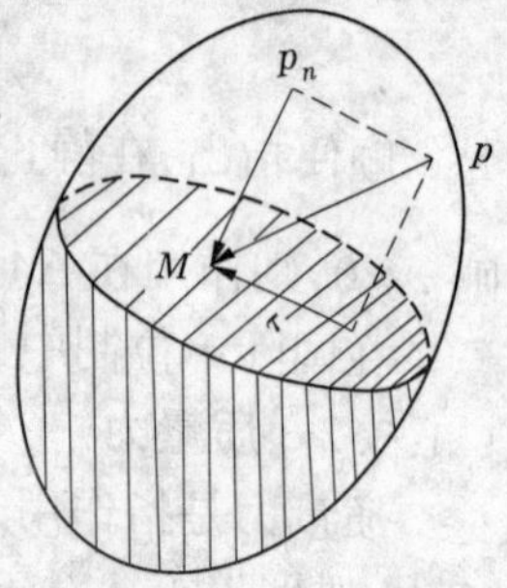

图 1-3

1.2.2.2 静水压强的等值性

静水压强的等值性即静止液体中任何一点处各方向上的静水压强大小相等,亦即静水压强的大小与其作用面的方位无关,静水压强只是位置坐标的函数,即

$$p = p(x,y,z) \tag{1-17}$$

1.3 重力作用下静水压强的分布规律

工程实际中经常遇到的液体平衡问题是液体相对于地球没有运动,处于静止状态,此时液体所受的质量力仅有重力。下面就针对重力作用下静止液体中压强的分布规律进行分析讨论。

1.3.1 重力作用下静水压强的基本公式

如图 1-4 所示,我们通过力学分析的方法探讨静水压强的变化规律。在质量力仅有重力作用的静止液体中,我们研究位于水面下铅直线上任意两点 1、2 处压强 p_1 和 p_2 间的关系。围绕 1、2 两点分别取微小面积 ΔA,取以 ΔA 为底面积,高为 Δh 的铅直小圆柱水体为脱离体,因 ΔA 是微小面积,故可认为其上各点的压强是相等的,如图 1-4(a)所示。图中,p_0 为水表面压强;h_1、h_2 分别为 1、2 两点的水深;G 为小水柱的重量(重力)。

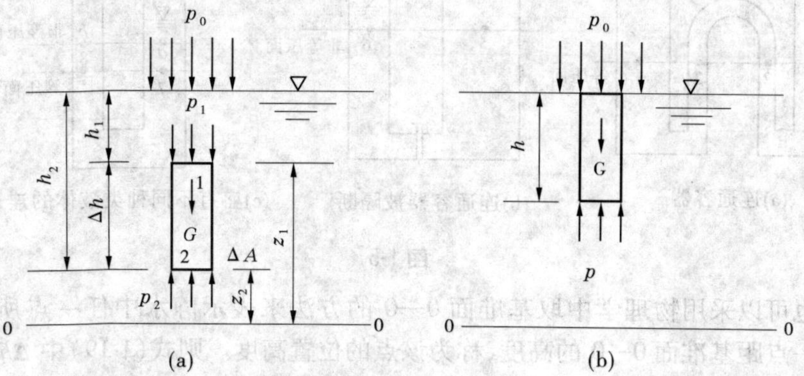

图 1-4

从脱离体受力分析可知,铅垂方向共受 3 个力:

圆柱上表面的静水压力为 $p_1\Delta A$,方向铅直向下;

圆柱下表面的静水压力为 $p_2\Delta A$,方向铅直向上;

小水柱体的重力为 $\gamma\Delta A\Delta h$,方向铅直向下。

因是静止水体,铅直方向合力必为 0,取向上方向为正,列力的平衡方程,得

$$p_2\Delta A - p_1\Delta A - \gamma\Delta A\Delta h = 0 \tag{1-18}$$

式(1-18)两端同除以 ΔA,可得任意两点静水压强的基本关系式为

$$p_2 = p_1 + \gamma\Delta h \tag{1-19}$$

式(1-19)表明,在质量力仅有重力作用的静水中,任意两点的静水压强关系为:下面一点的压强等于上面一点的压强加上水容重与两点之间的水深差的乘积;或者上面一点的压强等于下面一点的压强减去水容重与两点之间的水深差的乘积(特殊情况下,如两点位于同一水平面,$\Delta h = 0$,则 $p_1 = p_2$)。显然,水深越大,压强越大。水深每增加 1 m,静水压强就增大 $\gamma\Delta h = 9.8\ \text{kN/m}^3 \times 1\ \text{m} = 9.8\ \text{kN/m}^2$。

如把铅直小圆柱向上移至上表面于水面上,如图 1-4(b)所示,$h_1 = 0, h_2 = \Delta h = h$,$p_1 = p_0, p_2 = p$,则式(1-19)可写成

$$p = p_0 + \gamma h \tag{1-20}$$

式中,h 表示某点在自由液面以下的淹没深度。式(1-20)即计算静水压强的基本公式。其表明,静止液体内任意点的静水压强由两部分组成:一部分是自由液面压强 p_0,它遵从帕斯卡定律等值地传递到液体内部各点;另一部分是液重压强 γh,也就是从该点到液体自由表面的单位面积上的液柱重量。

在相连通的液体中，由压强相等的各点所组成的面叫做等压面。根据这一定义，由式(1-20)可以看出，淹没深度相等的各点静水压强相等，故水平面即为等压面，它与质量力(即重力)的方向相垂直。如图1-5(a)所示的连通容器中过1、2、3、4各点的水平面即等压面。但必须注意，这一结论仅适用于质量力只有重力的同一种连续介质。对于不连续的液体(如液体被阀门隔开，见图1-5(b))，或者一个水平面穿过两种及以上不同介质(见图1-5(c))，则位于同一水平面上的各点压强并不一定相等，水平面不一定是等压面。

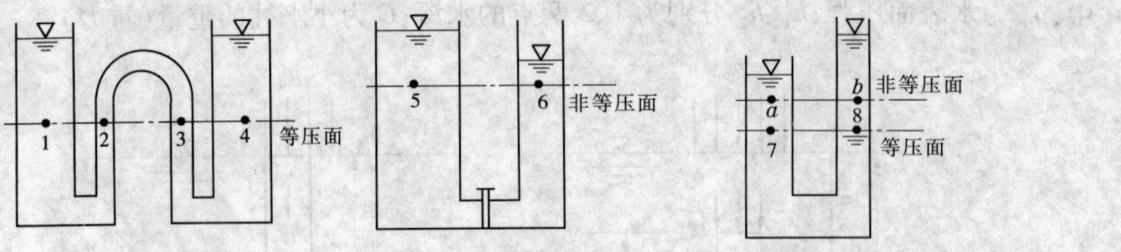

(a)连通容器　(b)连通容器被隔断　(c)盛有不同种类液体的连通容器

图1-5

我们也可以采用物理学中取基准面0—0的方法来表示静水中任一点所处的位置。静水中任一点距基准面0—0的高度，称为该点的位置高度。则式(1-19)中 $\Delta h = h_2 - h_1 = z_1 - z_2$(见图1-4(a))，可得

$$p_2 = p_1 + \gamma(z_2 - z_1)$$

整理得

$$z_1 + \frac{p_1}{\gamma} = z_2 + \frac{p_2}{\gamma} \tag{1-21}$$

式(1-21)表明，在静止液体中位置高度与压强的关系：位置高度 z 愈小，静水压强愈大；位置高度 z 愈大，静水压强愈小。

1.3.2　静水压强方程式的意义

1.3.2.1　静水压强方程式的几何意义

若在一盛有液体的容器的侧壁打一小孔，接上开口玻璃管与大气相通，就形成一根测压管。如容器中的液体仅受重力的作用，液面上为大气压，则无论连在哪一点上，测压管内的液面都是与容器内液面齐平的，如图1-6所示。

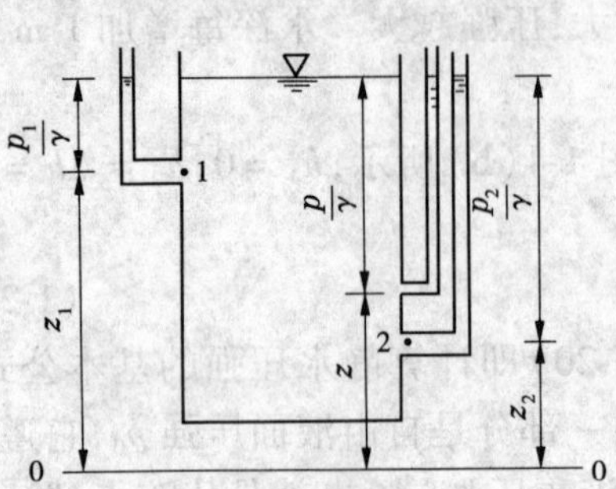

图1-6

测压管液面到基准面的高度由 z 和 $\frac{p}{\gamma}$ 两部分组成，z 表示该点到基准面的位置高度，$\frac{p}{\gamma}$ 表示该点压强的液柱高度。在水力学中常用“水头”代表高度，所以 z 又称位置水头，$\frac{p}{\gamma}$ 又称压强水头，$z+\frac{p}{\gamma}$ 则称为测压管水头。故式(1-21)表明：在质量力仅有重力作用下的静止液体中，各点测压管水头相等，且为一

常数,即

$$z + \frac{p}{\gamma} = C \tag{1-22}$$

常数 C 值的大小取决于基准面的选取,基准面选定,则 C 值确定。

1.3.2.2 静水压强方程式的物理意义

位置水头 z 表示的是单位重量液体从某一基准面算起所具有的位置势能(简称位能)。众所周知,把重量为 G 的物体从基准面移到高度 z 后,该物体所具有的位能是 Gz,对于单位重量的物体来说,位能就是 $Gz/G = z$。基准面不同,z 值不同。

压强水头 $\frac{p}{\gamma}$ 表示的是单位重量的液体从压强为当地大气压算起所具有的压强势能(简称压能)。如果液体中某点的压强为 p,在该处安置测压管后,在压力的作用下,液面会上升 $\frac{p}{\gamma}$ 的高度,也就是把压强势能转变为位置势能。对于重量为 G、压强为 p 的液体,在测压管中上升 $\frac{p}{\gamma}$ 后,位置势能的增量 $G\frac{P}{\gamma}$ 就是原来液体具有的压强势能。所以,对于原来单位重量液体的来说,压能即 $G\frac{p}{\gamma}/G = \frac{p}{\gamma}$。

静止液体中的机械能只有位能和压能,合称为势能。$z + \frac{p}{\gamma}$ 表示的就是单位重量液体所具有的势能。

因此,水静力学基本方程式(1-21)表明:静止液体内各点单位重量液体所具有的势能相等,且为一常数,即

$$z_1 + \frac{p_1}{\gamma} = z_2 + \frac{p_2}{\gamma} = C \tag{1-23}$$

1.3.3 量度压强的基准

压强可从不同的基准算起,因而有不同的表示方法。

1.3.3.1 绝对压强

以设想没有大气存在的绝对真空状态作为零点算起的压强称为绝对压强,用符号 p' 表示。

1.3.3.2 相对压强

以当地大气压强作为零点起算的压强称为相对压强,用符号 p 表示。

显然,绝对压强与相对压强之间相差一个当地大气压强,即

$$p = p' - p_a \tag{1-24}$$

如自由液面上的压强为当地大气压强,令 $p_a = 0$,则式(1-20)成为

$$p = \gamma h \tag{1-25}$$

1.3.3.3 真空压强及真空高度

绝对压强值总是正的,而相对压强值则可正可负。当液体某处绝对压强小于当地大气压强时,该处相对压强为负值,即该处存在着真空,真空也称负压。真空的大小可用真

空压强表示。真空压强也称真空值，用符号 p_v 表示。

真空压强是指该处绝对压强小于当地大气压强的数值，即

$$p_v = p_a - p' = -p \tag{1-26}$$

由式(1-26)可知：在理论上，当绝对压强为零时，真空压强达到最大值，即 $p_v = p_a$，即完全真空状态。但实际液体一般是无法达到这种完全真空状态的，因为如果容器中液体的表面压强降低到该液体的汽化压强(饱和蒸汽压强) p_{vp} 时，液体就会迅速蒸发、汽化，因此只要液面压强降低到液体的汽化压强，该处的压强便不会再往下降，所以液体的最大真空压强不能超过当地大气压强与该液体汽化压强之差。

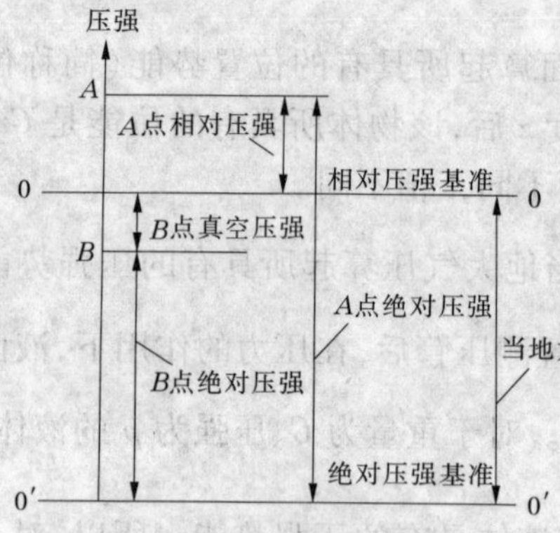

图 1-7

真空压强也可以用相当的液柱高度来表示，称真空高度，用 h_v 表示，即

$$h_v = \frac{p_v}{\gamma} \tag{1-27}$$

图 1-7 表明了绝对压强、相对压强和真空压强之间的关系。

1.3.4 压强的计量单位

1.3.4.1 以应力单位表示

以应力单位表示即从压强定义出发，以单位面积上的作用力来表示，如 N/m^2、kN/m^2、Pa、kPa。

1.3.4.2 以大气压表示

以大气压表示即以大气压强作为衡量压强大小的尺度。国际单位制规定：一个标准大气压 p_{atm} = 101 325 Pa。工程上为便于计算，常用工程大气压来衡量压强。一个工程大气压 p_{at} = 98 kPa。

1.3.4.3 用液柱高表示

由式(1-25)可得

$$h = \frac{p}{\gamma} \tag{1-28}$$

上式说明，任一点的静水压强 p 可化为任何一种容重为 γ 的液柱高度 h，因此也常用液柱高度作为压强的单位。例如，一个工程大气压，如用水柱高表示，则为

$$h = \frac{p_{at}}{\gamma_{水}} = \frac{98}{9.8} = 10(\text{m 水柱})$$

如用水银柱表示，则有

$$h = \frac{p_{at}}{\gamma_{水银}} = \frac{98}{133.23} = 0.735\,6(\text{m 水银柱})$$

1.3.5 压强的量测

在工程实际中，往往需要量测和计算液流中的点压强或两点的压强差(压差)。量测压强的仪器很多，这里只介绍一些利用水静力学原理制成的液柱式测压计。

1.3.5.1 测压管

简单的测压管是用一开口玻璃管直接与被测液体连通而成的，如图 1-8(a)、(b)所示。读出测压管液面到测点的高度就是该点的相对压强水头。因此，该点的相对压强为 $p=\gamma h$(γ 为液体容重)。

如所测压强较小，为了提高精度，可将测压管倾斜放置，如图 1-8(b)所示。此时，标尺读数 l 比 h 放大了一些，便于测读。但压强应为 $p=\gamma h=\gamma l\sin\alpha$。

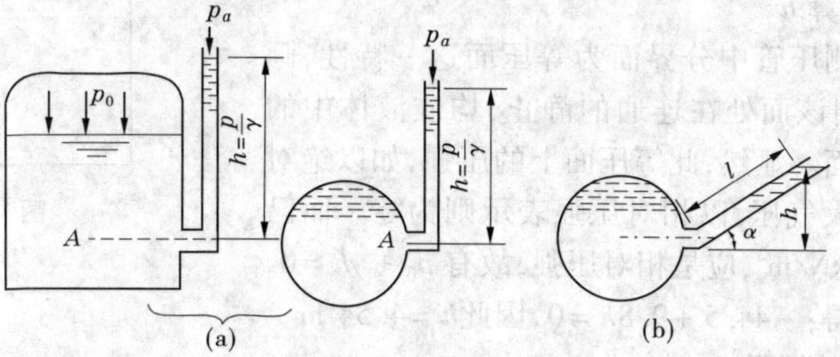

图 1-8

另外，当所测压强较小时，也可在测压管内装入与水不相混掺的轻质液体。还可采用上述二者相结合的方法，使量测精度更高。

1.3.5.2 U 形水银测压计

量测较大的压强，则可采用装入较重液体(如水银)的 U 形测压管，如图 1-9 所示。用 γ_m 表示水银的容重。如测得 h 及 h'，则 A 点的压强为

$$p = \gamma_m h' - \gamma h$$

1.3.5.3 比压计(差压计)

比压计用以量测液体中两点的压强差(见图 1-10)。常用的有空气比压计和水银比压计等。读者可参阅其他教材，本书不再叙述。

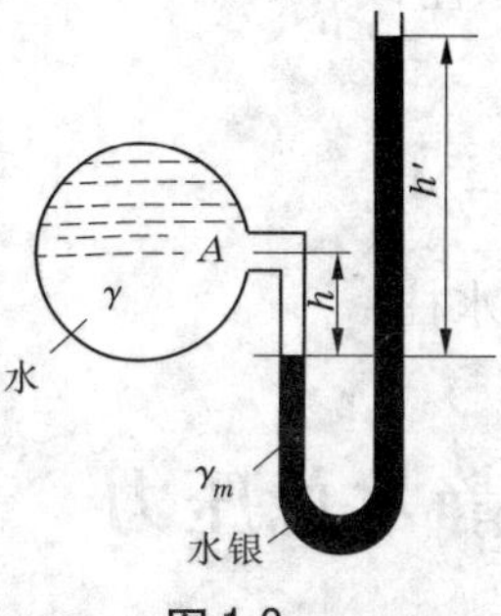

图 1-9

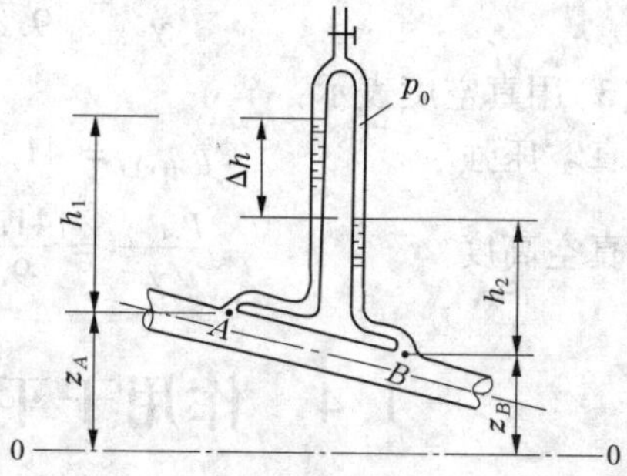

图 1-10

无论采用哪种测压计量测点压强或两点压差，其思路及步骤如下：

(1)选等压面。在仅有重力作用的静止液体中,等压面一定为水平面,但可选的水平面可能有无数个,应选择一个"有用"的水平面,一般选在不同液体的接触面上。

(2)对等压面列方程。根据等压面上各点压强相等以及两点间的压强关系列方程,方程中应包含所要求解的未知量。

(3)求解。

注意:根据所求未知量的情况,有可能选多个等压面,列多个方程求解。

【例 1-1】 一封闭水箱如图 1-11 所示,若水面上的压强 $p_0 = -44.5\ \mathrm{kN/m^2}$,试求 h,并求水下 0.3 m 处 M 点的压强(要求:①分别以绝对压强、相对压强及真空度表达;②用各种单位表示)。

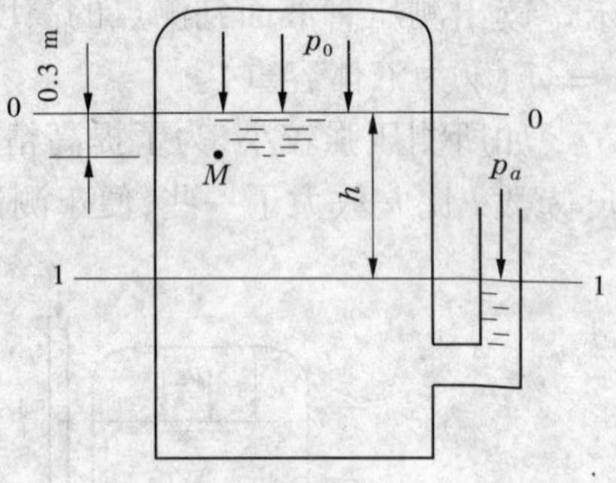

图 1-11

解:1. 先计算 h

利用右侧测压管中分界面为等压面这一特性,画 1—1 水平面,则该面处在连通的静止、均质液体中的部分均为等压面。显然,此等压面上的压强,如以绝对压强表示应为大气压,以相对压强表示则为零。而已知 $p_0 = -44.5\ \mathrm{kN/m^2}$,应是相对压强,故有 $p_0 + \gamma h = 0$,代入题给数据得:$-44.5 + 9.8h = 0$,因此 $h = 4.54$ m。

2. 求 M 点的压强

(1)用相对压强表示:

$$p_M = p_0 + \gamma h = -44.5 + 9.8 \times 0.3 = -41.56(\mathrm{kN/m^2})$$

$$p_M = \frac{-41.56}{98} = -0.424 p_{at} \quad (p_{at}\ \text{表示工程大气压})$$

$$\frac{p_M}{\gamma} = \frac{-41.56}{9.8} = -4.24(\text{m 水柱})$$

(2)用绝对压强表示:

$$p'_M = p_M + p_{at} = -41.56 + 98 = 56.44(\mathrm{kN/m^2})$$

$$p'_M = \frac{56.44}{98} = 0.576 p_{at}$$

$$\frac{p'_M}{\gamma} = \frac{56.44}{9.8} = 5.76(\text{m 水柱})$$

(3)用真空度表示:

真空压强 $\quad p_{M(v)} = 41.56\ \mathrm{kN/m^2} = 0.424 p_{at}$

真空高度 $\quad \dfrac{p_{M(v)}}{\gamma} = \dfrac{41.56}{9.8} = 4.24(\text{m 水柱})$

1.4 作用于平面壁上的静水总压力

作用在物体表面上的静水总压力是许多工程技术上(如分析水池、水闸、水坝及路基等的作用力)必须解决的力学问题。只要掌握了前面所讲的静水压强分布规律就不难确定静水总压力的大小、方向和作用点。本节介绍了平面上静水总压力的计算。下一节将讨论曲面上静水总压力的计算。

1.4.1 静水压强分布图

由静水压强方程 $p=\gamma h$ 可知，压强 p 与水深 h 呈线性函数关系，把受压面上压强与水深的这种函数关系表示成图形，称为静水压强分布图。由于建筑物的四周一般都处在大气中，各个方向的大气压力将互相抵消，故压强分布图只需绘出相对压强值。其绘制原则是：

(1)以线段长度表示点压强的大小；

(2)以线端箭头表示点压强的作用方向，其必须垂直并指向受压面。

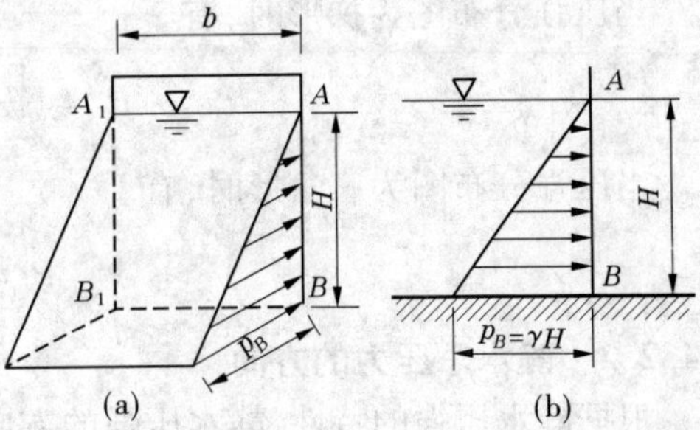

图 1-12

图 1-12 为一直立矩形平板闸门，一面受水压力作用，其在水下的部分为 ABB_1A_1，深度为 H，宽度为 b。图 1-12(a)便是作用在该闸门上的压强分布图，为一空间压强分布图；图 1-12(b)为垂直于闸门的剖面图，为一平面压强分布图。因 p 与 h 为一次方关系，故在水深方向静水压强系直线分布，只要直线上两个点(一般选受压面的两个端点)的压强为已知，就可确定该压强分布直线。图 1-13 为各种情况的压强分布图。

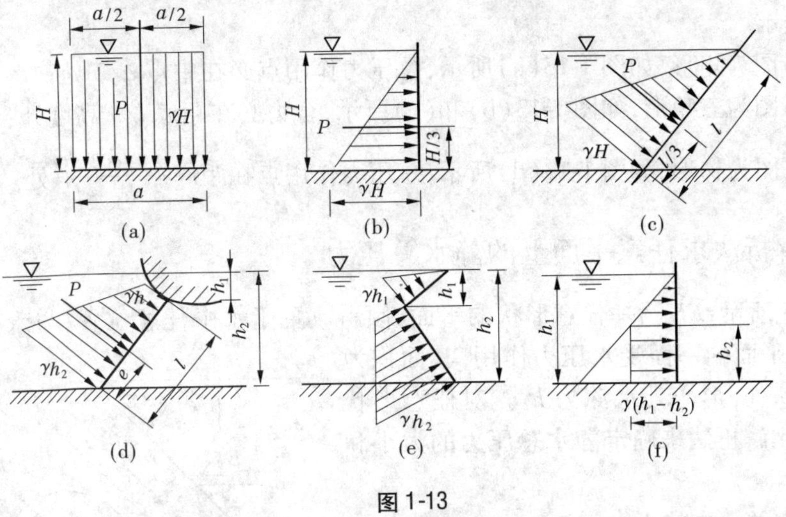

图 1-13

1.4.2 利用图解法求矩形平面上的静水总压力

求矩形平面上的静水总压力实际上就是平行力系求合力的问题。通过绘制压强分布图求一边与水面平行的矩形平面上的静水总压力最为方便。

图 1-14 表示一任意倾斜放置但一边与水面平行的矩形平面 ABB_1A_1 的一面受水压力作用。平面尺寸及平面在水面下的淹没深度如图 1-14 所示。可先画出该平面上的压强

分布图,然后根据压强分布图确定总压力的大小、方向和作用点。

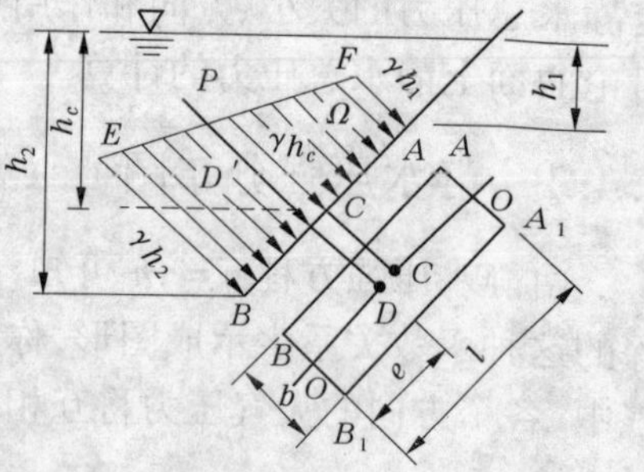

图 1-14

1.4.2.1　**静水总压力的大小**

当作出作用于矩形平面上的压强分布图 $ABEF$ 后,便不难看出:作用于整个平面上的静水总压力的大小应等于该压强分布图的面积 Ω 与矩形平面的宽度 b 的乘积,即

$$P = \Omega b \tag{1-29}$$

当压强分布图为梯形时,有

$$P = \frac{1}{2}\gamma(h_1 + h_2)lb \tag{1-30}$$

当压强分布图为三角形时,有

$$P = \frac{1}{2}\gamma hlb \tag{1-31}$$

1.4.2.2　**静水总压力的方向**

根据静水压强的特性,静水压强的方向总是垂直指向受压面,因此静水总压力的方向必然垂直并指向受压平面。

1.4.2.3　**静水总压力的作用点**

总压力 P 的作用点 D(又称压力中心)必位于受压面的纵向对称轴 $O—O$ 上,同时总压力 P 的作用线通过压强分布图的形心。压力中心的位置用压力中心 D 至受压面底边缘的距离 e 表示。

压强分布图为矩形,如图 1-13(a)所示,总压力作用点必在中点 $a/2$ 处;

压强分布图为三角形,如图 1-13(b)和(c)所示,合力必在距底 $l/3$ 高度处;

压强分布图为梯形,如图 1-13(d)所示,总压力作用点在距底$\frac{l}{3}\frac{2h_1 + h_2}{h_1 + h_2}$处。

1.4.3　用解析法求任意平面上的静水总压力

如图 1-15 所示,EF 为一任意形状的平面,倾斜放置于水中任意位置,与水面相交成 α 角。设想该平面的一面受水压力作用,其面积为 A,形心位于 C 处,形心处水深为 h_C。对任意形状的平面,需要用解析法来确定静水总压力的大小和作用点。

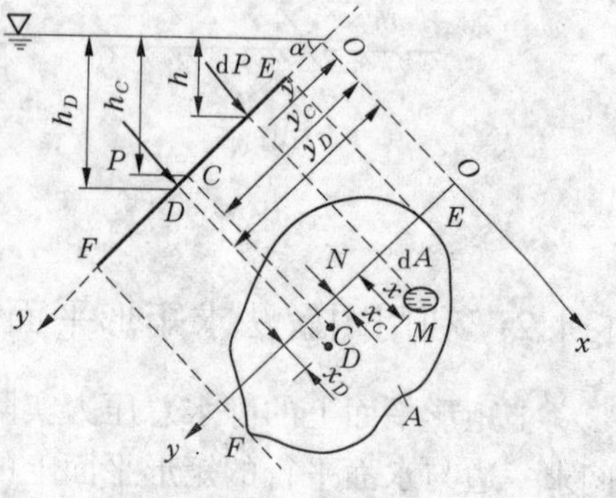

图 1-15

1.4.3.1　**静水总压力的大小**

取平面的延展面与水面的交线为 Ox 轴,以通过平面 EF 中任意选定点 N 并垂直于 Ox 轴的直线为 Oy 轴。在平面中的 M 处取一微小面积 dA,其上的压力为 $dP = \gamma h dA$,由于每一微小面积上作用的静水压力方向相同,因此作用于整个 EF 平面上的

静水总压力为

$$P = \int_A \gamma h \mathrm{d}A = \int_A \gamma y \sin\alpha \mathrm{d}A = \gamma \sin\alpha \int_A y \mathrm{d}A$$

式中，$\int_A y\mathrm{d}A$ 代表平面 EF 对 Ox 轴的静面矩，它等于平面面积 A 与其形心坐标 y_C 的乘积，即 $\int_A y\mathrm{d}A = y_C A$。如以 p_C 代表形心 C 处的静水压强，则有

$$P = \gamma \sin\alpha y_C A = \gamma h_C A = p_C A \tag{1-32}$$

上式表明：任意平面上的静水总压力的大小等于该平面的面积与其形心处静水压强的乘积。因此，形心处的静水压强相当于该平面的平均压强。

1.4.3.2 静水总压力的方向

根据静水压强的特性，静水总压力的方向必然垂直并指向受压平面。

1.4.3.3 静水总压力的作用点

下面分析静水总压力的作用点——压力中心的位置：y_D 和 x_D。工程中受压面常为具有纵向对称轴的对称平面，静水总压力的作用点必位于对称轴上，一般无需计算 x_D，所以求得 y_D 后即可确定作用点的位置。

这一位置可通过合力对任意轴的力矩等于各分力对该轴的力矩和来确定。对 Ox 轴取力矩得

$$P y_D = \int_A \gamma h y \mathrm{d}A = \gamma \sin\alpha \int_A y^2 \mathrm{d}A$$

式中，$\int_A y^2 \mathrm{d}A$ 为平面 EF 对 Ox 轴的惯性矩，以 I_{Ox} 表示。故得

$$P y_D = \gamma \sin\alpha I_{Ox}$$

若以 I_C 表示平面 EF 对通过形心 C 并与 Ox 轴平行的轴的惯性矩，则根据惯性矩的平行移轴定理可得

$$I_{Ox} = I_C + y_C^2 A$$

因此有

$$P y_D = \gamma \sin\alpha (I_C + y_C^2 A)$$

由此得

$$y_D = \frac{\gamma \sin\alpha (I_C + y_C^2 A)}{\gamma y_C \sin\alpha A} = y_C + \frac{I_C}{y_C A} \tag{1-33}$$

除平面水平放置外，总压力作用点总是在作用面形心点之下。

常见平面图形的面积 A、形心距上边界点长 y_C 以及惯性矩 I_{Cx} 的计算式见表 1-4。

【例 1-2】 设有一铅直放置的水平底边矩形闸门，如图 1-16 所示。已知闸门高度 $H = 2$ m，宽度 $b = 3$ m，闸门上缘到自由表面的距离 $h_1 = 1$ m。试分别用图解法和解析法求作用于闸门上的静水总压力。

解：1. 利用图解法求解

绘制静水压强分布图 $ABEF$，如图 1-16 所示。根据式(1-29)可得静水总压力的大小为

$$P = \Omega b = \frac{1}{2}[\gamma h_1 + \gamma(h_1 + H)]Hb$$

$$= \frac{1}{2}[9.8 \times 10^3 \times 1 + 9.8 \times 10^3 \times (1 + 2)] \times 2 \times 3$$

$$= 1.176 \times 10^5 (\mathrm{N})$$

$$= 117.6\ \mathrm{kN}$$

静水总压力 P 的方向垂直并指向闸门平面。

表 1-4　常见平面图形的 A、y_C 及 I_{Cx} 的值

几何图形名称		面积 A	y_C	通过形心点 C 在 x 轴的惯性矩 I_{Cx}
矩形	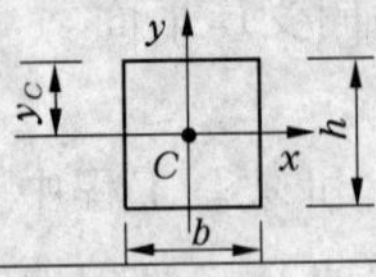	bh	$\frac{h}{2}$	$\frac{bh^3}{12}$
三角形	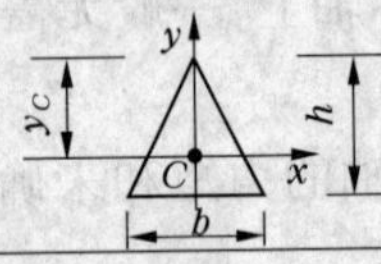	$\frac{bh}{2}$	$\frac{2h}{3}$	$\frac{bh^3}{36}$
梯形	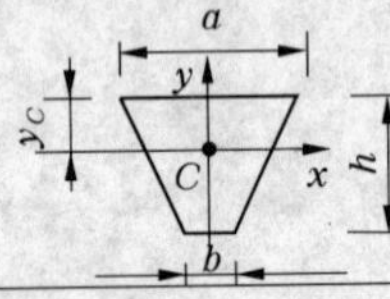	$\frac{h(a+b)}{2}$	$\frac{h}{3}(\frac{a+2b}{a+b})$	$\frac{h^3}{36}(\frac{a^2+4ab+b^2}{a+b})$
圆	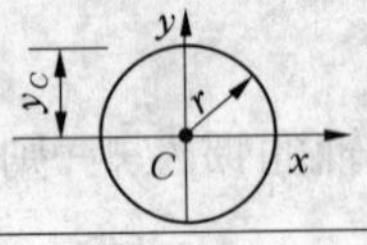	πr^2	r	$\frac{1}{4}\pi r^4$
半圆	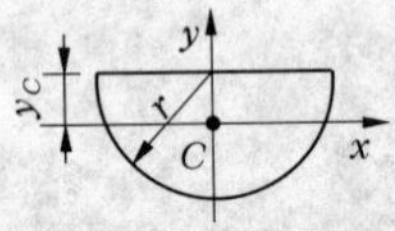	$\frac{1}{2}\pi r^2$	$\frac{4r}{3\pi} = 0.424\,4r$	$\frac{9\pi^2 - 64}{72\pi} r^4 = 0.109\,8r^4$

注：表中，r 为圆的半径；a、b 为受压面的上、下底宽度；h 为受压面的高。

压力中心 D 距闸门底部的位置 e 为

$$e = \frac{H}{3}\frac{2h_1 + (h_1 + H)}{h_1 + (h_1 + H)}$$

$$= \frac{2}{3} \times \frac{2 \times 1 + (1 + 2)}{1 + (1 + 2)}$$

$$= 0.83(\mathrm{m})$$

其距自由表面的位置为

$$y_D = h_1 + H - e = 1 + 2 - 0.83 = 2.17(\mathrm{m})$$

2. 用分析法求解

由式(1-32)可得静水总压力的大小为

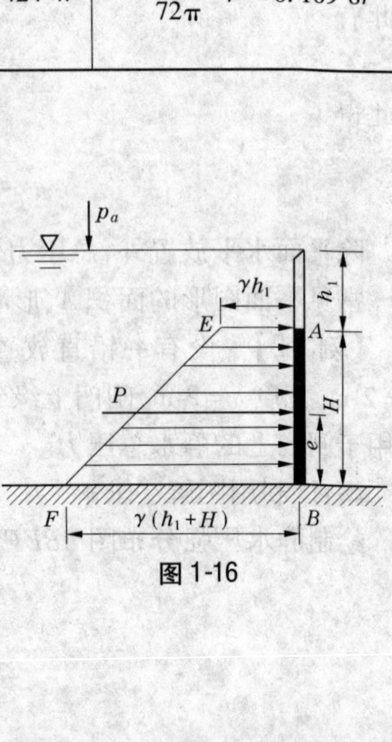

图 1-16

$$P = \gamma h_C A = \gamma(h_1 + \frac{H}{2})(H \cdot b)$$

$$= 9.8 \times 10^3 \times (1 + \frac{2}{2}) \times (2 \times 3)$$

$$= 1.176 \times 10^5 (\text{N})$$

$$= 117.6 \text{ kN}$$

静水总压力 P 的方向垂直指向闸门平面。

由式(1-33)得压力中心 D 距自由表面的位置为

$$y_D = y_C + \frac{I_C}{y_C A} = (h_1 + \frac{H}{2}) + \frac{\frac{bH^3}{12}}{(h_1 + \frac{H}{2})(H \cdot b)}$$

$$= (1 + \frac{2}{2}) + \frac{\frac{3 \times 2^3}{12}}{(1 + \frac{2}{2}) \times (2 \times 3)} = 2 + \frac{2}{12} = 2.17(\text{m})$$

1.5 作用于曲面壁上的静水总压力

在实际工程中常常会遇到受液体压力作用的面为曲面的情况，例如拱坝坝面、弧形闸门、闸墩及边墩等。这就要求确定作用于曲面上的静水总压力。作用于曲面上任意点的静水压强也是垂直指向作用面，即曲面上各点的内法线方向，并且其大小与该点所在的水下深度呈线性关系。因而与平面情况相类似，也可以由此画出曲面上的压强分布图，如图 1-17 所示。

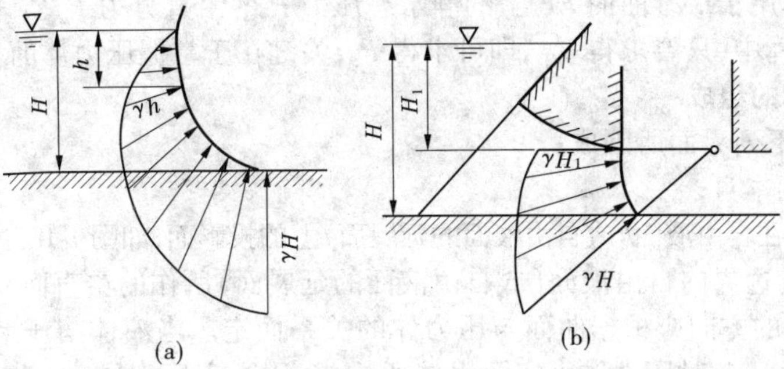

图 1-17

由于曲面上各点的法线方向各不相同，因此不能像求平面上的总压力那样通过直接积分求其合力。为了将求曲面上的总压力问题也变为平行力系求合力的问题，以便于积分求和，通常将曲面上的静水总压力 P 分解成水平分力和铅直分力，然后再合成 P。

1.5.1 静水总压力的两个分力

对于母线为水平线的二维曲面，可取 Oz 轴铅直向下，Oy 轴与曲面的母线平行。此时二维曲面在 xOy 平面上的投影将是一根曲线，如图 1-18 上的 EF。在这种情况下，$P_y = 0$，

问题转化为求 P_x 和 P_z 的大小及其作用线的位置。

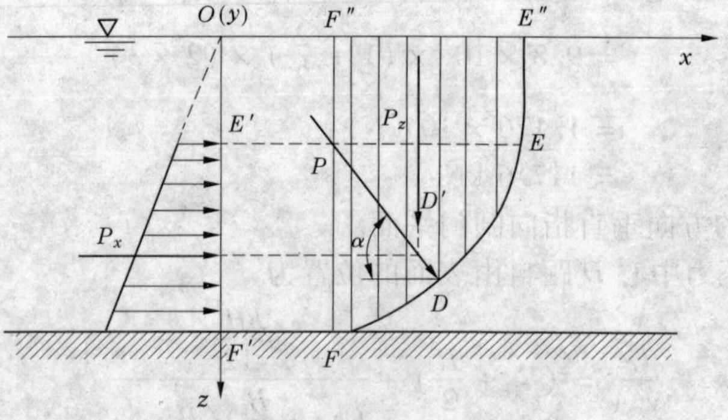

图 1-18

1.5.1.1 **静水总压力的水平分力**

作用于曲面上静水总压力 P 的水平分力 P_x 为

$$P_x = \gamma h_C A_x \tag{1-34}$$

C 点为曲面 EF 的铅直投影面 $E'F'$ 的形心点。

上式表明：作用于二维曲面 EF 上的静水总压力 P 的水平分力 P_x 等于作用于该曲面的铅直投影面 $A_x(E'F')$ 上的静水总压力。因此，可按确定平面上静水总压力（包括大小和作用点）的方法来求解 P_x。

1.5.1.2 **静水总压力的铅直分力**

作用于曲面上静水总压力 P 的铅直分力 P_z 为

$$P_z = \gamma V_{EE''F''F} = \gamma V_{压} \tag{1-35}$$

$V_{压}$ 表示以 $EE''F''F$ 为底面积，高度为 b（二元曲面壁的宽度）的棱柱体的体积。

上式表明：作用于二维曲面 EF 上的静水总压力 P 的铅直分力 P_z 等于压力体内水的重量。在实际计算中，只要求得 $V_{压}$，即可求得 P_z，关键在于掌握压力体的构成。

1.5.1.3 **压力体的组成**

压力体应由下列界面所围成：

(1)受压曲面本身；

(2)受压曲面在自由液面（或自由液面的延展面）上的投影面，如图 1-18（或图 1-19）所示；

(3)从曲面的边界向自由液面（或自由液面的延展面）所作的铅直面。

铅直分力 P_z 的方向应根据曲面与压力体的关系而定。当液体与压力体位于曲面的同侧时（见图 1-18），此时压力体由实际水体所构成，称为实压力体，P_z 向下；当液体与压力体位于曲面的异侧时（见图 1-19），此时压力体不是由实际水体所构成，称为虚压力体，P_z 向上。对于简单柱面，P_z 的方向可以根据实际作用在曲面上的静水压力垂直指向作用面这个性质很容易地加以确定。

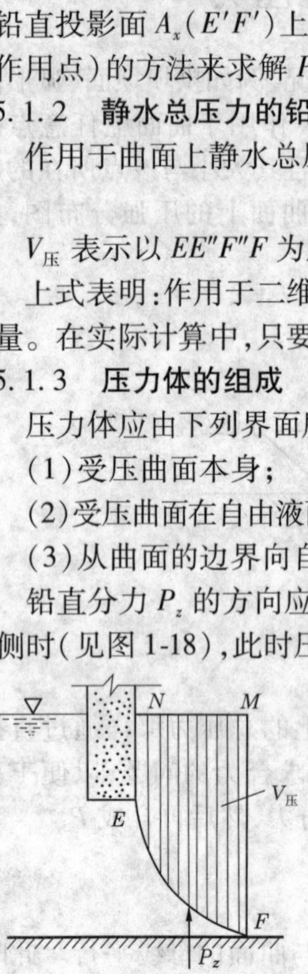

图 1-19

铅直分力 P_z 的作用线一定通过压力体的体积形心。

1.5.2 曲面壁上的静水总压力

求得水平分力 P_x 和铅直分力 P_z 后，则可得液体作用于曲

面上的静水总压力 P 为

$$P = \sqrt{P_x^2 + P_z^2} \tag{1-36}$$

总压力 P 的作用线与水平线的夹角 α 为

$$\alpha = \arctan\frac{P_z}{P_x} \tag{1-37}$$

P 的作用线应通过 P_x 与 P_z 的交点 D'，但这一交点不一定在曲面上，总压力 P 的作用线与曲面的交点 D 即为总压力 P 在曲面上的作用点（见图 1-18）。

【例 1-3】 图 1-20 为一坝顶圆弧形闸门的示意图。门宽 $b=6$ m，弧形门半径 $R=4$ m，此门可绕 O 轴旋转。试求当坝顶水头 $H=2$ m、水面与门轴同高、闸门关闭时所受的静水总压力。

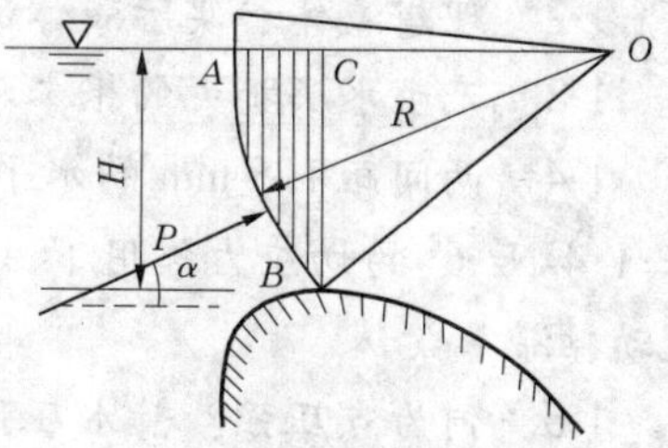

图 1-20

解： 已知水的容重 $\gamma=9.8$ kN/m^3，则水平分力为

$$P_x = \frac{\gamma H^2 b}{2} = \frac{9.8\times 2^2\times 6}{2} = 117.6(\text{kN})$$

垂直分力等于压力体 ABC 内水重。压力体 ABC 的体积等于扇形 AOB 的面积减去三角形 BOC 的面积，再乘以宽度 b。已知 $BC=2$ m，$OB=4$ m，故 $\angle AOB=30°$。

扇形 AOB 的面积 $=\frac{30}{360}\pi R^2=\frac{1}{12}\times 3.14\times 4^2=4.19(\text{m}^2)$

三角形 BOC 的面积 $=\frac{1}{2}BC\cdot OC=\frac{1}{2}\times 2\times 4\cos 30°=3.46(\text{m}^2)$

压力体 ABC 的体积 $=(4.19-3.46)\times 6=0.73\times 6=4.38(\text{m}^3)$

所以，铅直分力 $P_z=9.8\times 4.38=42.9(\text{kN})$，方向向上。

作用在闸门上的静水总压力 P 为

$$P = \sqrt{P_x^2 + P_z^2} = \sqrt{117.6^2 + 42.9^2} = 125.2(\text{kN})$$

P 与水平线的夹角为 α，则

$$\tan\alpha = \frac{P_z}{P_x} = \frac{42.9}{117.6} = 0.365$$

$$\alpha = 20.04°$$

因为曲面是圆柱面的一部分，各点的压强均与圆柱面垂直且通过圆心 O 点，所以总压力 P 的作用线亦必通过 O 点。

小　结

本章主要介绍了液体的主要物理性质、重力作用下的静水压强分布规律，作用在平面壁及曲面壁上的静水总压力的求解。

液体的主要物理性质包括液体的密度、容重、黏滞性、压缩性、表面张力特性及汽化压强等。

静水压强基本方程揭示了质量力仅有重力作用下的静止液体内部压强分布规律，有

三种不同的表达形式，其含义虽各不相同，但实质是一样的。

作用于平面壁上的静水总压力的计算方法有图解法和解析法；作用于二元曲面壁上的静水总压力的计算采用先分解、后合成的方法。

复习题

1-1　液体在静止状态下不存在黏滞性，对吗？

1-2　理想液体和实际液体的本质区别是什么？

1-3　产生水头损失的根本原因是什么？

1-4　两间距 1.5 mm 的水平平行板之间充满 $\gamma = 735\ \text{N/m}^3$ 的液体，上板固定，下板在 $\tau = 1.4\ \text{N/m}^2$ 的切应力作用下，以 $u = 0.4\ \text{m/s}$ 的速度平移，求液体的动力黏滞系数 μ 和运动黏滞系数 ν。

1-5　何为点压强？静水压强具有哪两个重要特性？

1-6　质量力仅有重力作用的静止液体中，静水压强基本方程的三种不同表达形式各表明了什么含义？静水压强基本方程的几何意义及物理意义分别是什么？

1-7　何为等压面？等压面一定为水平面吗？

1-8　何为绝对压强、相对压强、真空压强？它们之间有何关系？真空压强的理论最大值应为多少？

1-9　根据水静力学原理制成的量测压强的仪器有哪些？各适用于什么条件？

1-10　静水压强分布图应如何绘制？

1-11　对于轴向对称受压平面，静水总压力的作用点一定位于纵向对称轴上，且受压面的形心即为压力中心，对吗？

1-12　压力体的组成？压力体一定是由实际水体所构成的吗？

1-13　求图 1-21 所示的容器壁面上 1 ~ 5 各点的静水压强的大小（包括绝对压强、相对压强、真空压强，并以各种单位表示）。

1-14　密闭容器盛水如图 1-22 所示，已知 $h = 3\ \text{m}$，$h_B = 2.5\ \text{m}$，$h_A = 2\ \text{m}$，求容器内点 A、点 B 及液面上的相对压强及绝对压强，并求图中所示 y 值。

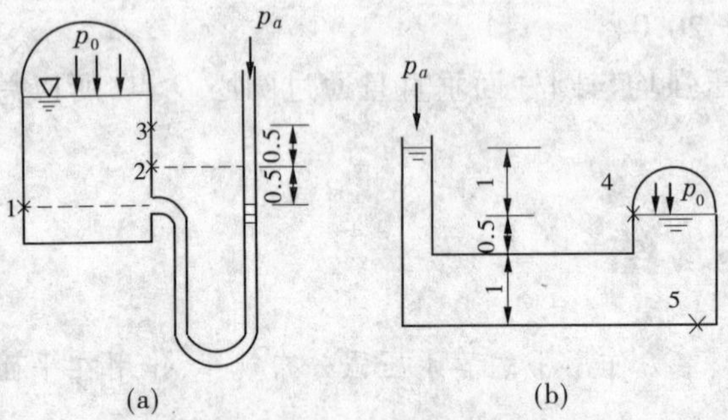

图 1-21

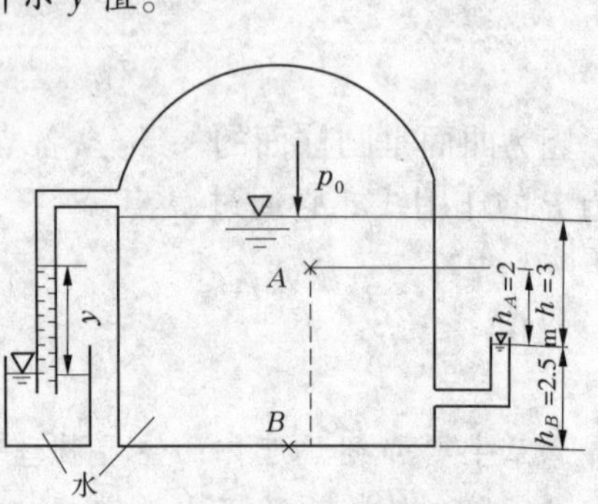

图 1-22　（单位：m）

1-15　如图 1-23 所示，一圆锥形开口容器，下接一弯管。当容器空着时，弯管上读数如图所示。问圆锥内充满水后，弯管上读数为多少？

1-16　如图 1-24 所示为一倒 U 形差压计，左边管内为水，右边管内为相对密度（即比重）$s_1 = 0.9$ 的油。倒 U 形管顶部为相对密度 $s_2 = 0.8$ 的油。已知左管内 A 点的压强 $p_A = 98\ \text{kN/m}^2$，试求右边管内 B 点的压强。

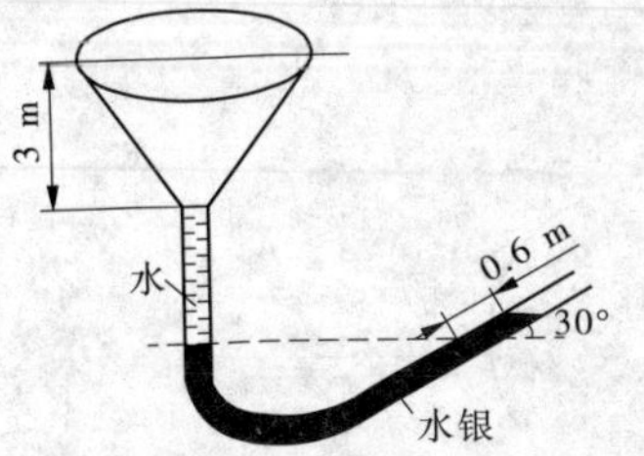

图 1-23

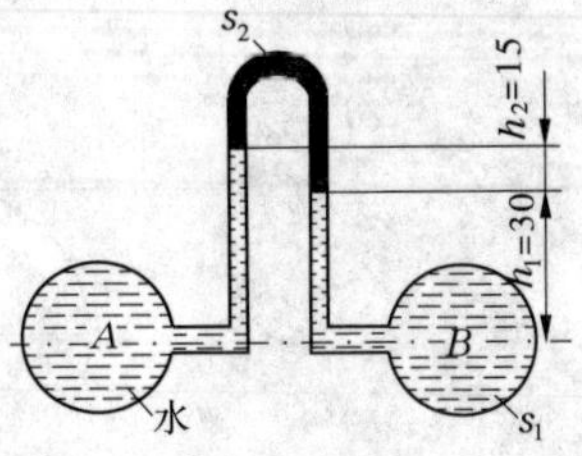

图 1-24　（单位：cm）

1-17　绘出图 1-25 中指定平面上的静水压强分布图。

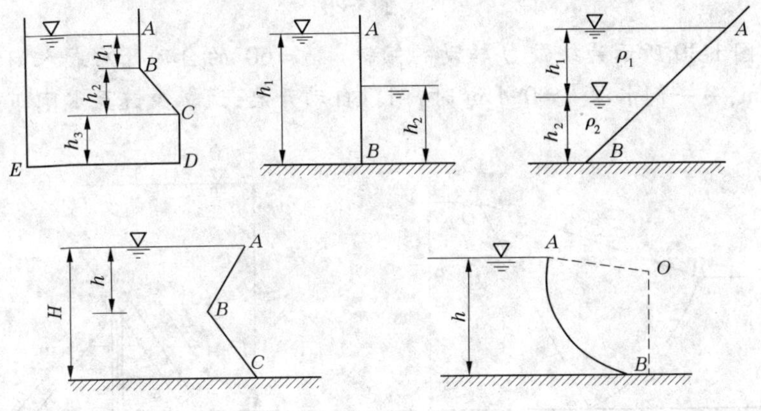

图 1-25

1-18　渠道上有一平面闸门（见图 1-26），宽 $b = 4.0$ m，闸门在水深 $H = 2.5$ m 下工作。求当闸门斜放 $\alpha = 60°$ 时受到的静水总压力、当闸门铅直时所受的静水总压力。

1-19　图 1-27 所示为一输水管道试压，压力表 M 的读数为 10 at（工程大气压），管道直径 $d = 1$ m。求作用于管端法兰堵头上的静水总压力。

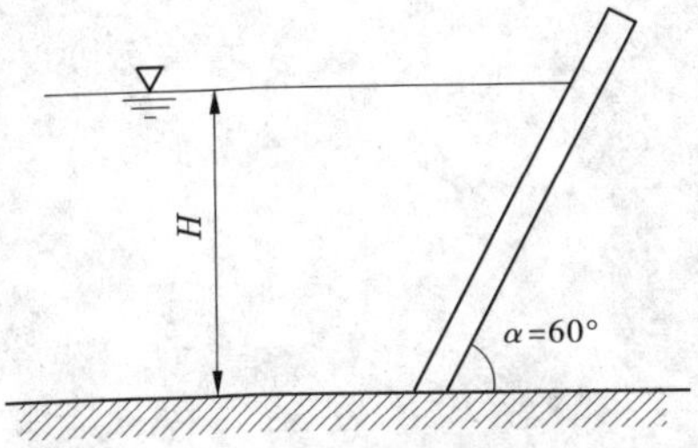

图 1-26

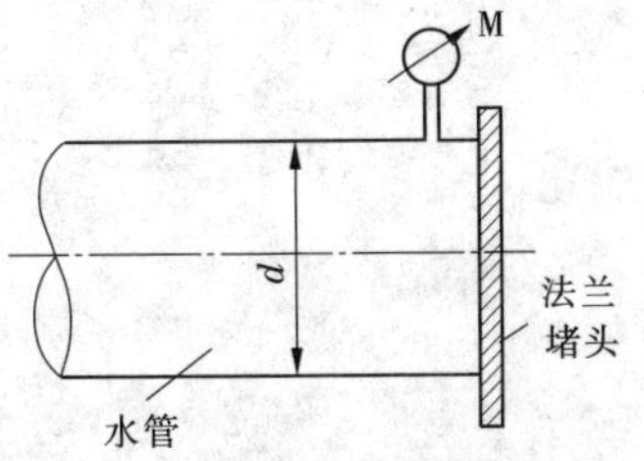

图 1-27

1-20　试绘制下列各种柱面的压力体剖面图（见图 1-28）。

1-21　图 1-29 所示为一弧形闸门，半径 $R = 7.5$ m，挡水深度 $h = 4.8$ m，旋转轴距渠底 $H = 5.8$ m，闸门宽度 $b = 6.4$ m。试求作用于闸门上的静水总压力的大小及作用点。

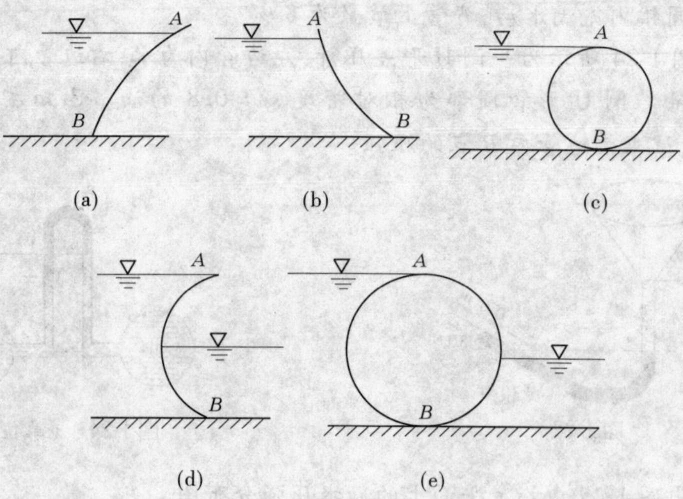

图 1-28

1-22　图 1-30 所示为绕铰 O 转动的倾斜角 $\alpha=60°$ 的自动开启式水闸，当水闸一侧的水深 $H=2$ m，另一侧水深 $h=0.4$ m 时，闸门自动开启，试求铰链至水闸下端的距离 x。

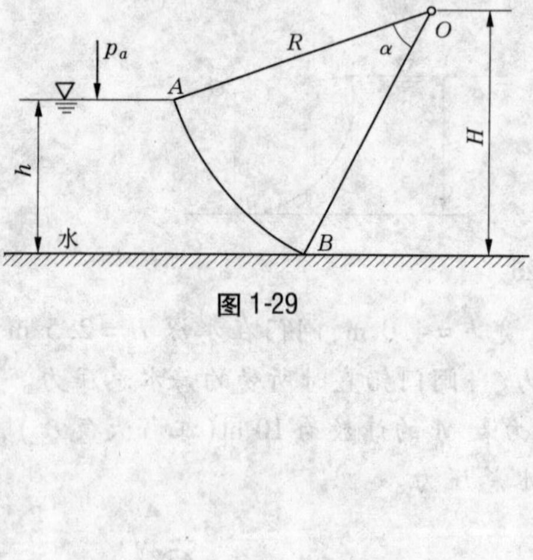

图 1-29

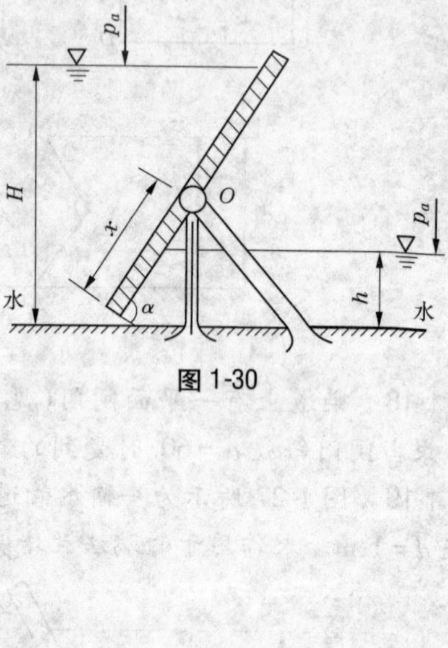

图 1-30

第2章　水流运动的基本原理

学习指导

目标

● 掌握恒定总流连续性方程、能量方程、动量方程的表达形式，理解方程中各项符号的含义、方程的应用条件及注意事项，并能灵活利用方程解决实际工程中的问题；水流运动的形态及其判别；水头损失的类型及各种水头损失的计算。

● 理解描述水流运动的两种方法；水流运动的基本概念（流管、微小流束、总流、过水断面、流量、断面平均流速等）；水流运动的分类及各种水流运动的特点。

重点

掌握水动力学三大方程及其应用与水头损失的计算。

研究液体的运动规律，也就是要确定描述液体运动状态的物理量，如速度、加速度、压强、切应力等运动要素随空间与时间的变化规律以及相互关系。

由于实际液体存在黏滞性，使得水流运动分析十分复杂，所以工程上通常先以忽略黏滞性的理想液体为研究对象，然后进一步研究实际液体。在某些工程问题上，也可将实际液体近似地按理想液体估算。

2.1　描述液体运动的两种方法

2.1.1　描述液体运动的两种方法

描述液体运动的方法有拉格朗日法和欧拉法两种。

2.1.1.1　拉格朗日法

拉格朗日法是以液体运动质点作为研究对象，研究这些质点在整个运动过程中的轨迹（称为迹线）以及运动要素随时间的变化规律。每个质点运动状况的总和就构成了整个液体的运动。所以，这种方法与一般力学中研究质点与质点系运动的方法是一样的。

由于液体质点的运动轨迹非常复杂，用拉格朗日法分析液体的运动，在数学上会遇到很多的困难，同时实用上一般也不需要知道给定质点的运动规律，所以除少数情况（如研究波浪运动），水力学通常不采用这种方法，而采用较简便的欧拉法。

2.1.1.2　欧拉法

欧拉法是把液体当做连续介质，以充满运动质点的空间——流场作为研究对象，研究各时刻流场中不同质点运动要素的分布与变化规律，而不直接追踪给定质点在某时刻的位置及其运动状况。

用欧拉法描述液体运动时，运动要素是空间坐标(x,y,z)与时间变量t的连续可微函

数。变量 x,y,z,t 统称为欧拉变量。因此，各空间点的流速所组成的流速场可表示为

$$\left.\begin{aligned} u_x &= u_x(x,y,z,t) \\ u_y &= u_y(x,y,z,t) \\ u_z &= u_z(x,y,z,t) \end{aligned}\right\} \tag{2-1}$$

各空间点的压强所组成的压强场可表示为

$$p = p(x,y,z,t) \tag{2-2}$$

加速度应是速度对时间的全导数。注意到式(2-1)中(x,y,z)是液体质点在 t 时刻的运动坐标，对于同一质点来说，它们不是独立变量，而是时间变量 t 的函数。根据复合函数求导规则，得

$$a_x = \frac{\mathrm{d}u_x}{\mathrm{d}t} = \frac{\partial u_x}{\partial t} + \frac{\partial u_x}{\partial x}\frac{\mathrm{d}x}{\mathrm{d}t} + \frac{\partial u_x}{\partial y}\frac{\mathrm{d}y}{\mathrm{d}t} + \frac{\partial u_x}{\partial z}\frac{\mathrm{d}z}{\mathrm{d}t}$$

式中

$$\frac{\mathrm{d}x}{\mathrm{d}t} = u_x \quad \frac{\mathrm{d}y}{\mathrm{d}t} = u_y \quad \frac{\mathrm{d}z}{\mathrm{d}t} = u_z$$

故

$$a_x = \frac{\mathrm{d}u_x}{\mathrm{d}t} = \frac{\partial u_x}{\partial t} + u_x\frac{\partial u_x}{\partial x} + u_y\frac{\partial u_x}{\partial y} + u_z\frac{\partial u_x}{\partial z}$$

同理

$$\left.\begin{aligned} a_x &= \frac{\mathrm{d}u_x}{\mathrm{d}t} = \frac{\partial u_x}{\partial t} + u_x\frac{\partial u_x}{\partial x} + u_y\frac{\partial u_x}{\partial y} + u_z\frac{\partial u_x}{\partial z} \\ a_y &= \frac{\mathrm{d}u_y}{\mathrm{d}t} = \frac{\partial u_y}{\partial t} + u_x\frac{\partial u_y}{\partial x} + u_y\frac{\partial u_y}{\partial y} + u_z\frac{\partial u_y}{\partial z} \\ a_z &= \frac{\mathrm{d}u_z}{\mathrm{d}t} = \frac{\partial u_z}{\partial t} + u_x\frac{\partial u_z}{\partial x} + u_y\frac{\partial u_z}{\partial y} + u_y\frac{\partial u_z}{\partial z} \end{aligned}\right\} \tag{2-3}$$

上式右边第一项$\frac{\partial u_x}{\partial t}$,$\frac{\partial u_y}{\partial t}$,$\frac{\partial u_z}{\partial t}$表示通过固定点的液体质点速度随时间的变化率，称为当地加速度；等号右边后三项反映了在同一时刻因地点变更而形成的加速度，称为迁移加速度。所以，用欧拉法描述液体运动时，液体质点的加速度应是当地加速度与迁移加速度之和。

2.1.1.3 迹线与流线

用拉格朗日法描述液体运动即研究个别液体质点在不同时刻的运动情况，由此引出了迹线的概念。所谓迹线就是指液体质点在运动过程中不同时刻所占据位置的连线，也就是液体质点运动的轨迹线。

用欧拉法描述液体运动，要考察同一时刻液体质点在不同空间点的运动情况，由此引入流线的概念。若某时刻在流速场中画出这样一条空间曲线，它上面所有液体质点的流速矢量都与这一曲线相切，这条曲线就称为该时刻的一条流线。因此，流线表明了某时刻流场中各点的流速方向。

流线的做法如下：在流速场中任取一点 a（见图 2-1），绘出在某时刻通过该点的质点的流速矢量 u_1，再在该矢量上取距点 a 很近的点 b 处标出同一时刻通过该处的质点的流速矢量 u_2，…，如此继续下去，得一折线 $abcde$…，若折线上相邻各点的间距无限接近，则折线 $abcde$…将成为一条曲线，该曲线即为某时刻流速场中经过点 a 的流线。

根据流线的概念，可知流线具有以下特征：

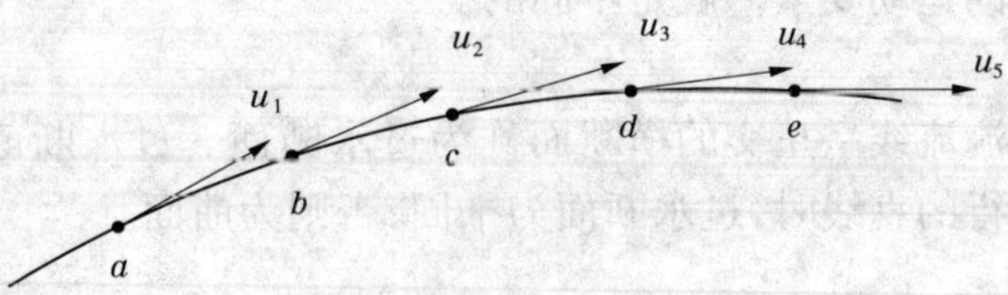

图 2-1

(1)流线上所有各质点的切线方向就代表了该点的流动方向。

(2)流线一般不会相交,也不会转折(驻点除外)。这是因为如果有两条流线相交,则在交点处,流速就会有两个方向;如果流线为折线,则在转折点处,同样将出现有两个流动方向的矛盾现象,所以流线只能是一条连续光滑的曲线。

(3)流线上的液体质点只能沿着流线运动。这是因为水质点的流速是与流线相切的,在流线上不可能有垂直于流线的速度分量,所以液体质点不可能有横越流线的流动。

在整个运动液体的空间可绘出一系列的流线,称为流线簇,流线簇构成的流线图称为流谱。不可压缩的液体中,流线簇的疏密程度反映了流场各点的速度大小。流线密集的地方流速大,流线稀疏的地方流速小。同时,它的形状受到固体边界形状、离边界远近等因素的影响。

2.1.2 水流运动的基本概念

2.1.2.1 流管

在流场中画出任一微小封闭曲线,经该曲线上各点作流线,这些流线所构成的封闭管状结构称为流管,如图 2-2(a)所示。根据流线的性质,流管内液体质点不能穿破流管壁流动。

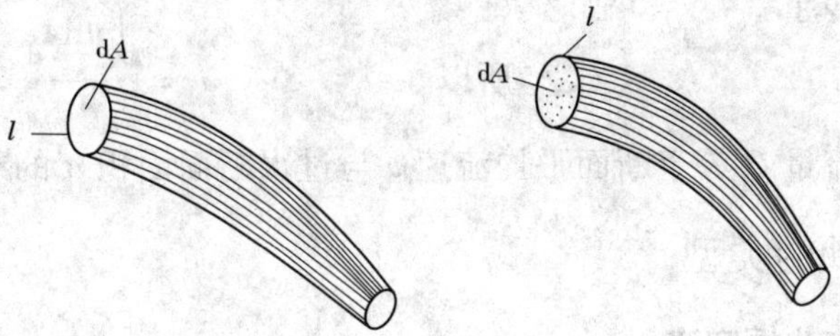

(a) (b)

图 2-2

2.1.2.2 微小流束

流管所包含的一束液流称为微小流束,如图 2-2(b)所示。微小流束过水断面面积很微小,它上面各点的运动要素在同一时刻一般可认为是相等的。由于微小流束的外包面是流管,所以微小流束与束外液体无质量、能量和动量的交换。由于液体不可压缩,因此从微小流束流入和流出的质量、能量和动量应一样。

2.1.2.3 总流

具有一定边界和规模的实际水流称为总流。总流可视为是由无数微小流束构成的。

总流过水断面上各点的运动要素一般是不同的。

2.1.2.4 过水断面

与微小流束或总流流线呈正交的横断面称为过水断面。过水断面可为平面，也可为曲面。流线为相互平行的直线时，过水断面为平面；否则为曲面。

2.1.2.5 流量

单位时间内通过过水断面的液体体积称为流量，以 Q 表示。流量常用的单位是 m^3/s 或 L/s。

假设在总流中任取一微小流束，其过水断面面积为 dA，流速为 u，则该微小流束的流量为

$$dQ = udA \tag{2-4}$$

而总流的流量等于所有微小流束的流量之和，即

$$Q = \int_Q dQ = \int_A udA \tag{2-5}$$

若流速 u 在过水断面上的分布已知，则可通过积分求得通过该过水断面的流量。

2.1.2.6 断面平均流速

一般断面流速分布不易确定，为使研究方便，实际工程中常引入断面平均流速的概念。

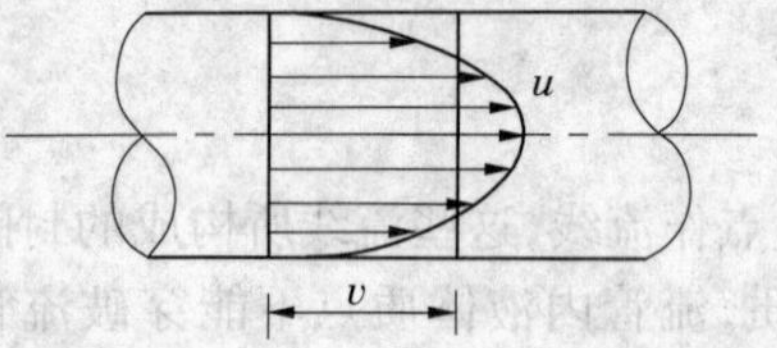

图 2-3

设想过水断面各点的流速都均匀分布，且等于 v（见图 2-3），按这一流速计算所得的流量与按各点的真实流速计算所得的流量相等，则把流速 v 定义为该断面的平均流速，即

$$\int_A udA = vA = Q \tag{2-6}$$

所以

$$v = \frac{\int_A udA}{A} = \frac{Q}{A} \tag{2-7}$$

可见，总流的流量 Q 等于断面平均流速 v 与过水断面面积 A 的乘积。

2.1.3 水流运动的类型

2.1.3.1 恒定流与非恒定流

根据液流的运动要素是否随时间变化，可将液流分为恒定流与非恒定流。

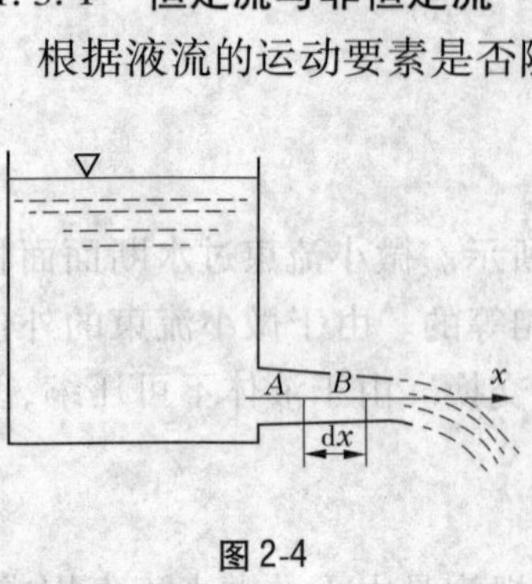

图 2-4

若流场中所有空间点上一切运动要素都不随时间改变，这种流动称为恒定流；否则，就叫做非恒定流。

例如，图 2-4 中水箱里的水位不恒定时，水流中各点的流速与压强等运动要素随时间而变化，这样的流动就是非恒定流。若设法使箱内水位保持恒定，则液体的运动就成为恒定流。

恒定流中一切运动要素只是坐标(x,y,z)的函数，而与时间 t 无关，因而恒定流的流线形状不随时间而变

化，且流线与迹线相重合，水流运动的分析比较简单，本章只研究恒定流。

2.1.3.2 均匀流与非均匀流

根据液流的运动要素是否沿程变化，可将液体流动分为均匀流与非均匀流两种。

同一流线上液体质点流速的大小和方向均沿程不变的流动，称为均匀流；否则，称为非均匀流。在均匀流中，沿同一根流线的流速分布是均匀的，所以流线是一组互相平行的直线，此时过水断面为平面。

例如，液体在等截面直管中的流动，或液体在断面形状与尺寸沿程不变的长直渠道中的流动都是均匀流。液体在收缩管、扩散管或弯管中的流动，以及在断面形状或尺寸沿程变化的渠道中的流动都形成非均匀流。

2.1.3.3 渐变流与急变流

在非均匀流中，根据流线的不平行程度和弯曲程度，液体的流动可分为渐变流与急变流两类。

渐变流是指流线接近于平行直线的流动。此时，各流线的曲率很小（即曲率半径 R 很大），而且流线间的夹角也很小，它的极限情况是流线为平行直线的均匀流。由于渐变流中流线近似平行，故可认为渐变流过水断面近似为平面。

急变流是指流线的曲率较大、流线之间的夹角也较大的流动。此时，流线已不再是一组平行的直线，因此过水断面为曲面。

渐变流与急变流没有明确的界限，往往由边界条件决定。

2.1.3.4 一元流、二元流与三元流

在工程实际中，实际水流的运动一般极为复杂，它的运动要素是空间位置坐标和时间的函数（对于恒定流，则仅是空间位置坐标的函数）。根据液流运动要素与坐标变量的关系，液体的流动可分为一元流、二元流与三元流。

若运动要素是三个空间坐标的函数，这种流动就称为三元流。例如，水在断面形状与大小沿程变化的天然河道中的流动。

若是两个坐标的函数，就叫做二元流。例如，一矩形断面的顺直明渠，当渠底宽很大，两侧边界影响可忽略不计时，其运动要素（如点流速）仅在沿程方向和水深方向变化。

若是一个坐标（如沿流动方向的坐标）的函数，就叫做一元流，例如微小流束，因它的运动要素仅与流程坐标有关，故微小流束为一元流。对于总流，严格地讲都不是一元流，但若把过水断面上与点的坐标有关的运动要素（如流速、压强等）进行断面平均，如用断面平均流速去代替过水断面上各点的流速，这时总流也可视为一元流。

严格来讲，任何实际水流都是三元流，只有按三元流来分析水流现象才符合实际，但此时水力计算较为复杂，难于求解。因而，在实际工程中，常结合具体水流运动特点，采用各种平均方法（如最常见的断面平均法）将三元流简化为一元流或二元流，由此引起的误差，可通过修正系数来加以校正。

2.2 恒定总流连续性方程

恒定流连续性方程是水动力学的一个基本方程，它是质量守恒原理在水力学中的应用。

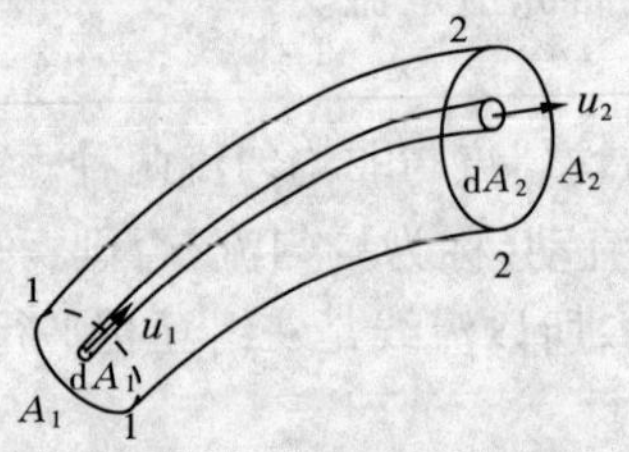

图 2-5

从总流中任取一段(见图 2-5),其进口过水断面 1—1 的面积为 A_1,出口过水断面 2—2 的面积为 A_2;再从中任取一微小流束,其进口过水断面面积为 dA_1,流速为 u_1;出口过水断面面积为 dA_2,流速为 u_2。考虑到:

(1)在恒定流条件下,微小流束的形状与位置不随时间改变;

(2)不可能有液体经微小流束侧壁流进或流出;

(3)液体一般可视为不可压缩的连续介质,其密度为常数。

根据质量守恒原理,单位时间内流进 dA_1 的质量等于流出 dA_2 的质量,即

$$\rho u_1 dA_1 = \rho u_2 dA_2 = \text{常数}$$

消去 ρ,则有

$$u_1 dA_1 = u_2 dA_2 = dQ \tag{2-8}$$

式(2-8)即为恒定流微小流束的连续性方程。

总流是无数个微小流束之和,将微小流束的连续性方程在总流过水断面上积分,可得总流的连续性方程为

$$\int_Q dQ = \int_{A_1} u_1 dA_1 = \int_{A_2} u_2 dA_2$$

引入断面平均流速后连续性方程变为

$$v_1 A_1 = v_2 A_2 = Q \tag{2-9}$$

式(2-9)即为不可压缩恒定总流的连续性方程。该式表明,在不可压缩液体的恒定总流中,任意两过水断面,其平均流速与过水断面面积成反比。

上述总流的连续性方程是在流量沿程不变的条件下导出的。若沿程有流量汇入或分出,则总流的连续性方程在形式上需作相应的修正。如图 2-6 所示的情况。

$$Q_1 + Q_2 = Q_3 \quad \text{或} \quad Q_1 = Q_2 + Q_3 \tag{2-10}$$

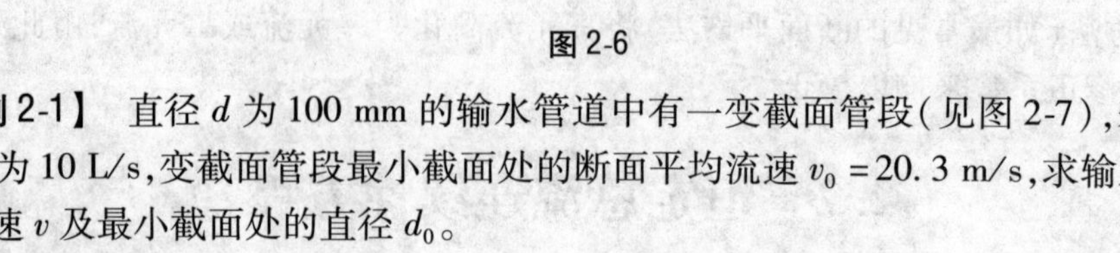

图 2-6

【例 2-1】 直径 d 为 100 mm 的输水管道中有一变截面管段(见图 2-7),若测得管内流量 Q 为 10 L/s,变截面管段最小截面处的断面平均流速 $v_0 = 20.3$ m/s,求输水管的断面平均流速 v 及最小截面处的直径 d_0。

解:1. 输水管的断面平均流速 v

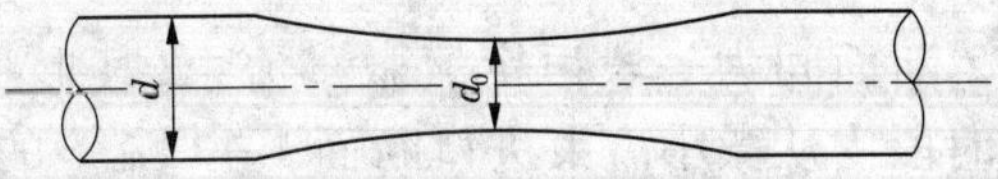

图 2-7

由恒定总流连续性方程

$$Q = vA$$

故 $$v = \frac{Q}{\frac{1}{4}\pi d^2} = \frac{10 \times 10^{-3}}{\frac{1}{4} \times 3.14 \times 0.1^2} = 1.27\ (\mathrm{m/s})$$

2. 最小截面处的直径 d_0

由恒定总流连续性方程

$$v\frac{\pi d^2}{4} = v_0\frac{\pi d_0^2}{4}$$

故 $$d_0^2 = \frac{v}{v_0}d^2 = \frac{1.27}{20.3} \times 0.1^2 = 0.000\ 626$$

所以 $$d_0 = 0.025\ 0\ \mathrm{m} = 25\ \mathrm{mm}$$

2.3 恒定总流的能量方程

2.3.1 恒定流微小流束的能量方程

理想液体恒定流微小流束的能量方程可简单地根据能量守恒定律导得。

在理想液体恒定总流中任取一段微小流束(见图 2-8)。进口过水断面为 1—1 断面,面积为 dA_1,形心距离某基准面 0—0 的铅垂高度为 z_1,流速为 u_1,动水压强为 p_1;出口过水断面为 2—2 断面,其相应的参数为 dA_2、z_2、u_2 与 p_2。微小流束同一过水断面上各点的流速与动水压强可认为是均布的。

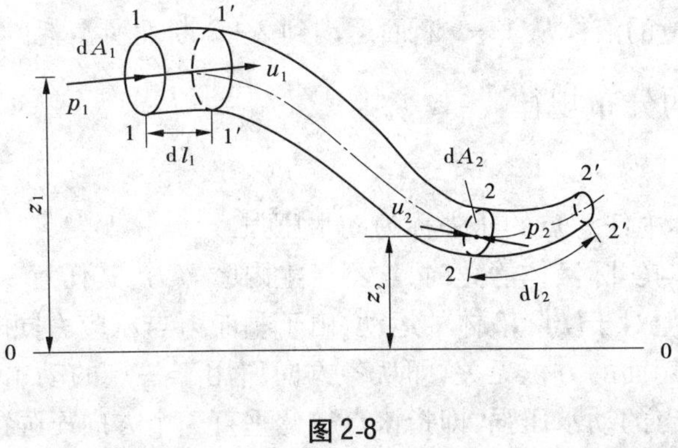

图 2-8

假设经过时间 dt,所取流段从 1—2 位置运动到 1′—2′位置。1—1 断面与 2—2 断面移动的距离分别是:

$$dl_1 = u_1 dt \quad dl_2 = u_2 dt$$

图中1—1断面到2—2断面间为一段恒定流微小流束，其形状、位置不随时间而变化，根据能量守恒定律，dt时段内从微小流束进口断面1—1流入的液体所具有的能量应等于dt时段内从微小流束出口断面2—2流出的液体所具有的能量。

1—1断面单位重量液体所具有的能量为$z_1 + \frac{p_1}{\gamma} + \frac{u_1^2}{2g}$；

dt时段内从1—1断面流入的能量为$(z_1 + \frac{p_1}{\gamma} + \frac{u_1^2}{2g})\gamma dA_1 u_1 dt$；

2—2断面单位重量液体所具有的能量为$z_2 + \frac{p_2}{\gamma} + \frac{u_2^2}{2g}$；

dt时段内从2—2断面流出的能量为$(z_2 + \frac{p_2}{\gamma} + \frac{u_2^2}{2g})\gamma dA_2 u_2 dt$。

根据能量守恒，有

$$(z_1 + \frac{p_1}{\gamma} + \frac{u_1^2}{2g})\gamma dA_1 u_1 dt = (z_2 + \frac{p_2}{\gamma} + \frac{u_2^2}{2g})\gamma dA_2 u_2 dt$$

两边同除以γdt，得

$$(z_1 + \frac{p_1}{\gamma} + \frac{u_1^2}{2g}) dA_1 u_1 = (z_2 + \frac{p_2}{\gamma} + \frac{u_2^2}{2g}) dA_2 u_2$$

由恒定流微小流束的连续性方程，可知

$$dA_1 u_1 = dA_2 u_2$$

所以

$$z_1 + \frac{p_1}{\gamma} + \frac{u_1^2}{2g} = z_2 + \frac{p_2}{\gamma} + \frac{u_2^2}{2g} \tag{2-11}$$

式(2-11)即为理想液体恒定流微小流束的能量方程，也叫伯努利方程。但由于实际液体具有黏滞性，在运动过程中，要克服黏滞阻力做功，从而消耗一定的能量，因而实际液体恒定流微小流束的能量方程可表示为

$$z_1 + \frac{p_1}{\gamma} + \frac{u_1^2}{2g} = z_2 + \frac{p_2}{\gamma} + \frac{u_2^2}{2g} + h_w' \tag{2-12}$$

式中，h_w'表示单位重量的液体从1—1断面运动到2—2断面所消耗的能量。

2.3.2 动水压强的分布规律

2.3.2.1 动水压强

液体运动时，液体中任意点的压强称为动水压强。

理想液体流动时与实际液体静止时，均不产生内摩擦力，其任意一点各方向的压强与受压面的方位无关。但对于实际液体的运动，由于黏滞力与压应力同时存在，动水压强的大小一般将不再与作用面的方位无关，即从各方向作用于一点的动水压强并不相等。通常所说的实际液体某点的动水压强，即指该点彼此垂直3个方向压强的平均值。

2.3.2.2 均匀流中过水断面上的动水压强分布规律

对均匀流，流线为一组平行直线，过水断面为平面。在均匀流过水断面上，任意两相邻流线间取微小柱体，长为dn，底面积为dA(见图2-9)。

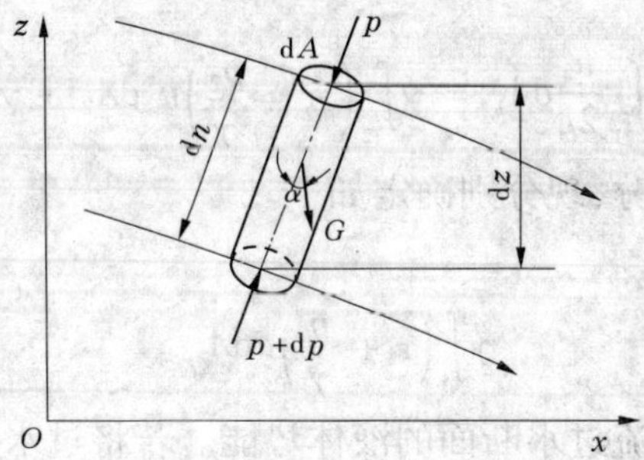

图 2-9

分析该柱体所受轴线方向的作用力：

(1)上下底面的压强 p 与 $p+\mathrm{d}p$。

(2)柱体自重沿轴线方向的投影 $\gamma \mathrm{d}A\mathrm{d}n\cos\alpha$，其中 α 为重力与轴线的夹角。

(3)侧面上的动水压强在轴线方向的投影为 0，侧面上的摩擦力 $\tau_n=\mu\dfrac{\mathrm{d}u_n}{\mathrm{d}x}=0$，两底面上的摩擦力在轴线方向的投影为 0。

(4)在均匀流条件下惯性力可略去不计。

由轴线方向力的平衡方程，得

$$p\mathrm{d}A-(p+\mathrm{d}p)\mathrm{d}A+\gamma \mathrm{d}A\mathrm{d}n\cos\alpha=0$$

注意到
$$\mathrm{d}n\cos\alpha=-\mathrm{d}z$$

化简为
$$\mathrm{d}p+\gamma \mathrm{d}z=0$$

积分得
$$z+\frac{p}{\gamma}=C \tag{2-13}$$

上式说明了均匀流同一过水断面上的动水压强按静压规律分布，即在同一过水断面上各点相对于同一基准面的测压管水头(或单位势能)为一常数。但是对于不同的过水断面，上式中的常数一般是不同的。

应该指出，因为渐变流是一种近似的均匀流，所以渐变流过水断面的动水压强也符合静压分布规律。

2.3.3 恒定总流的能量方程

前面已经得到了实际液体恒定流微小流束的能量方程(2-12)，但要解决实际工程中的问题，还需通过在过水断面上积分把它推广到总流。将式(2-12)各项乘以 $\gamma \mathrm{d}Q$，得到单位时间内通过微小流束两过水断面的全部液体的能量关系式为

$$\left(z_1+\frac{p_1}{\gamma}+\frac{u_1^2}{2g}\right)\gamma \mathrm{d}Q=\left(z_2+\frac{p_2}{\gamma}+\frac{u_2^2}{2g}\right)\gamma \mathrm{d}Q+h_w{}'\gamma \mathrm{d}Q \tag{2-14}$$

注意到 $\mathrm{d}Q=u_1\mathrm{d}A_1=u_2\mathrm{d}A_2$，在总流过水断面上积分，得到通过总流两过水断面的能量关系为

$$\int_{A_1}\left(z_1+\frac{p_1}{\gamma}+\frac{u_1^2}{2g}\right)\gamma u_1\mathrm{d}A_1=\int_{A_2}\left(z_2+\frac{p_2}{\gamma}+\frac{u_2^2}{2g}\right)\gamma u_2\mathrm{d}A_2+\int_Q h_w{}'\gamma \mathrm{d}Q$$

可分写成

$$\gamma\int_{A_1}\left(z_1+\frac{p_1}{\gamma}\right)u_1\mathrm{d}A_1+\gamma\int_{A_1}\frac{u_1^3}{2g}\mathrm{d}A_1=\gamma\int_{A_2}\left(z_2+\frac{p_2}{\gamma}\right)u_2\mathrm{d}A_2+\gamma\int_{A_2}\frac{u_2^3}{2g}\mathrm{d}A_2+\gamma\int_Q h_w'\mathrm{d}Q \quad (\mathrm{a})$$

上式共有三种类型的积分，现分别确定如下。

2.3.3.1 势能类积分

$$\gamma\int_A\left(z+\frac{p}{\gamma}\right)u\mathrm{d}A$$

它是单位时间内通过总流过水断面的液体势能。若将过水断面取在均匀流或渐变流上，且以断面平均流速代替过水断面上各点的流速，则

$$\gamma\int_A\left(z+\frac{p}{\gamma}\right)u\mathrm{d}A=\gamma\left(z+\frac{p}{\gamma}\right)\int_A u\mathrm{d}A=\gamma\left(z+\frac{p}{\gamma}\right)vA=\left(z+\frac{p}{\gamma}\right)\gamma Q \quad (\mathrm{b})$$

2.3.3.2 动能类积分

$$\gamma\int_A\frac{u^3}{2g}\mathrm{d}A$$

它是单位时间内通过总流过水断面的液体动能。由于流速 u 在总流过水断面上的分布一般难以确定，故可根据积分中值定理，且用断面平均流速 v 来表示实际动能，令 $u^3=\alpha v^3$，则

$$\gamma\int_A\frac{u^3}{2g}\mathrm{d}A=\frac{\gamma}{2g}\alpha v^3A=\frac{\alpha v^2}{2g}\gamma Q \quad (\mathrm{c})$$

因为按断面平均流速计算的动能与实际动能存在差异，所以需要引入动能修正系数 α（实际动能与按断面平均流速计算的动能之比值）。α 值取决于总流过水断面上的流速分布。α 一般大于 1。流速分布较均匀时 $\alpha=1.05\sim1.10$，流速分布不均匀时 α 值较大，甚至可达到 2。在工程计算中常取 $\alpha=1$。

2.3.3.3 能量损失类积分

$$\gamma\int_Q h_w'\mathrm{d}Q$$

它是单位时间内总流过水断面 1—1 断面与 2—2 断面之间的机械能损失，同样可用单位重量的液体在这两断面间的平均能量损失（称为总流的水头损失）h_w 来表示，则

$$\gamma\int_Q h_w'\mathrm{d}Q=h_w\gamma Q \quad (\mathrm{d})$$

将式(b)、式(c)与式(d)一起代入式(a)，注意到 $Q_1=Q_2=Q$，再两边除以 γQ，则得

$$z_1+\frac{p_1}{\gamma}+\frac{\alpha_1v_1^2}{2g}=z_2+\frac{p_2}{\gamma}+\frac{\alpha_2v_2^2}{2g}+h_w \quad (2\text{-}15)$$

式(2-15)即为实际液体恒定总流的能量方程（伯努利方程）。它在形式上类似于实际液体恒定流微小流束的能量方程，只是以断面平均流速 v 代替点流速 u（相应地考虑动能修正系数 α），以平均水头损失 h_w 代替微小流束的水头损失 h_w'。

2.3.4 能量方程的意义

实际液体恒定总流能量方程中各项的意义如下：

z——总流过水断面上单位重量液体所具有的位置势能,简称为单位位能,几何上称为位置高度或位置水头;

$\frac{p}{\gamma}$——总流过水断面上单位重量液体所具有的压强势能,简称为单位压能,几何上称为测压管高度或压强高度、压强水头;

$z+\frac{p}{\gamma}$——总流过水断面上单位重量液体所具有的平均势能,几何上称为测压管水头,可记为 H_p;

$\frac{\alpha v^2}{2g}$——总流过水断面上单位重量液体所具有的平均动能,几何上称为流速水头;

$z+\frac{p}{\gamma}+\frac{\alpha v^2}{2g}$——总流过水断面上单位重量液体所具有的总的机械能,几何上称为总水头,一般记为 H;

h_w——总流单位重量液体在始末两断面间沿流程的平均能量损失,几何上称为水头损失。

2.3.5 能量方程的图示

实际液体恒定总流能量方程中各项及总水头、测压管水头的沿程变化可用几何曲线来表示。

设想总流各过水断面放置测压管与测速管,各测压管液面的连线称为测压管水头线;而各测速管液面的连线称为总水头线(见图 2-10)。这两条线清晰地显示了液流三种能量及其组合的沿程变化过程。

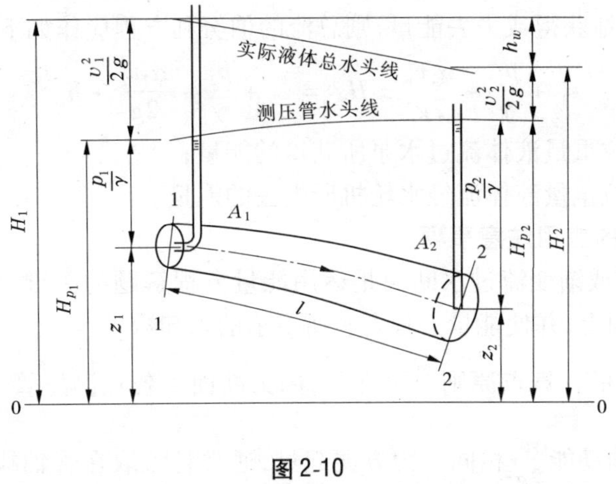

图 2-10

由于实际液体在流动中总机械能沿程减小,所以实际液体的总水头线是一条沿程下降的直线或曲线。总水头线沿程下降的快慢可用总水头线的坡度 J 表示,称为水力坡度,它表示单位重量液体单位流程上的水头损失,即

$$J=\frac{\mathrm{d}h_w}{\mathrm{d}L}=-\frac{\mathrm{d}H}{\mathrm{d}L} \tag{2-16}$$

上式引入负号是因总水头线总是沿程下降的，引入负号后使 J 恒为正值。

测压管水头线可能下降、水平或上升，这取决于总流几何边界条件的变化情况。测压管水头线沿程的变化可用测压管坡度 J_p 表示，它表示单位重量液体单位流程上测压管水头的变化值，即

$$J_p = -\frac{dH_p}{dL} = -\frac{d\left(z + \frac{p}{\gamma}\right)}{dL} \tag{2-17}$$

按上述定义，测压管水头线下降时 J_p 为正，上升时 J_p 为负。

2.3.6 恒定总流能量方程的应用

2.3.6.1 恒定总流能量方程的应用条件

综上所述，总流能量方程在推导过程中引入了一些限制条件，故能量方程在应用时应满足以下条件：

(1) 水流必须为恒定流。

(2) 液体为不可压缩流体。

(3) 作用于液体上的质量力仅限有重力。

(4) 所选取的两过水断面必须是均匀流或渐变流断面，但两过水断面间的流动可以是急变流。

(5) 总流的流量沿程不变。若在两断面间有流量分出或汇入，由于总流的能量方程是对单位重量液体而言的，因此只须计入相应的能量损失，该方程仍可近似应用，但方程具有另外的形式。

(6) 总流沿程没有能量的输入或输出。但当总流在两断面间通过水泵、水轮机等流体机械时，流体额外地获得或失去能量，则总流的伯努利方程应作如下的修正，即

$$z_1 + \frac{p_1}{\gamma} + \frac{\alpha_1 v_1^2}{2g} \pm H_m = z_2 + \frac{p_2}{\gamma} + \frac{\alpha_2 v_2^2}{2g} + h_w \tag{2-18}$$

式中　$+H_m$——单位重量液体流过水泵所获得的能量；

　　　$-H_m$——单位重量液体流经水轮机所失去的能量。

2.3.6.2 能量方程的应用注意事项

(1) 选取均匀流或渐变流过水断面是运用能量方程解题的关键，应将过水断面取在已知参数较多的断面上，并使能量方程含有所要求的未知数。

(2) 过水断面上的计算点原则上可任取，因为断面上各点测压管水头 $z + \frac{p}{\gamma}$ = 常数，而且断面上各点平均动能 $\frac{\alpha v^2}{2g}$ 相同。为方便起见，通常管流取在管轴线上；明渠流取在自由液面上。

(3) 方程中动水压强 p_1 与 p_2，原则上可取绝对压强，也可取相对压强，但对同一问题必须采用相同的标准。在一般水力计算中，以取相对压强为宜。

(4) 位置水头的基准面可任选，但对于两个过水断面必须选取同一基准面，通常使 $z \geqslant 0$。

【例 2-2】 自流管从水库取水(见图 2-11),已知 $H=12$ m,管径 $d=100$ mm,水头损失 $h_w=8\dfrac{v^2}{2g}$,求自流管流量 Q。

解:(1)0—0 基准面(下游水面);

(2)渐变流断面(见图 2-11);

(3)代表点:水面。

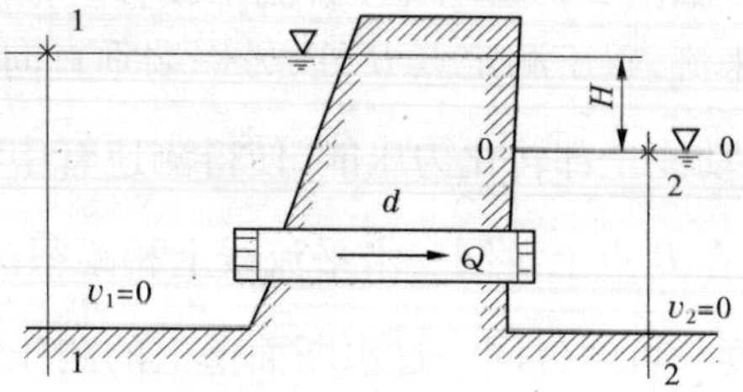

图 2-11

对 1—1 断面、2—2 断面列能量方程:

$$z_1+\frac{p_1}{\gamma}+\frac{\alpha_1 v_1^2}{2g}=z_2+\frac{p_2}{\gamma}+\frac{\alpha_2 v_2^2}{2g}+h_w$$

$$H+0+0=0+0+0+h_w$$

$$H=h_w=8\frac{v^2}{2g}$$

$$v=5.42\ \text{m/s}\qquad Q=vA=42.6\ \text{L/s}$$

【例 2-3】 如图 2-12 所示断面突然缩小管道,已知 $d_1=200$ mm,$d_2=150$ mm,$Q=50$ L/s,水银比压计读数 $h=500$ mmHg,求 h_w。

解:(1)基准面(任取);

(2)渐变流断面(见图 2-12);

(3)代表点:管轴线。

对 1—1 断面、2—2 断面列能量方程:

$$z_1+\frac{p_1}{\gamma}+\frac{\alpha_1 v_1^2}{2g}=z_2+\frac{p_2}{\gamma}+\frac{\alpha_2 v_2^2}{2g}+h_w$$

由连续性方程:

$$v_1=\frac{Q}{A_1}=1.59\ \text{m/s},\ \frac{v_1^2}{2g}=0.129\ \text{m}$$

$$v_2=\frac{Q}{A_2}=2.83\ \text{m/s},\ \frac{v_2^2}{2g}=0.409\ \text{m}$$

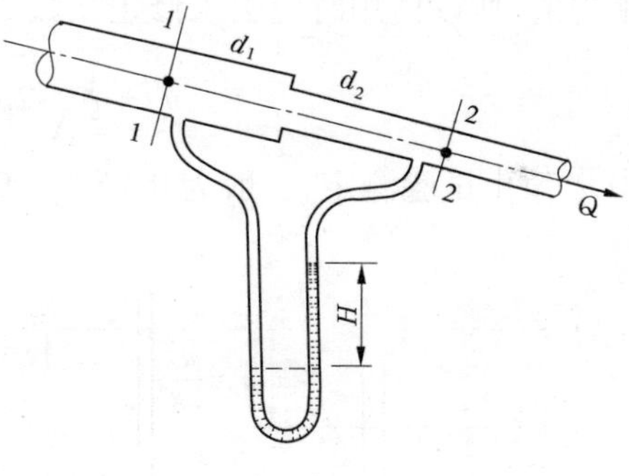

图 2-12

由水银比压计公式:

$$\left(z_1+\frac{p_1}{\gamma}\right)-\left(z_2+\frac{p_2}{\gamma}\right)=\frac{\gamma'-\gamma}{\gamma}h=12.6h=6.3\ \text{m}$$

代入能量方程:

$$h_w=\left(z_1+\frac{p_1}{\gamma}+\frac{\alpha_1 v_1^2}{2g}\right)-\left(z_2+\frac{p_2}{\gamma}+\frac{\alpha_2 v_2^2}{2g}\right)$$

取

$$\alpha_1=\alpha_2=\alpha=1.0$$

所以

$$h_w=6.02\ \text{m}$$

2.3.6.3 能量方程的应用举例

1)毕托管测流速

毕托管是一种常用的量测运动液体中点流速的仪器。它是亨利·毕托在 1703 年首创的,其测量流速的原理就是液体能量的转化和守恒原理。

如图 2-13 所示，在管流中放置一根测速管，它是弯成直角的两端开口的细管，一端正对来流，置于测定点 B 处，另一端垂直向上。B 点的运动质点由于测速管的阻滞而流速为零，动能全部转化为压能，使得测速管中液面升高为$\dfrac{p'}{\gamma}$。B 点称为滞止点或驻点。另一方面，在 B 点上游同一水平流线上相距很近的 A 点未受测速管的影响，流速为 u，其测压管高度$\dfrac{p}{\gamma}$可通过同一过水断面壁上的测压管测定。应用恒定流理想液体沿流线的伯努利方程于 A、B 两点，有

$$\frac{p}{\gamma}+\frac{u^2}{2g}=\frac{p'}{\gamma}$$

得

$$\frac{u^2}{2g}=\frac{p'}{\gamma}-\frac{p}{\gamma}=h_u \tag{2-19}$$

则

$$u=\sqrt{2g\frac{p'-p}{\gamma}}=\sqrt{2gh_u} \tag{2-20}$$

根据这个原理，可将测压管与测速管组合制成一种测定点流速的仪器，称为毕托管。其构造如图 2-14 所示，其中与前端迎流孔相通的是测速管，与侧面顺流孔（一般有 4 至 8 个）相通的是测压管。考虑到实际液体从前端小孔至侧面小孔的黏性效应，还有毕托管放入后对流场的干扰，以及侧面小孔实测到的测速管高度$\dfrac{p}{\gamma}$不是一点的值，而是小孔截面的平均值，所以使用时应引入修正系数 ζ，即

$$u=\zeta\sqrt{2g\frac{p'-p}{\gamma}}=\zeta\sqrt{2gh_u} \tag{2-21}$$

式中，ζ 值由试验测定，一般为 0.98～1.0。

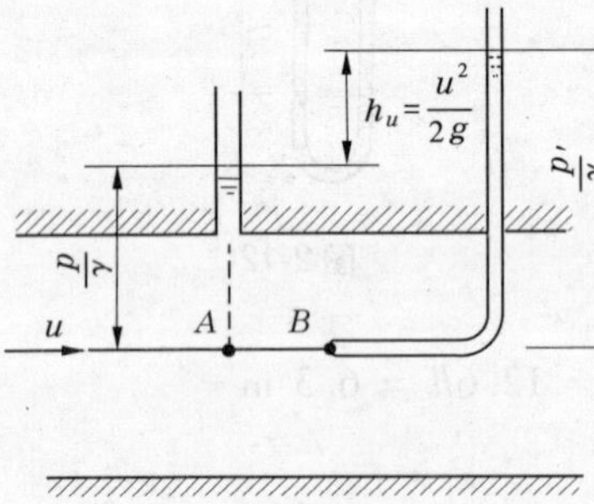

图 2-13

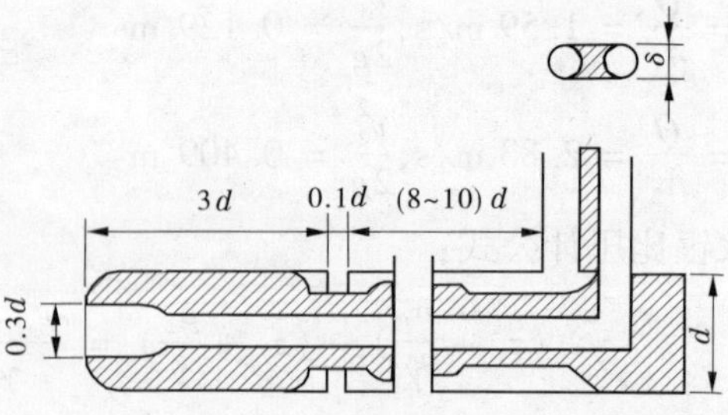

图 2-14

2）文丘里流量计

文丘里流量计是用于测量管道中流量大小的一种装置，包括收缩段、喉管和扩散段三部分，安装在需要测定流量的管道中。在收缩段进口前 1—1 断面和喉管 2—2 断面分别安装测压管，如图 2-15 所示。通过测量 1—1 断面和 2—2 断面测压管水头差 Δh 值，就能计算出管道通过的流量 Q。

因为管轴线是水平的，取管轴线所在的水平面 0—0 为基准面，对渐变流断面 1—1 断

面和 2—2 断面写能量方程（取 $\alpha_1 = \alpha_2 = 1.0$，暂不考虑水头损失），有

$$0 + \frac{p_1}{\gamma} + \frac{v_1^2}{2g} = 0 + \frac{p_2}{\gamma} + \frac{v_2^2}{2g}$$

上式中$\frac{p_1}{\gamma} = h_1$，$\frac{p_2}{\gamma} = h_2$，$h_1 - h_2 = \Delta h$，则

$$\frac{p_1}{\gamma} - \frac{p_2}{\gamma} = \frac{v_1^2}{2g} - \frac{v_2^2}{2g} = \Delta h \qquad \text{(a)}$$

根据连续性方程，有

$$v_2 = \frac{A_1 v_1}{A_2} = (\frac{d_1}{d_2})^2 v_1 \qquad \text{(b)}$$

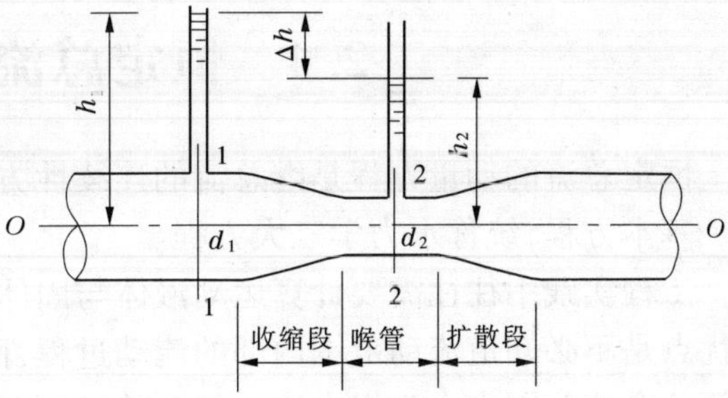

图 2-15

将式(b)带入式(a)，得

$$\Delta h = \frac{v_1^2}{2g}\left[\left(\frac{d_1}{d_2}\right)^4 - 1\right]$$

则

$$v_1 = \frac{1}{\sqrt{(\frac{d_1}{d_2})^4 - 1}}\sqrt{2g\Delta h}$$

因此，通过文丘里流量计的流量为

$$Q = A_1 v_1 = \frac{\pi}{4}d_1^2 \frac{1}{\sqrt{(\frac{d_1}{d_2})^4 - 1}}\sqrt{2g\Delta h} = \frac{\pi d_1^2 d_2^2}{4\sqrt{d_1^4 - d_2^4}}\sqrt{2g\Delta h}$$

令

$$K = \frac{\pi d_1^2 d_2^2}{4\sqrt{d_1^4 - d_2^4}}\sqrt{2g}$$

则

$$Q = K\sqrt{\Delta h} \qquad (2\text{-}22)$$

实际上，液体存在水头损失，通过文丘里流量计的实际流量要比式(2-22)计算出的流量要小。通常给上式乘以一个小于 1 的修正系数 μ 来修正，则实际流量为

$$Q = \mu K\sqrt{\Delta h} \qquad (2\text{-}23)$$

式中 μ——文丘里流量计的流量系数，一般为 0.95 ~ 0.98。

如果 1—1 断面和 2—2 断面的动水压强很大，可在文丘里管上直接安装水银压差计，如图 2-16 所示。由压差计原理可知

$$\frac{p_1}{\gamma} - \frac{p_2}{\gamma} = \frac{\gamma_m - \gamma}{\gamma}\Delta h = 12.6\Delta h$$

则

$$Q = \mu K\sqrt{12.6\Delta h} \qquad (2\text{-}24)$$

式中 Δh——水银压差计两支管中水银面的高差。

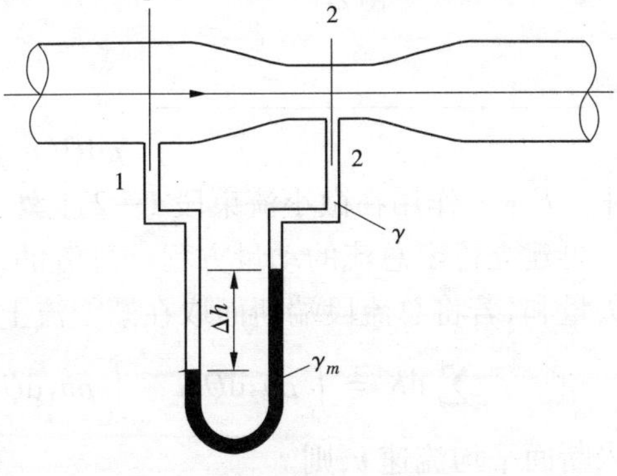

图 2-16

2.4 恒定总流的动量方程

恒定总流的动量方程是继总流的连续性方程与能量方程之后，研究液体一元流动的又一基本方程，统称水力学三大方程。

工程实践中往往需要计算运动液体与固体边壁间的相互作用力，利用动量方程求解，其优点是不必知道流动范围内部的流动过程，而只需知道断面上的流动状况，这样可避开计算急变流范围内水头损失这一复杂的问题，使急变流中水流与边界面之间的相互作用力问题较方便地得以解决。

2.4.1 动量方程的推导

恒定总流的动量方程是根据理论力学动量定理导得的。这一定理可表述为：物体的动量变化率$\dfrac{\mathrm{d}K}{\mathrm{d}t}$等于所受外力的合力 F，即

$$\frac{\mathrm{d}K}{\mathrm{d}t}=\frac{\mathrm{d}(\sum Mu)}{\mathrm{d}t}=F \tag{2-25}$$

它是个矢量方程，同时方程中不出现内力。

从恒定总流中任取一微小流束，如图 2-17 所示。初始时刻在 1—2 位置，经 $\mathrm{d}t$ 时段运动到 1′—2′位置，设通过过水断面 1—1 与 2—2 的流速分别为 u_1 与 u_2。

$\mathrm{d}t$ 时段内微小流束的动量增量 $\mathrm{d}K$ 等于 1′—2′段与 1—2 段液体各质点动量的矢量和之差，由于恒定流公共部分 1′—2 段的形状与位置及其动量不随时间改变，因而微小流束段的动量增量等于 2—2′段动量与 1′—1 段动量之矢量差。根据质量守恒原理，2—2′段的质量与 1′—1 段的质量相等(设为 $\mathrm{d}M$)，则元流的动量增量为

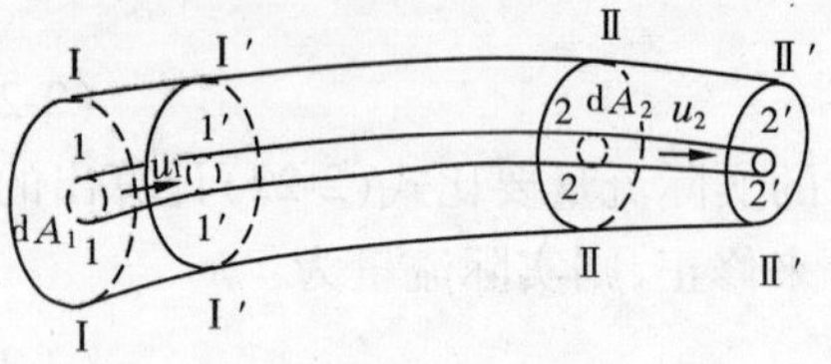

图 2-17

$$\mathrm{d}K=\mathrm{d}Mu_2-\mathrm{d}Mu_1=\mathrm{d}M(u_2-u_1)$$

对于不可压缩的液体，由连续性方程可知

$$\mathrm{d}Q_1=\mathrm{d}Q_2=\mathrm{d}Q$$

故
$$\mathrm{d}K=\rho\mathrm{d}Q\mathrm{d}t(u_2-u_1)$$

根据动量定理，得恒定流微小流束的动量方程

$$\rho\mathrm{d}Q(u_2-u_1)=F \tag{2-26}$$

式中 F——作用在微小流束段 1—2 上外力的合力。

再建立恒定总流的动量方程。总流的动量变化 $\sum\mathrm{d}K$ 等于所有微小流束的动量变化的矢量和，若将总流段端断面取在渐变流上，则 $\mathrm{d}t$ 时间段总流的动量变化为

$$\sum\mathrm{d}K=\int_{A_2}\rho u_2\mathrm{d}Q\mathrm{d}t-\int_{A_1}\rho u_1\mathrm{d}Q\mathrm{d}t=\rho\mathrm{d}t\left(\int_{A_2}u_2u_2\mathrm{d}A_2-\int_{A_1}u_1u_1\mathrm{d}A_1\right)$$

引入断面平均流速 v，则

$$\sum\mathrm{d}K=\rho\mathrm{d}t(\beta_2v_2v_2A_2-\beta_1v_1v_1A_1)$$

β 为动量修正系数,表示实际动量与按断面平均流速计算的动量的比值。β 值总是大于1。β 值决定于总流过水断面的流速分布,一般渐变流动的 $\beta = 1.02 \sim 1.05$,但有时可达到1.33或更大,工程上常取 $\beta = 1$。

注意到 $v_1 A_1 = v_2 A_2 = Q$,则

$$\sum \mathrm{d}K = \rho Q \mathrm{d}t(\beta_2 v_2 - \beta_1 v_1)$$

根据动量定理,对于总流有 $\frac{\sum \mathrm{d}K}{\mathrm{d}t} = \sum F$,得

$$\rho Q(\beta_2 v_2 - \beta_1 v_1) = \sum F \tag{2-27}$$

式中　F——作用在总流段Ⅰ—Ⅱ上所有外力的合力。

式(2-27)即为不可压缩液体恒定总流的动量方程,它表明作用于所研究总流流段上的所有外力的矢量和,应等于该流段单位时间内通过下游断面流出的动量与通过上游断面流入动量的矢量差。

因动量方程是矢量方程,故在实用上是利用它在某坐标系上的投影式进行计算的。

2.4.2　动量方程的应用

现举例说明恒定总流动量方程的应用。

【例2-4】 管路中一段水平放置的等截面弯管,直径 d 为 200 mm,弯角为 45°(见图2-18)。管中1—1断面的平均流速 $v_1 = 4$ m/s,其形心处的相对压强 $p_1 = 1$ 个大气压。若不计管流的水头损失,求水流对弯管的作用力 R_x 与 R_y(坐标轴 x 与 y 如图2-18所示)。

解: 利用总流的动量方程求解 R_x 与 R_y。

1. 选取脱离体

取渐变流过水断面1—1与2—2以及管内壁所围成的水体为脱离体。

2. 分析外力

作用在控制体上的外力,以及流入与流出控制面的流速如图2-18所示,其中 R_x' 与 R_y' 是弯管对水流的反作用力,p_1 与 p_2 分别是1—1断面与2—2断面形心处的相对压强。所以作用在这两断面上的总压力分别为 $P_1 = p_1 A_1$,$P_2 = p_2 A_2$。作用在控制面内的水流重力,因与所研究的水平面垂直,故不必考虑。

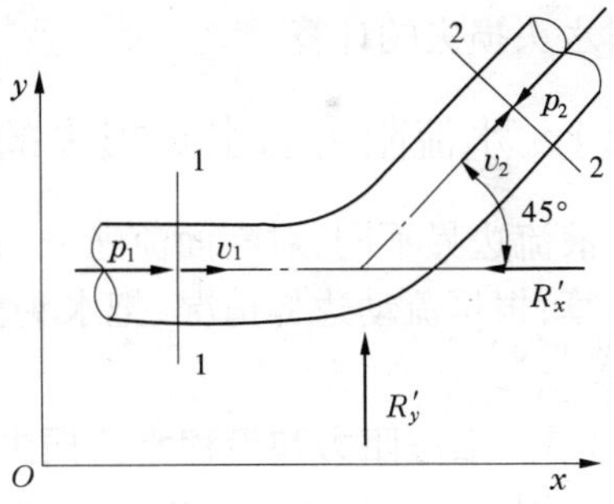

图2-18

3. 列动量方程

总流的动量方程式(2-27)在 x 轴与 y 轴上的投影为

$$\left.\begin{aligned} \rho Q(\beta_2 v_2 \cos 45° - \beta_1 v_1) &= p_1 A_2 - p_2 A_2 \cos 45° - R'_x \\ \rho Q(\beta_2 v_2 \sin 45° - 0) &= 0 - p_2 A_2 \sin 45° + R'_y \end{aligned}\right\}$$

则

$$\left.\begin{aligned} R'_x &= p_1 A_1 - p_2 A_2 \cos 45° - \rho Q(\beta_2 v_2 \cos 45° - \beta_1 v_1) \\ R'_y &= p_2 A_2 \sin 45° + \rho Q \beta_2 v_2 \sin 45° \end{aligned}\right\} \tag{a}$$

式中 $$Q = \frac{1}{4}\pi d^2 v_1 = \frac{1}{4} \times 3.14 \times 0.2^2 \times 4 = 0.126\ (\mathrm{m^3/s})$$

根据总流的连续性方程可知 $v_2 = v_1 = 4\ \mathrm{m/s}$，同时因弯管水平且不计水头损失，则由总流的能量方程得到 $p_2 = p_1 = 1$ 大气压 $=98\ \mathrm{kN/m^2}$，于是

$$p_2 A_2 = p_1 A_1 = p_1 \frac{1}{4}\pi d_1^2 = 98 \times \frac{1}{4} \times 3.14 \times 0.2^2 = 3.077\ (\mathrm{kN})$$

取 $\beta_1 = \beta_2 = 1$，将它们代入式(a)，得

$$R'_x = 3.077 - 3.077 \times \frac{\sqrt{2}}{2} - 1 \times 0.126 \times 4 \times \left(\frac{\sqrt{2}}{2} - 1\right) = 1.049\ (\mathrm{kN})$$

$$R'_y = 3.077 \times \frac{\sqrt{2}}{2} + 1 \times 0.126 \times 4 \times \frac{\sqrt{2}}{2} = 2.532\ (\mathrm{kN})$$

R_x 与 R'_x，R_y 与 R'_y 分别大小相等，方向相反。

2.5 水流型态与水头损失

任何实际液体都具有黏滞性，黏滞性的存在会使液体在运动过程中克服阻力做功，将一部分机械能不可逆地转化为热能而散失，形成能量损失。单位重量液体的机械能损失称为水头损失。

恒定流的阻力和水头损失规律是水动力学基本理论的重要组成部分。本节从雷诺试验出发介绍流动的两种型态——层流和紊流，并在此基础上引出液体在管道和明渠内流动时水头损失的计算。

2.5.1 水流阻力与水头损失的两种型式

液流边界不同，对断面流速分布有一定影响，进而影响流动阻力和水头损失。为了便于计算，根据流动边界情况，把水头损失 h_w 分为沿程水头损失 h_f 和局部水头损失 h_j 两种型式。

2.5.1.1 沿程阻力和沿程水头损失

当固体边界使液体做均匀流动时，水流阻力中只有沿程不变的切应力称为沿程阻力；克服沿程阻力做功而引起的水头损失则称为沿程水头损失，以 h_f 表示。

当液体做较接近于均匀流的渐变流动时，可将十分接近的两过水断面之间的渐变流动看做是均匀流动，并引用均匀流的沿程水头损失计算公式，实践证明是完全可以的。

2.5.1.2 局部阻力和局部水头损失

液流因固体边界急剧改变而引起速度分布的急剧改组，由此产生的附加阻力称为局部阻力，克服局部阻力做功而引起的水头损失称为局部水头损失，以 h_j 表示。它一般发生在水流边界突变处附近，如图 2-19 所示，水流经过弯头、缩小、放大及闸门等处。

因此，流段两截面间的水头损失可以表示为两截面间的所有沿程损失和所有局部损失的总和，即

$$h_w = \sum h_f + \sum h_j \tag{2-28}$$

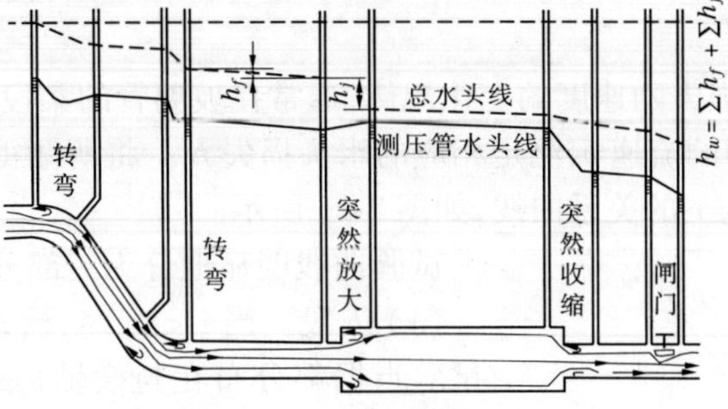

图 2-19

2.5.2 实际流动的两种型态

液体运动存在着两种型态:层流和紊流。

2.5.2.1 雷诺试验

雷诺试验的装置如图2-20(a)所示。由水箱A中引出水平固定的玻璃管B,上游端连接一光滑钟形进口,另一端有阀门C用以调节流量。容器D内装有容重与水相近的色液,经细管E流入玻璃管中,阀门F可以调节色液的流量。

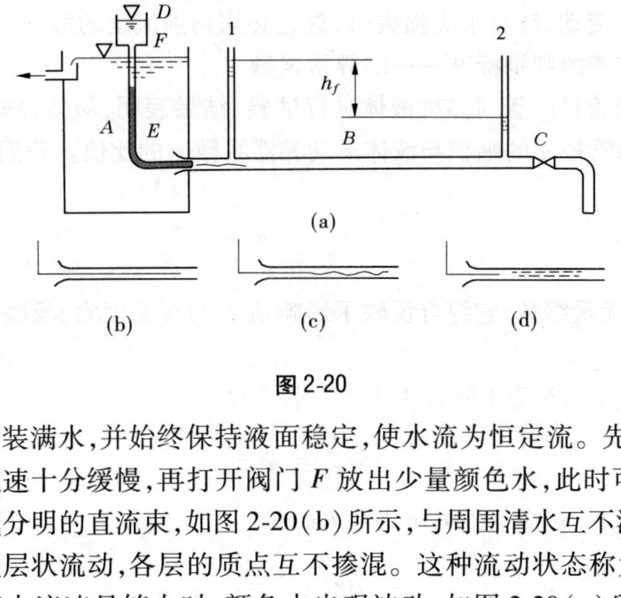

图 2-20

试验时容器中装满水,并始终保持液面稳定,使水流为恒定流。先徐徐开启阀门C,使玻璃管内水的流速十分缓慢,再打开阀门F放出少量颜色水,此时可以见到玻璃管内色液呈一细股界线分明的直流束,如图2-20(b)所示,与周围清水互不混合。这一现象说明玻璃管中水流呈层状流动,各层的质点互不掺混。这种流动状态称为层流。如阀门C逐渐开大到玻璃管中流速足够大时,颜色水出现波动,如图2-20(c)所示。继续开大阀门,当管中流速增至某一数值时,颜色水突然破裂,扩散遍至全管,并迅速与周围清水掺混,玻璃管中整个水流都被均匀染色,如图2-20(d)所示,层状流动已不存在。这种流动称为紊流。由层流转化成紊流时的管中平均流速称为上临界流速v'_k。

试验若以相反程序进行,即管中流动先处于紊流状态,再逐渐关小阀门C。当管内流速减低至一定数值时,可发现细管E注出的色液又重现呈一细股直流束。这说明圆管中水流又由紊流恢复为层流。由紊流转变为层流时的管中平均流速称为下临界流速v_k。试验结果表明，由紊流转变为层流的流速即下临界流速 v_k 要比层流转变为紊流的流速即上临界流速 v_k'小。

为了分析沿程水头损失随速度的变化规律，通常在玻璃管的某段（如图 2-20（a）所示的 1—2 段）上，针对不同的流速 v，测定相应的水头损失 h_f。将所测得的试验数据画在双对数坐标纸上，绘出 h_f 与 v 的关系曲线，如图 2-21 所示。

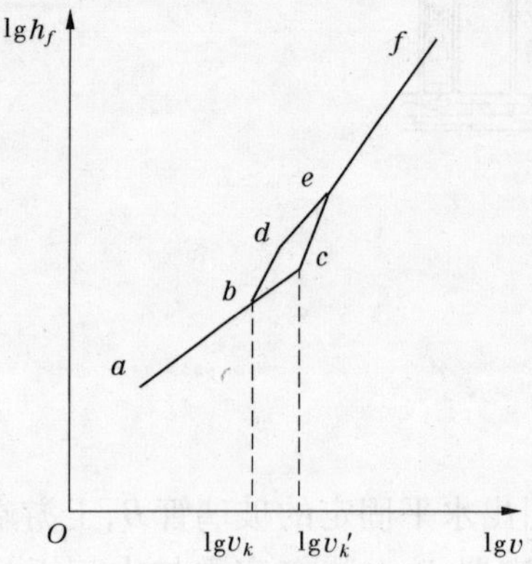

图 2-21

试验曲线明显地分为三部分：

(1) ab 段。当 $v < v_k$ 时，流动为稳定的层流，所有试验点据都分布在与横轴（lg$v$ 轴）成 45°的直线上，ab 直线的斜率 $m_1 = 1.0$。说明沿程损失与流速的 1 次方成正比。

(2) ef 段。当 $v > v_k'$时，流动只能是紊流，试验点据按 ef 直线变化，ef 直线的倾角大于 45°。ef 直线的斜率 $m_2 = 1.75 \sim 2.0$。说明沿程损失与流速的 1.75 ~ 2.0 次方成正比。

(3) be 段。当 $v_k < v < v'_k$ 时，水流状态不稳定，既可能是层流（如 bc 段），也可能是紊流（be 段），这取决于水流的原来状态。

分析实际液体流动，计算水头损失时，首先必须判别流动的型态。

2.5.2.2 层流、紊流的判别标准——临界雷诺数

雷诺曾用不同管径圆管对多种液体进行试验，结果表明，液体流动形态的转变，取决于液体的流速 v 和管径 d 的乘积与液体运动黏滞系数 ν 的比值。我们把此比值叫做雷诺数，记为 Re，即

$$Re = \frac{vd}{\nu} \tag{2-29}$$

雷诺数 Re 为无量纲数，它综合反映了影响流态的有关因素，反映了水流的惯性力与黏滞力之比。

对上临界流速 v_k'，对应上临界雷诺数 Re_k'，即

$$Re_k' = \frac{v_k' d}{\nu} \tag{2-30}$$

对下临界流速 v_k，对应下临界雷诺数 Re_k，即

$$Re_k = \frac{v_k d}{\nu} \tag{2-31}$$

大量试验资料表明，下临界雷诺数是一个相当稳定的数值；而上临界雷诺数却是一个不稳定的数值，随着流动的起始条件和试验条件不同，外界干扰程度不同，其值差异很大。因此，实际工程中采用下临界雷诺数 Re_k 与水流的实际雷诺数 Re 比较来判别流动型态。$Re < Re_k$ 时为层流；$Re > Re_k$ 时为紊流。

对于圆管有压流动，$Re_k \approx 2\ 300$。

对于非圆管，雷诺数记为

$$Re = \frac{vR}{\nu} \tag{2-32}$$

式中　R——水力半径，是过水断面面积 A 与湿周 χ（断面中固体边界与液体相接触部分的周线长）之比，即 $R = \frac{A}{\chi}$。

对于明渠水流，$Re_k \approx 575$。

【例 2-5】　某段自来水管，其管径 $d = 100$ mm，管中流速 $v = 1.0$ m/s，水的温度为 10 ℃，试判明管中水流型态。

解：在温度为 10 ℃时，水的运动黏滞系数为

$$\nu = \frac{0.017\ 75}{1 + 0.033\ 7t + 0.000\ 221t^2} = \frac{0.017\ 75}{1.359\ 1} = 0.013\ 1\ (\mathrm{cm^2/s})$$

管中水流的雷诺数

$$Re = \frac{vd}{\nu} = \frac{100 \times 10}{0.013\ 1} = 76\ 336$$

$$Re > Re_k = 2\ 300$$

因此，管中水流处在紊流型态。

2.5.3　沿程水头损失

2.5.3.1　均匀流基本方程

由于沿程水头损失是克服沿程阻力（切应力）所做的功，因此有必要讨论并建立沿程阻力和水头损失的关系——均匀流基本方程。

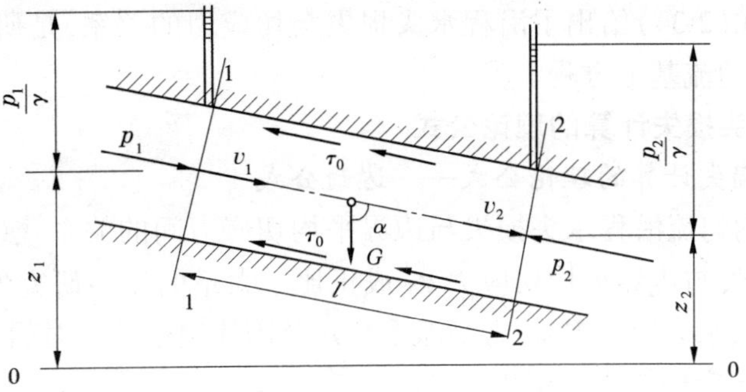

图 2-22

如图 2-22 所示，取出自过水断面 1—1 至过水断面 2—2 的一段圆管均匀流，其长度为 l，过水断面面积 $A_1 = A_2 = A$，湿周为 χ。现分析其作用力的平衡条件。

1—1 断面至 2—2 断面间的流段是在 1—1 断面上的动水压力 P_1，2—2 断面上的动水压力 P_2，流段本身的重量 G 及流段表面切力（沿程阻力）T 共同作用下保持均匀流动的。

在水流运动方向上诸力投影的平衡方程式为

$$P_1 - P_2 + G\cos\alpha - T = 0$$

因 $P_1 = p_1 A$、$P_2 = p_2 A$，而且 $\cos\alpha = \dfrac{z_1 - z_2}{l}$，并设液流与固体边壁接触面上的平均切应力为 τ_0，代入上式，得

$$p_1 A - p_2 A + \gamma A l \frac{z_1 - z_2}{l} - \tau_0 \chi l = 0$$

以上式左右两边同除以 γA，得

$$\frac{p_1}{\gamma} - \frac{p_2}{\gamma} + z_1 - z_2 = \frac{\tau_0}{\gamma} \frac{\chi}{A} l$$

在均匀流的情况下只存在沿程水头损失。对 1—1 断面和 2—2 断面列能量方程式，得

$$z_1 + \frac{p_1}{\gamma} + \frac{\alpha_1 v_1^2}{2g} = z_2 + \frac{p_2}{\gamma} + \frac{\alpha_2 v_2^2}{2g} + h_f$$

对均匀流，有

$$\frac{\alpha_1 v_1^2}{2g} = \frac{\alpha_2 v_2^2}{2g}$$

因此 $$h_f = \left(z_1 + \frac{p_1}{\gamma}\right) - \left(z_2 + \frac{p_2}{\gamma}\right)$$

于是 $$h_f = \frac{\tau_0}{\gamma} \cdot \frac{\chi}{A} l = \frac{\tau_0}{\gamma} \frac{l}{R} \tag{2-33}$$

或 $$\tau_0 = \gamma R \frac{h_f}{l} = \gamma R J \tag{2-34}$$

式(2-33)及式(2-34)给出了沿程水头损失与切应力的关系，是研究沿程水头损失的基本公式，称为均匀流基本方程。

2.5.3.2　沿程水头损失计算的理论公式

1）沿程水头损失计算的理论公式——达西公式

上面导出了均匀流沿程水头损失与边界平均切应力间的关系式（见式(2-33)），该式表明，沿程水头损失与边界平均切应力 τ_0 成正比。大量的试验研究发现，边界切应力 τ_0 与断面平均流速 v、水力半径 R、动力黏滞系数 μ 及固体边壁的绝对粗糙度 Δ 等因素有关，通过量纲分析与 π 定理的运用得出

$$\tau_0 = \frac{\lambda}{8} \rho v^2 \tag{2-35}$$

式中，λ 为沿程阻力系数，是与水流的雷诺数 Re 和相对粗糙度 $\dfrac{\Delta}{R}$ 有关的系数，即

$$\lambda = f\left(Re, \frac{\Delta}{R}\right) \tag{2-36}$$

将式(2-35)代入式(2-33)，得

$$h_f = \lambda \frac{l}{4R} \frac{v^2}{2g} \tag{2-37}$$

式(2-37)即为计算沿程水头损失的通用公式，也称达西公式。该方程对均匀流下的

层流、紊流、有压流和无压流均适用。

对于有压管流，由于 $R=d/4$，式(2-37)可写为

$$h_f = \lambda \frac{l}{d}\frac{v^2}{2g} \tag{2-38}$$

利用达西公式计算沿程水头损失的问题就转化为求沿程阻力系数 λ 的问题。

2)沿程阻力系数 λ 的测定

沿程阻力系数 λ 的变化规律，可由试验成果分析得出，试验装置如图 2-23所示。试验时，先保证水箱中的水位为定值，量测段 AB 的两端距管道的进、出口有一定距离，并在 AB 段两端设测压管，首先测出管长 l 及管径 d。

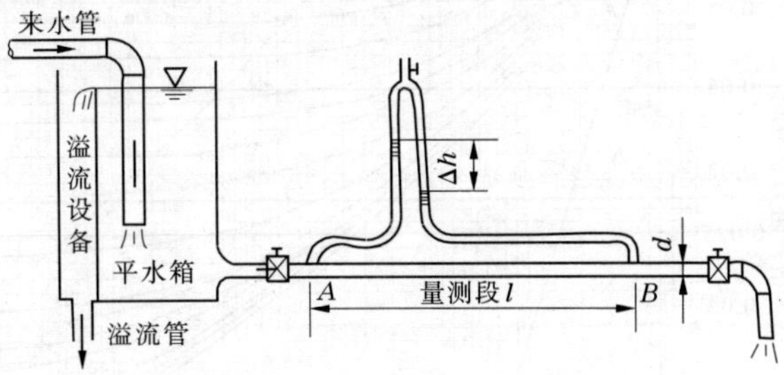

图 2-23

由于各断面流速相同，没有局部水头损失，因而根据能量方程可得

$$h_w = h_f = (z_A + \frac{p_A}{\gamma}) - (z_B + \frac{p_B}{\gamma}) = h_1 - h_2 = \Delta h$$

将量测到的 Δh 及用体积法测出的流量 $Q=\frac{V}{t}$代入

$$\lambda = \frac{h_f}{\frac{l}{d}\cdot\frac{v^2}{2g}} = \frac{h_f}{\frac{l}{d}\cdot\frac{Q^2}{2gA^2}}$$

就可算出该管道通过流量 Q 时的 λ 值。对于不同相对粗糙度的管子用不同的过流量进行试验，即可得出相应的沿程阻力系数 λ。

1944 年，摩迪在总结前人试验研究的基础上，对工业用的实际管道进行了试验研究，并绘制了不同相对粗糙度的管道沿程阻力系数 λ 与雷诺数 Re 的关系曲线，称为摩迪图，如图 2-24 所示。

该图的纵坐标为 λ，横坐标为 Re，参变量相对粗糙度用$\frac{\Delta}{d}$表示，d 为管道直径。上述试验成果表明：在管道(或明槽)中流动的液体，随着 Re 和相对粗糙度$\frac{\Delta}{d}$(或$\frac{\Delta}{R}$)的不同，出现层流区、紊流水力光滑区、紊流过渡区和紊流水力粗糙区等 4 个不同的流区。在不同的流区中，系数 λ 遵循着不同的规律。现以圆管流动为例，结合摩迪图加以说明。

(1)层流区($Re<2\ 320$)。不同相对粗糙度的试验点都集中在同一条直线上。这时，整个断面水流都是层流。壁面凸起高度完全掩盖在层流中，λ 与 Δ 无关，而仅是 Re 的函数，即 $\lambda=f(Re)$。

对于圆管

$$\lambda = \frac{64}{Re} \tag{2-39}$$

根据 $Re=\frac{vd}{\nu}$，相应的水头损失为 $h_f=\lambda\frac{l}{d}\frac{v^2}{2g}\propto v^{1.0}$，即层流区，水头损失与断面平均流

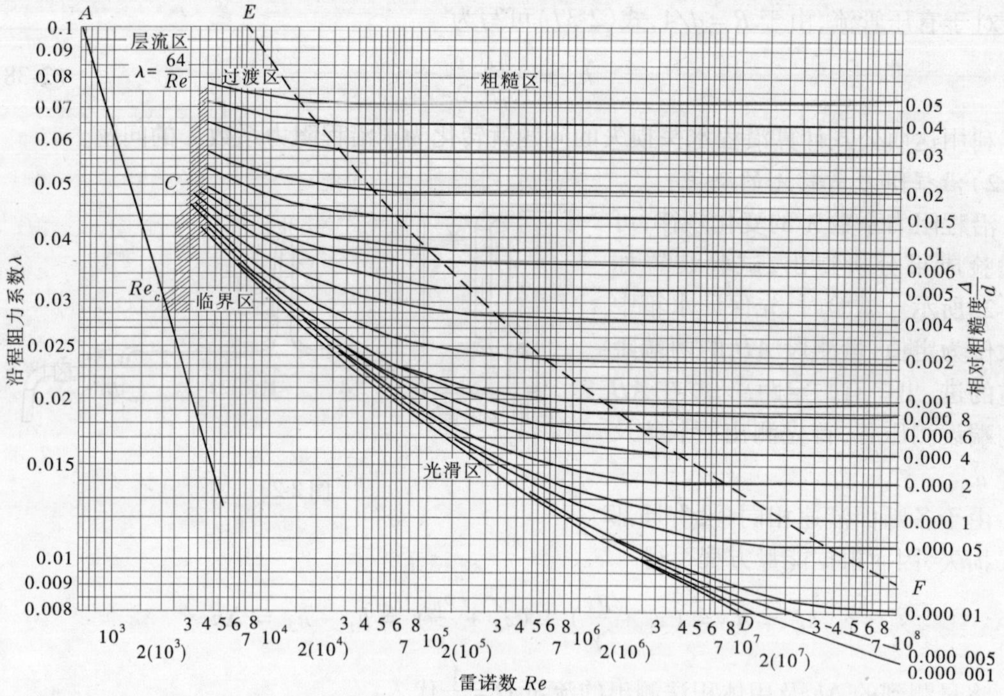

图 2-24

速的一次方成正比。

(2)紊流水力光滑区($\frac{\Delta}{\delta_0}<0.4$)。此时水流属紊流,但流速不够大,黏性底层厚度 δ_0 比边壁粗糙度 Δ 大很多,边壁凸出高度 Δ 仍被黏性底层掩盖,对紊流流核区不发生影响。所以,称这时的边界为水力光滑管(相应情况的明槽称水力光滑槽)。λ 与 Δ 无关,而仅是 Re 的函数,即 $\lambda=f(Re)$。不同相对粗糙度的一些试验点都在一定区域内聚集在同一条线上,相对粗糙度较小的管道,在 Re 值较高时才离开此流区。此时试验曲线表明,$h_f=\lambda\frac{l}{d}\frac{v^2}{2g}\propto v^{1.75}$ 水头损失与断面平均流速的 1.75 次方成比例,通常根据试验公式进行计算。相对粗糙度较大的管道,则可能不出现此流区。

(3)紊流过渡区($0.4<\frac{\Delta}{\delta_0}<6$)。不同相对粗糙度的试验点分属各自的曲线,这时水流是紊流,流速较大,δ_0 已不能完全掩盖住 Δ 的作用,Δ 的大小直接影响紊流流核区的流动。这时,系数 λ 既与 Re 有关,又与 $\frac{\Delta}{d}$ 有关,即 $\lambda=f(Re,\frac{\Delta}{d})$。试验成果表明,$h_f=\lambda\frac{l}{d}\frac{v^2}{2g}\propto v^{1.75\sim2.0}$,即水头损失与断面平均流速的 1.75 ~ 2.0 次方成比例。

(4)紊流水力粗糙区($\frac{\Delta}{\delta_0}>6$)。此时紊流的流速和雷诺数都相当大,黏性底层厚度 δ_0 比绝对粗糙度 Δ 小得多,黏性底层对边壁粗糙度不起掩盖作用,这时的管称为粗糙管(相应情况的明槽称水力粗糙槽）。系数 λ 与 Re 无关，仅与$\frac{\Delta}{d}$有关，即 $\lambda=f(\frac{\Delta}{d})$，不同相对粗糙度的试验点分别位于不同的水平线上，这样 $h_f=\lambda\frac{l}{d}\frac{v^2}{2g}\propto v^2$。由于水头损失与流速的平方成正比，因此水力粗糙区又称阻力平方区，这种水流在水利工程中最为常见。

总之，无论在管流或明槽流动中，都存在两种流态，即层流与紊流。紊流中又分三个不同的流区，不同的流区中，流动特征、切应力、流速分布和影响 λ 值的因素等亦不相同。

在不同流区中系数 λ 遵循着不同的规律，有不同的计算公式（这里不一一介绍）。因此，计算 λ 值时，必须先区分流态和紊流的流区，区分紊流流区需要根据粗糙度 Δ 与黏性底层厚度 δ_0 的比值确定。但由于黏性底层厚度 δ_0 是随水流变化的，因而$\frac{\Delta}{\delta_0}$也是随水流变化的。在一种水流条件下，若判明它属于水力光滑壁，但当水流的 Re 加大、δ_0 减小时，原属水力光滑的壁面又可能转变成水力粗糙区或过渡区。可见，若水流条件改变，需要重新判定流区。

黏性底层厚度根据经验公式 $\delta_0=32.8\frac{d}{Re\sqrt{\lambda}}$计算。由于此时 λ 值未知，必须进行试算，这在实用上是很不方便的。若利用摩迪图，可较简便地划分流区，并进行一般管道的阻力系数的计算。

实际管道的壁面粗糙是不均匀的，无法直接量测绝对粗糙度 Δ 值，实际运用过程中是用当量粗糙度衡量的，将工业管道的试验结果与同直径的人工均匀粗糙管的试验结果相比较，把具有同一 λ 值的人工均匀粗糙管的 Δ 值作为工业管道的当量粗糙度。表 2-1 是基谢列夫提供的当量粗糙度，可供参考。

表 2-1　当量粗糙度 Δ

序号	边界条件	当量粗糙度 Δ（mm）	序号	边界条件	当量粗糙度 Δ（mm）
1	铜或玻璃的无缝管	0.001 5～0.01	8	磨光的水泥管	0.33
2	涂有沥青的钢管	0.12～0.24	9	未刨光的木槽	0.35～0.7
3	白铁皮管	0.15	10	旧的生锈金属管	0.60
4	一般状况的钢管	0.19	11	污秽的金属管	0.75～0.97
5	清洁的镀锌铁管	0.25	12	混凝土衬砌渠道	0.8～9.0
6	新的生铁管	0.25～0.4	13	土渠	4～11
7	木管或清洁的水泥面	0.25～1.25	14	卵石河床（d=70～80 mm）	30～60

2.5.3.3　沿程水头损失计算的经验公式

沿程水头损失计算的经验公式，最常用的是 1769 年谢才在总结了明渠均匀流的实测资料后提出来的公式，又称谢才公式。其形式为

$$v=C\sqrt{RJ} \tag{2-40}$$

式中　R——断面水力半径，$R=\frac{A}{\chi}$，m；

C——谢才系数，$m^{1/2}/s$；

J——水力坡度，即 $J=\frac{h_f}{l}$；

v——断面平均流速，m/s。

将 $J=\frac{h_f}{l}$ 代入式(2-40)，得

$$h_f = \frac{v^2}{C^2 R} l \tag{2-41}$$

确定谢才系数 C 的公式如下。

1）曼宁公式

$$C = \frac{1}{n} R^{1/6} \tag{2-42}$$

式中的 n 称为粗糙系数，简称糙率。它是衡量边壁阻力影响的一个综合系数。目前，对 n 值已积累了较多的资料，并普遍为工程界所采用。不同输水渠道边壁的 n 值，列于表2-2中，以供查用。

表2-2　粗糙系数 n 值

壁面种类及状况	n	$\frac{1}{n}$
特别光滑的黄铜管、玻璃管，涂有珐琅质或其他釉料的表面	0.009	111
精致水泥浆抹面、安装及连接良好的新制的清洁铸铁管及钢管、精刨木板	0.011	90.9
很好地安装的未刨木板，正常情况下无显著水锈的给水管、非常清洁的排水管、最光滑的混凝土面	0.012	83.3
良好的砖砌体，正常情况的排水管，略有积污的给水管	0.013	76.9
积污的给水管和排水管，中等情况下渠道的混凝土砌面	0.014	71.4
良好的块石圬工，旧的砖砌体，比较粗制的混凝土砌面，特别光滑、仔细开挖的岩石面	0.017	58.8
坚实黏土的渠道，不密实淤泥层（有的地方是中断的）覆盖的黄土、砾石及泥土的渠道，良好养护情况下的大渠道	0.022 5	44.4
良好的干砌圬工，中等养护情况的土渠，情况良好的天然河流（河床清洁、顺直、水流通畅、无塌岸及深潭）	0.025	40.0
养护情况在中等标准以下的土渠	0.027 5	36.4
情况比较不良的土渠（如部分渠底有水草、卵石或砾石，部分边岸崩塌等），水流条件良好的天然河流	0.030	33.3
情况特别坏的渠道（有不少深潭及塌岸、芦苇丛生、渠底有大石及密生的树根等），过水条件差、石子及水草数量增加、有深潭及浅滩等的弯曲河道	0.040	25.0

2）巴甫洛夫斯基公式

$$C = \frac{1}{n} R^y \tag{2-43}$$

式中指数 y 按下式确定，即

$$y = 2.5\sqrt{n} - 0.13 - 0.75\sqrt{R}(\sqrt{n} - 0.10)$$

或者可近似地按下列简式确定：

$$\left.\begin{aligned}\text{当}\,R<1.0\ \text{m时},y&=1.5\sqrt{n}\\ \text{当}\,R>1.0\ \text{m时},y&=1.3\sqrt{n}\end{aligned}\right\}$$

巴甫洛夫斯基公式的适用范围为 $0.1\ \text{m}\leqslant R\leqslant 3.0\ \text{m}$，$0.011\leqslant n\leqslant 0.04$。

n 值的选定，在实际情况中往往比较复杂，如管道有新有旧，有生锈的也有清洁的。

天然河道中的糙率更为复杂。工程中对 n 值的选定，一般应根据有关资料参照已建工程的运用情况来慎重选用。

2.5.4 局部水头损失

2.5.4.1 局部水头损失产生的原因

前面已经介绍，当流动边界发生突变时，水流将产生局部水头损失。边界突变的形式是多种多样的，如断面突然扩大、突然缩小、转弯、分岔、阀门等。断面的突然变化对水流运动产生的影响可归纳成两点：

(1)在断面突变处，水流因受惯性作用，将不紧贴壁面流动，与壁面产生分离，并形成旋涡。旋涡的分裂和互相摩擦要消耗大量的能量，因此旋涡区的大小和旋涡的强度直接影响局部水头损失的大小。

(2)由于主流脱离边界形成旋涡区，主流或受到压缩，或随着主流沿流程不断扩散，流速分布急剧调整。如图 2-25(a)中 1—1 断面的流速分布图，经过不断改变，最后在 2—2断面上接近于下游正常水流的流速分布。在流速改变的过程中，质点内部相对运动加强，碰撞、摩擦作用加剧，从而造成较大的能量损失。

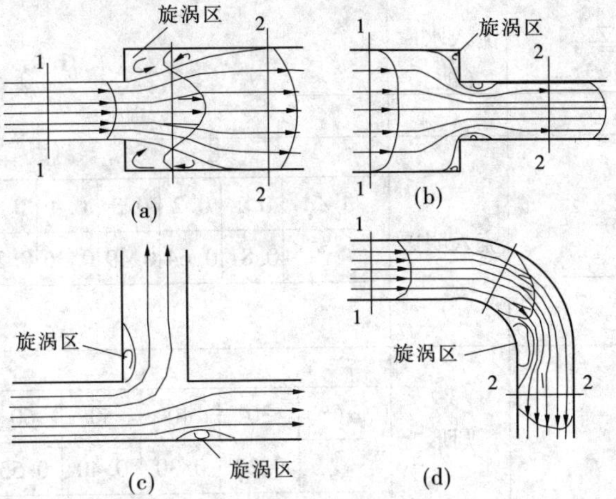

图 2-25

2.5.4.2 局部水头损失的计算公式

局部水头损失一般可表示为流速水头的倍数。这一形式是局部水头损失的通用公式

$$h_j=\zeta\frac{v^2}{2g}\tag{2-44}$$

局部水头损失系数(或称局部阻力系数)ζ 通常由试验测定，现列于表 2-3。

表 2-3　局部水头损失系数 ζ 值（公式：$h_j=\zeta\frac{v^2}{2g}$，式中 v 如表中图所示）

<table>
<tr><th>名称</th><th>简图</th><th colspan="2">局部水头损失系数 ζ 值</th></tr>
<tr><td>断面突然扩大</td><td>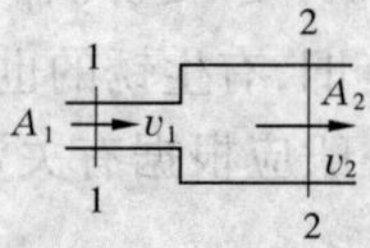</td><td colspan="2">$\zeta'=(1-\frac{A_1}{A_2})^2$　（应用公式 $h_j=\zeta'\frac{v_1^2}{2g}$）
$\zeta''=(\frac{A_2}{A_1}-1)^2$　（应用公式 $h_j=\zeta''\frac{v_2^2}{2g}$）</td></tr>
<tr><td>断面突然缩小</td><td>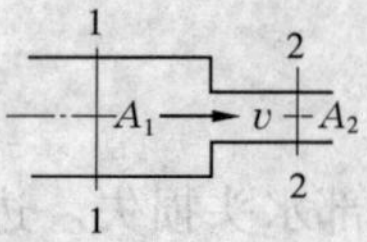</td><td colspan="2">$\zeta=0.5(1-\frac{A_2}{A_1})$</td></tr>
<tr><td rowspan="3">进口</td><td rowspan="2">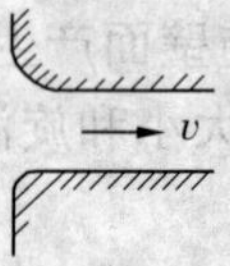</td><td>完全修圆</td><td>0.05～0.10</td></tr>
<tr><td>稍微修圆</td><td>0.20～0.25</td></tr>
<tr><td>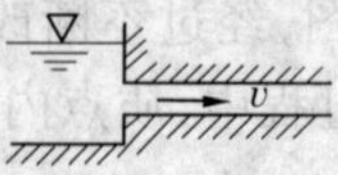</td><td>没有修圆</td><td>0.50</td></tr>
<tr><td rowspan="2">出口</td><td>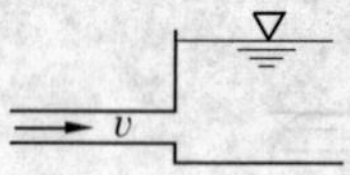</td><td>流入水库（池）</td><td>1.0</td></tr>
<tr><td>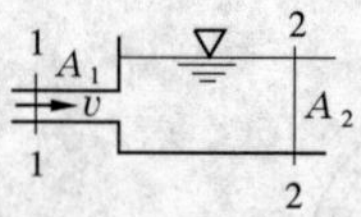</td><td>流入明渠</td><td><table><tr><td>A_1/A_2</td><td>0.1</td><td>0.2</td><td>0.3</td><td>0.4</td><td>0.5</td><td>0.6</td><td>0.7</td><td>0.8</td><td>0.9</td></tr><tr><td>ζ</td><td>0.81</td><td>0.64</td><td>0.49</td><td>0.36</td><td>0.25</td><td>0.16</td><td>0.09</td><td>0.04</td><td>0.01</td></tr></table></td></tr>
<tr><td rowspan="2">急转弯管</td><td rowspan="2"></td><td>圆形</td><td><table><tr><td>α(°)</td><td>30</td><td>40</td><td>50</td><td>60</td><td>70</td><td>80</td><td>90</td></tr><tr><td>ζ</td><td>0.20</td><td>0.30</td><td>0.40</td><td>0.55</td><td>0.70</td><td>0.90</td><td>1.10</td></tr></table></td></tr>
<tr><td>矩形</td><td><table><tr><td>α(°)</td><td>15</td><td>30</td><td>45</td><td>60</td><td>90</td></tr><tr><td>ζ</td><td>0.025</td><td>0.11</td><td>0.26</td><td>0.49</td><td>1.20</td></tr></table></td></tr>
</table>

续表 2-3

名称	简图		局部水头损失系数 ζ 值

弯管

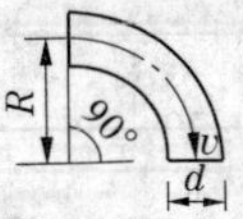

90°

R/d	0.5	1.0	1.5	2.0	3.0	4.0	5.0
$\zeta_{90°}$	1.2	0.80	0.60	0.48	0.36	0.30	0.29

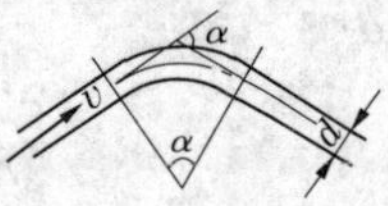

任意角度

$$\zeta_{\alpha} = a\zeta_{90°}$$

α(°)	20	30	40	50	60	70	80
a	0.40	0.55	0.65	0.75	0.83	0.88	0.95
α(°)	90	100	120	140	160	180	
a	1.00	1.05	1.13	1.20	1.27	1.33	

闸阀

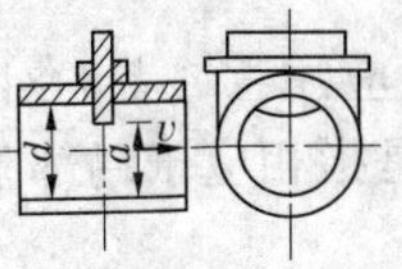

圆形管道

当全开时($a/d=1$)

d(mm)	15	20~50	80	100	150	200~250
ζ	1.5	0.5	0.4	0.2	0.1	0.08

d(mm)	300~450	500~800	900~1 000
ζ	0.07	0.06	0.05

当各种开启度时

a/d	7/8	6/8	5/8	4/8	3/8	2/8	1/8
$A_{开启}/A_{总}$	0.948	0.856	0.740	0.609	0.466	0.315	0.159
ζ	0.15	0.26	0.81	2.06	5.52	17.0	97.8

截止阀

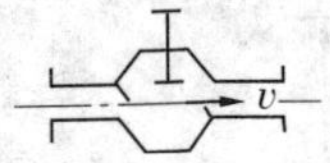

全开

4.3~6.1

莲蓬头（滤水网）

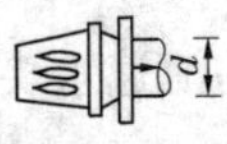

无底阀

2~3

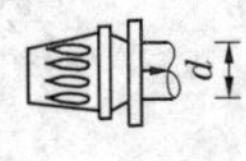

有底阀

d(mm)	40	50	75	100	150	200	250	300	350	400	500	750
ζ	12	10	8.5	7.0	6.0	5.2	4.4	3.7	3.4	3.1	2.5	1.6

续表 2-3

名称	简图	局部水头损失系数 ζ 值
平板门槽	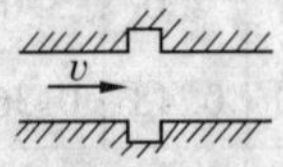	0.05～0.20
拦污栅	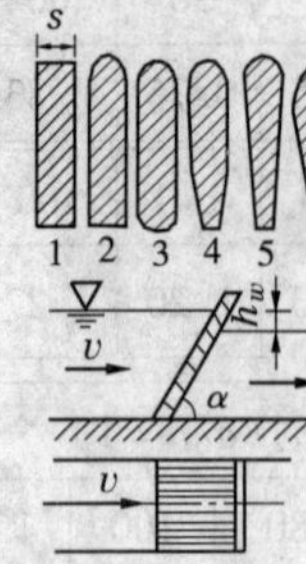	$\zeta=\beta\left(\frac{s}{b}\right)^{4/3}\sin\alpha$ 式中 s——栅条宽度； b——栅条间距； α——倾角； β——栅条形状系数，用下表确定

栅条形状	1	2	3	4	5	6
β	2.42	1.83	1.67	1.035	0.92	0.76

必须指出，ζ 都是对应于某一流速水头而言的，在选用时，应注意二者的对应关系，与 ζ 相应的流速水头在表中已标明，若不加特殊的标明，ζ 值皆是指相应于局部阻力后的流速水头。

【例 2-6】 水从一水箱经过两段水管流入另一水箱（见图 2-26）：$d_1=15$ cm，$l_1=30$ m，$\lambda_1=0.03$，$H_1=5$ m，$d_2=25$ cm，$l_2=50$ m，$\lambda_2=0.025$，$H_2=3$ m。水箱尺寸很大，箱内水面保持恒定，沿程损失与局部损失均考虑，试求其流量。

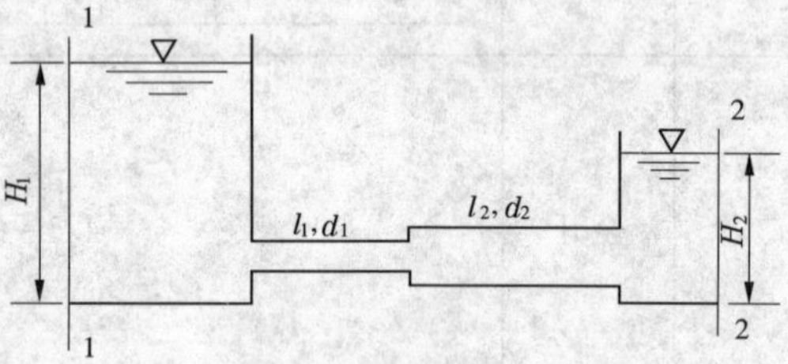

图 2-26

解：对 1—1 断面和 2—2 断面列能量方程式，并略去水箱中的流速水头，得

$$H_1-H_2=\sum h_w=2\ \mathrm{m}$$

$$\sum h_w=\zeta_{进口}\frac{v_1^2}{2g}+\left(1-\frac{A_1}{A_2}\right)\frac{v_1^2}{2g}+\zeta_{出口}\frac{v_2^2}{2g}+\lambda_1\frac{l_1}{d_1}\frac{v_1^2}{2g}+\lambda_2\frac{l_2}{d_2}\frac{v_2^2}{2g}$$

由连续性方程可知

$$v_2=v_1\frac{A_1}{A_2}=v_1\left(\frac{d_1}{d_2}\right)^2$$

查表 2-3 知 $\zeta_{进口}=0.50, \zeta_{出口}=1$

则

$$\sum h_w = \frac{v_1^2}{2g}\left[0.50+\left(1-\frac{0.15^2}{0.25^2}\right)^2+1\times\frac{0.15^4}{0.25^4}+0.03\times\frac{30}{0.15}+0.025\times\frac{50}{0.25}\times\frac{0.15^4}{0.25^4}\right]$$

$$=\frac{v_1^2}{2g}(0.50+0.41+0.13+6+0.65)=7.69\frac{v_1^2}{2g}$$

所以 $$v_1=\sqrt{\frac{2g(H_1-H_2)}{7.69}}=\sqrt{\frac{2\times 9.8\times(5-3)}{7.69}}=2.26\ (\text{m/s})$$

通过此管路流出的流量

$$Q=A_1v_1=\frac{\pi}{4}d_1^2\cdot v_1=\frac{\pi}{4}\times 0.15^2\times 2.26=0.04\ (\text{m}^3/\text{s})=40\ \text{L/s}$$

小　结

本章主要介绍了有关液体运动的一些基本概念;水流运动的基本规律,即水动力学三大方程;水头损失及其计算。

描述液体运动的方法有两种,即拉格朗日法(迹线法)和欧拉法(流场法),水力学普便采用欧拉法来研究水流的运动;水流运动的基本概念包括流管、微小流束、总流、过水断面、流量、断面平均流速等;水流运动可从不同角度划分为恒定流和非恒定流,均匀流和非均匀流,渐变流和急变流,一元流、二元流、三元流等。

水动力学三大方程包括恒定总流的连续性方程、恒定总流的能量方程和恒定总流的动量方程,分别揭示了运动水流内部的质量守恒、能量守恒及动量守恒的规律。

液体的黏滞性是产生水头损失的根本原因,水头损失包括沿程水头损失和局部水头损失。沿程水头损失的计算既可采用理论公式——达西公式,也可采用经验公式——谢才公式;局部水头损失的计算则采用通用公式:$h_j=\zeta\frac{v^2}{2g}$。

复习题

2-1　描述水流运动的方法有哪些?有何区别?

2-2　何为迹线?何为流线?流线的特点是什么?流线和迹线有何关系?

2-3　何为过水断面?过水断面一定是平面吗?

2-4　何为断面平均流速?断面平均流速应满足何种条件?

2-5　均匀流一定是恒定流吗?非均匀流一定是非恒定流吗?试举例说明。

2-6　均匀流或渐变流中,符合静水压强的分布规律,即各点的测压管水头为常数,这种说法对吗?

2-7　总水头线是一条下降的线,而测压管水头线一定是一条下降或上升的线,这种说法对吗?

2-8　对于沿程有流量输入或输出的恒定总流，连续性方程、能量方程、动量方程均不再适用，这种说法对吗？

2-9　液体运动总是：

(1)从高处向低处流动；

(2)从压力大处向压力小处流动；

(3)从流速大处向流速小处流动；

(4)从总机械能大处向机械能小处流动。

试判断上述哪一种说法是正确的？

2-10　引起液流水头损失的根本原因是什么？水头损失分为哪几类？实际水头损失应如何计算？沿程水头损失和局部水头损失各有何特点？

2-11　液体运动的两种形态是什么？如何判别？

2-12　均匀流一定是层流吗？紊流一定是非均匀流吗？

2-13　沿程水头损失的计算公式——达西公式的适用条件是什么？

2-14　沿程阻力系数 λ 是一个定值吗？它与什么有关？

2-15　在套用局部水头损失的计算公式时，应注意什么问题？

2-16　如图 2-27 所示，圆管过水断面直径上的流速分布规律为 $u=u_0(1-r/r_0)^{1/7}$，式中 u 为半径 r 处的流速，u_0 为中心点的流速，r_0 为圆管半径。设 $r_0=10$ cm，测得 $u_0=3$ m/s，求流量及断面平均流速 v_0。

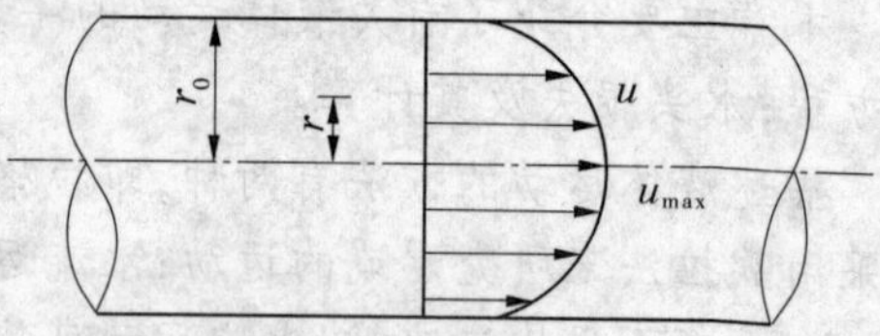

图 2-27

2-17　如图 2-28 所示，水流从水箱经过管径 $d_1=5$ cm，$d_2=2.5$ cm 的管道在 C 处流入大气，已知出口流速为 1 m/s，求管道中的流量及 AB 管段的断面平均流速。

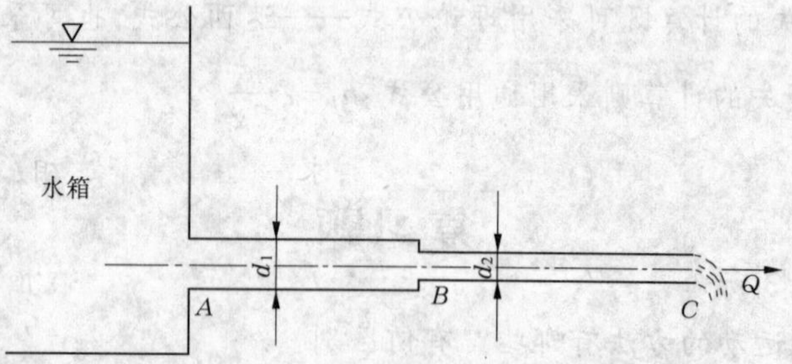

图 2-28

2-18　圆管水流如图 2-29 所示，试问：

(1)水流流动方向是由 A 到 B，还是由 B 到 A？

(2)AB 间水流的单位能量损失 h_w 为多少 m 水头？

已知：$d_A=0.2$ m，$d_B=0.4$ m，$p_A=6.86$ N/cm^2，$p_B=1.96$ N/cm^2，$v_B=1$ m/s，$\Delta Z=1$ m。

2-19　图 2-30 为一大容器接一铅直管道，容器内的水通过管道流入大气。已知 $h_1=$

1 m，$h_2=3$ m。若不计水头损失，则管道出口流速为多少？

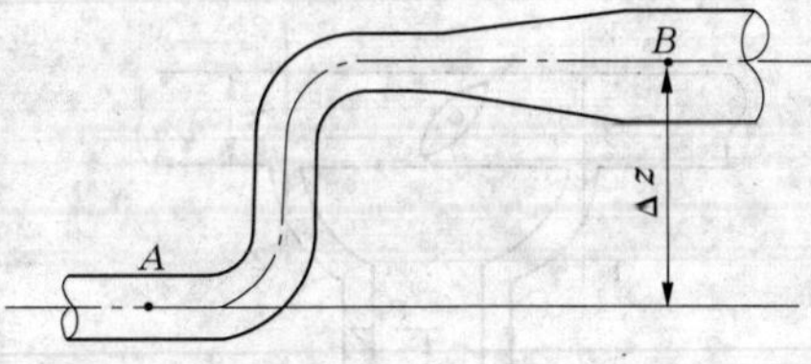

图 2-29

2-20 如图 2-31 所示，一矩形渠道宽 4 m，渠中设有薄壁堰，堰顶水深 1 m，堰高 2 m，下游尾水深 0.8 m，已知通过的流量 $Q=0.8$ m^3/s，堰后水舌内外均为大气，试求水流对堰壁产生的水平推力（上、下游河底为平底，河底摩擦阻力可忽略）。

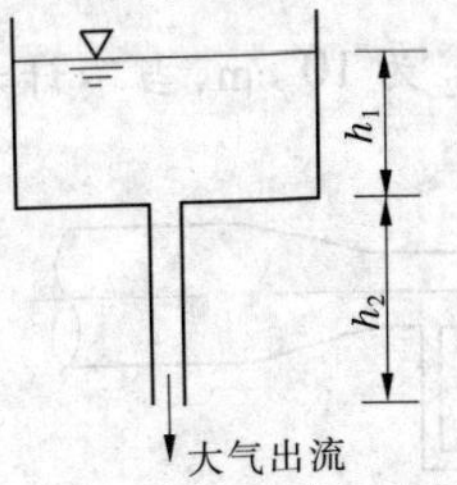

图 2-30

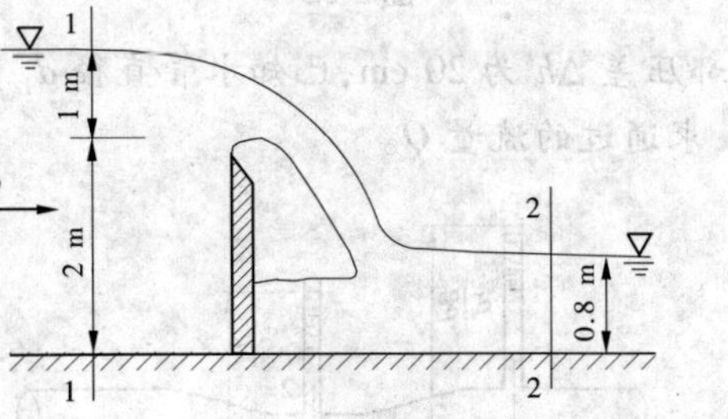

图 2-31

2-21 在直径 $d=32$ mm 的管路中，流动着液压油，已知流量为 3 L/s，油液运动黏度 $\nu=30\times10^{-2}$ cm^2/s，试确定：

(1) 流动状态；

(2) 在此温度下油的临界速度。

2-22 水平管直径 $d=100$ mm，管中装一蝶阀。为测定蝶阀的局部水头损失系数 ζ，在蝶阀前后设有 U 形水银压差计，如图 2-32 所示，当管中通过流量 $Q=15.7$ L/s 时，水银柱高差 $h=500$ mm，设沿程水头损失可忽略不计，求蝶阀在该开度时的局部水头损失系数。

2-23 某灌溉系统的塑料管道，管径 $d=50$ mm，管长 $l=5$ m。已测得 20 s 内出口出水量为 200 L，管道首末测压管水头差为 0.5 m，求管道糙率 n 和相应的沿程水头损失系数。

2-24 如图 2-33 所示有两个水池。其底部以一水管连通。在恒定的水面差 H 的作用下，水从左水池流入右水池。水管直径 $d=500$ mm，管总长 $L=100$ m，沿程阻力系数 $\lambda=0.025$，直角进口，闸阀的相对开度为 5/8，90°缓弯管的转变半径 $R=2d$，管中流量为 0.5 m^3/s。求两水池水面的高差 H。

2-25 如图 2-34 所示，有一水平安装的文丘里流量计，已测得 $\dfrac{p_1}{\rho g}$ 为 1 m，$\dfrac{p_2}{\rho g}$ 为 0.4 m，水管横截面积 A_1 为 0.002 m^2，喉道的横截面面积 A_2 为 0.001 m^2，水头损失 h_w 为 $0.05\dfrac{v_1^2}{2g}$，求通过的流量 Q。

2-26 如图 2-35 所示，在水平安装的文丘里流量计上，直接用水银差压计测出水管

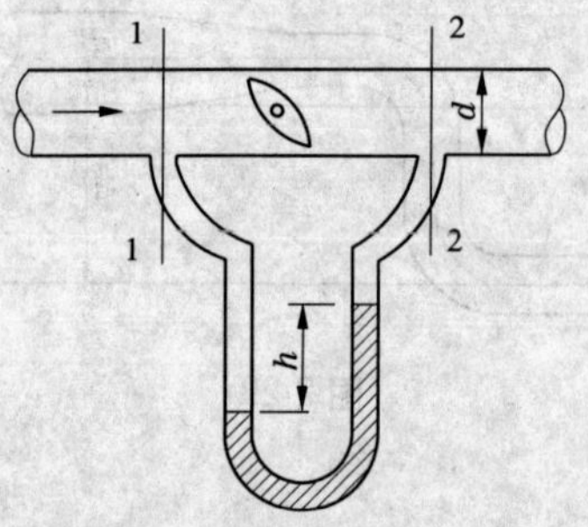

图 2-32

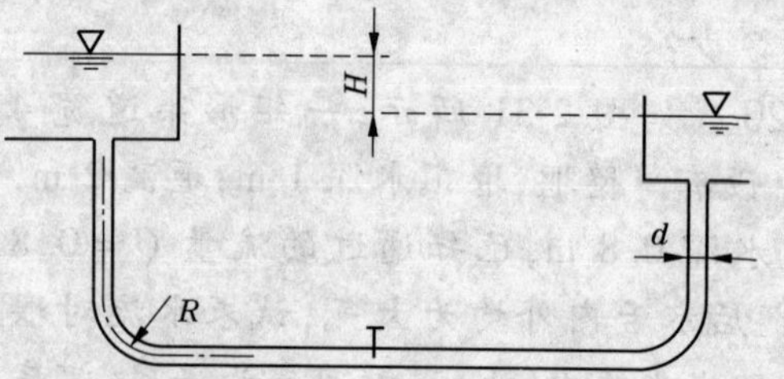

图 2-33

与喉部压差 Δh 为 20 cm，已知水管直径 d_1 为 15 cm，喉管直径 d_2 为 10 cm，当不计水头损失时，求通过的流量 Q。

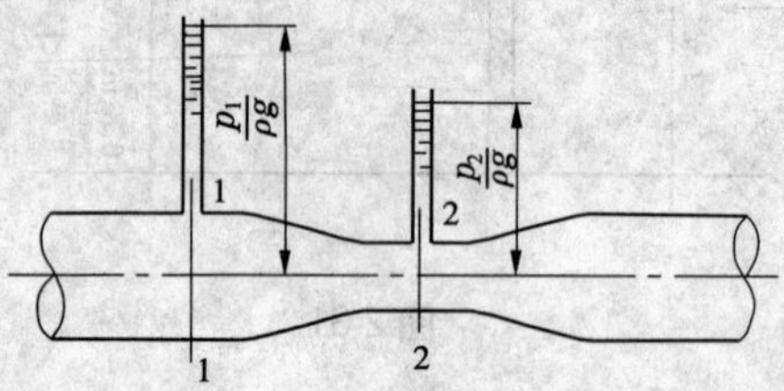

图 2-34

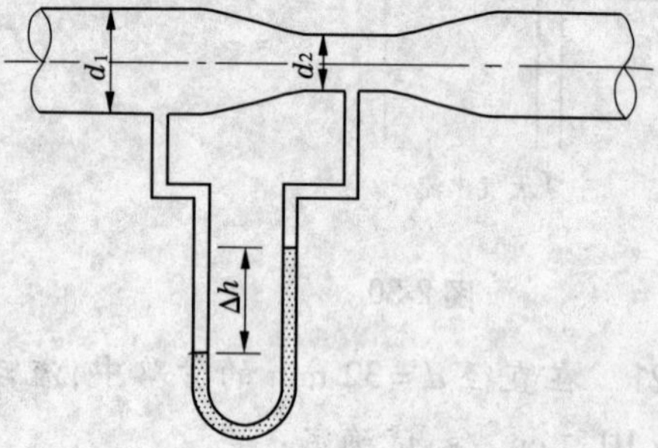

图 2-35

第3章　有压管流运动

学习指导

目标

● 掌握管流的分类及各种管流的特点，简单短管的水力计算（流量、管径及作用水头的计算，水头线的绘制）。

● 理解水利工程中常见虹吸管、倒虹吸管、水泵等装置的工作原理及特点。

重点

掌握简单短管的有关水力计算。

3.1　概　述

在日常生活中，经常用管道来输送液体，如水利工程中的有压引水遂洞、水电站的压力钢管、灌溉工程中的虹吸管和倒虹吸管、抽水机的吸水管和压水管、城市给排水工程中的自来水管以及石油工程中的输油管等，都是常见的有压管道。

3.1.1　管流的定义和特点

充满整个管道的水流，称为管流。其特点是：没有自由液面，过水断面的压强一般都不等于大气压强（即相对压强一般不为零），靠压力作用流动，因此管流又称为压力流。输送压力流的管道称为压力管道。

管流的过水断面一般为圆形断面。

有些管道，水只占断面的一部分，具有自由液面，因而就不能当做管流，而必须当明渠水流来研究。

3.1.2　管流的分类

由于分类的方法不同，管流可分为各种类型，具体如下：

(1)根据管道中任意点的水力运动要素是否随时间发生变化，管流可分为有压恒定流和有压非恒定流。当管中任意一点的水力运动要素不随时间变化时，即为有压恒定流；否则为有压非恒定流。本章主要研究的是有压恒定流的水力计算。

(2)根据管道中水流的局部水头损失、流速水头两项之和与沿程水头损失的比值不同，管流可分为长管和短管。

长管——当管道中水流的沿程水头损失较大，而局部水头损失及流速水头两项之和与沿程水头损失的比小于5%时，局部水头损失及流速水头可以忽略不计。

短管——当管道中局部水头损失与流速水头两项之和与沿程水头损失的比值大于

5%时，在管流计算中局部水头损失与流速水头不能忽略。

由工程经验可知，一般自来水管可视为长管。虹吸管、倒虹吸管、坝内泄水管、抽水机的吸水管等可按短管计算。

必须注意：长管和短管不是按管道的长短来区分的，如果没有忽略局部水头损失和流速水头的充分依据时，应按短管计算，以免造成被动。

(3)根据管道的出口情况，管流可分为自由出流与淹没出流。自由出流是指管道出口水流流入大气之中；淹没出流是指管道出口在下游水面以下，被水淹没。

(4)根据管道的布置情况，压力管道又可分为简单管路和复杂管路。简单管路是指一根管径不变、没有分支，而且流量在管路的全长上保持不变的管路；复杂管路是指由两根及两根以上的管道所组成的管路。主要有各种不同直径组成的串联管道、并联管道、树状和环状管网。自来水管或水电站的油、水系统管路都是复杂管路。

3.1.3 管流的计算类型

(1)管道输水能力的计算。即在给定水头、管线布置和断面尺寸的情况下，确定输送的流量。

(2)当管线布置、管道尺寸和流量一定时，要求确定管路的水头损失，即输送一定流量所必需的水头。

(3)当管线布置、作用水头及输送的流量已知时，计算管道的断面尺寸(对圆形断面的管道则是计算所需要的直径)。

(4)给定流量、作用水头和断面尺寸，要求确定沿管道各断面的压强。

3.2 简单短管的水力计算

简单短管的计算可分为自由出流与淹没出流两种情况。

3.2.1 自由出流基本公式

管道出口水流流入大气，水流四周都受大气压强的作用，称为自由出流，如图 3-1 所示。以通过管道出口断面中心点的水平面为基准面，对 1—1 断面和 2—2 断面列能量方程为

$$H + \frac{p_1}{\gamma} + \frac{\alpha_1 v_0^2}{2g} = 0 + \frac{p_2}{\gamma} + \frac{\alpha_2 v_2^2}{2g} + h_{w1-2}$$

由于 $p_1 = p_2 = 0$，令 $\alpha_1 = \alpha_2 = 1.0$，$v_2 = v$，$H_0 = H + \frac{{v_0}^2}{2g}$，$h_{w1-2} = (\lambda \frac{l}{d} + \Sigma\zeta)\frac{v^2}{2g}$，则代入整理，得

$$H_0 = (1 + \lambda \frac{l}{d} + \sum \zeta) \frac{v^2}{2g} \tag{3-1}$$

式中 v_0——上游水池中的流速，称为行近流速；

H——管道出口断面中心与上游水池水面的高差，称为管道的水头；

H_0——包括行近流速在内的总水头。

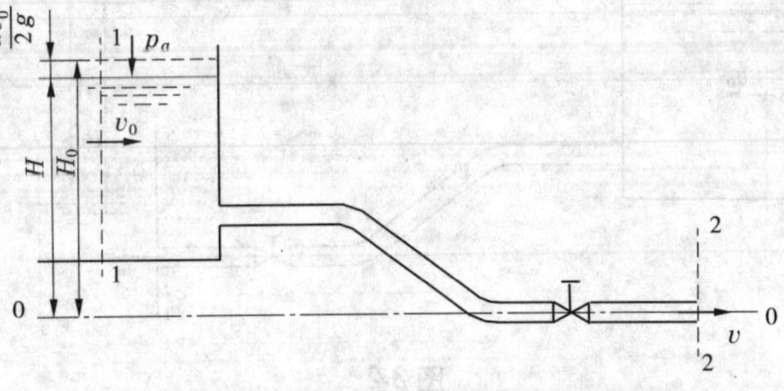

图 3-1

式(3-1)说明,管道的总水头将全部消耗于管道的水头损失和保持出口的动能。上式可用于当已知流量 Q、管径 d 和管道布置等,求管道的作用水头 H。

将式(3-1)整理得

$$v = \frac{1}{\sqrt{1 + \lambda \dfrac{l}{d} + \sum \zeta}} \sqrt{2gH_0}$$

则

$$Q = Av = \frac{1}{\sqrt{1 + \lambda \dfrac{l}{d} + \sum \zeta}} A \sqrt{2gH_0}$$

令

$$\mu_c = \frac{1}{\sqrt{1 + \lambda \dfrac{l}{d} + \sum \zeta}}$$

则

$$Q = \mu_c A \sqrt{2gH_0} \tag{3-2}$$

式中 μ_c——短管自由出流的流量系数;

A——管道的过水断面面积。

式(3-2)即为短管自由出流的流量公式。

因一般管道的上游行近流速水头 $\frac{\alpha v_0^2}{2g}$ 很小,可忽略不计。则有

$$Q = \mu_c A \sqrt{2gH} \tag{3-3}$$

3.2.2 淹没出流基本公式

管道出口如果淹没在下游水面以下,称为淹没出流,如图 3-2 所示。

取上游水池 1—1 断面和下游水池 2—2 断面,并以下游水池的水面为基准面,水面点为代表点,列能量方程式

$$z + \frac{p_1}{\gamma} + \frac{\alpha_1 v_0^2}{2g} = 0 + \frac{p_2}{\gamma} + \frac{\alpha_2 v_2^2}{2g} + h_{w1-2}$$

式中,$p_1 = p_2 = 0$,$\alpha_1 = \alpha_2 = 1.0$,$z_0 = z + \frac{\alpha_1 {v_0}^2}{2g}$,并设 2—2 断面较大,$\frac{\alpha_2 v_2^2}{2g} \approx 0$,$h_{w1-2} =$

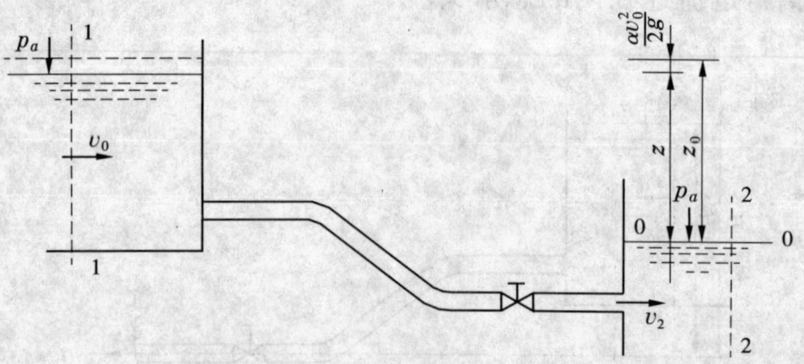

图 3-2

$(\lambda \dfrac{l}{d} + \sum\zeta)\dfrac{v^2}{2g}$，管中流速为 v，整理可得：

$$z_0 = (\lambda \frac{l}{d} + \sum \zeta) \frac{v^2}{2g} \tag{3-4}$$

式中　z——上下游水位差；

z_0——包括上游行近流速水头在内的上下游水位差。

式(3-4)说明，短管在淹没出流时，它的上下游水位差，全部消耗于沿程水头损失和局部水头损失。用式(3-4)计算上下游水位差时较方便。

将式(3-4)整理，得

$$v = \frac{1}{\sqrt{\lambda \dfrac{l}{d} + \sum \zeta}} \sqrt{2gz_0}$$

则

$$Q = Av = \frac{1}{\sqrt{\lambda \dfrac{l}{d} + \sum \zeta}} A \sqrt{2gz_0}$$

令

$$\mu_c = \frac{1}{\sqrt{\lambda \dfrac{l}{d} + \sum \zeta}}$$

则

$$Q = \mu_c A \sqrt{2gz_0} \tag{3-5}$$

式中　μ_c——短管淹没出流的流量系数。

当行近流速水头很小可忽略不计时，式(3-5)可写成

$$Q = \mu_c A \sqrt{2gz} \tag{3-6}$$

比较式(3-3)和式(3-6)可知，短管自由出流和淹没出流的主要区别是：自由出流时有效水头是出口中心以上的水头 H；淹没出流时有效水头是上下游水位差 z。

注意：同一管路两种出流情况下流量系数 μ_c 的计算公式形式上虽然不同，但数值是相等的。请读者自己思考。

【例 3-1】 图 3-3 为某水库的泄洪隧洞，已知洞长 $l = 300$ m，洞径 $d = 2$ m，隧洞的沿程阻力系数 $\lambda = 0.03$，转角 $\alpha = 30°$，水库水位为 42.50 m，隧洞出口中心高程为 25.00 m。试确定下游水位分别为 22.00 m 和 30.00 m 时隧洞的泄洪流量。

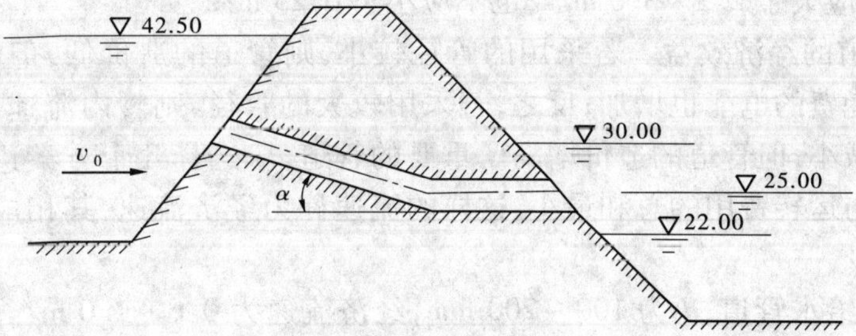

图 3-3

解:下游水位为22.00 m时,低于管的出口,则为自由出流。由于水库中行近流速很小,由式(3-3)计算流量

$$Q = \mu_c A \sqrt{2gH}$$

查表2-3可得,进口局部阻力系数为$\zeta_{进口}=0.5$,弯管局部阻力系数为$\zeta_{弯}=0.2$。自由出流的流量系数为

$$\mu_c = \frac{1}{\sqrt{1+\lambda\dfrac{l}{d}+\sum\zeta}} = \frac{1}{\sqrt{1+0.03\times\dfrac{300}{2}+0.5+0.2}} = 0.402$$

则隧洞的流量为

$$Q = \mu_c A\sqrt{2gH} = 0.402\times\frac{3.14\times2^2}{4}\times\sqrt{2\times9.8\times17.5} = 23.38\ (\mathrm{m^3/s})$$

当下游水位为30.00 m,高于管的出口高程(25.00 m),则此时管流变为淹没出流,且上游行近流速水头忽略不计,则流量计算公式为

$$Q = \mu_c A\ \sqrt{2gz}$$

$$z = 42.5 - 30.00 = 12.50\ (\mathrm{m})$$

自由出流与淹没出流的流量系数相等,即

$$\mu_c = 0.402$$

则隧洞的泄流量为

$$Q = \mu_c A\ \sqrt{2gz} = 0.402\times\frac{3.14\times2^2}{4}\times\sqrt{2\times9.8\times12.5} = 19.76\ (\mathrm{m^3/s})$$

3.2.3 管径的确定

影响管道直径的因素较多,因而管径确定一般考虑以下几个方面。

3.2.3.1 当管道的输水流量 Q、管道的布置情况已知时,要求选定所需的管径及相应的水头

在这种情况下,一般是从技术和经济条件综合考虑选定管道直径,然后再求作用水头。

(1)考虑管道使用的技术要求。在流量一定的条件下,管径的大小与流速有关。若管内的流速过大,会由于水击作用而使管道遭到破坏;对于水流中挟带泥沙的管道,流速又不宜过小,以免泥沙沉积。一般情况下,水电站引水管中流速不宜超过5~6 m/s;给水

管道中的流速不应大于2.5~3.0 m/s,也不应小于0.25 m/s。

(2)考虑管道的经济效益。若采用的管径较小,则管道的造价低,但流速增大,水头损失增大,输水耗费的电能也增加;反之,若采用较大的管径,则管内流速小,水头损失减小,运转费用也减小,但管道的造价增高。重要的管道,应选择几个方案进行技术经济比较,使管道投资与运转费用的总和最小,这样的流速称为经济流速,其相应的管径称为经济管径。

对于一般的给水管道,d 为100~200 mm,经济流速为0.6~1.0 m/s;d 为200~400 mm,经济流速为1.0~1.4 m/s。水电站的压力隧洞的经济流速为2.5~3.5 m/s;压力钢管为3.0~4.0 m/s,甚至5.0~6.0 m/s。经济流速涉及的因素较多,比较复杂,选用时应注意因时、因地而异。

根据技术要求及经济条件选定管道的流速后,管道直径可由下式求得,即

$$d = \sqrt{\frac{4Q}{\pi v}} \tag{3-7}$$

利用上式计算出的管径,实际选用时,应采用标准管径。当使用标准管径后,注意管中的实际流速也发生了相应的变化,在计算水头损失时,一定要用标准管径相应的流速。

3.2.3.2 当管道的流量、布置、管材及管道的作用水头等已知时,对于短管直径的确定,可采用试算法

由 $Q = \mu_c A\sqrt{2gH}$,$\mu_c = \dfrac{1}{\sqrt{1+\lambda\dfrac{l}{d}+\sum\zeta}}$,$A = \dfrac{1}{4}\pi d^2$ 联立求解可得

$$d = \sqrt{\frac{4Q}{\pi\sqrt{2gH}}}\sqrt[4]{1+\lambda\frac{l}{d}+\sum\zeta} \tag{3-8}$$

同样方法,利用 $Q = \mu_c A\sqrt{2gz}$ 可推得淹没出流时的直径计算迭代公式

$$d = \sqrt{\frac{4Q}{\pi\sqrt{2gz}}}\sqrt[4]{\lambda\frac{l}{d}+\sum\zeta} \tag{3-9}$$

【例3-2】 一横穿河道的钢筋混凝土倒虹吸管,如图3-4所示。已知管中流量 Q 为 3 m^3/s,倒虹吸管全长 l 为50 m,上下游水位差 z 为3 m;中间经过两个弯管,其局部水头损失系数均为0.20;进口局部水头损失系数为0.5,出口局部水头损失系数为1.0,上下游渠中流速 v_1 及 v_2 均为1.5 m/s,管壁粗糙系数 n =0.014。试确定倒虹吸管的直径。

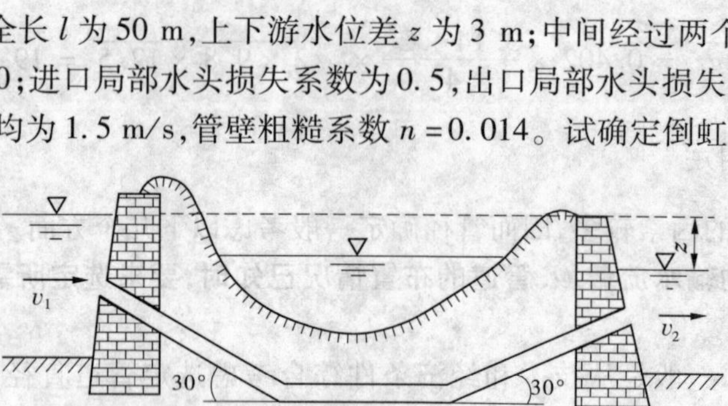

图3-4

解:倒虹吸管一般作短管计算。本题管道出口淹没在水下,而且上下游渠道中水流流

速相同,流速水头消去。故应按短管的淹没出流公式(3-9)计算,即

$$d = \sqrt{\frac{4Q}{\pi\sqrt{2gz}}}\sqrt[4]{\lambda\frac{l}{d} + \sum\zeta}$$

当沿程阻力系数用谢才系数计算时,有

$$\lambda = \frac{8g}{C^2}, C = \frac{1}{n}R^{1/6}, R = \frac{d}{4}$$

则可推得 $\lambda = \frac{2^{11/3}gn^2}{d^{1/3}}$,代入直径计算公式,得

$$d = \sqrt{\frac{4Q}{\pi\sqrt{2gz}}}\sqrt[4]{\frac{2^{11/3}gn^2l}{d^{4/3}} + \sum\zeta}$$

代入数值:

$$d = \sqrt{\frac{4\times3}{3.14\times\sqrt{2\times9.8\times3}}}\sqrt[4]{\frac{2^{11/3}\times9.8\times0.014^2\times50}{d^{4/3}} + 0.5 + 2\times0.2 + 1.0}$$

$$d = 0.706\sqrt[4]{\frac{1.22}{d^{4/3}} + 1.9}$$

列表试算,如表 3-1 所示。

从计算结果可以看出,第 4 次计算的结果,与第 5 次计算的结果近似相同,则最终选取管径 d 为 0.95 m。

如果选用标准管径,则选择直径为 1.0 m。

表 3-1　迭代试算表

代入次数	1	2	3	4	5
代入值	∞	0.829	0.963	0.943	0.946
计算值	0.829	0.963	0.943	0.946	0.945

3.2.4　总水头线和测压管水头线的绘制

绘制总水头线及测压管水头线,可直观了解位能、压能、动能及总能量沿程的变化情况,有利于掌握管道压强沿程变化情况及影响管道使用的不利因素,并及时处理。如管道中出现过大的真空,则易产生空化和气蚀,从而降低管道的输水能力,甚至危及管道安全;当管中出现过大压强时,则可能使管道破裂而产生较大的损失。因此,设计管道系统时,应控制管道中的最大压强、最大真空值以及各断面的压强,以保证管道系统的正常工作,满足用户的要求。

3.2.4.1　总水头线的绘制

由能量方程可知,沿程如果没有能量的输入和输出,水流沿程能量的变化主要是沿程的各类水头损失,能量沿程减小,因而总水头线的绘制方法如下:

从上游开始,逐步扣除水头损失。一般存在局部水头损失的管段,由于局部水头损失发生的长度比较短,则可假设其集中于一个断面上,即在断面变化处按一定比例铅垂扣除水头损失。

注意：在该断面上有两个总水头值，一个是局部损失前的，一个是局部损失后的。

只有沿程水头损失的管段，可在管段末端扣除沿程水头损失，用直线连接两断面间的总水头，而得总水头线，如图 3-5 所示。

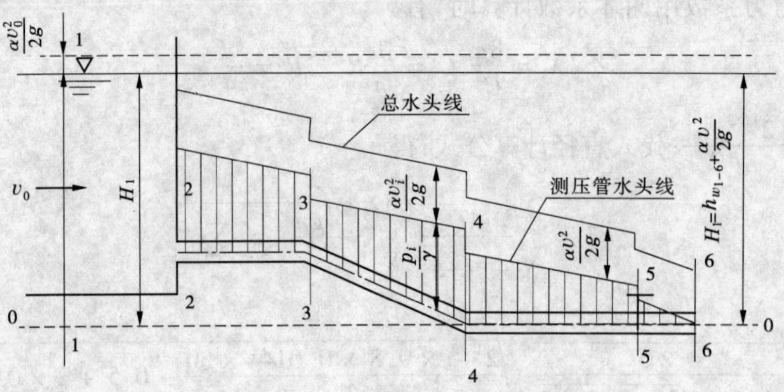

图 3-5

3.2.4.2 测压管水头线的绘制

因测压管水头比总水头少一项流速水头，则在总水头线的基础上扣除各断面相应的流速水头即得测压管水头线，即

$$z+\frac{p_i}{\gamma}=H_i-\frac{\alpha v_i^2}{2g} \tag{3-10}$$

(1)等直径的管段的沿程水头损失沿管长均匀分布，总水头线为直线，测压管水头线与总水头线平行。则可由总水头线向下平移一个流速水头的距离，得到测压管水头线。

(2)在绘制水头线时，要注意管道进、出口的边界条件，当上游行近流速水头约等于零时，总水头线的起点在上游液面；当上游流速水头不为零时，总水头线起点高出上游液面。

(3)当管道为自由出流时，测压管水头线的终点应画在管道出口断面的中心点上，如图 3-6(a)所示。对于淹没出流，当下游流速水头约为零时，测压管水头线的终点应与下游水面相连，如图 3-6(b)所示；当下游流速不为零时，测压管水头线终点低于下游水面，如图 3-6(c)所示。

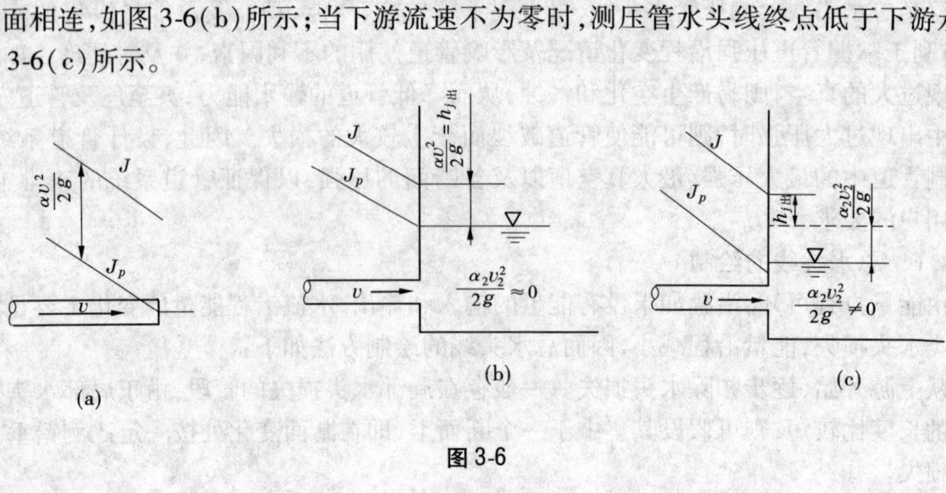

图 3-6

3.2.4.4 调整管道布置避免产生负压

各断面测压管水头线与该断面中心的距离即为该断面中心点的压强水头。若测压管水头线在某断面的上方,则该断面中心点的压强为正值;若测压管水头线在某断面中心点的下方,则该断面中心点的压强为负值。当管内存在较大的负压时,其水流处于不稳定状态,且有可能产生空蚀破坏,因此应采用必要措施以改变管内的受压情况。如图3-7中阴影部分所示,其为测压管水头低于管轴线的区域,为真空区。

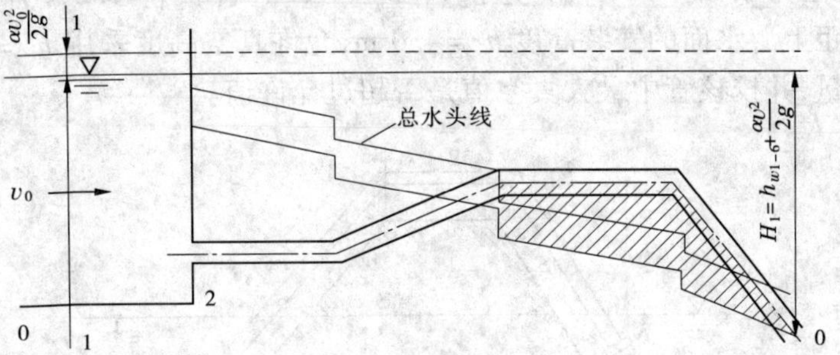

图3-7

由图3-7可知,管道系统任意断面压强水头为

$$\frac{p_i}{\gamma}=H_0-h_{w0-i}-\frac{v_i^2}{2g}-z_i \tag{3-11}$$

可见,在管道系统工作水头一定的条件下,影响压强水头的因素为式中的后三项,可以通过改变这三项或其中的一项,控制管中的压强。较有效的方法是降低管线的高度,以提高管道中压强,避免管道中产生负压。

3.3 短管应用举例

3.3.1 虹吸管的水力计算

由于虹吸管的局部水头损失和流速水头相应较大,一般按短管计算。我国黄河沿岸,利用虹吸管引黄河水进行灌溉的例子较多。

3.3.1.1 虹吸管的工作原理

在虹吸管的最高处产生真空,而进水口处水面的压强为大气压强,因此管内外形成压强差,迫使水流由压强大的地方流向压强小的地方。只要虹吸管内的真空压强不被破坏,而且保持一定的水位差,水就会不断地由上游流向下游。

但必须注意的是,当真空达到一定程度时,水会产生汽化现象,破坏水流的连续性,致使不能正常输水。因此,为保证虹吸管的正常工作,根据液体汽化压强的概念,管内真空度一般限制在6~8 m水柱高以内,以保证管内水流不被汽化。

3.3.1.2 虹吸管的水力计算

虹吸管的计算主要有以下几个方面:

(1)计算虹吸管的泄流量；

(2)由虹吸管内允许真空高度值确定管顶最大安装高度 h_s；

(3)已知安装高度，校核虹吸管中最大真空高度是否超过允许值。

【例3-3】 用一直径 $d=0.4$ m 的铸铁虹吸管（糙率 $n=0.013$），将上游明渠中的水输送到下游明渠中，如图3-8所示。已知上、下游渠道的水位差为2.5 m，虹吸管各段长分别为 $l_1=10.0$ m，$l_2=6$ m，$l_3=12$ m。虹吸管进口处为无底阀滤网，其局部阻力系数为 $\zeta_1=2.5$。其他局部阻力系数：两个折角弯头 $\zeta_2=\zeta_3=0.55$，阀门 $\zeta_4=0.2$，出口 $\zeta_5=1.0$。虹吸管顶端中心线距上游水面的安装高度 $h_s=4.0$ m，允许真空高度采用 $h_v=7.0$ m。试确定虹吸管输水流量，并校核管中最大真空值是否超过允许值。

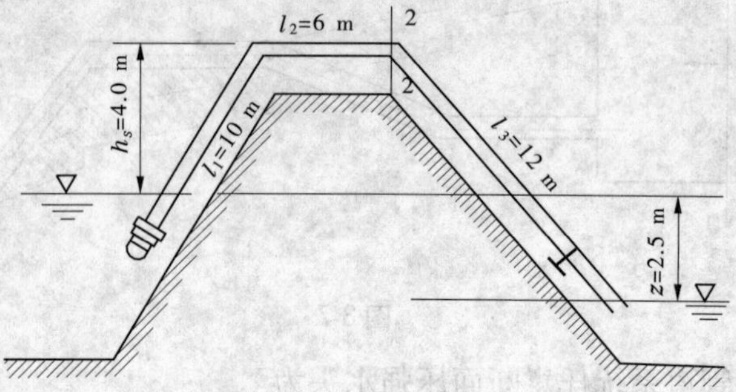

图3-8

解：1. 确定输水流量

虹吸管末端淹没在下游水面以下，为淹没出流，采用式(3-6)计算流量，则有

$$Q=\mu_c A\sqrt{2gz}$$

确定管路阻力系数 λ，则由

$$C=\frac{1}{n}R^{1/6}=\frac{1}{0.013}\times\left(\frac{0.4}{4}\right)^{1/6}=52.41(\mathrm{m^{1/2}/s})$$

得

$$\lambda=\frac{8g}{C^2}=\frac{8\times9.8}{52.41^2}=0.0285$$

由于流量系数为

$$\mu_c=\frac{1}{\sqrt{\lambda\frac{l}{d}+\sum\zeta}}=\frac{1}{\sqrt{0.0285\times\frac{10+6+12}{0.4}+2.5+2\times0.55+0.2+1.0}}=0.384$$

则流量为

$$Q=\mu_c A\sqrt{2gz}=0.384\times\frac{3.14\times0.4^2}{4}\times\sqrt{2\times9.8\times2.5}=0.338\ (\mathrm{m^3/s})$$

2. 校核虹吸管中最大真空度

虹吸管的最大真空度应发生在管顶端最高段内。由于管中流速水头沿程不变，而总水头由于能量损失的原因沿程逐渐减小，则管中压强从管进口一直到第2个弯头前，压强一直是降低的，且第2个弯头处还有局部能量损失；下游第3管段，由于管路坡度一般大于水力坡度降，即断面中心高程的下降大于沿程水头损失，所以，部分位能转化为压能，使

第 3 段内压强沿程增加。则最大真空度应发生在第 2 个弯头后的 2—2 断面。

$$v = \frac{Q}{A} = \frac{0.338}{\frac{3.14}{4} \times 0.4^2} = 2.69\ (\text{m/s})$$

以上游水面为基准面，取 $\alpha_1 = \alpha_2 = 1.0$，建立 1—1 断面与 2—2 断面的能量方程，即得

$$0 + \frac{p_a}{\gamma} + 0 = h_s + \frac{p_2}{\gamma} + \frac{v_2^2}{2g} + (\lambda \frac{l_1 + l_2}{d} + \sum \zeta) \frac{v_2^2}{2g}$$

整理得真空高度的计算公式

$$h_{真} = (\frac{p_a}{\gamma} - \frac{p_2}{\gamma}) = h_s + (1 + \lambda \frac{l_1 + l_2}{d} + \sum \zeta) \frac{v_2^2}{2g} \tag{3-12}$$

代入数据计算得 $h_{真} = 6.12$ m

因为实际真空高度 6.12 m 小于允许真空高度 7.0 m，所以真空度没有超过界限值。

3.3.2 水泵装置的水力计算

水泵装置是一种增加水流能量的水力机械。在生活实际中被广泛应用。水泵装置由吸水管、水泵和压水管三部分组成，其水力计算包括吸水管和压水管的水力计算以及水泵机械配用功率等计算内容。水泵装置见图 3-9。

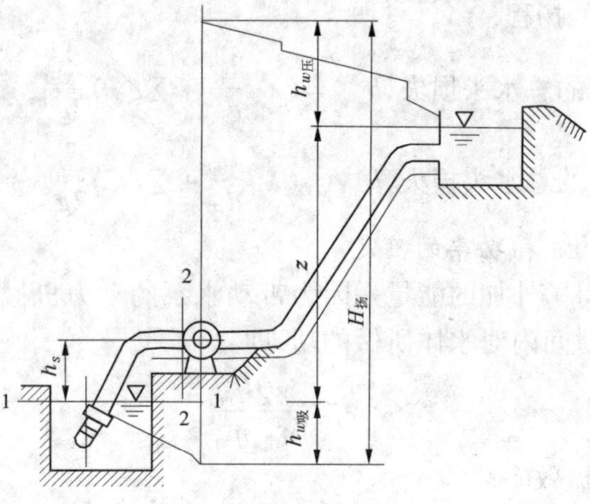

图 3-9

3.3.2.1 水泵的工作原理

开动水泵前，先由真空泵使水泵吸水管内形成真空，水源的水在大气压强的作用下，从吸水管进入泵壳；启动水泵，此时由电机带动的水泵给水流输入能量（真空泵停止工作），水流获得能量，再经压水管，进入下游水池。

3.3.2.2 水泵的水力计算

水泵水力计算的主要任务是：管道直径的确定、水泵安装高度的确定、水泵扬程的确定和配套功率的确定。

1）管道直径的确定

吸水管和压水管的直径一般根据允许流速来确定。允许流速是在一定条件下确定的

经济流速。当流速确定后，有

$$d = \sqrt{\frac{4Q}{\pi v}}$$

2）水泵安装高度或最大允许真空高度的确定

水泵的最大允许安装高度 h_s 主要取决于水泵的最大允许真空高度 h_v。如图 3-9 所示，以水源水面为基准面，对水源水面为 1—1 断面和吸水管的末端 2—2 断面列能量方程，可推导得水泵的安装高度或水泵最大允许真空高度的计算公式

$$h_s = h_{真} - \left(1 + \lambda \frac{l}{d} + \sum \zeta\right) \frac{v_2^2}{2g}$$

$$h_{真} = h_s + \left(1 + \lambda \frac{l}{d} + \sum \zeta\right) \frac{v_2^2}{2g}$$

3）水泵扬程的确定

水泵的扬程是指单位重量液体通过水泵后的能量增加值。由能量方程可知，其应等于出水池水位与进水池水位的水位差，再加上吸水管和压水管的总水头损失。

$$H_m = z + h_{w吸} + h_{w压} \tag{3-13}$$

式中 z——进水池和出水池之间的水位差；

H_m——抽水机的扬程；

$h_{w吸}$——吸水管的总水头损失，$h_{w吸} = \left(\lambda_{吸} \frac{l_{吸}}{d_{吸}} + \sum \zeta_{吸}\right) \frac{v_{吸}^2}{2g}$；

$h_{w压}$——压水管的总水头损失，$h_{w压} = \left(\lambda_{压} \frac{l_{压}}{d_{压}} + \sum \zeta_{压}\right) \frac{v_{压}^2}{2g}$。

4）带动水泵的动力机械功率的确定

水流经过水泵获得了外加的能量是因为带动水泵的动力机械对水流做了功，动力机械的功率应等于单位时间内对水体所做的功，即

$$N = \frac{\gamma Q H_m}{\eta_{泵}\ \eta_{动}} \tag{3-14}$$

式中 $\eta_{泵}$——水泵机械效率；

$\eta_{动}$——动力机械效率。

【例 3-4】 有一水泵如图 3-9 所示，水泵的抽水量为 $Q = 28\ \text{m}^3/\text{h}$，吸水管的管长 $l_{吸} = 5\ \text{m}$，压水管的长度 $l_{压} = 18\ \text{m}$，沿程阻力系数 $\lambda_{吸} = \lambda_{压} = 0.046$。局部阻力系数：进口 $\zeta_{网} = 8.5$，进水管弯头 $\zeta_{弯} = 0.36$，其他弯头 $\zeta = 0.26$，出口 $\zeta_{出口} = 1.0$，水泵的抽水高度 $z = 18\ \text{m}$，水泵进口断面的最大允许真空度 $h_v = 6\ \text{m}$。试确定以下各项：

（1）管道的直径；

（2）水泵的安装高度；

（3）水泵扬程；

（4）水泵电机功率（水泵的效率为 $\eta_{泵} = 0.8$，电机的效率 $\eta_{动} = 0.90$）。

解：（1）水泵管道直径的确定。

根据吸水管允许流速 $v_{吸}=1.2\sim2.0$ m/s,压水管允许流速 $v_{压}=1.5\sim2.5$ m/s,选取 $v_{吸}=2.0$ m/s,$v_{压}=2.5$ m/s,则相应的管径为

$$d_{吸}=\sqrt{\frac{4Q}{\pi v_{吸}}}=\sqrt{\frac{4\times28}{3.14\times2.0\times3\ 600}}=0.070(\text{m})=70\ \text{mm}$$

$$d_{压}=\sqrt{\frac{4Q}{\pi v_{压}}}=\sqrt{\frac{4\times28}{3.14\times2.5\times3\ 600}}=0.063(\text{m})=63\ \text{mm}$$

由以上计算结果并选用与它接近并大于它的标准管径,得

$$d_{吸}=d_{压}=75\ \text{mm}$$

则吸水管和压水管的流速均为

$$v=\frac{Q}{A}=\frac{4\times28}{3.14\times0.075^2\times3\ 600}=1.76\ (\text{m/s})$$

(2)水泵安装高度的确定。

$$h_s=h_v-(1+\lambda\frac{l}{d}+\sum\zeta)\frac{v_2^2}{2g}$$

$$=6-(1+0.046\times\frac{5}{0.075}+8.5+0.36)\times\frac{1.76^2}{2\times9.8}=3.96\ (\text{m})$$

安装高度说明:安装高度最大不超过 3.96 m,否则将因水泵真空受到破坏,而产生不能抽上水或抽水量非常小的现象。

(3)水泵扬程的确定。

吸水管水头损失为

$$h_{w吸}=(\lambda_{吸}\frac{l_{吸}}{d_{吸}}+\sum\zeta_{吸})\frac{v_{吸}^2}{2g}=(0.046\times\frac{5}{0.075}+8.5+0.36)\times\frac{1.76^2}{19.6}=1.88\ (\text{m})$$

压水管水头损失为

$$h_{w压}=(\lambda_{压}\frac{l_{压}}{d_{压}}+\sum\zeta_{压})\frac{v_{压}^2}{2g}=(0.046\times\frac{18}{0.075}+2\times0.26+1.0)\times\frac{1.76^2}{19.6}=1.98\ (\text{m})$$

所以,水泵的扬程为

$$H=z+h_{w吸}+h_{w压}=18+1.88+1.98=21.86\ (\text{m})$$

(4)水泵电动机功率的确定。

$$N=\frac{\gamma QH}{\eta_{泵}\ \eta_{动}}=\frac{9.8\times\frac{28}{3\ 600}\times21.86}{0.8\times0.9}=2.31\ (\text{kW})$$

3.3.3 倒虹吸管的水力计算

渠道穿越河流、渠沟、洼地、道路,采用其他类型建筑物不适宜时,可选用倒虹吸管。倒虹吸管中的水流只是一般压力管道,其出流方式一般为短管淹没出流。

倒虹吸管水力计算的任务:

(1)已知管道直径 d、管长 l、上下游水位差 z,求过流量 Q。

(2)已知管道直径 d、管长 l 及管道布置、过流量 Q,求上下游水位差 z。

(3)已知管道布置、过流量 Q 和上下游水位差 z,求管道直径 d。

【例 3-5】 一横穿公路的钢筋混凝土倒虹吸管，如图 3-10 所示。已知管中流量 Q 为 $2\ m^3/s$，倒虹吸管全长 l 为 30 m，中间经过两个弯管，每个弯管的局部水头损失系数 $\zeta_{弯}$ 为 0.21，进口局部阻力系数为 0.5，出口局部阻力系数为 1.0，管壁粗糙系数 $n=0.014$，若上、下游渠中流速 v_1 及 v_2 不计。试确定倒虹吸管上、下游水位差。

解：首先选定倒虹吸管的允许流速为 2 m/s，则管径为

$$d = \sqrt{\frac{4Q}{\pi v}} = \sqrt{\frac{4\times 2}{3.14\times 2}} = 1.1\ (\mathrm{m})$$

选用标准管径 $d=1.1$ m。

管中实际流速为

$$v = \frac{4Q}{\pi d^2} = \frac{4\times 2}{3.14\times 1.1^2} = 2.11\ (\mathrm{m/s})$$

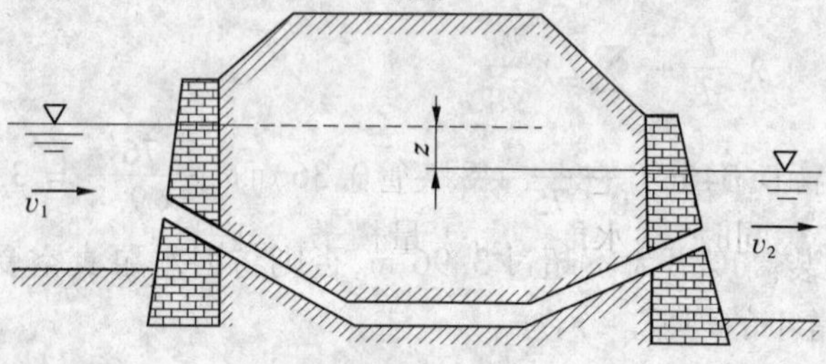

图 3-10

再计算沿程阻力系数 λ 值

$$C = \frac{1}{n}R^{1/6} = \frac{1}{0.014}\times\left(\frac{1.1}{4}\right)^{1/6} = 57.6\ (\mathrm{m^{1/2}/s})$$

$$\lambda = \frac{8g}{C^2} = \frac{8\times 9.8}{57.6^2} = 0.023\ 6$$

根据短管淹没出流 $z=h_w$，此倒虹吸管的上下游水头差为

$$z = \left(\lambda\frac{l}{d} + \sum\zeta\right)\frac{v^2}{2g} = \left(0.023\ 6\times\frac{30}{1.1} + 0.5 + 0.21\times 2 + 1.0\right)\times\frac{2.11^2}{19.6} = 0.58\ (\mathrm{m})$$

3.4 简单长管的水力计算

由前述可知，长管中的局部水头损失、流速水头两项之和与沿程水头损失的比小于5%，局部水头损失及流速水头可忽略不计，因而可使管道计算大为简化，而且对计算精度影响不大。一般情况下，给水管路、抽水机的压水管、输油管道等均可按长管计算。

3.4.1 简单长管水力计算的基本公式

由长管的定义，长管水力计算时，局部水头损失和流速水头忽略不计，能量方程式可简化为

$$H = h_f$$

3.4.1.1 **由谢才公式计算沿程水头损失**

水利工程中的有压管道，水流一般属于紊流的水力粗糙区，其水头损失可直接由谢才公式计算。

由 $Q=Av, v=C\sqrt{RJ}, J=\frac{h_f}{l}=\frac{H}{l}$，联立求解得

$$H=\frac{Q^2}{A^2C^2R}l$$

令

$$K=AC\sqrt{R}$$

得

$$H=\frac{Q^2}{K^2}l \tag{3-15}$$

或

$$Q=K\sqrt{\frac{H}{l}} \tag{3-16}$$

式中 K——流量模数。

由上式可以看出，当水力坡降 $J=1$ 时，$Q=K$，故 K 具有与流量相同的量纲，在水力学中称 K 为流量模数，或特性流量。它综合反映管道断面形状、尺寸及边壁粗糙对输水能力的影响。水力坡度 J 相同时，输水能力与流量模数成正比。对于粗糙系数 n 为定值的圆管，K 值为管径的函数。不同直径及糙率的圆管，当谢才系数采用 $C=\frac{1}{n}R^{1/6}$ 计算时，其流量模数 K 值如表 3-2 所示。

表 3-2 给水管道的流量模数 $K=AC\sqrt{R}$ 数值(按 $C=\frac{1}{n}R^{1/6}$ 计算)

直径 d (mm)	K(L/s)		
	清洁管($n=0.011$)	正常管($n=0.012\,5$)	污秽管($n=0.014\,3$)
50	9.624	8.460	7.403
75	28.37	24.94	21.83
100	61.11	53.72	47.01
125	110.80	97.40	85.23
150	180.20	158.40	138.60
175	271.80	238.90	209.00
200	388.00	341.10	298.50
225	531.20	467.00	408.60
250	703.50	618.50	541.20
300	1.144×10^3	1.006×10^3	880.00
350	1.726×10^3	1.517×10^3	1.327×10^3
400	2.464×10^3	2.166×10^3	1.895×10^3
450	3.373×10^3	2.965×10^3	2.594×10^3

续表 3-2

直径 d (mm)	K(L/s)		
	清洁管($n=0.011$)	正常管($n=0.0125$)	污秽管($n=0.0143$)
500	4.467×10^3	3.927×10^3	3.436×10^3
600	7.264×10^3	6.386×10^3	5.587×10^3
700	10.96×10^3	9.632×10^3	8.428×10^3
750	13.17×10^3	11.58×10^3	10.13×10^3
800	15.64×10^3	13.57×10^3	12.03×10^3
900	21.42×10^3	18.83×10^3	16.47×10^3
1 000	28.36×10^3	24.93×10^3	21.82×10^3
1 200	46.12×10^3	40.55×10^3	35.48×10^3
1 400	69.57×10^3	61.16×10^3	53.52×10^3

对于一般给水管道，一般流速不太大，可能属于紊流的粗糙区或过渡区。可以近似认为，当 $v<1.2$ m/s 时，管流属于过渡区，h_f 约与流速 v 的 1.8 次方成正比。计算水头损失时，可在式(3-15)中乘以修正系数 k，即

$$H = k\frac{Q^2}{K^2}l \tag{3-17}$$

钢管或铸铁管的修正系数可查表 3-3。

表 3-3 钢管及铸铁管修正系数 k 值

v(m/s)	k	v(m/s)	k	v(m/s)	k	v(m/s)	k
0.20	1.41	0.45	1.175	0.70	1.085	1.00	1.03
0.25	1.33	0.50	1.15	0.75	1.07	1.10	1.015
0.30	1.28	0.55	1.13	0.80	1.06	1.20	1.00
0.35	1.24	0.60	1.115	0.85	1.05		
0.40	1.20	0.65	1.10	0.90	1.04		

3.4.1.2 按《水利技术标准汇编》(灌溉排水卷)公式计算管道沿程水头损失

$$h_f = f\frac{Q^m}{D^b}L \tag{3-18}$$

式中 Q——流量，m^3/h；

f——管材摩阻系数；

L——管长，m；

D——管道直径，mm；

m——流量指数；

b——管径指数。

各种管材的 f、m、b 值，可按下表 3-4 取用。

表 3-4　f、m、b 值表

管材类别		f	m	b
混凝土管、钢筋混凝土管	$n=0.013$	1.312×10^6	2.00	5.33
	$n=0.014$	1.516×10^6	2.00	5.33
	$n=0.015$	1.749×10^6	2.00	5.33
当地材料管		$7.76n^2\times10^9$	2.00	5.33
旧钢管、旧铸铁管		6.25×10^5	1.90	5.10
石棉水泥管		1.455×10^5	1.85	4.89
硬塑料管		0.948×10^5	1.77	4.77
铝管、铝合金管		0.861×10^5	1.74	4.74

注：①地埋薄壁塑料管的 f 值，宜用表列硬塑料管 f 值的 1.05 倍；

②n 为糙率，水泥沙土管 $n=0.0143$。

3.4.2　简单长度水力计算的类型

3.4.2.1　输水能力计算

已知作用水头、管道尺寸、管道材料及管线布置，计算输水能力。

【例 3-6】　由水塔供水的简单管道 AB 长 $L=1\ 600$ m，直径 $d=200$ mm，材料为铸铁管，水塔水面及管道末端的高程差为 10 m。求管道的供水流量。

解：水塔供水的水头为

$$H = 10\ \text{m}$$

假设管内的水流为阻力平方区的紊流，由表 3-2 查得管径 $d=200$ mm 的流量模数 $K=341.1$ L/s，则管中通过的流量为

$$Q = K\sqrt{\frac{H}{l}} = 341.1\times\sqrt{\frac{10}{1\ 600}} = 26.97\ (\text{L/s}) = 0.026\ 97\ \text{m}^3/\text{s}$$

验算流速是否符合假设条件，则

$$v = \frac{Q}{A} = \frac{4Q}{\pi d^2} = \frac{4\times0.026\ 97}{3.14\times0.2^2} = 0.859\ (\text{m/s})$$

因为 $v<1.2$ m/s，属紊流过渡区，与假设不符，需要修正。由表 3-3 内插得 $v=0.859$ m/s 时的修正系数 $k=1.042$。

$$Q = K\sqrt{\frac{H}{kl}} = 341.1\times\sqrt{\frac{10}{1.042\times1\ 600}} = 26.42\ (\text{L/s}) = 0.026\ 42\ \text{m}^3/\text{s}$$

3.4.2.2　作用水头计算

已知管道尺寸、材料、管线布置和输水能力，计算作用水头，可利用《水利技术标准汇编》中管道水头损失的计算方法。

【例 3-7】　某给水管道选用硬聚氯乙烯（UPVC）管，管长 $l=500$ m，管中通过流量 $Q=60$ L/s，选用经济流速为 $v=1.2$ m/s。试确定管径和作用水头。

解：首先计算管径

$$D = \sqrt{\frac{4Q}{\pi v}} = \sqrt{\frac{4\times0.06}{3.14\times1.2}} = 0.252\ (\text{m})$$

因此，选用 250 mm 管径。

则沿程水头损失为

$$h_f = f\frac{Q^m}{D^b}L$$

查表 3-4 得，$f=0.948\times10^5$，$m=1.77$，$b=4.77$，$Q=60$ L/s $=216$ m³/h，则有

$$h_f = f\frac{Q^m}{D^b}L = 0.948\times10^5\times\frac{216^{1.77}}{250^{4.77}}\times500 = 2.34(\text{m})$$

则该管道的直径选用 250 mm，管道的作用水头为 2.34 m。

3.4.2.3 管线布置已定，当要求输送一定流量时，确定所需的管径

【例 3-8】 由一条长为 3 300 m 的新铸铁管向水文站供水，作用水头 $H=20$ m，需要通过的流量为 $Q=32$ L/s，试确定管道的直径 d。

解：按一般自来水管计算。考虑到管道在使用中，水里含有的杂质会逐渐沉积致使新管子变得有些污垢，故应按正常管考虑，取 $n=0.012\,5$。

第一种方法：

先求流量模数 K 值，因为 $H=\frac{Q^2}{K^2}l$，则

$$K = Q\sqrt{\frac{l}{H}} = 32\times\sqrt{\frac{3\,300}{20}} = 411.0\ (\text{L/s})$$

查表 3-2 可知，当 $K=411.0$ L/s 时，所对应的管道直径在以下两个数字之间：

$$d = 200\ \text{mm}\quad K = 341.1\ \text{L/s}$$

$$d = 225\ \text{mm}\quad K = 467.0\ \text{L/s}$$

为了保证对水文站的供水，应采用标准管 $d=225$ mm 的管子。此时管中的流速为

$$v = \frac{Q}{A} = \frac{4Q}{\pi d^2} = \frac{4\times0.032}{3.14\times0.225^2} = 0.805(\text{m/s})$$

由于 $v<1.2$ m/s，管中水流处于紊流过渡区，需要修正。查表 3-3，取 $k=1.059$。

按公式 $H=k\frac{Q^2}{K^2}l$ 得修正后的流量模数 K 为

$$K = Q\sqrt{k\frac{l}{H}} = 32\times\sqrt{1.059\times\frac{3\,300}{20}} = 423.00\ (\text{L/s})$$

此时流量模数仍在管径 200 mm 与 225 mm 的流量模数之间，故采用管径为 225 mm 的管子，足可以保证供水。

第二种方法：根据 $h_f=f\frac{Q^m}{D^b}L$ 并查表 3-4 得 $n=0.012\,5$ 时，

$$h_f = f\frac{Q^m}{D^b}L = 7.76n^2\times10^9\times\frac{Q^{2.0}}{D^{5.33}}l = 1.212\,5\times10^6\,\frac{Q^{2.0}}{D^{5.33}}l$$

$$D = \left(1.212\,5\times10^6\,\frac{Q^{2.0}}{h_f}l\right)^{1/5.33} = \left(1.212\,5\times10^6\times\frac{115.2^{2.0}}{20}\times3\,300\right)^{1/5.33} = 214\ (\text{mm})$$

则选用管径为 225 mm。

小　结

本章主要介绍了有压管道中的恒定流这一具体水流形态，水力计算主要涉及恒定压力管道的作用水头、流量、水头损失以及它们之间的相互关系。基本的计算问题就是在一定的已知条件下利用基本公式计算所需的水头、流量或管径。不管在哪一类计算问题中，水头损失的计算都要占很大的比重。因此，不但要掌握利用管流基本公式解决各类问题的方法，同时也要熟练地运用水流阻力及水头损失有关的基本知识。

复习题

3-1　何为管流，它的主要特点是什么？

3-2　何为短管和长管？判别标准是什么？长管和短管的主要区别是什么？

3-3　压力管中水力计算的主要内容是什么？

3-4　管道直径的确定方法有几种？各是如何计算的？

3-5　抽水机安装高度和虹吸管的安装高度计算公式是否相同？具体是什么？

3-6　何为水泵的扬程？水泵的扬程与上下游水位差是否相等？

3-7　如图 3-11 所示，坝下埋设一预制混凝土引水管，直径 D 为 1 m，长 40 m，进口处有一道平板闸门控制流量，引水管出口底部高程为 62.0 m，当上游水位高程为 70.0 m，下游水位高程为 60.5 m，闸门全开时能引多大流量？

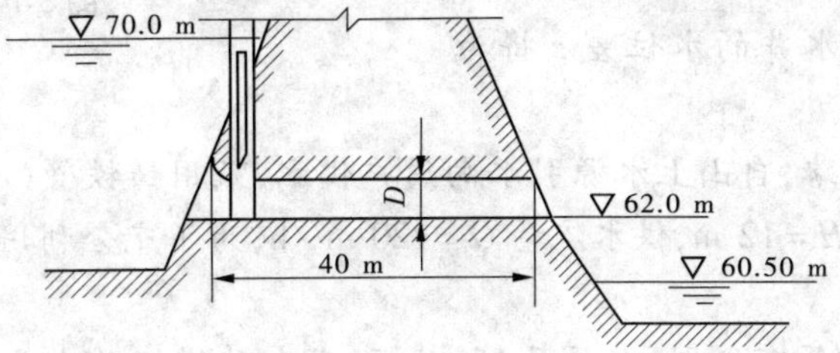

图 3-11

3-8　如图 3-12 所示，倒虹吸管采用 500 mm 直径的铸铁管，长 l 为 125 m，进出口水位高程差为 5 m，根据地形，两转弯角各为 60°和 50°，上下游渠道流速相等。问能通过多大流量？

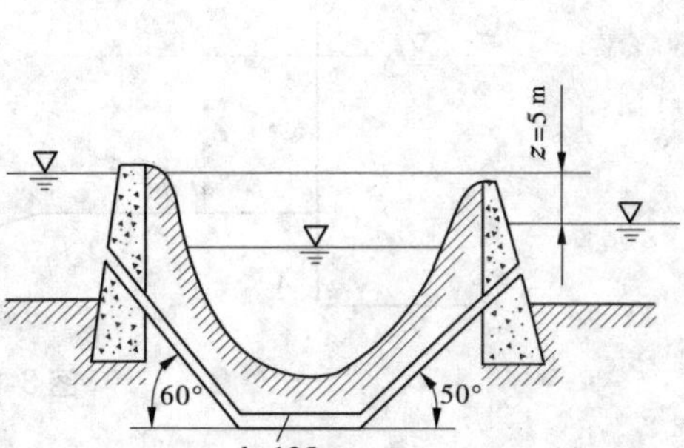

图 3-12

3-9　如图 3-13 所示，用虹吸管从蓄水池引水灌溉。虹吸管采用直径为 0.4 m 的钢管，管道进口处安装一莲蓬头，有 2 个 40°转角；上下游水位差 H 为 4 m；上游水面至管顶高程 z 为 1.8 m；管段长度 $l_1 = 8$ m，$l_2 = 4$ m，$l_3 = 12$ m。要求计算：

(1)通过虹吸管的流量为多少?

(2)虹吸管中压强最小的断面在哪里？其最大真空值是多少?

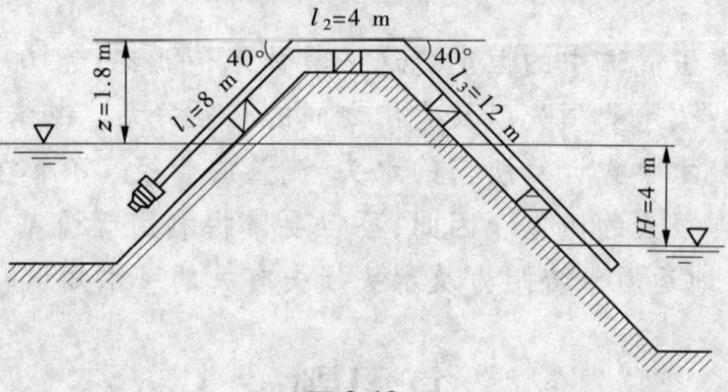

图 3-13

3-10 如图 3-14 所示,水泵自吸水井抽水,吸水井与蓄水池用自流管相接,其水位均不变。水泵安装高度 z 为 4.5 m;自流管长 l 为 20 m,直径 d 为 150 mm;水泵吸水管长 l_1 为 12 m,直径 d_1 为 150 mm;自流管与吸水管的沿程阻力系数 $\lambda=0.03$;自流管滤网的局部水头损失系数 $\zeta=2.0$;水泵底阀的局部水头损失系数 $\zeta=9.0$;90°弯头的局部水头损失系数 $\zeta=0.3$;若水泵进口真空值不超过 6 m 水柱,求水泵的最大流量是多少?在这种流量下,水池与水井的水位差 z 将为多少?

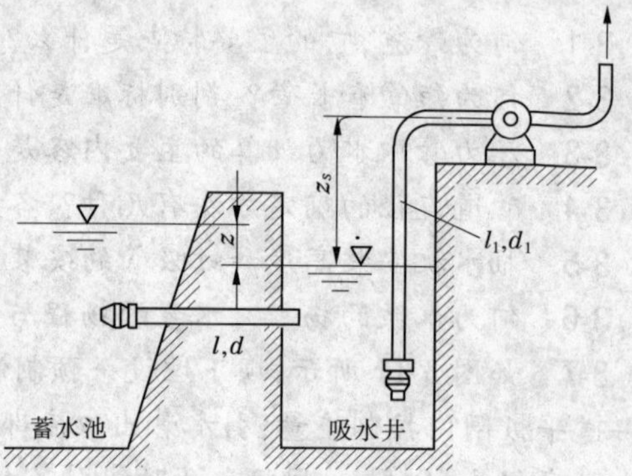

图 3-14

3-11 有一输水管路,自山上水源引水向用户供水,采用铸铁管($n=0.012\,5$),已知管长 $l=150$ m,作用水头 $H=12$ m,供水流量 $Q=120$ m^3/h,为了充分利用水头,试确定水管的直径。

3-12 如某输水钢管布置图(见图 3-15)所示,已知管道工作水头 $H=12$ m,各管道的直径现管长分别为:$d_1=300$ mm,$l_1=1\,500$ m,$d_2=400$ mm,$l_2=500$ m,$d_3=200$ mm,$l_3=300$ m。求管道的供水流量。

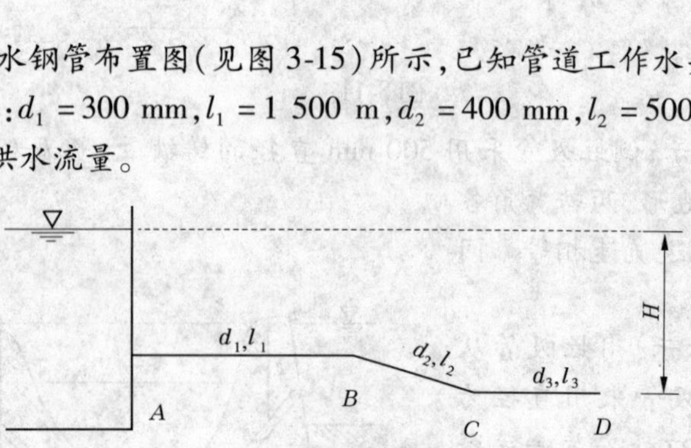

图 3-15

第4章　明渠恒定均匀流和非均匀流

学习指导

目标

● 掌握明渠均匀流的特性及产生条件，明渠均匀流的基本公式及水力计算，明渠水流三种流态及其判别，棱柱体渠道恒定非均匀渐变流水面曲线的定性分析，水跃计算（共轭水深、水跃长度等）。

● 理解水力最佳断面、允许流速、断面比能、临界水深、临界底坡等概念的含义。

重点

掌握明渠均匀流的水力计算，能进行明渠非均匀渐变流水面曲线的定性分析。

人工渠道、天然河道以及未充满水流的管道等统称为明渠。明渠流是一种具有自由表面的流动，自由表面上各点受当地大气压的作用，其相对压强为零，所以又称为无压流动。重力是明渠流的主要动力来源。明渠水流根据其水力要素是否随时间变化分为恒定流和非恒定流。明渠恒定流又根据流线是否为平行直线分为均匀流和非均匀流。

4.1　概　述

4.1.1　明渠的分类

4.1.1.1　棱柱形渠道和非棱柱形渠道

凡是断面形状及尺寸沿程不变的长直渠道，统称为棱柱形渠道，否则为非棱柱形渠道。前者的过水断面面积 A 仅随水深 h 变化，即 $A=f(h)$；后者的过水断面面积不仅随水深变化，而且还随着各断面的沿程位置而变化。

4.1.1.2　顺坡（正坡）、平坡和逆坡（负坡）渠道

明渠渠底线（即渠底与纵剖面的交线）上单位长度的渠底高程差，称为明渠的底坡，用 i 表示。

如图4-1(a)所示，1—1断面和2—2断面之间，渠底线长度为 Δs，该两断面间渠底高程差为 $a_1-a_2=\Delta a$，渠底线与水平线的夹角为 θ，则底坡 i 为

$$i=\frac{a_1-a_2}{\Delta s}=\frac{\Delta a}{\Delta s}=\sin\theta \tag{4-1}$$

当渠底坡较小时，例如 $\theta<6°$ 时，可近似认为 $\Delta s\approx\Delta l$，则式(4-1)变为

$$i=\frac{\Delta a}{\Delta s}\approx\frac{\Delta a}{\Delta l}=\tan\theta \tag{4-2}$$

所以，在上述情况下，过水断面可以看做铅垂平面，水深 h 可沿铅垂线方向量取。

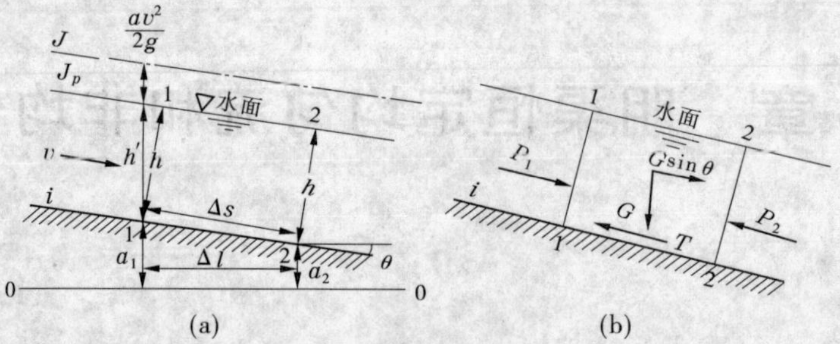

图 4-1

明渠底坡可能有三种情况（见图 4-2）。渠底高程沿流程下降的，称为顺坡（或正坡），规定 $i>0$；渠底高程沿流程保持水平的，称为平坡，$i=0$；渠底高程沿流程上升的，称为逆坡（或负坡），规定 $i<0$。

明渠的横断面可以有各种各样的形状。天然河道的横断面，通常为不规则断面。人工渠道的横断面，可以根据要求，采用梯形、圆形、矩形等各种规则断面。

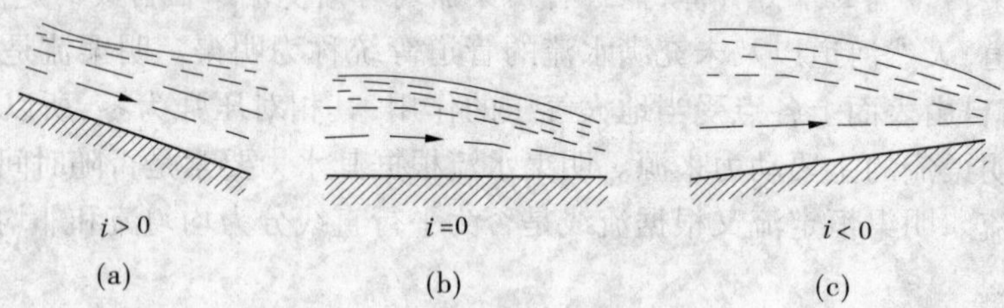

图 4-2

4.1.2 明渠均匀流的特征和形成条件

4.1.2.1 明渠均匀流的特征

明渠均匀流具有下列特性：

(1) 过水断面的形状和尺寸、流速分布、水深，沿流程都不变；

(2) 总水头线、测压管水头线（在明渠水流中，就是水面线）和渠底线三者为相互平行的直线（见图 4-1(a)），因而它们的坡度相等，即

$$J = J_p = i \tag{4-3}$$

4.1.2.2 明渠均匀流的形成条件

对于明渠恒定均匀流（见图 4-1(b)），取 1—1 断面、2—2 断面之间的水体作为研究对象，分析这块水体上的受力，并沿流向写动力平衡方程为

$$P_1 - P_2 + G\sin\theta - T = 0$$

式中 P_1 和 P_2——1—1 过水断面和 2—2 过水断面的动水压力；

G——Δs 流段的水体重量；

T——边壁（包括岸壁和渠底）阻力。

因为对于棱柱形明渠均匀流，$P_1 = P_2$，所以

$$G\sin\theta = T \tag{4-4}$$

可见,水体重力沿流向的分力 $G\sin\theta$ 与水流所受边壁阻力 T 平衡,是明渠均匀流的力学特性。如果是非棱柱形明渠,或者是棱柱形明渠而底坡为负坡($i<0$)或平坡($i=0$),则式(4-4)的动力平衡关系不可能存在。因此,明渠恒定均匀流只能发生在正坡的棱柱体明渠中。

根据上述明渠恒定均匀流的各种特性,可见只有同时具备下述条件,才能形成明渠恒定均匀流:

(1)明渠中水流必须是恒定的,流量沿程不变;

(2)明渠必须是棱柱形渠道;

(3)明渠的糙率必须保持沿程不变;

(4)明渠的底坡必须是顺坡,同时应有相当长且其上没有闸、坝、桥梁、涵洞等局部水工建筑物干扰的顺直段。

4.2 明渠均匀流的基本公式

实际工程中的明渠水流,一般情况下都处于紊流阻力平方区。

4.2.1 基本公式

明渠恒定均匀流,可采用谢才公式计算,即

$$v = C\sqrt{RJ}$$

对于明渠恒定均匀流,由于 $J=i$,所以上式可写为

$$v = C\sqrt{Ri} \tag{4-5}$$

或

$$Q = Av = AC\sqrt{Ri} = K\sqrt{i} \tag{4-6}$$

式中,K 为流量模数,$K=AC\sqrt{R}$。

将曼宁公式代入谢才公式中便可得到

$$v = \frac{1}{n}R^{\frac{2}{3}}\sqrt{i} \tag{4-7}$$

或

$$Q = A\frac{1}{n}R^{\frac{2}{3}}\sqrt{i} \tag{4-8}$$

4.2.2 过水断面的水力要素

明渠均匀流基本公式中 Q、A、K、C、R 都与明渠均匀流过水断面的形状、尺寸和水深有关。为和明渠非均匀流水深加以区别,通常把明渠均匀流的水深称为正常水深,以 h_0 表示。人工渠道的断面形状根据渠道的用途、大小、施工建造方法和材料等选定。在水利工程中,梯形断面最适合于天然土质渠道,是最常用的断面形状。其他断面形状,如圆形、矩形等,在有些场合也被采用。下面主要研究梯形过水断面的水力要素。

如图 4-3 所示,过水断面面积为

$$A = (b + mh)h \tag{4-9}$$

式中 b——渠底宽;

h——水深；

m——边坡系数，表示在铅直方向上每下降 1 m 所对应的水平方向的距离。

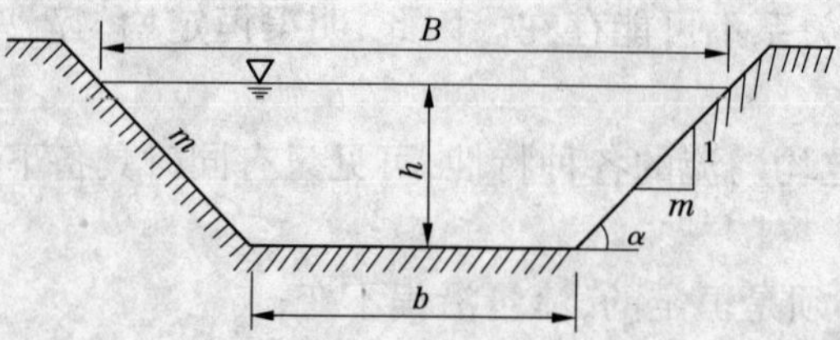

图 4-3

水面宽为

$$B = b + 2mh \tag{4-10}$$

湿周为

$$\chi = b + 2h\sqrt{1 + m^2} \tag{4-11}$$

水力半径为

$$R = \frac{A}{\chi} = \frac{(b + mh)h}{b + 2h\sqrt{1 + m^2}} \tag{4-12}$$

显然，在上述四个公式中，对于矩形过水断面，边坡系数 $m=0$；对于三角形过水断面，底宽 $b=0$。

边坡系数 m，可以根据边坡的岩土性质，参照渠道设计的有关规范选定。表 4-1 列出了各种岩土的边坡系数 m 可供参考。

表 4-1　各种岩土的边坡系数

岩土种类	边坡系数 m（水下部分）	边坡系数 m（水上部分）
未风化的岩石	1 ~ 0.25	0
风化的岩石	0.25 ~ 0.5	0.25
半岩性耐水土壤	0.5 ~ 1	0.5
卵石和砂砾	1.25 ~ 1.5	1
黏土、硬或半硬黏壤土	1 ~ 1.5	0.5 ~ 1
松软黏壤土、砂壤土	1.25 ~ 2	1 ~ 1.5
细砂	1.5 ~ 2.5	2
粉砂	3 ~ 3.5	2.5

4.3　明渠水力计算中的几个问题

4.3.1　水力最佳断面

从水力学的角度考虑，所谓水力最佳断面是指在流量、底坡、糙率已知时，过水断面面积最小的断面；或者在过水断面面积、底坡、糙率已知时，使渠道通过的流量为最大的断面。

将式(4-12)代入明渠均匀流公式(4-8) 可得 $Q=\frac{A^{5/3}\sqrt{i}}{n\chi^{2/3}}$,要在给定的过水断面上使通过的流量为最大,过水断面的湿周就必须为最小。从几何学知,在面积相同的情况下,圆或半圆(水面不计入湿周)的湿周是最小的,因此有些人工渠道(如小型混凝土渡槽)的断面设计成半圆形或U形,但由于地质条件和施工技术、管理运用等方面的原因,在一般渠道中,应用最多的为梯形断面。下面就梯形断面讨论其水力最佳条件。

梯形断面的湿周 $\chi=b+2h\sqrt{1+m^2}$,边坡系数 m 已知,由 $A=(b+mh)h$,得 $b=A/h-mh$,所以

$$\chi=\frac{A}{h}-mh+2h\sqrt{1+m^2}$$

在水力最佳条件下应有

$$\frac{d\chi}{dh}=-\frac{A}{h^2}-m+2\sqrt{1+m^2}=-\frac{b}{h}-2m+2\sqrt{1+m^2}=0$$

从而得到水力最佳的梯形断面的宽深比条件,即

$$\beta_m=\frac{b}{h}=2(\sqrt{1+m^2}-m) \tag{4-13}$$

β_m 与边坡系数 m 有关,如表4-2所示,$m>0$ 时,用式(4-13)计算出的 β_m 值随着 m 增大而减小。当 $m>0.75$ 时,$\beta_m<1$,这是一种底宽较小、水深较大的窄深型断面,应用于较大型的渠道时,由于深挖高填,施工开挖工程量及费用大,维护管理也不方便;流量改变时水深变化较大,给灌溉、航运带来不便。虽然水力最佳断面在相同流量下过水断面面积最小,但考虑到其局限性,在进行渠道断面的设计(形状、大小)时,要从施工、运用和经济等各个方面进行方案比较后确定。

对于矩形断面,可看做 $m=0$ 的梯形断面,由式(4-13)计算得 $\beta_m=2$ 或 $b=2h$,所以水力最佳矩形断面的底宽为水深的两倍。

表4-2　梯形水力最佳断面宽深比

m	0	0.50	0.75	1.00	1.50	2.00	2.50	3.00
β_m	2.000	1.236	1.000	0.828	0.608	0.480	0.380	0.320

4.3.2　允许流速

一条设计的合理的渠道,除考虑上述水力最佳条件及经济因素外,还应使渠道的设计流速不应大到使渠床遭受冲刷,也不可小到使水中悬浮的泥沙发生淤积,而应当是不冲、不淤的流速。因此,在设计中,要求渠道流速 v 在不冲、不淤的允许流速范围内,即

$$v''<v<v'$$

式中　v'——免遭冲刷的最大允许流速,简称不冲允许流速;

v''——免受淤积的最小允许流速,简称不淤允许流速。

渠道中的不冲允许流速 v' 的大小取决于土质的情况、渠道的衬砌材料、渠中流量等因素,可参照表4-3选用。

渠道中的不淤允许流速 v'' 与水流条件及挟沙情况等因素有关,可参考有关文献。

表 4-3 渠道的不冲允许流速 v'

(单位:m^3/s)

(a)坚硬岩石和人工护面渠道	不同流量条件下不冲允许流速		
	$<1\ m^3/s$	$1\sim10\ m^3/s$	$>10\ m^3/s$
软质水成岩(泥灰岩、页岩、软砾岩)	2.5	3.0	3.5
中等硬质水成岩(致密砾石、多孔石灰岩、层状石灰岩、白云石灰岩、灰质砂岩)	3.5	4.25	5.0
硬质水成岩(白云砂岩、砂岩石灰岩)	5.0	6.0	7.0
结晶岩、火成岩	8.0	9.0	10.0
单层块石铺砌	2.5	3.5	4.0
双层块石铺砌	3.5	4.5	5.0
混凝土护面	6.0	8.0	10.0
(b)均质黏性土渠道	不冲允许流速		
轻壤土	0.60~0.80		
中壤土	0.65~0.85		
重壤土	0.70~1.00		
黏土	0.75~0.95		
(c)均质无黏性土渠道	粒径(mm)	不冲流速	
极细砂	0.05~0.1	0.35~0.45	
细砂、中砂	0.25~0.5	0.45~0.60	
粗砂	0.5~2.0	0.60~0.75	
细砾石	2.0~5.0	0.75~0.90	
中砾石	5.0~10.0	0.90~1.10	
粗砾石	10.0~20.0	1.10~1.30	
小卵石	20.0~40.0	1.30~1.80	
中卵石	40.0~60.0	1.80~2.20	

注:①(b)中各种土质的干容重为 $12.75\sim16.67\ kN/m^3$。②(b)和(c)中所列为水力半径 $R=1$ m 的情况,当 $R\neq1$ m 时,应将表中数值乘以 R^{α} 才得相应的不冲允许流速。对于砂、砾石、卵石、疏松壤土、黏土,$\alpha=1/3\sim1/4$;对于密实壤土、黏土,$\alpha=1/4\sim1/5$。

4.4 明渠均匀流的水力计算

明渠均匀流的水力计算可分为两类:一类是对已建成的渠道进行计算,此类计算主要是校核计算,例如校核流量、流速,求某渠段通水后的糙率等;另一类是为设计新渠道进行水力计算,如确定底宽 b、水深 h、底坡 i 等。这两类计算都是如何应用明渠均匀流基本公式的问题。

在实际工程中,梯形断面渠道应用最广,现以梯形渠道为例来说明经常遇到的几种水力计算类型。

由明渠均匀流计算的基本公式和梯形断面各水力要素的计算公式可得

$$Q = AC\sqrt{Ri} = A\frac{1}{n}R^{2/3}\sqrt{i} = \frac{\sqrt{i}}{n}\frac{[(b+mh)h]^{5/3}}{(b+2h\sqrt{1+m^2})^{2/3}} \tag{4-14}$$

从上式中可看出 $Q=f(b,h,m,n,i)$。根据此表达式,我们可对梯形渠道进行水力计算。现用算例说明。

4.4.1 已成渠道的水力计算

如果已知其他5个数值,求流量 Q、流速 v、糙率 n,只要应用基本公式进行简单的代数运算就可直接求得结果。

【例 4-1】 有一预制的混凝土渡槽,断面为矩形,底宽 $b=1.0$ m,底坡 $i=0.005$,均匀流水深 $h=0.5$ m,糙率 $n=0.014$,求通过的流量及流速。

解: 矩形断面边坡系数 $m=0$,代入式(4-14)得

$$Q = \frac{\sqrt{i}}{n}\frac{(bh)^{5/3}}{(b+2h)^{2/3}} = \frac{\sqrt{0.005}\times 0.5^{5/3}}{0.014\times 2^{2/3}} = 1.0(\text{m}^3/\text{s})$$

$$v = \frac{Q}{bh} = \frac{1}{0.5} = 2.0\ (\text{m/s})$$

【例 4-2】 一梯形渠道,流量 $Q=16\ \text{m}^3/\text{s}$,边坡系数 $m=1.5$,底宽 $b=3.0$ m,水深 $h=2.84$ m,底坡 $i=1/6\,000$,求渠道的糙率 n。

解: $A = (b+mh)h = (3+1.5\times 2.84)\times 2.84 = 20.62\ (\text{m}^2)$

$$v = \frac{Q}{A} = \frac{16}{20.62} = 0.78\ (\text{m/s})$$

$$\chi = b+2h\sqrt{1+m^2} = 3+5.68\sqrt{3.25} = 13.24\ (\text{m})$$

$$R = \frac{A}{\chi} = \frac{20.62}{13.42} = 1.56\ (\text{m})$$

所以

$$n = \frac{R^{2/3}\sqrt{i}}{v} = \frac{1.56^{2/3}\times\sqrt{\frac{1}{6\,000}}}{0.78} = 0.022\,3$$

4.4.2 设计新渠道的水力计算

如果已知其他5个数值,要求水深 h 或底宽 b,因为在式(4-14)中表达 b 和 h 的关系式都是高次方程,不能采用直接求解法,而只能采用试算法。

试算法步骤如下:假设若干个 h 值,代入式(4-14),计算相应的 Q 值;若所得的 Q 值与已知的相等,相应的 h 值即为所求。实际上,试算第1、2次通常不能得出结果。为了减少试算工作,可假设3~5个 h 值,即 $h_1,h_2,h_3,\cdots,h_5$,求出相应的 $Q_1,Q_2,Q_3,\cdots,Q_5$,画出 $Q=f(h)$ 曲线,然后从曲线上由已知的 Q 定出 h。若要求的是 b,则和求 h 的试算法一样。此时画出的曲线是 $Q=f(b)$。下面举例说明。

【例 4-3】 有土渠断面为梯形,边坡系数 $m=1.5$,糙率 $n=0.025$,底宽 $b=4$ m,底坡 $i=0.000\,6$,求通过流量 $Q=9.0\ \text{m}^3/\text{s}$ 时均匀流水深(正常水深)h_0。

解:可用列表法,将各试算数据列出,见表4-4。

表4-4　水深试算

b(m)	m	h(m)	$A(m^2)$	χ(m)	R(m)	$\sqrt{R}(m^{1/2})$	n	$C(m^{1/2}/s)$	$\sqrt{i}$	$Q(m^3/s)$
4	1.5	1.0	5.50	7.6	0.72	0.85	0.025	37.9	0.024 5	4.34
		1.2	6.96	8.3	0.84	0.92		39.4		6.18
		1.4	8.54	9.0	0.95	0.97		39.9		8.10
		1.5	9.375	9.4	1.00	1.00		40.0		9.19

将表中 Q 和 h 的相应值绘在方格坐标上,得 $Q=f(h)$ 曲线(见图4-4)。由 $Q=9\ m^3/s$ 在曲线上查得相应的水深 $h_0=1.48$ m。

【**例4-4**】　某梯形干渠全长9.5 km,输送流量 $Q=13\ m^3/s$,渠道所经地区为壤土地带,糙率 $n=0.025$,底坡 $i=1/3\ 500$,$m=1.5$,已定水深为 $h=2$ m,求渠底宽 b。

解:由基本公式(4-15)可知

$$Q=\frac{\sqrt{i}}{n}\frac{[(b+mh)h]^{5/3}}{(b+2h\sqrt{1+m^2})^{2/3}}=0.676\frac{[2(b+3)]^{5/3}}{(b+7.2)^{2/3}}$$

假设 $b=3$ m、4 m、4.5 m、6 m,算出相应的 Q 值如表4-5所示。

表4-5　渠底宽试算

b(m)	3	4	4.5	6
$Q(m^3/s)$	9.04	10.98	11.97	14.96

画出 $Q=f(b)$ 曲线(见图4-5),由曲线可查得 $Q=13\ m^3/s$ 时,$b=5$ m。

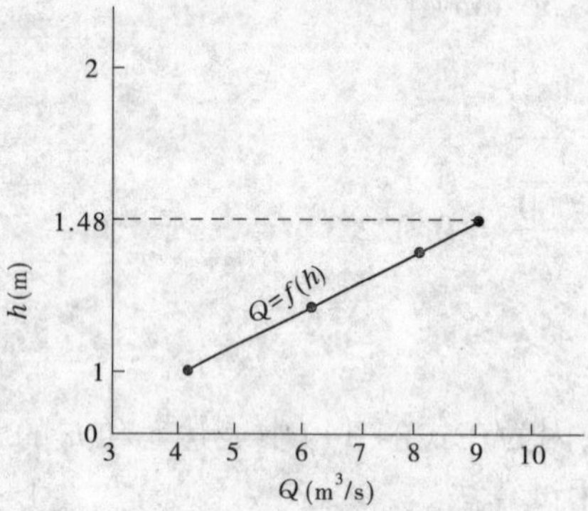

图4-4

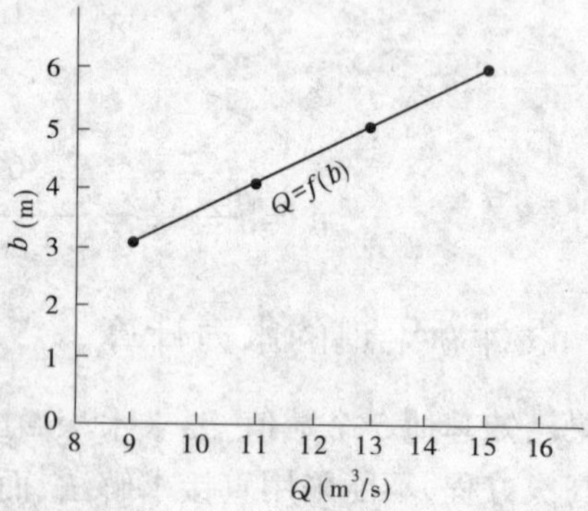

图4-5

4.5　明渠恒定非均匀流的基本概念

由于产生明渠均匀流的条件非常严格,自然界中的水流条件很难满足,故实际人工渠道或天然河道中的水流绝大多数为非均匀流。明渠非均匀流的特点是底坡线、水面线、总水头线彼此互不平行(见图 4-6)。产生明渠非均匀流的原因很多,例如明渠横断面的几何形状或尺寸沿流程改变,粗糙度或底坡沿流程改变,在明渠中修建水工建筑物(闸、坝、涵洞等)都能使明渠水流发生非均匀流。明渠非均匀流中也存在渐变流和急变流,若流线是接近于相互平行的直线,或流线间夹角很小、流线的曲率半径很大,这种水流称为明渠非均匀渐变流;反之,则为明渠非均匀急变流。

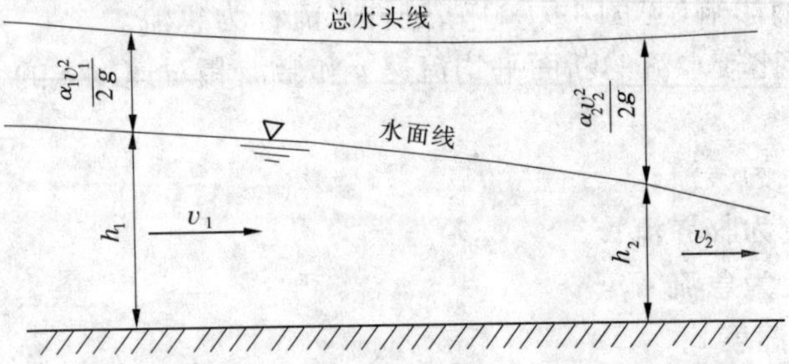

图 4-6

明渠非均匀流的水深沿程变化,即 $h=f(s)$,为了不致引起混乱,将明渠均匀流的水深称为正常水深,以 h_0 表示。

4.5.1 明渠水流的三种流态及判别

4.5.1.1 明渠水流的三种流态

我们先研究干扰波在静水中的传播。可以观察一个简单的试验:

若在静水中沿铅垂方向丢下一石子,水面将产生一个微小波动,称为微波,这个波动以石子着落点为中心,以一定的速度 c 向四周传播,平面上的波形将是一连串的同心圆,如图 4-7(a)所示。这种在静水中传播的微波速度 c 称为相对波速。

若把石子投入明渠均匀流中,则微波的传播速度应是水流的流速与相对波速的矢量和。

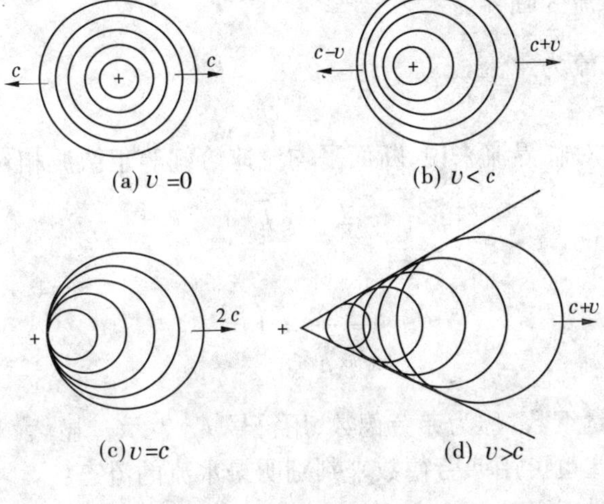

图 4-7

当水流断面平均流速 v 小于相对波速 c 时，微波将以绝对速度 $c-v$ 向上游传播，同时又以绝对速度 $v+c$ 向下游传播（见图 4-7（b）），这种水流称为缓流。

当水流断面平均流速 v 等于相对流速 c 时，微波向上游传播的绝对速度为 0，而向下游传播的绝对速度等于 $2c$（见图 4-7（c）），这种水流称为临界流。

当水流断面平均流速 v 大于相对波速 c 时，微波只以绝对速度 $v+c$ 向下游传播，而对上游水流不发生任何影响（见图 4-7（d）），这种水流称为急流。

由此可知，只要比较水流的断面平均流速 v 和微波相对速度 c 的大小，即可判别水流是属于哪一种流态。

当 $v<c$ 时，水流为缓流；

当 $v=c$ 时，水流为临界流；

当 $v>c$ 时，水流为急流。

4.5.1.2 微波相对速度 c

要判别流态，必须先确定微波传播的相对速度，利用水流能量方程和连续性方程可推导出矩形明渠静水中微波传播的相对波速公式为

$$c = \sqrt{gh} \tag{4-15}$$

如果明渠断面为任意形状时，则可证得

$$c = \sqrt{g\frac{A}{B}} = \sqrt{g\bar{h}} \tag{4-16}$$

式中 $\bar{h}$——断面平均水深，$\bar{h}=\frac{A}{B}$；

A——断面面积；

B——水面宽度。

因此，明渠水流的三种流态的判别式又可写为：

当 $v<\sqrt{g\bar{h}}$时，水流为缓流；

当 $v=\sqrt{g\bar{h}}$时，水流为临界流；

当 $v>\sqrt{g\bar{h}}$时，水流为急流。

4.5.1.3 弗劳德数 Fr

由上面介绍可知，对临界流来说，断面平均流速恰好等于微波相对波速，即

$$v = \sqrt{g\bar{h}}$$

上式可改写为

$$\frac{v}{\sqrt{g\bar{h}}} = 1 \tag{4-17}$$

$v/\sqrt{g\bar{h}}$是一个无量纲数，称为弗劳德数，用符号 Fr 表示。显然，对于临界流来说，弗劳德数恰好等于 1，因此也可用弗劳德数来判别明渠水流的流态：

当 $Fr<1$ 时，水流为缓流；

当 $Fr=1$ 时，水流为临界流；

当 $Fr>1$ 时，水流为急流。

弗劳德数在水力学中是一个极其重要的判别数，为了加深理解它的物理意义，可把它的形式改写为

$$Fr = \frac{v}{\sqrt{g\,h}} = \sqrt{2\,\frac{\frac{v^2}{2g}}{\bar{h}}} \tag{4-18}$$

由上式可以看出，弗劳德数是表示过水断面单位重量液体平均动能与平均势能之比的 2 倍开平方，随着这个比值大小的不同，反映了水流流态的不同。当水流的平均势能等于平均动能的 2 倍时，弗劳德数 $Fr=1$，水流是临界流。弗劳德数愈大，意味着水流的平均动能所占的比例愈大。

4.5.2 断面比能

图 4-8 所示为一渐变流，若以 0—0 为基准面，则过水断面上单位重量液体所具有的总能量为

$$E = z + \frac{\alpha v^2}{2g} = z_0 + h\cos\theta + \frac{\alpha v^2}{2g}$$

式中 θ——明渠底面与水平面的倾角。

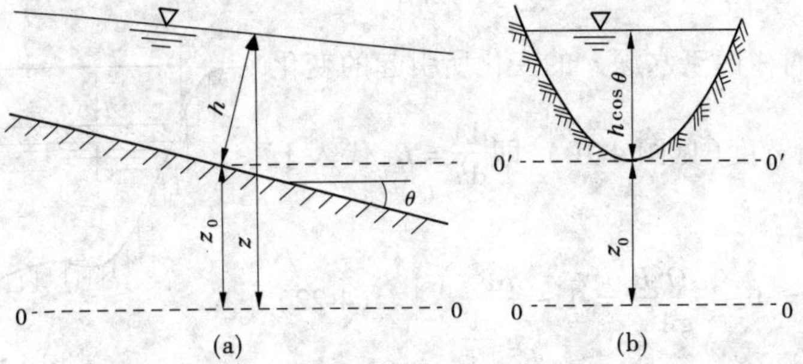

图 4-8

如果我们把参考基准面选在渠底这一特殊位置，把对通过渠底的水平面 0′—0′所计算得到的单位重量液体所具有的能量称为断面比能，并以 E_s 来表示，则

$$E_s = h\cos\theta + \frac{\alpha v^2}{2g} \tag{4-19}$$

不难看出，断面比能 E_s 是过水断面上单位重量液体总能量 E 的一部分，二者相差的数值乃是两个基准面之间的高差 z_0。

在实用上，因一般明渠底坡较小（$\theta<6°$），可认为 $\cos\theta\approx 1$，故常采用

$$E_s = h + \frac{\alpha v^2}{2g} \tag{4-20}$$

或

$$E_s = h + \frac{\alpha Q^2}{2gA^2} \tag{4-21}$$

由上式可知，当流量 Q 和过水断面的形状及尺寸一定时，断面比能仅仅是水深的函

数，即 $E_s = f(h)$，按照此函数可以绘出断面比能随水深变化的关系曲线，该曲线称为比能曲线。

假定已经给定某一流量和渠道断面的形状及尺寸，现在来定性地讨论一下比能曲线的特性。由式（4-21）可知，当 $h \to 0$ 时，$A \to 0$，则$\frac{\alpha Q^2}{2gA^2} \to \infty$，故 $E_s \to \infty$。当 $h \to \infty$ 时，$A \to \infty$，则$\frac{\alpha Q^2}{2gA^2} \to 0$，因而 $E_s \to h \to \infty$。以 h 为纵坐标，以 E_s 为横坐标，根据上述讨论，可绘出的比能曲线（见图 4-9）。曲线的下端以横坐标轴为渐近线，上端以与坐标轴成 45°夹角并通过原点的直线为渐近线。该曲线在 K 点断面比能有最小值 E_{smin}。K 点把曲线分成上下两支。在上支，断面比能随水深的增加而增加；在下支，断面比能随水深的增加而减小。

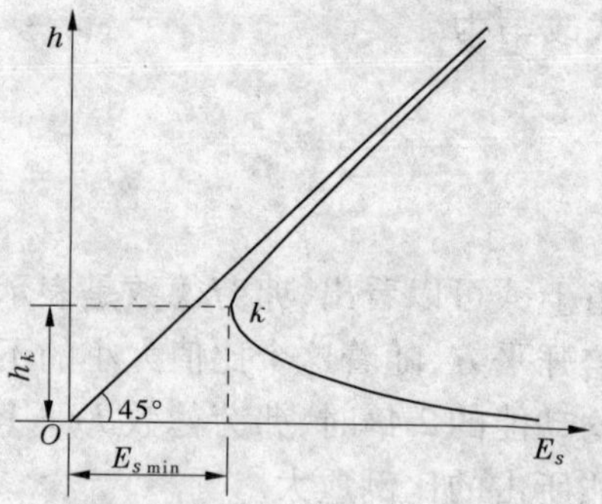

图 4-9

为进一步了解断面比能随水深的变化规律，将断面比能式（4-21）对 h 求导，得

$$\frac{dE_s}{dh} = \frac{d}{dh}\left(h + \frac{\alpha Q^2}{2gA^2}\right) = 1 - \frac{\alpha Q^2}{gA^3}\frac{dA}{dh}$$

$\frac{dA}{dh}$为过水断面 A 由于水深 h 的变化所引起的变化率，它恰等于水面宽度（见图 4-10），即$\frac{dA}{dh} = B$，代入上式，得

$$\frac{dE_s}{dh} = 1 - \frac{\alpha Q^2 B}{gA^3} = 1 - \frac{\alpha v^2}{g\frac{A}{B}} \tag{4-22}$$

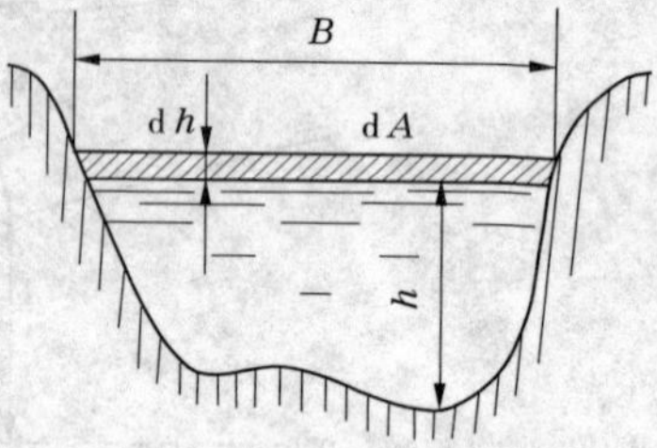

图 4-10

若取 $\alpha = 1.0$，则上式可写为

$$\frac{dE_s}{dh} = 1 - Fr^2 \tag{4-23}$$

上式说明，明渠水流的断面比能随水深的变化规律取决于断面上的弗劳德数。对于缓流，$Fr < 1$，则$\frac{dE_s}{dh} > 0$，相当于比能曲线的上支，断面比能随水深的增加而增加；对于急流，$Fr > 1$，则$\frac{dE_s}{dh} < 0$，相当于比能曲线的下支，断面比能随水深的增加而减少；对于临界流，$Fr = 1$，则$\frac{dE_s}{dh} = 0$，相当于比能曲线上、下两支的分界点，此时断面比能为最小值。

4.5.3 临界水深

从断面比能曲线可以看出，在水深由零增加到无穷大的过程中，断面比能也随水深的变化而变化，其中存在一个最小值。我们将相应于断面比能为最小值时的水深，即 $E_s = E_{s\min}$ 时的水深称为临界水深，用 h_k 表示，如图 4-9 所示。因此，也可用临界水深 h_k 与实际水深 h 的对比关系来判别水流的形态。当 $h > h_k$ 时，相应于比能曲线的上支，为缓流；当 $h < h_k$ 时，相应于比能曲线的下支，为急流；当 $h = h_k$ 时，相应于比能曲线上、下支的分界点，为临界流。

根据临界水深的定义，可求得临界水深 h_k 的计算公式。

令 $\frac{dE_s}{dh} = 0$，由式(4-23)，得

$$1 - \frac{\alpha Q^2 B_k}{g A_k^3} = 0$$

或

$$\frac{\alpha Q^2}{g} = \frac{A_k^3}{B_k} \tag{4-24}$$

当渠道断面形状尺寸、流量一定时，上式中等号的左边是已知值，右边 B_k 及 A_k 为相应于临界水深 h_k 的函数，故可以确定 h_k。由于 A^3/B 一般是水深 h 的隐函数形式，故常采用试算或作图的办法来求解。

对于给定的断面，设各种 h 值，依次算出相应的 A 值、B 值和 $\frac{A^3}{B}$ 值。以 $\frac{A^3}{B}$ 为横坐标，以 h 为纵坐标作图 4-11。

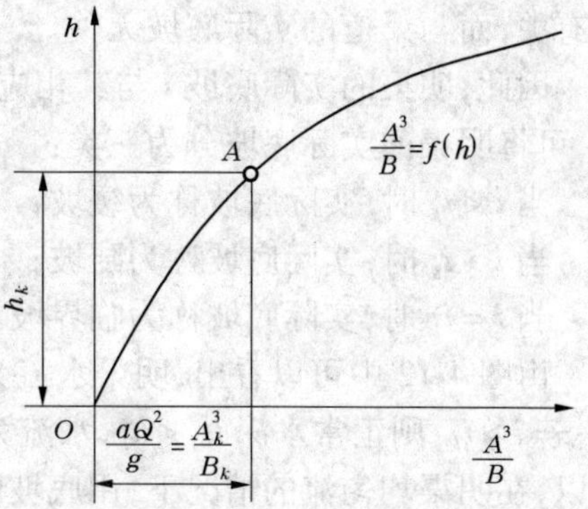

图 4-11

从式(4-24)可知，图中对应于 $\frac{A^3}{B}$ 恰等于 $\frac{\alpha Q^2}{g}$ 的水深 h 便是临界水深 h_k。

对于矩形断面的明渠水流，矩形断面的水面宽度 B 等于底宽 b，代入临界水深的计算式 (4-24)，有

$$\frac{\alpha Q^2}{g} = \frac{(bh_k)^3}{b}$$

$$h_k = \sqrt[3]{\frac{\alpha Q^2}{g b^2}} = \sqrt[3]{\frac{\alpha q^2}{g}} \tag{4-25}$$

式中　q——单宽流量，$q = \frac{Q}{b}$。

4.5.4　缓坡、陡坡、临界坡

设想在流量和断面形状、尺寸一定的棱柱体明渠中，当水流为均匀流时，如果改变明渠的底坡，相应的均匀流正常水深 h_0 亦随之而改变，其变化关系如图 4-12 所示。

当底坡 i 增大时，正常水深 h_0 将减小；反之，当底坡 i 减小时，正常水深 h_0 将增大。而当渠道的流量、断面形状尺寸不变时，临界水深与渠道底坡无关。这样，在 h_k 不变、h_0 随底坡变化的过程中，必能找出一个正常水深恰好与临界水深相等的 k 点，曲线上 k 点所

对应的底坡 i_k 即为临界底坡。临界底坡上的水流为临界均匀流。

在临界底坡上为均匀流时，一方面它要满足临界流关系式

$$\frac{\alpha Q^2}{g}=\frac{A_k^3}{B_k}$$

另一方面又要同时满足均匀流的基本方程式

$$Q=A_kC_k\sqrt{R_ki_k}$$

联立上述两式可得临界底坡的计算公式为

$$i_k=\frac{gA_k}{\alpha C_k^2R_kB_k}=\frac{g\chi_k}{\alpha C_k^2B_k} \tag{4-26}$$

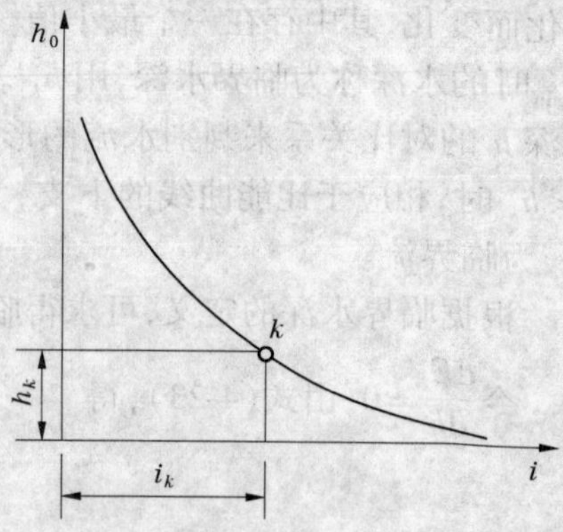

图 4-12

由式(4-26)中不难看出，明渠的临界底坡 i_k 与断面的形状与尺寸、流量及渠道的糙率有关，而与渠道的实际底坡无关。

因此，明渠的实际底坡 i 与其相应（即同流量、同断面尺寸、同糙率）的临界底坡相比较，可将明渠的实际底坡分为三类：

当 $i<i_k$ 时，实际底坡称为缓坡；

当 $i>i_k$ 时，实际底坡称为陡坡；

当 $i=i_k$ 时，实际底坡称为临界坡。

由图 4-12 中可以看出，明渠水流为均匀流时，若 $i<i_k$，则正常水深 $h_0>h_k$，水流为缓流；若 $i>i_k$，则正常水深 $h_0<h_k$，水流为急流；若 $i=i_k$，则正常水深 $h_0=h_k$，水流为临界流。所以，在明渠均匀流的情况下，用底坡的类型就可以直接判别水流的流态，即在缓坡上的均匀流为缓流，在陡坡上的均匀流为急流，在临界坡上的均匀流为临界流。但一定要强调，这种判别只能适用于均匀流的情况，而对于非均匀流就不一定了。

必须指出，上述关于渠底坡度的缓、陡之称，是对应于一定流量来讲的。对于某一渠道，底坡已经确定，但当流量改变时，所对应的 h_k（或 i_k）也发生变化，从而该渠道是缓坡或陡坡也可能随之改变。

【例 4-5】 一条长直的矩形断面渠道（$n=0.02$），宽度 $b=5$ m，正常水深 $h_0=2$ m 时通过流量 $Q=40\ \mathrm{m^3/s}$。试分别用 h_k、i_k、Fr 来判别该明渠的水流的缓、急状态。

解：对于矩形断面明渠有：

(1)临界水深为

$$h_k=\sqrt[3]{\frac{\alpha Q^2}{gb^2}}=\sqrt[3]{\frac{1\times 40^2}{9.80\times 5^2}}=1.87(\mathrm{m})$$

可见 $h_0=2\ \mathrm{m}>h_k=1.87\ \mathrm{m}$，此均匀流为缓流。

(2)临界坡度为

$$i_k=\frac{g\chi_k}{\alpha C_k^2B_k}$$

其中

$$B_k=b=5\ \mathrm{m}$$

$$A_k=bh_k=5\times 1.87=9.35(\mathrm{m^2})$$

$$\chi_k = b + 2h_k = 5 + 2 \times 1.87 = 8.74(\text{m})$$

$$R_k = \frac{A_k}{\chi_k} = \frac{9.35}{8.74} = 1.07(\text{m})$$

则

$$i_k = \frac{g\chi_k}{\alpha C_k^2 B_k} = \frac{9.8 \times 8.74}{1.0 \times (\frac{1}{0.02} \times 1.07^{1/6})^2 \times 5} = 0.0067$$

另外

$$i = \frac{Q^2}{K^2}$$

而

$$K = AC\sqrt{R}$$

其中

$$A = bh_0 = 5 \times 2 = 10(\text{m}^2)$$

$$\chi = b + 2h_0 = 5 + 2 \times 2 = 9(\text{m})$$

$$R = \frac{A}{\chi} = \frac{10}{9} = 1.11\ (\text{m})$$

$$K = AC\sqrt{R} = \frac{A}{n}R^{2/3} = \frac{10}{0.02} \times 1.11^{2/3} = 536.0\ (\text{m}^3/\text{s})$$

则

$$i = \frac{Q^2}{K^2} = \frac{40^2}{536^2} = 0.0056$$

可见 $i = 0.0056 < i_k = 0.0067$,此均匀流为缓流。

(3) 弗劳德数为

$$Fr^2 = \frac{\alpha v^2}{gh}$$

其中

$$h = h_0 = 2\ \text{m}$$

$$v = \frac{Q}{A} = \frac{Q}{bh_0} = \frac{40}{5 \times 2} = 4(\text{m/s})$$

则

$$Fr^2 = \frac{v^2}{gh} = \frac{4^2}{9.80 \times 2} = 0.816 < 1$$

可见 $Fr < 1$,此时均匀流为缓流。

4.6 明渠恒定非均匀渐变流水面曲线的定性分析

4.6.1 棱柱体明渠水深沿程变化的微分方程

由前述可知断面比能 $E_s = E - z_0$,方程两边同时对流程 l 求导,得

$$\frac{\mathrm{d}E_s}{\mathrm{d}l} = \frac{\mathrm{d}E}{\mathrm{d}l} - \frac{\mathrm{d}z_0}{\mathrm{d}l}$$

而

$$\frac{\mathrm{d}E}{\mathrm{d}l} = -J, \frac{\mathrm{d}z_0}{\mathrm{d}l} = -i$$

所以

$$\frac{\mathrm{d}E_s}{\mathrm{d}l} = -J - (-i) = i - J \tag{4-27}$$

式(4-27)即为断面比能沿流程的变化规律。

又由断面比能随水深的变化规律，得

$$\frac{dE_s}{dh} = 1 - Fr^2 \tag{4-28}$$

由式(4-27)和式(4-28)可得

$$\frac{dh}{dl} = \frac{i - J}{1 - Fr^2} \tag{4-29}$$

式(4-29)就是棱柱体明渠水深沿程变化的微分方程，利用式(4-29)可定性分析棱柱体渠道水面线的沿程变化。当$\frac{dh}{dl}>0$时，水深沿程增加，水流做减速流动，水面曲线为壅水曲线；当$\frac{dh}{dl}<0$时，水深沿程减小，水流做加速流动，水面曲线为降水曲线。

4.6.2 水面线的分类

4.6.2.1 明渠的底坡

从式(4-29)可以看出，水深沿流程的变化率$\frac{dh}{dl}$与渠道的底坡 i 有关，明渠的底坡不同，可以产生不同型式的水面线。为了便于分析，需要根据底坡对水面线进行分类。明渠的底坡分为正坡($i>0$)、平坡($i=0$)和逆坡($i<0$)三类。正坡渠道又分为缓坡($i<i_k$)、陡坡($i>i_k$)和临界坡($i=i_k$)，如图 4-13 所示。

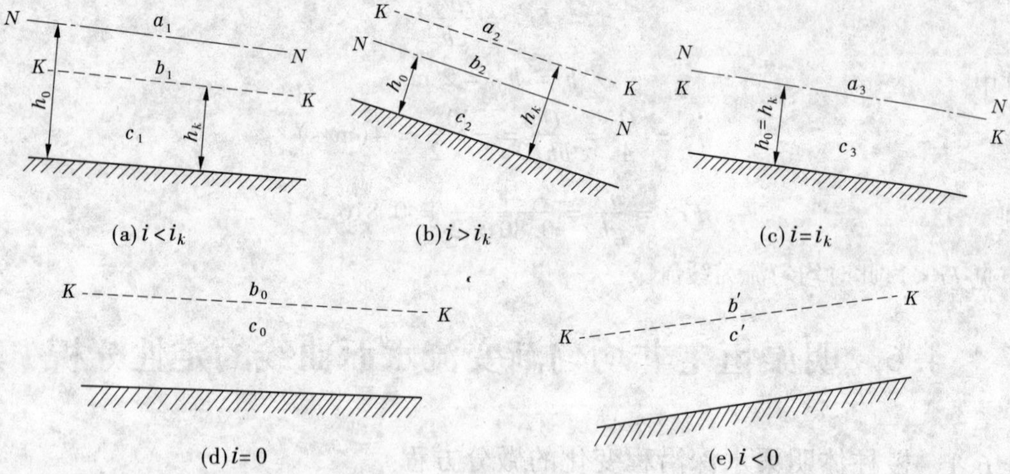

图 4-13

4.6.2.2 N—N 线和 K—K 线

N—N 线为渠道正常水深 h_0 的连线；K—K 线为渠道临界水深 h_k 的连线。

各种底坡类型上的 N—N 线和 K—K 线如图 4-13 所示。只有在正坡($i>0$)渠道上才有可能产生均匀流，所以在平坡 ($i=0$)和逆坡($i<0$)渠道上不存在 N—N 线。N—N 线和 K—K 线的相对位置可由正常水深和临界水深的关系确定。缓坡 $h_0>h_k$，N—N 线位于K—K 线之上；陡坡 $h_0<h_k$，N—N 线位于 K—K 线之下；临界坡 $h_0=h_k$，N—N 线与 K—K 线重合。

4.6.2.3 **水流分区**

根据渠道中的实际水面线相对于 $N—N$ 线和 $K—K$ 线的位置，可以将水面线分为3个区：

a 区——$h > h_0$ 且 $h > h_k$，即位于 $N—N$ 线和 $K—K$ 线以上的区域；

b 区——h 介于 h_0 与 h_k 之间，即位于 $N—N$ 线和 $K—K$ 线之间的区域；

c 区——$h < h_0$ 且 $h < h_k$，即位于 $N—N$ 线和 $K—K$ 线以下的区域。

各种底坡渠道上的分区如图4-13所示。在平坡和逆坡渠道上，因不存在 $N—N$ 线，或者可以设想 $N—N$ 线在无限远处，所以对于平坡和逆坡棱柱体明渠，只有 b 区和 c 区。

为了区分不同底坡上相同流区的水面线，在流区号上需加脚标。缓坡加脚标"1"；陡坡加脚标"2"；临界坡上加脚标"3"；平坡上和逆坡上分别加脚标"0"和上角标"′"。通过以上分析可知，棱柱体明渠5种底坡上，可以有 a_1、b_1、c_1；a_2、b_2、c_2；a_3、c_3；b_0、c_0；b'、c' 型12种水面线。

4.6.3 水面线定性分析

棱柱体明渠中的各种水面线的定性分析，可以从式(4-30)得出，即

$$\frac{dh}{dl} = \frac{i - J}{1 - Fr^2}$$

下面以缓坡渠道上的 a_1、b_1、c_1 型水面曲线为例，分析水面线的特点。

4.6.3.1 a_1 **型水面曲线**

水深 $h > h_0 > h_k$。$h > h_0, J < i, i - J > 0$；$h > h_k, Fr < 1, 1 - Fr^2 > 0$，由式(4-30)可得 $\frac{dh}{dl} > 0$，故水深沿程增加，为 a_1 型壅水曲线。当 $h \to \infty$ 时，$J \to 0, i - J \to i$；$Fr \to 0, 1 - Fr^2 \to 1$，$\frac{dh}{dl} \to i$，不难证明，水面线趋近水平线。这就是说 a_1 型水面线的下游以水平线为渐近线，向上游水深减小，当 $h \to h_0$ 时，$J \to i, i - j \to 0$；$1 - Fr^2 > 0$，$\frac{dh}{dl} \to 0$，水深沿程不变，趋于均匀流动。所以，a_1 型水面线的上游端以正常水深线 $N—N$ 为渐近线，下游以水平线为渐近线，见图4-14(a)。在缓坡渠道上修建的挡水建筑物，当抬高上游水位，使上游控制水深 $h > h_0$ 时，建筑物上游出现的水面线，就是 a_1 型壅水曲线，见图4-14(b)。

4.6.3.2 b_1 **型水面曲线**

水深 $h_k < h < h_0$。$h > h_k, Fr < 1, 1 - Fr^2 > 0$；$h < h_0, J > i, i - J < 0$，由式(4-30)可得 $\frac{dh}{dl} < 0$，故水深沿程减小，为 b_1 型降水曲线。向下游水深减小，当 $h \to h_k$ 时，$Fr \to 1^-$，$1 - Fr^2 \to 0^+$；$i - J < 0$，$\frac{dh}{dl} \to -\infty$，水面线与 $K—K$ 线有成正交的趋势，将出现从缓流向急流转换的水跌现象。向上游水深增大，当时 $h \to h_0$ 时，$J \to i, i - J \to 0$；$1 - Fr^2 > 0$，$\frac{dh}{dl} \to 0$，水深沿程不变，趋于均匀流动(见图4-14(a))。当缓坡渠道的下游存在跌坎时，跌坎上游的水面线便是 b_1 型降水曲线(见图4-14(b))。

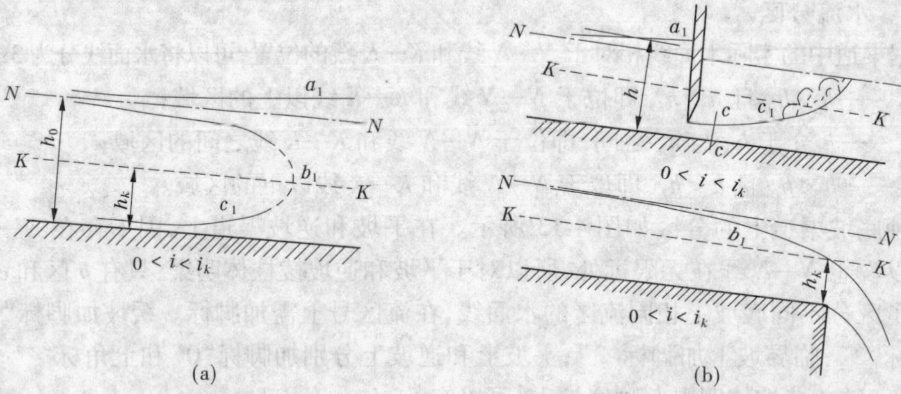

图 4-14

4.6.3.3 c_1 型水面曲线

水深 $h<h_k<h_0$。$h<h_0, J>i, i-J<0; h<h_k, Fr>1, 1-Fr^2<0$，由式(4-29)可得 $\frac{dh}{dl}>0$，故水深沿程增加，为 c_1 型壅水曲线。向下游水深增大，当 $h \to h_k$ 时，$Fr \to 1^+$，$1-Fr^2 \to 0^-$；$i-J<0, \frac{dh}{dl} \to +\infty$，水面线有与 K—K 线成正交的趋势，将产生由急流向缓流转换的水跃现象，见图 4-14(a)。c_1 型水面线的上游端的水深不可能为 0，其最小水深通常是由水工建筑物控制的。在缓坡渠道上修建的水闸，当闸门局部开启时，闸门后收缩断面 c—c 的水深 $h_c<h_k$ 为急流，在流动过程中克服阻力，断面单位能量减小，水深增大，c—c断面至跃前断面就是 c_1 型壅水曲线，如图 4-14(b)所示。

用同样的方法，可以分析陡坡、临界坡、平坡和逆坡棱柱体渠道上的水面线，这里不再一一进行讨论。图 4-15 给出了陡坡、临界坡、平坡和逆坡上各类水面线的型式及实例以供参考。需要指出的是，当水深 $h \to h_k$ 时，a_3 型和 c_3 型水面线以水平线为渐近线，这两种水面线实际上是很少出现的。

总结棱柱体明渠可能出现的 12 种水面线可以发现，它们有其共同的规律：

(1)所有 a 区和 c 区只能产生壅水曲线，b 区只能产生降水曲线。

(2)无论何种底坡，每一个流区只可能有一种确定的水面曲线型式。如缓坡上的 a 区，只能是 a_1 型壅水曲线，不可能有其他型式的水面线。

(3)对于正坡渠道，当渠道很长时，在非均匀流影响不到的地方，水深 $h \to h_0$，水面线与 N—N 线相切，水流趋近均匀流动。

(4)当 $h \to h_k$ 时，若水深由大于临界水深而趋向临近水深时，会产生水跌；而水深由小于临界水深而趋向临近水深时，会产生水跃。

4.6.4 水面线定性分析举例

【例 4-6】 图 4-16 为两段断面尺寸及糙率相同的长直棱柱体渠道，底坡 $0<i_1<i_2<i_k$，试分析渠道中水面线的型式。

解：首先分别绘出两段渠道的临界水深线 K—K 和正常水深线 N—N。由于两段渠道的断面尺寸相同，故两段渠道的临界水深相等。又因 $0<i_1<i_2<i_k$，则 $h_{01}>h_{02}>h_k$，渠道

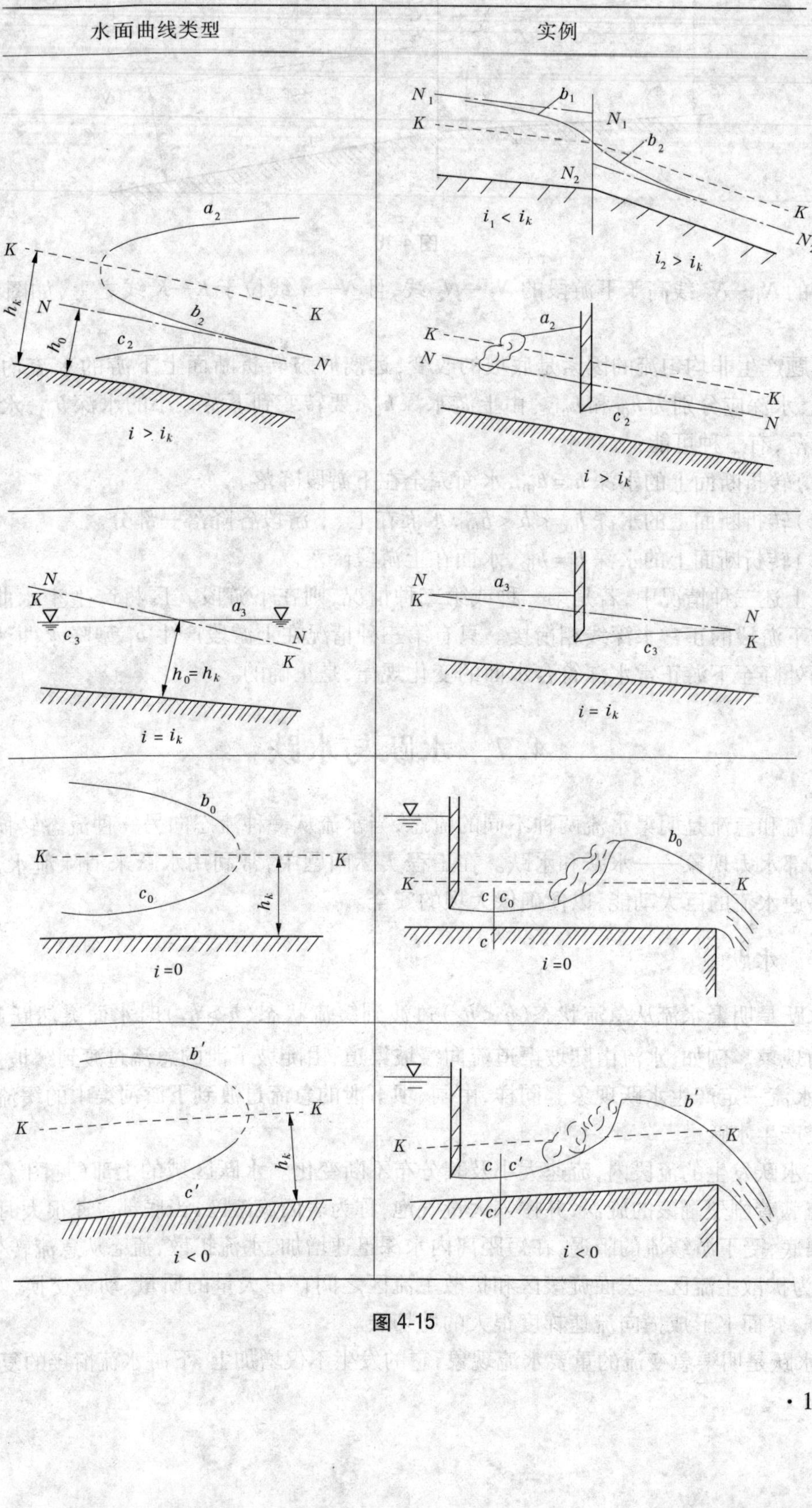
水面曲线类型
实例
N_1 b_1 K N_1 b_2 N_2 K N_2
$i_1 < i_k$
$i_2 > i_k$
a_2 K h_k N h_0 b_2 c_2 K N
$i > i_k$
a_2 K N K c_2 N
$i > i_k$
N K a_3 c_3 N K $h_0 = h_k$
$i = i_k$
N a_3 K N K c_3
$i = i_k$
b_0 K K c_0 h_k
$i = 0$
b_0 K K c c_0 c
$i = 0$
b' K K h_k c'
$i < 0$
b' K K c c' c
$i < 0$

图 4-15

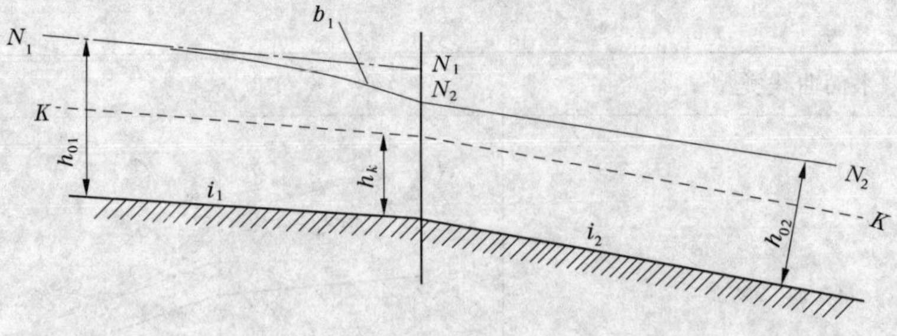

图 4-16

上游段的 N_1—N_1 线高于下游段的 N_2—N_2 线，且 N—N 线位于 K—K 线之上，如图 4-16 中所示。

本题产生非均匀流的因素是底坡的改变，远离底坡转折断面上下游的水流均应趋近均匀流，水深应分别为 h_{01} 和 h_{02}。由上游水深 h_{01}，要转变到下游较小的水深 h_{02}，水面必然发生降落，有三种可能：

(1)转折断面上的水深 $h = h_{01}$，水面完全在下游段降落。

(2)转折断面上的水深 $h_{02} < h < h_{01}$，水面在上、下游段各降落一部分。

(3)转折断面上的水深 $h = h_{02}$，水面在上游段降落。

在上述三种情况中，若是第一种或第二种情况，则在下游段 a 区将产生壅水曲线，不可能与下游段的正常水深线相衔接。只有第三种情况在上游段产生 b_1 型降水曲线，在转折断面处降至下游正常水深符合水面的变化规律，是正确的。

4.7 水跃与水跌

缓流和急流是明渠水流两种不同的流态，当水流从一种流态向另一种流态转换时，会产生局部水力现象——水跃和水跌。在工程实际问题中，常利用水跃来消除泄水建筑物下游高速水流的巨大动能，以便确保大坝的安全。

4.7.1 水跃

水跃是明渠水流从急流状态($h < h_k$)过渡到缓流状态($h > h_k$)时水面突然跃起的局部水力现象。例如，水流由陡坡渠道流向缓坡渠道，由陡坡下泄的急流过渡到缓坡上的缓流时，水流一定产生水跃现象。同样，由闸、坝下泄的急流过渡到下游河渠中的缓流时，也一定会产生水跃。

在水跃发生的流段内，流速大小及其分布不断变化。水跃区域的上部(见图 4-17)旋滚区充满着剧烈翻滚的旋涡，并掺入大量气泡，称为表面旋滚区；当底部流速很大时，主流接近渠底，受下游缓流的阻遏，在短距离内水深迅速增加，水流扩散，流态从急流转变为缓流，称为扩散主流区。表面旋滚区和扩散主流区之间存在大量的质量、动量交换，不能截然分开，界面上形成横向流速梯度很大的剪切层。

水跃是明渠急变流的重要水流现象，它的发生不仅增加上、下游水流衔接的复杂性，

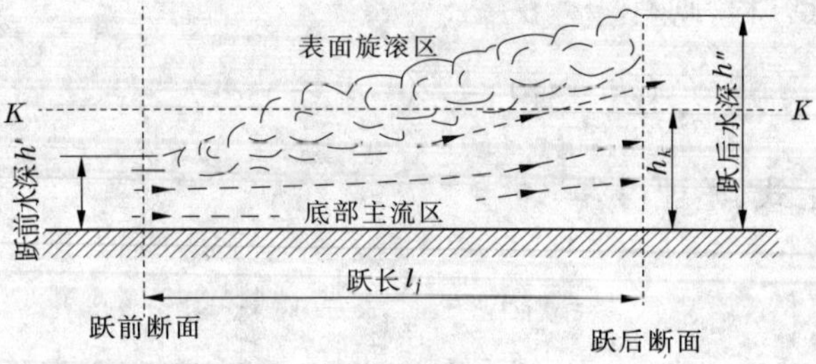

图 4-17

还引起大量的能量损失，是实际工程中有效的消能方式。

4.7.1.1 水跃的基本方程

这里仅讨论平坡（$i=0$）棱柱体渠道中的完整水跃。所谓完整水跃是指发生在棱柱形渠道的表面旋滚区，其跃前水深 h' 和跃后水深 h'' 相差显著的水跃。在推导水跃基本方程时，由于水跃内部水流极为紊乱复杂，应用能量方程无法计算其能量损失 h_w，故应用不需考虑水流能量损失的动量方程来推导，并且在推导过程中，根据水跃发生的实际情况，作了下列假设：

（1）水跃段长度不大，渠床的摩擦阻力较小，可以忽略不计；

（2）跃前、跃后两过水断面上水流符合渐变流的条件，于是作用在两断面上动水压强的分布可以按静水压强的分布规律计算；

（3）设跃前、跃后两过水断面的动量修正系数相等，即 $\beta_1=\beta_2=1.0$。

在上述假设下，取水跃段 $ABDC$ 内的液体为控制体（见图 4-18），对水跃段在水流方向（水平向）建立动量方程。

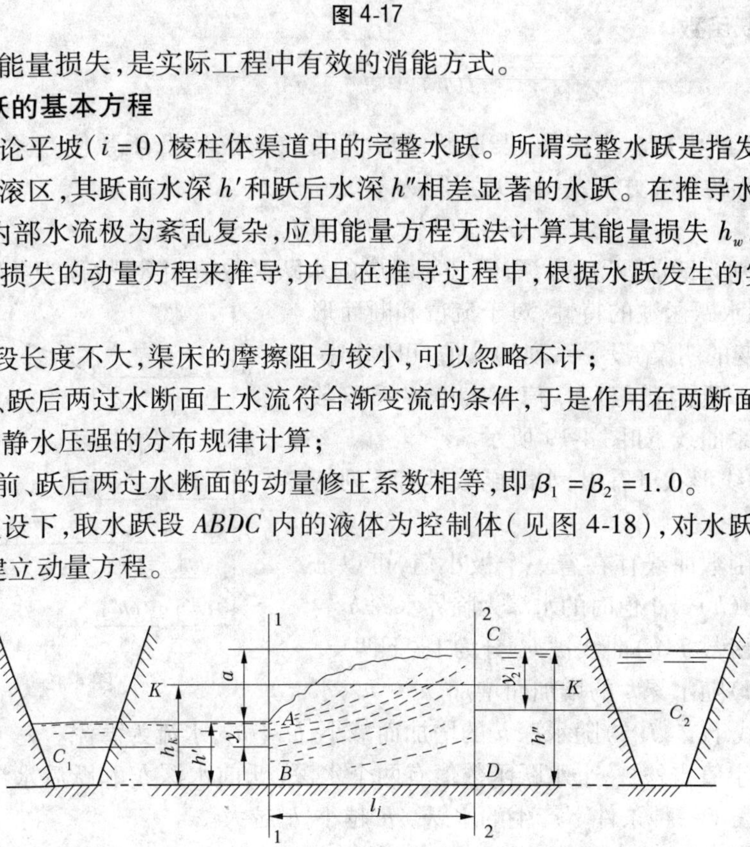

图 4-18

根据上述假设，因内力不必考虑，且渠床的反作用力与水体重力均与投影轴正交，故作用在控制体上的力只有两端断面的动水压力，根据假设（2），动水压力按静水压力计算，则动水压力为

$$\gamma y_1 A_1-\gamma y_2 A_2$$

其中 y_1、y_2 分别为跃前断面 1—1 及跃后断面 2—2 形心的水深。

在单位时间内，控制体内的液体动量的增量为

$$\frac{\gamma Q}{g}(v_2-v_1)$$

其中 v_1、v_2 分别为跃前断面 1—1 及跃后断面 2—2 的断面平均流速。

按恒定总流的动量方程，则有

$$\frac{\gamma Q}{g}(v_2 - v_1) = \gamma(y_1A_1 - y_2A_2)$$

将$\frac{Q}{A_1}=v_1$、$\frac{Q}{A_2}=v_2$ 代入上式，整理得

$$\frac{Q^2}{gA_1} + y_1A_1 = \frac{Q^2}{gA_2} = y_2A_2 \tag{4-30}$$

式(4-30)即为棱柱形平坡渠道中完整水跃的基本方程。

4.7.1.2　水跃函数

令
$$J(h) = \frac{Q^2}{gA} + yA \tag{4-31}$$

则 $J(h)$ 称为水跃函数。当流量、渠道断面形状尺寸一定，水跃函数便是水深 h 的函数。因此，完整水跃的基本方程式(4-30)可写为

$$J(h') = J(h'') \tag{4-32}$$

式中，h'、h''分别为跃前、跃后水深，因其所对应的水跃函数值相等，故称为共轭水深。

为了认识水跃函数的特性，对于流量和断面形状、尺寸都不变的明渠，设一系列的 h 值，可算出一系列相应的水跃函数 $J(h)$ 值，绘出水跃函数 $J(h) \sim h$的关系曲线，如图 4-19 所示。

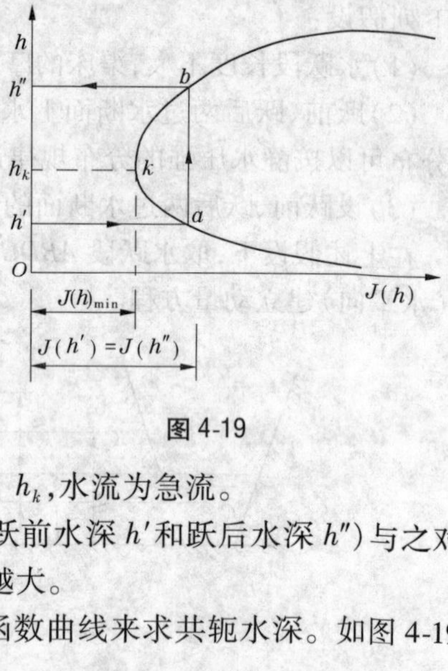

图 4-19

从图中曲线形状可看出，水跃函数具有下列特性：

(1)水跃函数曲线存在着一个极小值，可以证明，水跃函数 $J(h)$最小值时的水深为临界水深 h_k。

(2)水跃函数 $J(h)$曲线被 h_k 分为上、下两支。曲线上支，$J(h)$随水深 h 的增加而增加，$h > h_k$，水流为缓流；曲线下支，$J(h)$随水深 h 的增加而减小，$h < h_k$，水流为急流。

(3)除极小值点外，一个水跃函数值有两个水深（跃前水深 h'和跃后水深 h''）与之对应，并且它代表了一种条件下产生的水跃。h'越小，h''越大。

对于非矩形断面平底明渠中的水跃，可利用水跃函数曲线来求共轭水深。如图 4-19 所示。

4.7.1.3　矩形断面棱柱体平底明渠中共轭水深的计算

对于矩形断面的棱柱形渠道，有 $A=bh$、$y=\frac{h}{2}$、$q=\frac{Q}{b}$和$\frac{q^2}{g}=h_k^3$，代入水跃函数，得

$$J(h) = \frac{Q^2}{gA} + yA = \frac{b^2q^2}{gbh} + \frac{h}{2}bh = b\left(\frac{q^2}{gh} + \frac{h^2}{2}\right) = b\left(\frac{h_k^3}{h} + \frac{h^2}{2}\right)$$

因 $J(h')=J(h'')$，故有

$$b\left(\frac{h_k^3}{h'} + \frac{h'^2}{2}\right) = b\left(\frac{h_k^3}{h''} + \frac{h''^2}{2}\right)$$

整理得

$$h'^2h'' + h'h''^2 - 2h_k^3 = 0$$

从而解得

$$h' = \frac{h''}{2}\left[\sqrt{1 + 8\left(\frac{h_k}{h''}\right)^3} - 1\right] \tag{4-33}$$

或

$$h'' = \frac{h'}{2}\left[\sqrt{1 + 8\left(\frac{h_k}{h'}\right)^3} - 1\right] \tag{4-34}$$

式中，$\left(\frac{h_k}{h''}\right)^3 = \frac{q^2}{g}\frac{1}{h''^3} = \frac{v_2^2}{gh''} = Fr_2^2$；$\left(\frac{h_k}{h'}\right)^3 = \frac{q^2}{g}\frac{1}{h'^3} = \frac{v_1^2}{gh'} = Fr_1^2$。于是式(4-33)与式(4-34)又有如下形式

$$h' = \frac{h''}{2}(\sqrt{1 + 8Fr_2^2} - 1) \tag{4-35}$$

$$h'' = \frac{h'}{2}(\sqrt{1 + 8Fr_1^2} - 1) \tag{4-36}$$

上述两式即为平底矩形断面渠道中的水跃共轭水深关系式。对于渠底坡度较小的矩形明渠中的水跃，也可近似应用上述两式。

4.7.1.4 水跃长度

水跃长度是消能建筑物(尤其是建筑物下游加固保护段)的尺寸设计的主要依据之一，但由于水跃运动非常复杂，至今仍无成熟的水跃长度计算的理论公式，在实际工程中仍采用经验公式计算，下面介绍几个常用的计算平底矩形断面明渠水跃长度的经验公式。

(1)以跃后水深表示的，如：

美国垦务局公式

$$l_j = 6.1h'' \tag{4-37}$$

该式适用范围为 $4.5 < Fr_1 < 10$。

(2)以水跃高度表示的，如：

欧拉－佛托斯基公式

$$l_j = 6.9(h'' - h') \tag{4-38}$$

长江科学院根据资料将系数取为4.4～6.7。

(3)以 Fr_1 表示的，如：

成都科技大学公式

$$l_j = 10.8h'(Fr_1 - 1)^{0.93} \tag{4-39}$$

该式是根据宽度为0.3～1.5 m的水槽上 $Fr_1 = 1.72 \sim 19.55$ 的试验资料总结而来的。

(4)陈椿庭公式

$$l_j = 9.4h'(Fr_1 - 1) \tag{4-40}$$

(5)切尔托乌索夫公式

$$l_j = 10.3h'(Fr_1 - 1)^{0.81} \tag{4-41}$$

在公式的适用范围内，式(4-37)～式(4-40)计算结果比较接近。式(4-41)适用于 Fr_1 值较小的情况，在 Fr_1 值较大时计算结果与其他公式相比偏小。

【例4-7】 某泄水建筑物泄流单宽流量 $q = 15.0\ m^3/(s \cdot m)$，在下游渠道产生水跃，

渠道断面为矩形。已知跃前水深 $h' = 0.80$ m,试求:

(1)跃后水深 h'';

(2)水跃长度 l_j。

解:(1)已知 $q = 15.0\ m^3/(s \cdot m)$,$h' = 0.80$ m,求 h''。设 $\alpha \approx 1.0$,则跃前断面弗劳德数为

$$Fr_1 = \sqrt{q^2/gh'^3} = 6.696$$

跃后水深为

$$h'' = \frac{h'}{2}(\sqrt{1 + 8Fr_1^2} - 1) = 7.19\ (m)$$

(2)水跃长度计算用各家公式比较,按式(4-37)~式(4-40)计算得

$$l_j = 6.1h'' = 43.86\ (m)$$

$$l_j = 6.9(h'' - h') = 44.09\ (m)$$

$$l_j = 10.8h'(Fr_1 - 1)^{0.93} = 43.57\ (m)$$

$$l_j = 9.4h'(Fr_1 - 1) = 42.83\ (m)$$

彼此相差不到3%。若按式(4-41)计算,则

$$l_j = 10.3h'(Fr_1 - 1)^{0.81} = 33.72\ (m)$$

与前几式结果比较,可相差近24%。

4.7.2 水跌

当明渠水流由缓流($h > h_k$)过渡到急流($h < h_k$)的时候,水面会在短距离内急剧降落,这种水流现象称为水跌。水跌在明渠底坡发生突变,如由缓坡变为陡坡(见图4-20(a));或在有跌坎处,如缓坡渠道末端存在跌坎(见图4-20(b)),其上、下游流态分别为缓流和急流。由于边界的突变,水流底部和下游的受力条件显著改变,使重力占主导地位,它将水流的势能转变成动能,从而使水面急剧下降,形成局部的急变流流段,水面急剧地从临界水深线之上降落到临界水深线之下。

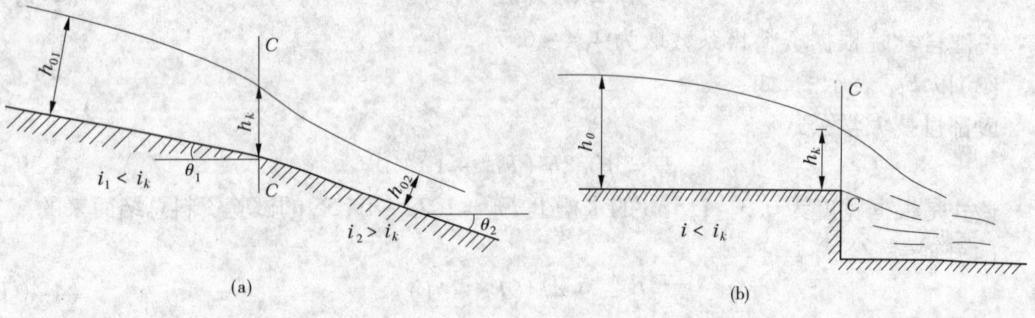

图4-20

上述两例说明,水流由缓流过渡到急流时,一定要经过临界流断面。而临界水深是在渐变流条件下导出的,而实际水流在临界水深处属于急变流,因此理论上导出的临界流断面并不发生在渠底突变处。根据试验观察,水深等于 h_k 的断面出现在渠底突变处偏上游

$(3\sim4)h_k$ 处(见图 4-21),而实际上渠底突变处断面的水深 h_D 约为 $0.7h_k$。

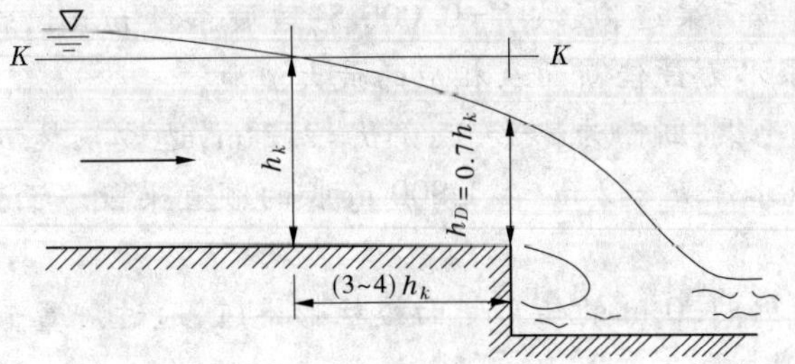

图 4-21

小 结

本章主要介绍了明渠恒定流这一具体水流形态,明渠恒定流可分为明渠恒定均匀流和明渠恒定非均匀流。

明渠恒定均匀流符合一般均匀流的特性,且有其自身的特点,如三线平行或三个坡度相等。明渠恒定均匀流的产生需具备一定的条件,而在大多数情况下,这些条件不能同时满足,因而绝大多数明渠水流属非均匀流。明渠均匀流的水力计算是依据明渠均匀流的基本公式,已知其中的一些参数,求另外一些参数。

明渠恒定非均匀流主要介绍了明渠水流的基本概念即明渠水流的判别,棱柱体明渠恒定非均匀渐变流水面曲线的定性分析,明渠急变流的两种常见水力现象——水跌和水跃。明渠水流存在三种不同的流态:急流、缓流、临界流。明渠水流流态的判别,均匀流和非均匀流有所不同,均匀流可直接根据明渠底坡的类型判别水流的形态。所谓明渠非均匀渐变流水面曲线的定性分析,即对 5 类底坡、3 个分区上的 12 种水面曲线,分析每一种水面曲线是壅水曲线还是降水曲线,并进一步探讨其上、下游的发展趋势。水跌和水跃是明渠急变流的两种常见水力现象,水跃的计算包括共轭水深的求解及水跃长度的计算等。

复习题

4-1 明渠水流分为哪几类?

4-2 何为渠道的底坡?渠道底坡的类型有哪些?在正坡渠道中一定产生均匀流吗?

4-3 何为水力最佳断面?若渠道为梯形断面,则其水力最佳断面应满足什么条件?

4-4 试述明渠水流的三种流态及判别方法。

4-5 何为断面比能?它与过水断面上单位重量液体的总机械能之间有何关系?

4-6 何为临界水深?当流量一定,过水断面形状、尺寸一定时,临界水深与渠道底坡之间有何关系?

4-7 何为临界底坡?临界底坡与渠道实际底坡之间有何关系?

4-8 缓坡上的水流一定为缓流,陡坡上的水流一定为急流,这种说法对吗?若不对,应如何表述?

4-9　水跌和水跃作为两种常见的急变流水力现象，其发生条件是什么？

4-10　有一梯形断面渠道，底坡 $i=0.000\,5$，边坡系数 $m=1$，糙率 $n=0.027$，过水断面面积 $A=10\ m^2$。求水力最佳断面及相应的最大流量。

4-11　有一灌溉干渠，断面为梯形，底宽 $b=2.2\ m$，边坡系数 $m=1.5$，实测流量 $Q=8.11\ m^3/s$ 时，均匀流水深 $h_0=2\ m$，在 1 800 m 长的顺直渠段水面落差 $\Delta h=0.5\ m$，求渠道的糙率 n。

4-12　有一宽度 $b=1.0\ m$ 的矩形断面棱柱形渠道，通过流量 $Q=3.13\ m^3/s$ 时，正常水深 $h_0=1.5\ m$。要求：

(1)判别该渠道底坡属于缓坡、陡坡还是临界坡；

(2)测得某断面水深 $h=1.25\ m$，判别该处水流为缓流还是急流。

4-13　如图 4-22 所示，上、下游断面形状尺寸与粗糙系数均相同的直线渠道，上游为平底，下游为陡坡。在平底渠段设有平板闸门，已知闸孔开度 e 小于临界水深，闸门至底坡转折处的距离为 L，试问当 L 的大小变化时，闸门下游渠中水面线可能会出现哪些型式变化？

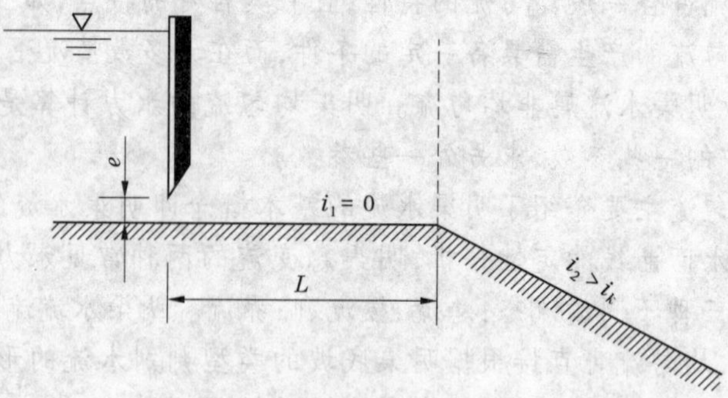

图 4-22

4-14　如图 4-23 所示，三段底坡不等的直线明渠，各段渠道断面形状、尺寸及粗糙系数均相同，上、下渠道可视为无限长，中间段渠道长度为 l，试分析当中间段渠道长度 l 变化时渠中水面线可能出现哪些型式变化？

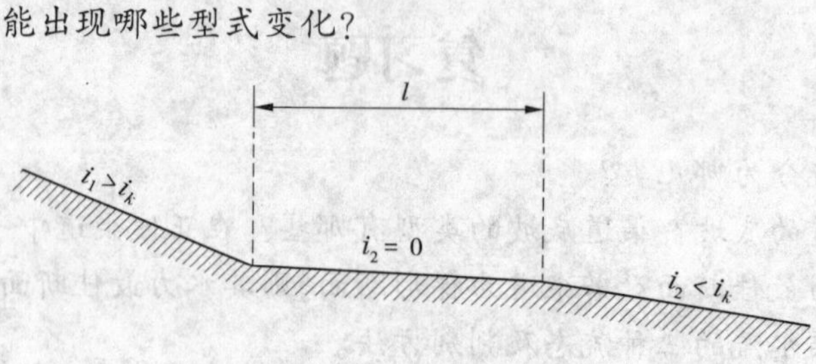

图 4-23

4-15　某矩形断面平坡渠道，底宽 $b=8\ m$，流量 $Q=16\ m^3/s$，设跃前水深 $h'=0.6\ m$，求跃后水深 h'' 和水跃长度。

4-16　一水跃产生于一棱柱体梯形水平渠段中。已知 Q 为 $25\ m^3/s$，b 为 5.0 m，m 为 1.25 及跃后水深 h_2 为 3.14 m。求跃前水深 h_1。

第5章 泄水建筑物的水力计算

学习指导

目标

● 掌握堰流、闸孔出流的判别，孔口、管嘴在自由出流和淹没出流条件下的流量计算公式，堰流的分类及堰流计算的基本公式，闸孔出流的分类及闸孔出流计算的基本公式。

● 理解流量系数、侧收缩系数、淹没系数等各种系数的含义及其计算。

重点

掌握孔口管嘴出流、堰流及闸孔出流的流量计算。

5.1 概 述

实际生活中有各种泄水建筑物。在装有液体的容器器壁上开设孔口，液体经孔口泄流的水力现象，称为孔口出流。若器壁较厚或在孔口上加设短管，且器壁厚度或加设短管的长度是孔口尺寸的3~4倍，则叫管嘴，液体经管嘴泄出的水流称为管嘴出流。

在水利工程中，为了泄洪、引水灌溉、发电、给水等目的，常修建各种泄水建筑物和挡水建筑物以控制和调节河渠的流量和水位，如闸和堰。当闸门部分开启时，水流受到闸门控制而从闸下孔口泄出的水流称为闸孔出流，如图5-1(a)、(c)所示。闸孔出流实质上就是一种孔口出流，通常把孔口出流与闸孔出流统称为孔流。

凡对水流有局部约束且顶部溢流的建筑物称为堰。液体经堰顶下泄的水流称堰流，如图5-1(b)、(d)所示。

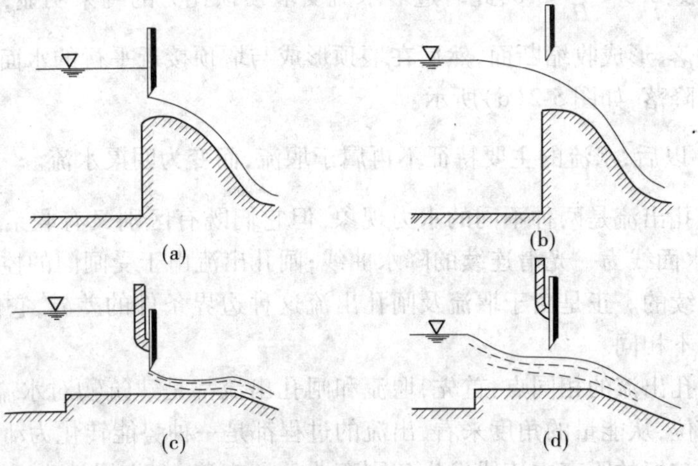

图5-1

在实际工程中,根据不同的使用要求和施工条件,常将堰做成不同的形状,如图 5-2 所示。一般根据堰顶厚度 δ 与堰顶水头 H(堰顶与上游水面之间的距离)的比值 $\frac{\delta}{H}$ 将堰流划分为三种类型。

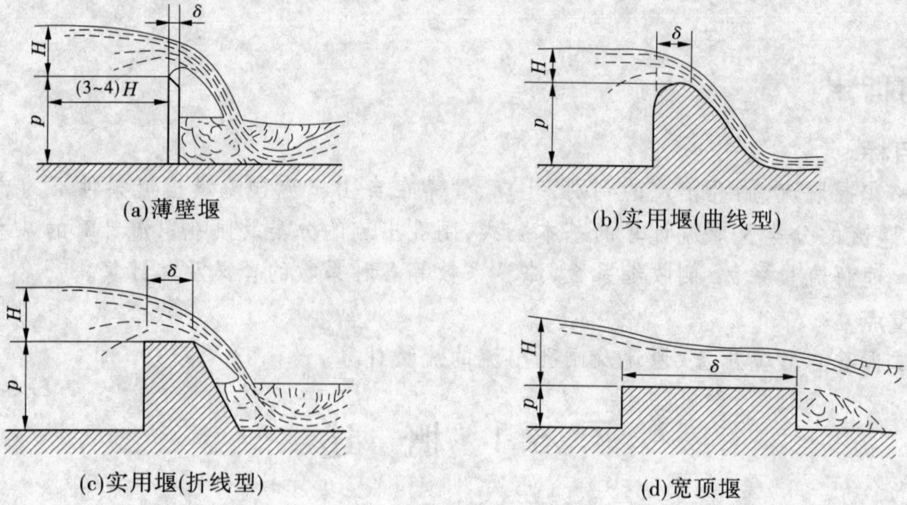

图 5-2

(1)薄壁堰:$\frac{\delta}{H}<0.67$,此时过堰水流不受堰顶厚度的影响,水舌下缘与堰顶呈线性接触,水面呈单一降落曲线,这种堰流称为薄壁堰流,如图 5-2(a)所示。

(2)实用堰:$0.67<\frac{\delta}{H}<2.5$,此时过堰水流受到堰的约束和顶托作用,水舌与堰顶呈面的接触,但顶托力影响很小,溢流水面仍为单一的降水曲线,这种堰流称为实用堰流。工程中的实用堰分曲线型和折线型两种,如图 5-2(b)、(c)所示。

(3)宽顶堰:$2.5<\frac{\delta}{H}<10$,此时过堰水流受堰顶顶托力的约束明显,使得水流在进口处有第一次跌落,形成收缩断面,然后在堰顶形成与堰顶接近平行的水面,最后,出堰时形成第二次水面降落,如图 5-2(d)所示。

当 $\frac{\delta}{H}>10$ 以后,水流的主要特征不再属于堰流,而变为明渠水流。

堰流与闸孔出流是两种不同的水力现象,但它们既有区别又有联系。堰流由于不受闸门的控制,水面线为一光滑连续的降水曲线;闸孔出流由于受闸门的控制,闸孔上、下游的水面是不连续的。正是由于堰流及闸孔出流这种边界条件的差异,它们的水流特征及过水能力也各不相同。

堰流与闸孔出流的相同点:首先,堰流和闸孔出流都是建筑物对水流的局部阻碍,在上游壅高了水位,从能量的角度来看,出流的过程都是一种势能转化为动能的过程;其次,这二者都是在较短的距离内流线发生急剧弯曲的急变流,离心惯性力对建筑物表面的压强分布及建筑物的过水能力均有一定影响,能量损失主要是局部水头损失,沿程水头损失可忽略不计。

在实际工程中，装有闸门的堰上可能发生堰流或闸孔出流，二者在一定条件下可以相互转化。例如，当闸门的开度 e（闸门底部边缘距堰顶的高度）增大到一定程度时，水流可由闸孔出流转化为堰流；相反，当闸门的开度 e 减小到一定程度时，水流可由堰流转化为闸孔出流。工程上一般采用下列经验数值作为判别闸孔出流和堰流的界限条件：闸底坎为平顶坎时，$\frac{e}{H}\leqslant 0.65$，为闸孔出流；$\frac{e}{H}>0.65$，为堰流。闸底坎为曲线型坎时，$\frac{e}{H}\leqslant 0.75$ 为闸孔出流；$\frac{e}{H}>0.75$，为堰流。

5.2 孔口与管嘴出流

孔口与管嘴在水利工程中应用广泛，如某些流量量测设备，给排水工程中各类取水、泄水闸孔等属于孔口出流；喷灌机械及冲击式水轮机的喷嘴等属于管嘴出流。

对于孔口、管嘴出流，如果出流不受下游水位影响，直接流入大气，称为自由出流；出口在下游水面以下，受下游水位的影响，称为淹没出流。

5.2.1 恒定孔口出流

孔口出流也有恒定流与非恒定流之分，本节主要说明恒定的孔口出流。

在实际工程中，孔口的断面形状有圆形、方形或矩形等。孔口边缘有薄壁（锐缘）、厚壁和修圆等不同情况。若孔口具有尖锐的边缘形状，称为薄壁孔口。对于圆形孔口，根据孔径 d 与孔口的水头 H（孔口中心到上游液面的高度）之比，把孔口分为两类：小孔口（$\frac{d}{H}\leqslant\frac{1}{10}$）和大孔口（$\frac{d}{H}>\frac{1}{10}$）。对于小孔口而言，由于孔口直径 d 比水头 H 小得多，故可假定孔口断面上各点流速及压强水头均相等。对于大孔口，上述假定是不适应的。

5.2.1.1 薄壁圆形小孔口的自由出流

薄壁圆形小孔口自由出流现象如图 5-3 所示。出流时由于惯性作用，水流不能在孔口附近做直角转变，流线只能逐渐弯曲，则水流在出口处产生收缩现象。收缩断面一般在离孔口约 $d/2$ 处，流线成平行直线，符合渐变流条件，一般用 c—c 来表示。收缩程度用收缩系数 ε 来表示，收缩系数等于收缩断面面积 A_c 与孔口断面面积 A 的比值，即 $\varepsilon=\frac{A_c}{A}$。$\varepsilon$ 值的大小反映了水流的收缩程度，与孔口形状、大小、位置以及水头等有关。一般认为，当孔口四周都发生收缩的叫完全收缩，当孔口部分边界收缩的叫不完全收缩。当孔口边缘离液面、容器壁面或底面的距离全部都不小于相对应的边长的 3 倍时，流线收缩完全，称为充分收缩，又叫完善收缩，否则称为不完善收缩。

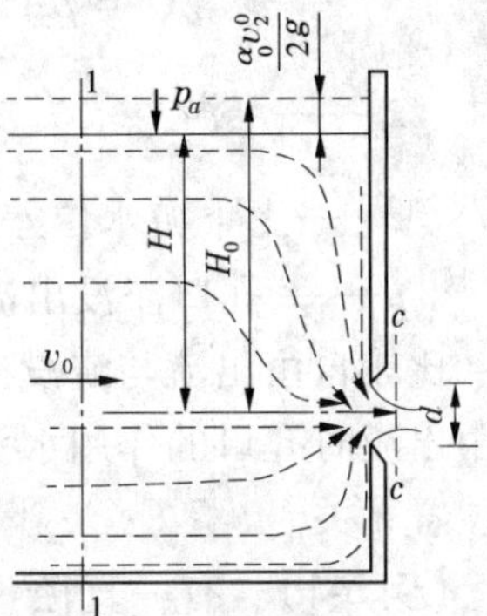

图 5-3

下面推导薄壁圆形小孔口恒定自由出流的流量计算公式。如图 5-3 所示,取通过孔口中心的水平面为基准面,对符合渐变流条件的 1—1 断面与 c—c 断面,列能量方程

$$H + 0 + \frac{\alpha_0 v_0^2}{2g} = 0 + 0 + \frac{\alpha_c v_c^2}{2g} + \zeta \frac{v_c^2}{2g}$$

式中 v_0——上游断面的行近流速;

v_c—— 收缩断面的流速;

ζ —— 孔口局部阻力系数。

将 $H_0 = H + \frac{\alpha_0 v_0^2}{2g}$,$\alpha_c = 1.0$ 代入上式,整理得

$$v_c = \frac{1}{\sqrt{1+\zeta}} \sqrt{2gH_0} = \varphi \sqrt{2gH_0}$$

式中 φ——流速系数,$\varphi = \frac{1}{\sqrt{1+\zeta}}$。

流量

$$Q = A_c v_c = \varepsilon A \varphi \sqrt{2gH_0}$$

令 $\mu = \varepsilon\varphi$,μ 称为流量系数,则薄壁圆形小孔口自由出流的流量公式为

$$Q = \mu A \sqrt{2gH_0} \tag{5-1}$$

试验资料表明,薄壁圆形小孔口自由出流,在完全完善收缩情况下,$\zeta = 0.06$,$\varphi = 0.97$,$\varepsilon = 0.64$,$\mu = 0.62$。

5.2.1.2 薄壁小孔口的淹没出流

当下游水位高出孔口,出流水股淹没在下游水面以下,则为淹没出流,如图 5-4 所示。取符合渐变流条件的 1—1 断面及 2—2 断面,以通过孔口中心的水平线为基准面,利用能量方程和连续性方程可推得

$$Q = \mu A \sqrt{2gz_0} \tag{5-2}$$

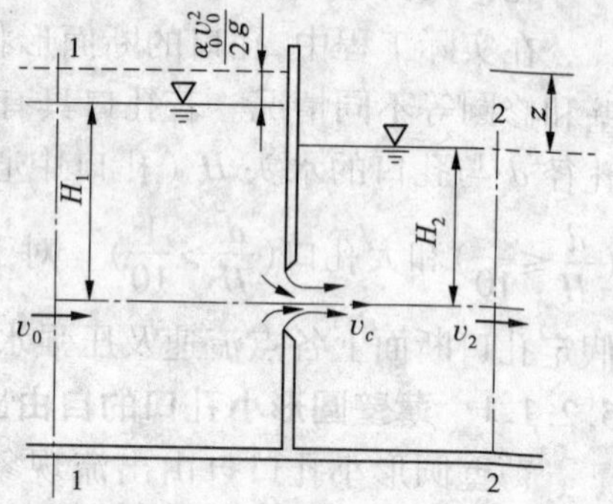

图 5-4

式中 z_0——上游总水头,$z_0 = z + \frac{\alpha_0 v_0^2}{2g}$;

z——上下游水位差,$z = H_1 - H_2$;

μ—— 孔口淹没出流时的流量系数,其值与孔口自由出流时的流量系数值相同。

比较自由出流与淹没出流的计算公式可知,它们具有相同的形式,所不同的仅在于:自由出流时孔口的作用水头为 H_0;而淹没出流时的作用水头为 z_0,它与孔口淹没在水下的位置无关。

【例 5-1】 有一直径 $d = 20$ cm 的圆形锐缘孔口,其中心在水下的深度 $H = 3.0$ m,出流前的行近流速 $v_0 = 0.8$ m/s,孔口出流为完全完善收缩的自由出流,求孔口出流量。

解:因 $\frac{d}{H} = \frac{0.2}{3} = 0.06 < 0.1$,则为小孔口出流。

$$A = \frac{\pi}{4} d^2 = \frac{\pi}{4} \times 0.2^2 = 0.031\,4 \ (\text{m}^2)$$

$$H_0 = H + \frac{\alpha_0 v_0^2}{2g} = 3.0 + \frac{1.0 \times 0.8^2}{2 \times 9.8} = 3.03\ (\text{m})$$

取流量系数 $\mu = 0.62$，则孔口流量为

$$Q = \mu A\sqrt{2gH_0} = 0.62 \times 0.0314\sqrt{2 \times 9.8 \times 3.03} = 0.15\ (\text{m}^3/\text{s})$$

5.2.2 恒定管嘴出流

5.2.2.1 恒定管嘴自由出流

图 5-5(a)为恒定的圆柱形管嘴自由出流的示意图。取管嘴上游符合渐变流条件的 0—0 断面与管嘴出口的 1—1 断面，列能量方程可得管嘴出流的流量公式为

$$Q = \mu_n A\sqrt{2gH_0} \tag{5-3}$$

式中 A—— 管嘴出口的 2—2 断面面积；

H_0——全水头，$H_0 = H + \frac{\alpha_0 v_0^2}{2g}$；

μ_n——管嘴流量系数，圆柱形外管嘴的流量系数 $\mu_n = 0.82$。

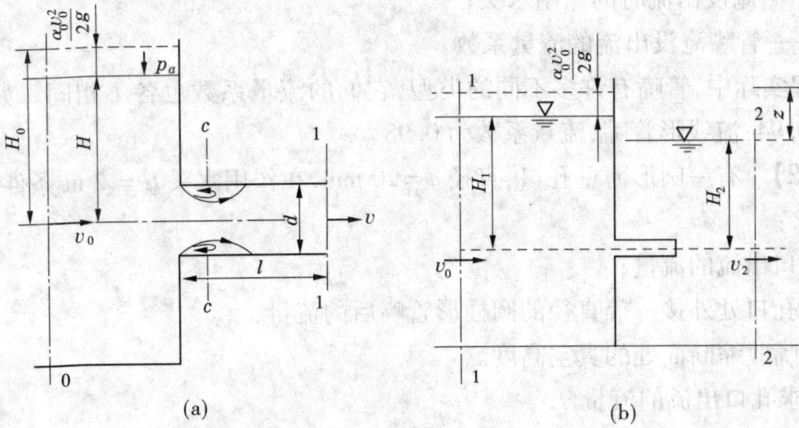

图 5-5

显然，在空口上加接管嘴后，水头损失较孔口出流时有所增加，但为什么过流能力反而增大了呢？下面就来说明这一原因。

如图 5-5(a)所示，水流进入管嘴后，由于水流的惯性作用发生收缩现象，形成收缩断面 c—c 。水流经 c—c 断面后充满全管流到大气中。由于 $A_c < A_1$，故 $v_c > v_1$，即水流在 c—c断面的动能大于管嘴出口断面的动能。因此，收缩断面的压强必然小于出口断面 1—1处的压强，即在 c—c 断面处产生真空现象。对 0—0 断面及 c—c 断面列能量方程，则可得到 c—c 断面真空表达式，然后列 c—c 断面与 1—1 断面的连续性方程，可得管嘴内收缩断面处的真空度为

$$h_{真} = 0.75H_0 \tag{5-4}$$

可以看出，圆柱形外管嘴的收缩断面上的真空度是一个不小的数值。正是由于这种真空的存在，增大了作用水头。作用水头的增大，超过了加管嘴后水头损失的增加值，结

果使管嘴较孔口出流流量有所增加。

理论上最大真空值为 10 m 水柱高，但实际上，当管嘴内收缩断面的真空值大于 7 m 时，管段中的液体会发生汽化，使水流不稳定，并且空气将从管嘴出口进入，导致收缩断面处真空破坏，从而会失去管嘴的作用。由式(5-4)可知，圆柱形外管嘴的作用水头 H_0 不能大于 9.0 m。

由此可见，保证管嘴的正常工作应满足的条件为：

(1)管嘴的长度 $l=(3\sim4)d$。若 l 太长，流量系数要减小，从而降低了管嘴的出流能力；若 l 太短，水流在收缩后不能扩散到整个管段横断面，也就不能形成管嘴作用。

(2)作用水头 $H_0 \leqslant 9.0$ m。

5.2.2.2 恒定管嘴淹没出流

如图 5-5(b)所示为圆柱形外管嘴淹没出流。对符合渐变流条件的 1—1 断面、2—2 断面列能量方程，可得管嘴淹没出流的流量公式为

$$Q = \mu_n A\sqrt{2gz_0} \tag{5-5}$$

式中 z_0—— 淹没出流时的作用水头；

μ_0——管嘴淹没出流的流量系数。

在工程实际中，管嘴有许多不同的类型，它们的流量系数也各不相同。如锥形管，流量系数为 0.94；流线形管嘴，流量系数为 0.98。

【例 5-2】 有一圆形薄壁孔口，直径 $d=20$ mm，在作用水头 $H=2$ m 条件下恒定自由出流。试求：

(1)孔口出流的流量；

(2)在孔口处外接一等直径的圆柱形管嘴后的流量；

(3)管嘴收缩断面处的真空高度。

解：1. 求孔口出流的流量

因 $\dfrac{d}{H}=\dfrac{0.02}{2}=0.01<0.1$，为小孔口出流。

取孔口流量系数 $\mu=0.62$，$H_0 \approx H = 2$ m，则有

$$Q = \mu A\sqrt{2gH_0} = 0.62\times\frac{\pi}{4}(0.02)^2\times\sqrt{2\times9.8\times2} = 1.22\ (\text{L/s})$$

2. 求管嘴出流的流量

取圆柱形外管嘴的流量系数 $\mu_n=0.82$，则

$$Q = \mu_n A\sqrt{2gH_0} = 0.82\times\frac{\pi}{4}\times(0.02)^2\times\sqrt{2\times9.8\times2} = 1.61\ (\text{L/s})$$

3. 求管嘴收缩断面处的真空高度

$$h_{真} = 0.75H_0 = 0.75\times2 = 1.5\ (\text{m 水柱})$$

5.3 堰 流

5.3.1 堰流的基本公式

如图 5-6 所示,现用能量方程式来推求堰流计算的基本公式。

对堰前 0—0 断面及堰顶 1—1 断面列出能量方程,以通过堰顶的水平面为基准面。其中,0—0 断面为渐变流,而 1—1 断面由于流线弯曲属急变流,过水断面上测压管水头不为常数,故用$\overline{z+\dfrac{p}{\gamma}}$表示 1—1 断面上测压管水头平均值。由此可得

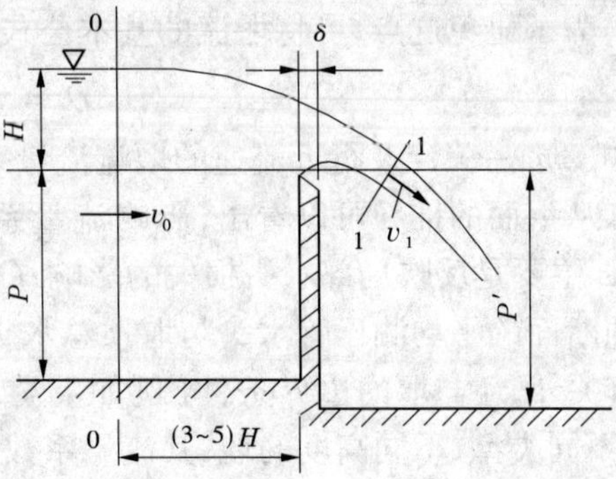

图 5-6

$$H + 0 + \frac{\alpha_0 v_0^2}{2g} = \overline{z + \frac{p}{\gamma}} + (\alpha_1 + \zeta)\frac{v_1^2}{2g}$$

式中 v_0——0—0 断面的平均流速,即行近流速;

v_1——1—1 断面的平均流速;

α_0、α_1——相应断面的动能修正系数;

ζ——局部损失系数。

设 $H+\dfrac{\alpha_0 v_0^2}{2g}=H_0$,其中$\dfrac{\alpha_0 v_0^2}{2g}$为行近流速水头,$H_0$ 为堰顶总水头。

令$\overline{z+\dfrac{p}{\gamma}}=\xi H_0$,$\xi$ 为某一修正系数。则上式可改写为

$$H_0 - \xi H_0 = (\alpha_1 + \zeta)\frac{v_1^2}{2g}$$

即

$$v_1 = \frac{1}{\sqrt{\alpha_1 + \zeta}}\sqrt{2g(H_0 - \xi H_0)}$$

因为堰顶过水断面面积一般为矩形,设其断面宽度为 b;1—1 断面的水舌厚度用 kH_0 表示,k 为反映堰顶水流垂直收缩的系数。则 1—1 断面的过水面积应为 $kH_0 b$;通过流量为

$$Q = kH_0 b v_1 = kH_0 b\frac{1}{\sqrt{\alpha_1 + \zeta}}\sqrt{2g(H_0 - \xi H_0)} = \varphi k\sqrt{1-\xi}\, b\sqrt{2g}H_0^{3/2}$$

式中 φ——流速系数,$\varphi=\dfrac{1}{\sqrt{\alpha_1+\zeta}}$。

令 $\varphi k\sqrt{1-\xi}=m$,m 称为堰的流量系数,则

$$Q = mb\sqrt{2g}H_0^{3/2} \tag{5-6}$$

式(5-6)虽是针对矩形薄壁堰推导而得的流量公式,但它具有普遍性,对实用堰和宽

顶堰都是适用的，只是流量系数所代表的数值不同。因此，式(5-6)称为堰流的基本公式。

在实际工程中，量测堰顶水头 H 是很方便的，但计算行近流速 v_0 则需先知道流量，而流量需由式(5-6)算出。由于式中 H_0 包括行近流速水头，应用式(5-6)计算流量很不方便。为了避免这点，可将堰流的基本公式，改用堰顶水头 H 表示，即

$$Q = m_0 b \sqrt{2g} H^{3/2} \tag{5-7}$$

式中　m_0——计及行近流速的堰流流量系数，$m_0 = m(1+\alpha_0 v_0^2/2gH)^{3/2}$。

从上面的推导可以看出，影响流量系数的主要因素是 φ、k、ξ，即 $m=f(\varphi,k,\xi)$。其中，φ 主要是反映局部水头损失的影响；k 是反映堰顶水流垂直收缩的程度；而 ξ 则是代表堰顶断面的平均测压管水头与堰顶总水头之间的比例系数。所有这些因素除与堰顶水头 H 有关外，还与堰的边界条件（例如上游堰高 P 以及堰顶进口边缘的形状等）有关。所以，不同类型、不同高度的堰，其流量系数各不相同。

在实际应用时，有时下游水位较高或下游堰高较小影响了堰的过流能力，这种堰流称为淹没溢流，此时可用小于 1 的淹没系数 σ 表明其影响，因此淹没式的堰流基本公式可表示为

$$Q = \sigma m b \sqrt{2g} H_0^{3/2} \tag{5-8}$$

或

$$Q = \sigma m_0 b \sqrt{2g} H^{3/2} \tag{5-9}$$

当堰顶过流宽度小于上游来流宽度或是堰顶设有闸墩及边墩时，过堰水流就会产生侧向收缩，减小有效过流宽度，并增加局部阻力，从而降低过流能力。考虑侧向收缩对堰流的影响，有两种处理方法：一种和淹没堰流影响一样，在堰流基本公式中乘以侧向收缩系数 ε'；另一种是将侧向收缩的影响合并在流量系数中考虑。

下面分别讨论薄壁堰、实用堰和宽顶堰的水流特点和过流能力。

5.3.2　薄壁堰

由于薄壁堰流具有稳定的水头和流量关系，因此薄壁堰常作为实验室或野外流量测量中一种有效的量水工具。另外，工程上广泛应用的曲线型实用堰，其外形一般按照矩形薄壁堰流水舌下缘曲线设计。所以，薄壁堰流的研究具有实际意义。

5.3.2.1　矩形薄壁堰

测量流量用的矩形薄壁堰，一般都做得和上游进水槽一样宽，这样水流通过堰口时不会产生侧向收缩；堰顶做成向下游倾斜的锐角薄壁（见图 5-7）或直角薄壁，以便水流过堰后就不再和堰壁接触，溢流水舌有稳定的外形。同时，应在紧靠堰板下游侧墙内埋设通气孔，使水舌内外缘空气压强相等，以保证通过水舌内缘最高点的铅直断面上也能具有稳定的流速分布和压强分布，从而有稳定的水头和流量关系。

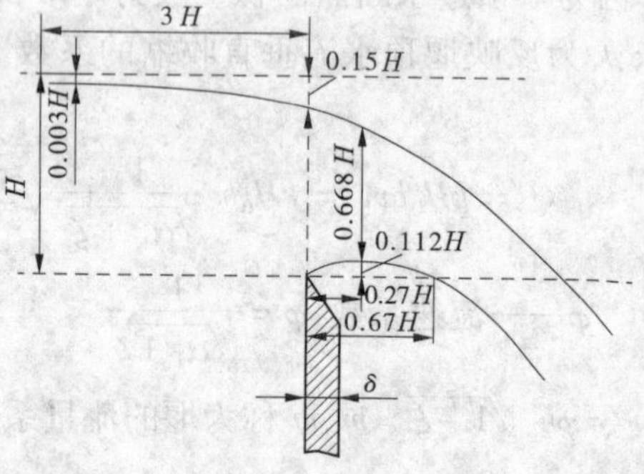

图 5-7

1）矩形薄壁堰无侧向收缩自由溢流的水舌形状

矩形薄壁堰稳定水舌的轮廓，巴赞做了富有意义的观测。图 5-7 表示巴赞量测的水舌轮廓相对尺寸。在距堰壁上游 $3H$ 处，水面降落 $0.003H$，在堰顶上，水舌上缘降落了 $0.15H$。由于水流质点沿上游堰壁越过堰顶时的惯性，水舌下缘在离堰壁 $0.27H$ 处升得最高，高出堰顶 $0.112H$，此处水舌的垂直厚度为 $0.668H$。距堰壁 $0.67H$ 处，水舌下缘与堰顶同高，这点表明，只要堰壁厚度 $\delta<0.67H$，堰壁就不会影响水舌的形状。因此，把 $\delta<0.67H$ 的堰称为薄壁堰。

矩形薄壁锐缘堰自由溢流水舌几何形状的观测成果为后来设计曲线形剖面堰提供了依据。

2）矩形薄壁堰溢流的计算

矩形薄壁堰的流量公式仍用堰流的基本公式

$$Q = m_0 b \sqrt{2g} H^{3/2}$$

流量系数 m_0 可采用巴赞（1898）公式

$$m_0 = \left(0.405 + \frac{0.003}{H}\right)\left[1 + 0.55\left(\frac{H}{H+P}\right)^2\right] \tag{5-10}$$

上式的适用条件为：$H \leqslant 1.24$ m，$b \leqslant 2$ m，$P \leqslant 1.13$ m。

流量也可用雷伯克公式计算

$$Q = \left[1.78 + \frac{0.24(H + 0.0011)}{P}\right] b (H + 0.0011)^{3/2} \tag{5-11}$$

上式适用条件为：$0.15 \text{ m} < P < 1.22 \text{ m}$，$H < 4P$。

对于有侧向收缩影响的流量系数，巴赞的同事爱格利根据试验提出采用

$$m_0 = \left(0.405 + \frac{0.0027}{H} - 0.030\frac{B-b}{B_0}\right)\left[1 + 0.55\left(\frac{b}{B_0}\right)^2 \frac{H^2}{(H+P)^2}\right] \tag{5-12}$$

式中 m_0——考虑侧向收缩在内的流量系数；

B_0——引水渠宽度，$B_0 \geqslant b$，爱格利建议采用

$$m_0 = \left(0.405 + \frac{0.0027}{H} - \frac{0.033}{1 + \dfrac{b}{B_0}}\right)\left[1 + 0.55\left(\frac{b}{B_0}\right)^2 \frac{H^2}{(H+P)^2}\right] \tag{5-13}$$

薄壁堰在形成淹没溢流时，下游水面波动较大，溢流很不稳定，如图 5-8 所示。所以，一般情况下量水用的薄壁堰不宜在淹没条件下工作。为保证薄壁堰不淹没，一般要求 $z/P' > 0.7$（其中，z 为上下游水位差，P' 为下游堰高）。

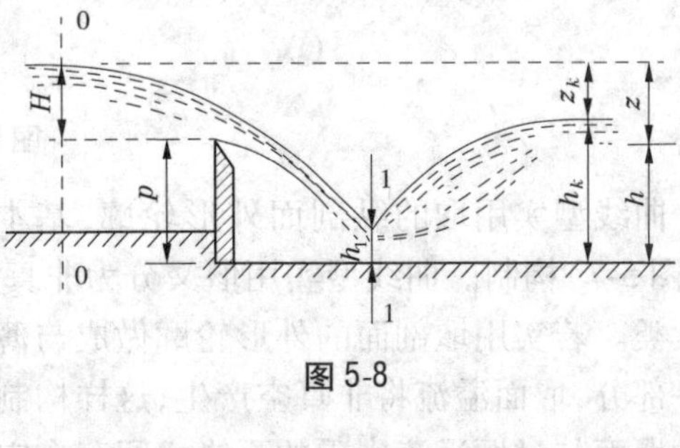

图 5-8

5.3.2.2 三角形薄壁堰

矩形薄壁堰适宜量测较大的流量。在 $H<0.15$ m 时，矩形薄壁堰溢流水舌在表面张力和动水压力的作用下很不稳定，甚至可能出现溢流水舌紧贴堰壁下溢形成所谓的贴壁溢流。这时，稳定的水头流量关系已不能保

证,使矩形薄壁堰量测精度大受影响。因此,在流量小于 100 L/s 时,宜采用三角形薄壁堰作为量水堰(见图 5-9)。

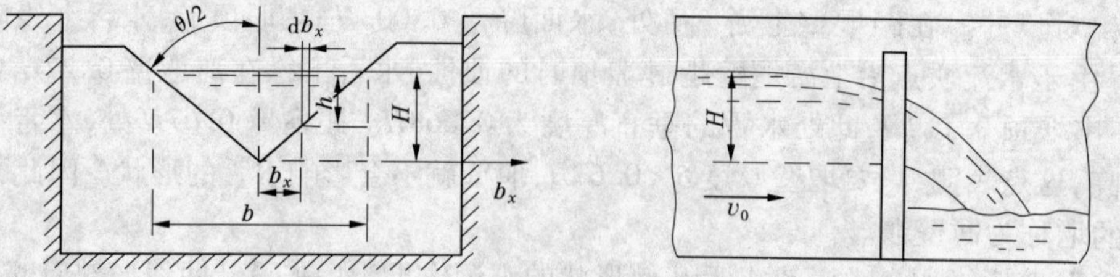

图 5-9

设三角形顶角为 θ,顶点以上的水头为 H,则有

$$Q = \frac{4}{5} m_0 \sqrt{2g} \tan \frac{\theta}{2} H^{5/2} \tag{5-14}$$

实用上,顶角 θ 常取直角。当 $H = 0.05 \sim 0.25$ m 时,$m_0 = 0.395$。因此,$\theta = 90°$ 的三角形薄壁堰的流量公式为

$$Q = 1.4H^{5/2} \tag{5-15}$$

在 $H = 0.25 \sim 0.55$ m 条件下,流量公式为

$$Q = 1.343H^{2.47} \tag{5-16}$$

上两式中,H 的单位为 m,Q 的单位用 m^3/s。

5.3.3 实用堰

实用堰主要用做蓄水挡水建筑物——坝,或净水建筑物的溢流设备。根据堰的专门用途和结构本身稳定性要求,其剖面可设计成曲线或折线两类(见图 5-10 和图 5-11)。

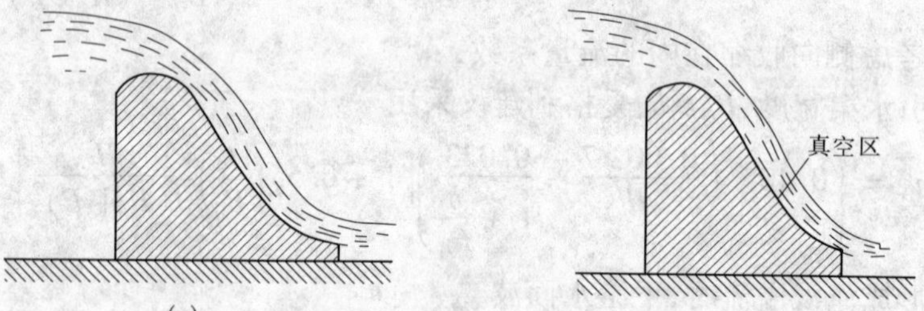

图 5-10

曲线型实用堰的纵剖面外形轮廓,基本上按矩形薄壁堰自由溢流水舌的下缘形状(见图 5-7)构制。曲线型实用堰又分为非真空堰(见图 5-10(a)和真空堰(见图 5-10(b))两大类。若实用堰剖面的外形轮廓做成与薄壁堰自由溢流水舌的下缘基本吻合或切入水舌一部分,堰面溢流将非真空产生,这样构制的曲线型剖面堰称为非真空剖面堰。若实用堰的堰面与过堰溢流水舌的下缘之间存在空间,此空间在溢流影响下将产生真空,这样的曲线型剖面堰称为真空剖面堰。应指出,非真空剖面堰和真空剖面堰都是相对于某一设计水头设计的。实际上,堰不可能只在设计水头下工作。如果实际水头大于无真空剖面

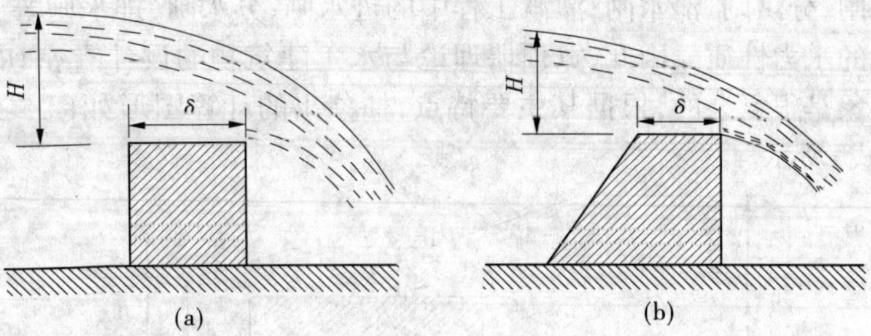

图 5-11

堰的设计水头，过堰流速加大，溢流水舌将脱离堰面，水舌与堰面之间将形成真空，这时非真空剖面堰实际成了真空剖面堰；反之，如果实际水头小于真空剖面堰的设计水头，过堰流速减小，溢流水舌将贴近堰面，这时真空剖面堰实际成了非真空剖面堰。由此可见，非真空剖面堰和真空剖面堰的区分是有条件的。堰面溢流产生真空（负压），对增加堰的过流能力有利，但是常导致堰体振动，并使堰面混凝土及其他防护盖面（如钢板等）受到空蚀破坏。所以，真空剖面堰在实际上应用不多。对于曲线型非真空剖面堰的研究，首先要求堰的溢流面有较好的压强分布，不产生过大的负压；其次要求流量系数较大，利于泄洪；最后要求堰的剖面较瘦，以节省工程量及建造费用。

实用堰的流量公式采用堰流的基本公式进行计算，如果为自由溢流，则

$$Q = m\varepsilon' b\sqrt{2g}H_0^{3/2} \tag{5-17}$$

如果为淹没溢流，则

$$Q = \sigma m\varepsilon' b\sqrt{2g}H_0^{3/2} \tag{5-18}$$

式(5-17)和式(5-18)中，m 为流量系数，由于实用堰堰面对水舌有影响，所以堰壁的形状及其尺寸对流量系数有影响，其精确值应由模型试验来确定。在初步估算中，真空堰 $m\approx0.50$，非真空堰 $m\approx0.45$，折线型实用堰 $m=0.35\sim0.42$。侧收缩系数 ε' 可用下式计算

$$\varepsilon' = 1 - a\frac{H_0}{b + H_0} \tag{5-19}$$

式中，a 为考虑坝墩形状影响的系数，矩形坝墩 $a=0.20$，半圆形坝墩或尖形坝墩 $a=0.11$，曲线形尖墩 $a=0.06$。非真空堰淹没系数 σ 可由表 5-1 决定。

表 5-1　非真空堰淹没系数 σ

$\frac{\Delta}{H}$	0.05	0.20	0.30	0.40	0.50	0.60	0.70	0.80	0.90	0.95	0.975	0.995	1.00
σ	0.997	0.985	0.972	0.957	0.935	0.906	0.856	0.776	0.621	0.470	0.319	0.100	0

当材料（堆石、木材等）不便加工成曲线型堰时，常采用折线型堰，如图 5-11 所示。

5.3.4　宽顶堰

从水力学的观点来看，许多水工建筑物的水流性质一般都属于宽顶堰流。例如，水利

工程中的节制闸、分洪闸、泄水闸；灌溉工程中的进水闸、分水闸、排水闸等，当闸门全开时都具有宽顶堰的水力性质。因此，宽顶堰理论与水工建筑物的设计有密切的关系。宽顶堰上的水流现象是很复杂的，根据其主要特点，抽象出的计算图形如图 5-12（自由式）和图 5-13（淹没式）所示。

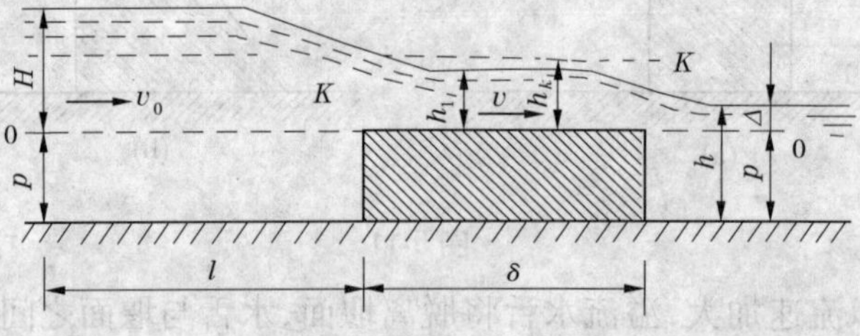

图 5-12

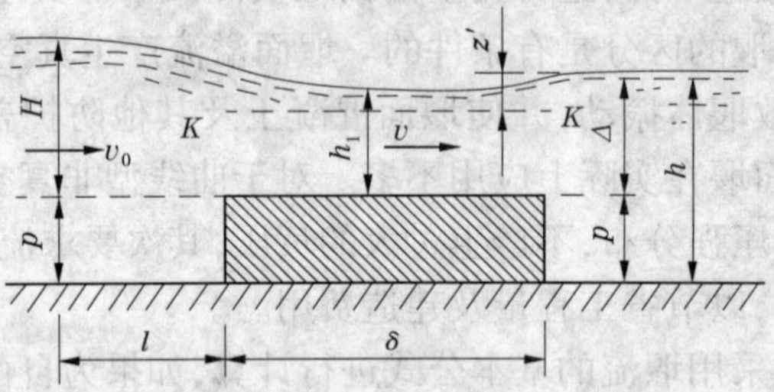

图 5-13

5.3.4.1 自由式无侧收缩宽顶堰

宽顶堰上水流的主要特点为：自由式宽顶堰流在进口不远处形成一收缩水深 h_1（即水面第一次降落），此收缩水深 h_1 小于堰顶断面的临界水深 h_k，形成流线近似平行于堰顶的渐变流，最后在出口（堰尾）水面再次下降（水面第二次降落），如图 5-12 所示。

自由式无侧收缩宽顶堰的流量计算可采用堰流基本公式：

$$Q = mb\sqrt{2g}H_0^{3/2}$$

式中，流量系数 m 与堰的进口形式以及堰的相对高度 p/H 等有关，可按经验公式计算。

对于直角进口：

$$m = \begin{cases} 0.32 & (p/H > 3) \\ 0.32 + 0.01\dfrac{3 - p/H}{0.46 + 0.75p/H} & (0 \leqslant p/H \leqslant 3) \end{cases}$$

对于圆角进口（当 $r/H \geqslant 0.2$，r 为圆进口圆弧半径）：

$$m = \begin{cases} 0.36 & (p/H > 3) \\ 0.36 + 0.01\dfrac{3 - p/H}{1.2 + 1.5p/H} & (0 \leqslant p/H \leqslant 3) \end{cases}$$

宽顶堰的流量系数 m 的变化范围应为 0.32～0.385。

5.3.4.2 淹没式无侧收缩宽顶堰

自由式宽顶堰堰顶水深 h_1 小于临界水深 h_k，即堰顶上的水流为急流。从图 5-12 可见，当下游水位低于坎高，即 $\Delta<0$ 时，下游水流绝对不会影响堰顶水流的性质。因此，$\Delta>0$ 是下游水位影响堰顶水流的必要条件，即 $\Delta>0$ 是形成淹没式堰流的必要条件。形成淹没式堰流的充分条件是下游水位影响堰顶上水流，使其由急流转变为缓流。但是由于堰壁的影响，堰下游水流情况复杂，因此使其发生淹没水跃的条件也较复杂。目前，用理论分析来确定淹没的充分条件尚有困难，在工程实际中，一般采用试验资料来加以判别。通过试验，可以认为淹没式宽顶堰的充分条件是

$$\Delta = h - p' \geqslant 0.8H_0 \tag{5-20}$$

当满足式(5-20)时，为淹没式宽顶堰，如图 5-13 所示。堰顶水深受下游水位的影响，$h_1=\Delta-z'$（z' 称为动能恢复），且 $h_1>h_k$。淹没式无侧收缩宽顶堰的流量计算可采用式(5-8)，即

$$Q = \sigma mb\sqrt{2g}H_0^{3/2}$$

式中，淹没系数 σ 是 Δ/H_0 的函数，其试验结果见表 5-2。

表 5-2　淹没系数 σ

Δ/H_0	0.80	0.81	0.82	0.83	0.84	0.85	0.86	0.87	0.88	0.89
σ	1.00	0.995	0.99	0.98	0.97	0.96	0.95	0.93	0.90	0.87
Δ/H_0	0.90	0.91	0.92	0.93	0.94	0.95	0.96	0.97	0.98	
σ	0.84	0.82	0.78	0.74	0.70	0.65	0.59	0.50	0.40	

5.3.4.3　侧收缩宽顶堰

如堰前引水渠道宽度 B 大于堰宽 b，则水流流进堰后，在侧壁发生分离，使堰流的过水宽度实际上小于堰宽，同时也增加了局部水头损失。若用侧收缩系数 ε 并考虑上述影响，则自由式侧收缩宽顶堰的流量公式为

$$Q = m\varepsilon b\sqrt{2g}H_0^{3/2} = mb_c\sqrt{2g}H_0^{3/2} \tag{5-21}$$

式中，$b_c=\varepsilon b$，称为收缩堰宽，收缩系数 ε 可用经验公式

$$\varepsilon = 1 - \frac{a}{\sqrt[3]{0.2+p/H}}\sqrt[4]{\frac{b}{B}}\left(1-\frac{b}{B}\right) \tag{5-22}$$

计算。其中 a 为墩形系数：直角边缘 $a=0.19$；圆角边缘 $a=0.1$。

若为淹没式侧收缩宽顶堰，其流量公式只需在式(5-21)右端乘以淹没系数 σ 即可，即

$$Q = \sigma mb_c\sqrt{2g}H_0^{3/2} \tag{5-23}$$

5.4　闸孔出流

从闸下底孔泄出的水流称为闸孔出流。水闸底坎有宽顶堰型和实用堰型两种；闸门型式主要有平板闸门和弧形闸门两类。如果闸前水头 H 和闸门的开启高度 e 不随时间而变，则闸孔出流的流速和流量也不随时间变化，为恒定闸孔出流，否则为非恒定闸孔出流。

闸孔出流水力计算的目的在于研究恒定闸孔出流时，过闸流量与闸孔尺寸、闸门的开启高度、上下游水位、闸门类型、底坎型式及闸孔出流情况等的关系，并给出相应的水力计算公式。下面分别进行讨论。

由前述可知，当闸底坎为平顶坎时，闸门开度 $e/H \leqslant 0.65$，为闸孔出流，否则为堰流；对于曲线型坎，闸门开度 $e/H \leqslant 0.75$ 时为闸孔出流，否则为堰流。

5.4.1 闸孔出流的水力特征

5.4.1.1 水平底板上的闸孔出流特征

图 5-14 所示为平底上的平板闸门闸孔出流。水流经闸孔出流后，由于液流的惯性作用，大约在距闸门 $(0.5 \sim 1.0)\ e$ 处出现水深最小的收缩断面。收缩断面 $c—c$ 处的水深 h_c 一般小于临界水深 h_k，水流为急流状态，而闸孔下游渠槽中的水深 h_t 一般大于临界水深 h_k，水流为缓流，因此闸后必然发生水跃现象。水跃的位置随下游水深的大小而变，发生的位置不同对闸孔出流的影响就不一样，使得闸孔出流分为自由出流和淹没出流两类。闸孔出流是自由出流还是淹没出流，取决于闸后水跃的形式。当下游水深较小时，闸后发生临界式或远离式水跃，如图 5-14(a)、(b)所示。水跃不影响闸孔的过流能力，闸孔为自由出流；当下游水深较大，闸后产生淹没式水跃，如图 5-14(c)所示，称为闸孔的淹没出流。

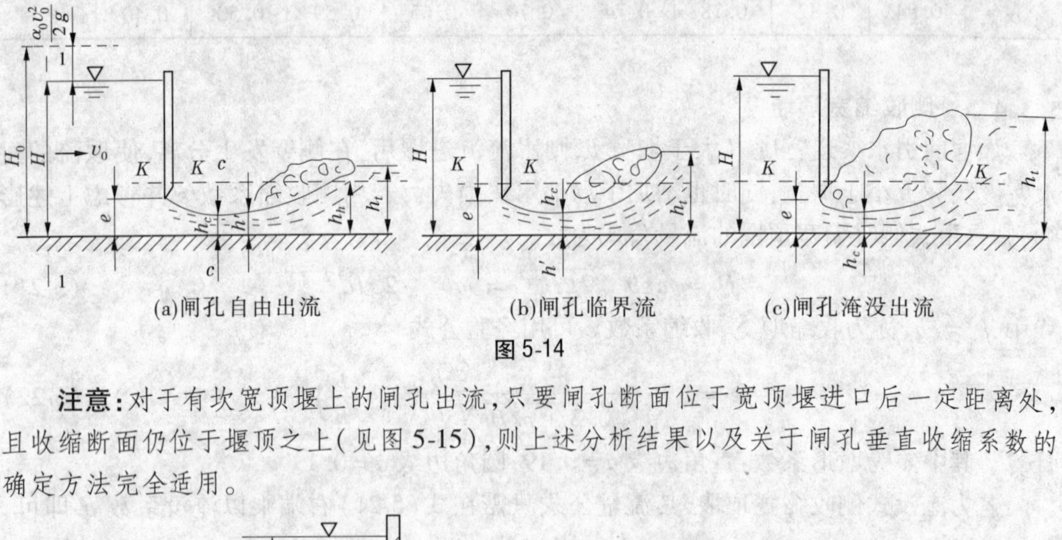

(a)闸孔自由出流　(b)闸孔临界流　(c)闸孔淹没出流

图 5-14

注意：对于有坎宽顶堰上的闸孔出流，只要闸孔断面位于宽顶堰进口后一定距离处，且收缩断面仍位于堰顶之上(见图 5-15)，则上述分析结果以及关于闸孔垂直收缩系数的确定方法完全适用。

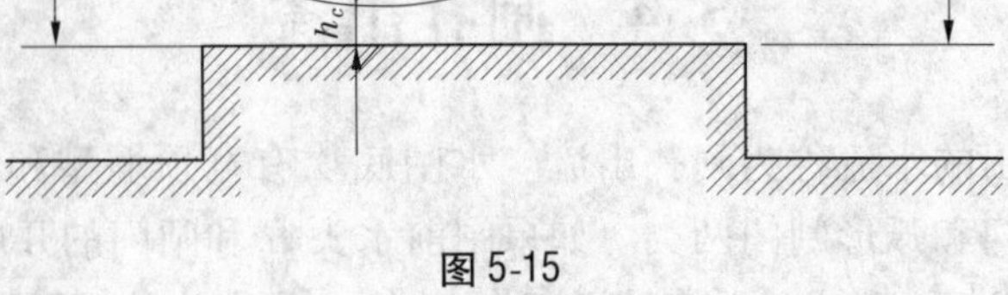

图 5-15

闸孔出流收缩程度可用垂直收缩系数 ε 表示,其值的大小主要取决于闸门门型、闸门的相对开度 $\frac{e}{H}$ 以及闸底坎型式。

$$\varepsilon = \frac{A_c}{A} = \frac{h_c}{e} \tag{5-24}$$

平板闸门的垂直收缩系数可由理论分析求得,并已经试验验证,可按表 5-3 选用。

表 5-3　平板闸门垂直收缩系数 ε

e/H	0.10	0.15	0.20	0.25	0.30	0.35	0.40
ε	0.615	0.618	0.620	0.622	0.625	0.628	0.630
e/H	0.45	0.50	0.55	0.60	0.65	0.70	0.75
ε	0.638	0.645	0.650	0.660	0.675	0.690	0.705

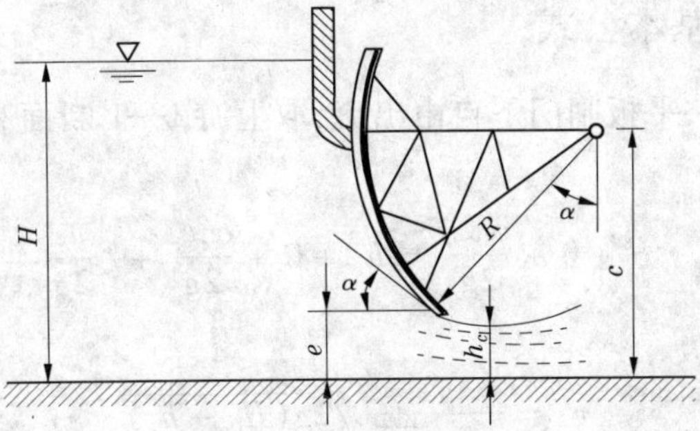

图 5-16

闸底板为平底的弧形闸门的垂直收缩系数 ε 主要取决于闸门底缘切线与水平线的夹角 θ。ε 与 θ 之间的关系可查表 5-4。θ 值可按下式计算:

$$\cos\theta = \frac{c - e}{R}$$

式中　c——弧形闸门的转轴高度;

R——弧形闸门的旋转半径。

表 5-4　弧形闸门的垂直收缩系数 ε

θ	35°	40°	45°	50°	55°	60°	65°	70°	75°	80°	85°	90°
ε	0.789	0.766	0.742	0.720	0.698	0.678	0.622	0.646	0.635	0.627	0.622	0.620

5.4.1.2　曲线型实用堰上闸孔出流的特征

当曲线型实用堰上闸孔泄流时,由于闸前水流是在整个堰前水深范围内向闸孔汇集,因此出孔水流的收缩比平底上的闸孔出流更充分、更完善。但是,出闸后的水舌在重力作用下紧贴堰面下泄,无明显的收缩断面。

曲线型实用堰上的闸孔出流也有自由出流和淹没出流之分(见图 5-17)。实用堰闸和跌水闸,当闸下水位高于闸门底坎,闸下出现淹没式水跃,水跃前端接触闸门底缘,则产生闸孔淹没出流。但一般情况下,实用堰为高堰,闸孔出流多为自由出流,只有为低堰闸孔出流时,才可能产生淹没出流。

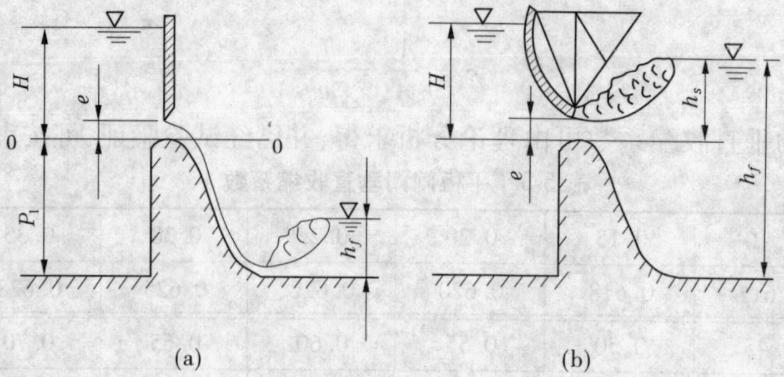

图 5-17

5.4.2 闸孔出流的基本公式

如图 5-14(a) 所示,平板闸门下自由出流,取上游 1—1 断面和闸后收缩断面 c—c 断面,列能量方程,即

$$H + 0 + \frac{\alpha_0 v_0^2}{2g} = h_c + 0 + \frac{\alpha_c v_c^2}{2g} + \zeta \frac{v_c^2}{2g}$$

令 $\alpha_c = 1.0$,整理得

$$v_c = \frac{1}{\sqrt{1+\zeta}} \sqrt{2g(H_0 - h_c)}$$

令 $\varphi = \frac{1}{\sqrt{1+\zeta}}$,称为流速系数,设闸孔的宽度为 b,则收缩断面面积 $A_c = b\varepsilon e$,则通过闸孔的流量为

$$Q = \varphi \varepsilon b e \sqrt{2g(H_0 - h_c)} \tag{5-25}$$

为了便于应用,由 $h_c = \varepsilon e$ 可知,式(5-25)还可以简化为更简单的形式,整理上式得

$$Q = \varphi \varepsilon \sqrt{1 - \varepsilon \frac{e}{H_0}}\, be \sqrt{2gH_0}$$

令 $\mu = \varphi \varepsilon \sqrt{1 - \varepsilon \frac{e}{H_0}}$,称为闸孔出流的流量系数,则得

$$Q = \mu b e \sqrt{2gH_0} \tag{5-26}$$

式(5-25)、式(5-26)即为闸孔自由出流的基本计算公式。式(5-26) 形式简单,更方便使用。

注意:

(1)对于多孔、有边墩或闸墩的闸孔出流,因为侧向收缩相对于垂直收缩程度来说,影响很小,一般情况下不必考虑,但流量公式中的 b 应变为 $B = nb$。n 为闸孔数,b 为单孔宽度。

$$Q = \mu B e \sqrt{2gH_0} \tag{5-27}$$

(2) 对于有坎宽顶堰、实用堰底坎的闸孔出流，上述公式同样适用，主要区别在于出流边界条件发生变化，造成流量系数的不同。

(3) 当闸前水头 H 较大或上游闸底坎高度 P_1 较大而开度 e 较小时，行近流速水头可忽略不计，即可取 $H_0 \approx H$ 代入公式计算。

5.4.3 闸孔出流的流量系数

5.4.3.1 利用推导公式计算 μ

由上述推导过程可知，平底坎上的闸孔出流流量系数的表达式为

$$\mu = \varphi\varepsilon\sqrt{1 - \varepsilon\frac{e}{H_0}} \tag{5-28}$$

式中 ε——垂直收缩系数，查表 5-3、表 5-4。

φ——流速系数，反映了过闸水流的局部水头损失和收缩断面或闸孔断面的流速分布不均匀性的影响。φ 值取决于闸孔入口的边界条件，如闸坎型式、闸门底缘形状和闸门的相对开度 $\frac{e}{H}$ 等因素，目前尚无准确的计算方法，一般可查相应资料中的表格，如表 5-5 所示。

表 5-5 平板闸门的流速系数 φ 值

闸坎型式	水流图形	φ 值
闸孔出流的跌水	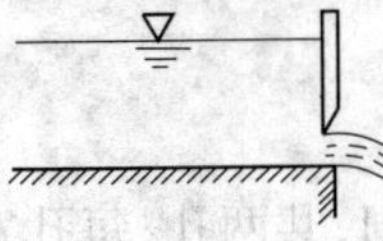	0.97 ~ 1.00
闸下底孔出流	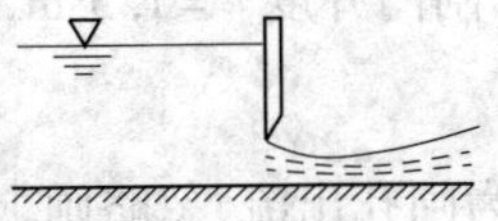	0.95 ~ 1.00
堰顶有闸门的曲线型实用堰流	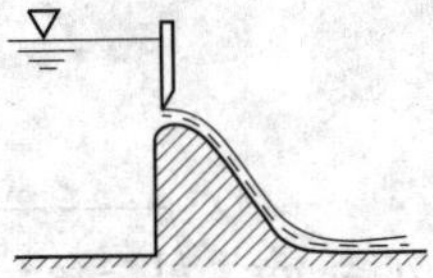	0.80 ~ 0.95
闸底坎高于渠底的闸孔出流	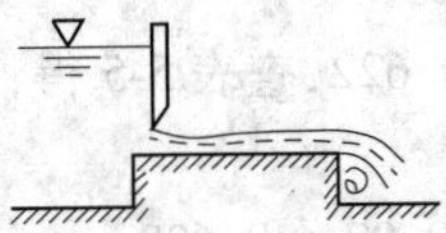	0.85 ~ 0.95

对于曲线型实用堰上的闸孔出流，如果取闸孔断面代替 $c—c$ 断面，类似上述推导可得其流量系数的表达式为

$$\mu = \varphi\sqrt{1 - \beta\frac{e}{H_0}} \tag{5-29}$$

式中，β 为闸孔断面的平均测压管水头与闸孔开度的比值，它也取决于闸孔入口边界条件和闸孔的相对开度$\frac{e}{H}$。

综上所述，闸孔自由出流的流量系数 μ 值取决于闸底坎形式、闸门形式及闸孔相对开度$\frac{e}{H}$的大小。

5.4.3.2　利用经验公式求 μ

经验流量系数应根据不同堰闸形式分别用《水利技术标准汇编》中公式计算。

1）平底平板闸门（下游平坡）

$$\mu = 0.454\left(\frac{e}{H}\right)^{-0.138} \tag{5-30}$$

2）平底弧形闸门（下游平坡）

$$\mu = 1 - 0.0166\theta^{0.723} - (0.582 - 0.0371\theta^{0.547})\frac{e}{H} \tag{5-31}$$

3）曲线型实用堰上平板闸门

$$\mu = 0.530\left(\frac{e}{H}\right)^{-0.120} \tag{5-32}$$

4）曲线型实用堰上弧形闸门

$$\mu = 0.531\left(\frac{e}{H}\right)^{-0.139} \tag{5-33}$$

以上经验公式中$\frac{e}{H} \geqslant 0.03$。

【例 5-3】　某矩形渠道中修建一水闸，共两孔，每孔宽度 $b = 3$ m，闸门为平板闸门，闸底板与渠底齐平，闸前水深 $H = 6$ m，闸门开度 $e = 1.5$ m，求闸孔自由出流时的流量。

解：1. 判别是否为闸孔出流

因为$\frac{e}{H} = \frac{1.5}{6} = 0.25 < 0.65$，故为闸孔出流，忽略闸上游流速水头的影响 $H \approx H_0$。

2. 计算流量系数

（1）利用公式

$$\mu = \varphi\varepsilon\sqrt{1 - \varepsilon\frac{e}{H_0}}$$

由$\frac{e}{H} = 0.25$ 查表 5-3 得 $\varepsilon = 0.622$，查表 5-5 得，流速系数 $\varphi = 0.97$，则流量系数为

$$\mu = \varphi\varepsilon\sqrt{1 - \varepsilon\frac{e}{H_0}} = 0.97 \times 0.622 \times \sqrt{1 - 0.622 \times 0.25} = 0.554$$

（2）用经验公式计算流量系数，即

$$\mu = 0.454\left(\frac{e}{H}\right)^{-0.138} = 0.454 \times 0.25^{-0.138} = 0.55$$

由上述可知，两种计算流量系数的方法所得的值基本相同。

3. 计算流量

$$Q = \mu Be\sqrt{2gH_0} = 0.55 \times 2 \times 3 \times 1.5 \times \sqrt{2 \times 9.8 \times 6} = 53.68\ (m^3/s)$$

【例 5-4】 某水闸底坎与渠底齐平,如图 5-18 所示。闸底板高程为 104.00 m,共 3 孔,每孔宽度 $b = 5$ m,闸前水位 109.00 m,弧形门半径 $R = 7.0$ m,转轴高程为 107.00 m。当闸门开度 $e = 1.0$ m 时,闸下水位较低,不影响出流,不计闸前行近流速,试计算过闸流量。

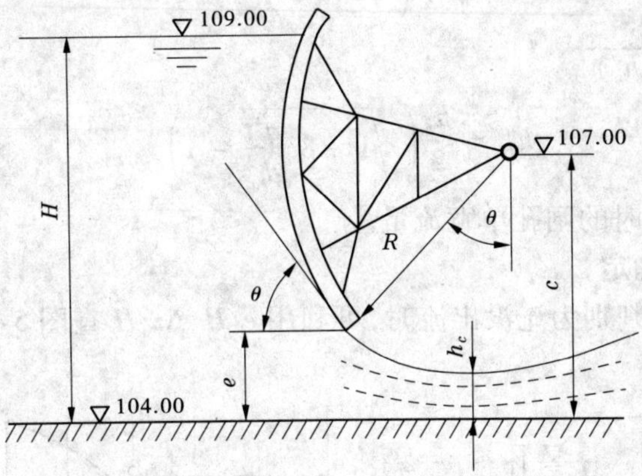

图 5-18

解:因 $H = 109.0 - 104.0 = 5.0$ (m),有 $\frac{e}{H} = \frac{1.0}{5.0} = 0.2 < 0.65$,则为闸孔出流。

由于下游水位不影响泄流,则为自由出流,有

$$\cos\theta = \frac{c - e}{R} = \frac{(107 - 104) - 1}{7} = 0.286$$

$$\theta = 73.38°$$

$$\mu = 1 - 0.0166\theta^{0.723} - (0.582 - 0.0371\theta^{0.547})\frac{e}{H}$$

$$= 1 - 0.0166 \times 73.38^{0.723} - (0.582 - 0.0371 \times 73.38^{0.547}) \times 0.2$$

$$= 0.591$$

则闸孔出流量:

$$Q = \mu Be\sqrt{2gH_0} = 0.519 \times 3 \times 5 \times 1.0 \times \sqrt{2 \times 9.8 \times 5.0} = 87.76\ (m^3/s)$$

5.4.4 闸孔出流的淹没系数

根据工程经验,为了计算方便,考虑淹没对流量的影响,可在自由出流的流量前乘以淹没系数来考虑。淹没出流时的流量计算公式为

$$Q = \sigma_s \mu be\sqrt{2gH_0} \tag{5-34}$$

式中 σ_s——闸孔出流的淹没系数,它反映下游水深对过闸水流的淹没影响程度;

μ——流量系数,淹没出流时,μ 仍为自由出流时的值。

5.4.4.1 闸孔自由出流与淹没出流的判别

对于宽顶堰闸(包括平底闸),闸后为平底时产生淹没出流的机会较多。当闸后产生

淹没式水跃时，即为闸孔淹没出流。

关于闸后水跃形式的判别方法为：

当 $h_t > e$ 时，计算 h''_c。h''_c 为临界式水跃的跃后水深，跃前水深为 h_c。

当 $h_t < h''_c$ 时，产生远离式水跃，闸孔必为自由出流。临界式水跃也为自由出流。

当 $h_t > h''_c$ 时，产生淹没式水跃，为淹没出流。

$$h''_c = \frac{h_c}{2}\left(\sqrt{1 + 8\frac{v_c^2}{gh_c}} - 1\right)$$

式中　$v_c = \varphi\sqrt{2g(H_0 - h_c)}$

或

$$h''_c = \frac{h_c}{2}\left(\sqrt{1 + 8\frac{q^2}{gh_c^3}} - 1\right)$$

式中　q —— 自由出流时的闸孔单宽流量。

5.4.4.2　**淹没系数的确定**

对于平板闸门出流判别为淹没出流时，可利用 e/H、$\Delta z/H$ 查图 5-19 得淹没系数。Δz 为闸上下游水位差。

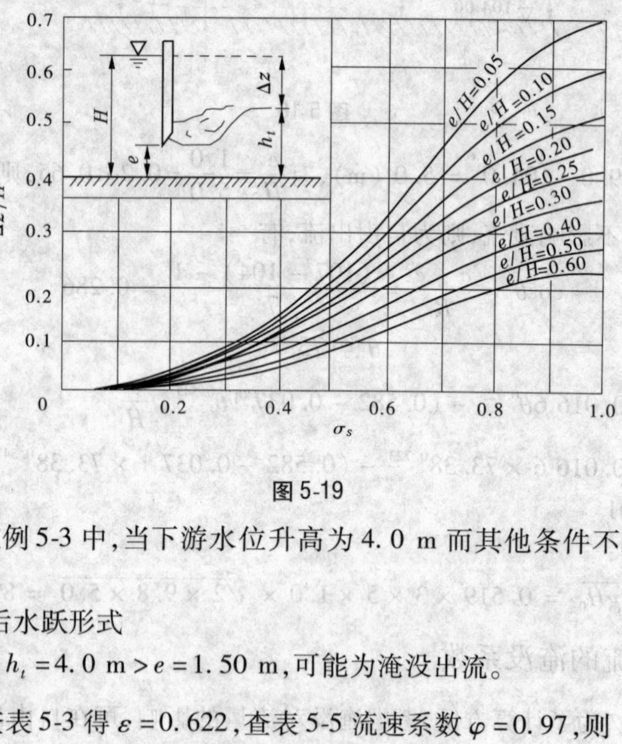

图 5-19

【例 5-5】　在例 5-3 中，当下游水位升高为 4.0 m 而其他条件不变时，求闸孔出流量。

解：1. 判别闸后水跃形式

因闸后的水深 $h_t = 4.0\ \text{m} > e = 1.50\ \text{m}$，可能为淹没出流。

由 $\frac{e}{H} = 0.25$ 查表 5-3 得 $\varepsilon = 0.622$，查表 5-5 流速系数 $\varphi = 0.97$，则

$$h_c = \varepsilon e = 0.622 \times 1.5 = 0.933\ (\text{m})$$

$$v_c = \varphi\sqrt{2g(H_0 - h_c)} = 0.97 \times \sqrt{19.6 \times (6 - 0.933)} = 9.67\ (\text{m/s})$$

$$h''_c = \frac{h_c}{2}\left(\sqrt{1 + 8\frac{v_c^2}{gh_c}} - 1\right) = \frac{0.933}{2}\left(\sqrt{1 + 8 \times \frac{9.67^2}{9.8 \times 0.933}} - 1\right) = 3.78\ (\text{m}) < h_t$$

即下游水深大于临界式水跃的跃后水深，为淹没水跃，则闸孔为淹没出流。

2. 查淹没系数 σ_s

由 $\frac{\Delta z}{H}=\frac{6-4}{6}=0.333$，$\frac{e}{H}=0.25$，查图 5-19 得 $\sigma_s=0.76$。

3. 流量 Q

$$Q=\sigma_s\mu be\sqrt{2gH_0}=0.76\times0.55\times2\times3\times1.5\times\sqrt{2\times9.8\times6}=40.8\ (\mathrm{m^3/s})$$

小　结

本章主要介绍了水利工程中比较常见的孔口、管嘴出流，堰流和闸孔出流。与孔口出流相比较，管嘴出流由于管嘴内水流发生收缩，产生了真空现象，导致过流能力增大。水力计算时，自由出流和淹没出流条件下，流量计算公式中的有效作用水头是不一样的。

堰流与闸孔出流在一定条件下可相互转化。当水流为闸孔出流时，若将闸门开启到一定程度，水流可由闸孔出流变为堰流；相反，若将闸门关闭到一定程度，堰流可转变为闸孔出流。

堰流和闸孔出流的水力计算，应在掌握基本公式的基础上，能根据具体条件，合理地引入各种系数、对基本公式进行修正。

复习题

5-1　何为堰和堰流?

5-2　堰流和闸孔出流有何区别和联系?

5-3　在孔口断面面积和上游水头相等的条件下，为什么管嘴比孔口过流能力大?

5-4　宽顶堰下游产生淹没水跃时，是否一定是淹没出流? 宽顶堰的淹没出流如何判别?

5-5　闸孔出流发生淹没出流时，下游是否一定为淹没水跃?

5-6　堰流流量计算时关键要确定哪些系数? 这些系数各自有哪些影响因素?

5-7　有一薄壁小孔口，直径 $d=20$ mm，水头 $H=2.0$ m，现测得收缩断面的直径 $d_c=18$ mm，在 20 s 内，经孔口流出的水量为 24.5 L，试求孔口的收缩系数 ε、流速系数 φ 和流量系数 μ。

5-8　在一矩形渠槽中，设置一无侧收缩的矩形薄壁堰。已知堰宽 $b=0.5$ m，上、下游堰高相同，$P_1=0.70$ m，下游水深 $h_t=0.6$ m，当堰上水头 $H=0.4$ m 时，试求过堰流量。

5-9　有一无侧收缩的矩形薄壁堰，上游堰高 P_1 为 0.5 m，堰宽为 0.8 m，堰顶水头 H 为 0.6 m，下游水位不影响堰顶出流。求通过堰的流量。

5-10　如图 5-20 所示，一溢流坝为曲线型实用堰，今在坝顶设弧形闸门。已知上游水头 H 为 3 m，闸门孔净宽 b 为 5 m，下游为自由出流，不计行近流速。试求闸孔开度 e 为 0.9 m 时的流量。

5-11　某平底水闸，采用平板闸门。已知水头 H 为 4 m，闸孔宽 b 为 5 m，闸门开度 e

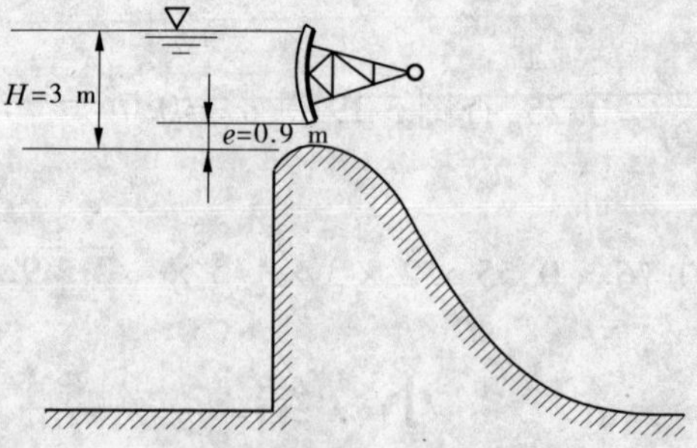

图 5-20

为 1 m,行近流速 v_0 为 1.2 m/s。试求下游为自由出流时的流量。

5-12 如图 5-21 所示,某水利枢纽设平底冲沙闸,用弧形闸门控制流量。闸孔宽 b 为 10 m ,闸门半径 R 为 15 m,门轴高程为 16.0 m,上游水位高程为 18.0 m,闸底板高程为 6.0 m。试计算:闸孔开度 e 为 2 m,下游水位高程为 8.5 m 及 14.0 m 时,通过闸孔的流量(不计行近流速的影响)。

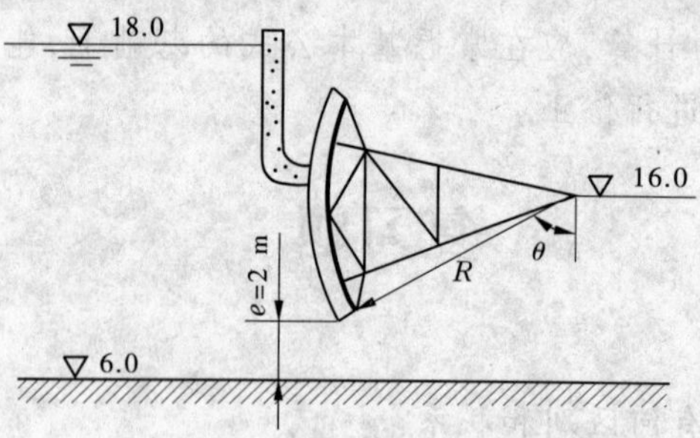

图 5-21

第6章　泄水建筑物下游水流衔接与消能

学习指导

目标

● 掌握实际工程中常采用的水流衔接与消能形式，底流式衔接与消能的水力计算思路及步骤，挑流式消能的水力计算。

● 理解各种水流衔接与消能形式的原理及方法。

重点

理解各种水流衔接与消能形式的原理及方法。

6.1　概　述

为了控制、利用水流，在河、渠中修建了堰、闸、跌坎等泄水建筑物，其泄流宽度一般都小于原河渠宽度，使建筑物上游水位抬高，因此经建筑物下泄的水流，大多具有较大的动能，特别是对于上游为高水头的泄流建筑物来说，下泄水流的流速可达每秒几十米，若不采取有效工程措施消除下泄水流的多余能量，会引起泄水建筑物下游河槽的冲刷，危及建筑物的安全。所以，需在泄水建筑物下游设置消能工程，以消除下泄水流能量，保护建筑物的安全。

目前，实际工程中常采用的水流衔接与消能形式主要有三种。

6.1.1　底流式衔接与消能

水流自闸、坝下泄时，势能逐渐转化为动能，流速增大，水深减小，到达 c—c 断面水深最小，称该断面为收缩断面，其水深以 h_c 表示，h_c 一般都小于临界水深，水流属于急流，而下游河渠中的水深 h_t 常大于临界水深，属于缓流。由急流向缓流过渡，必然要发生水跃，如图6-1(a)所示。底流式衔接与消能就是在建筑物下游修建消力池，如图6-1 (b)、(c)

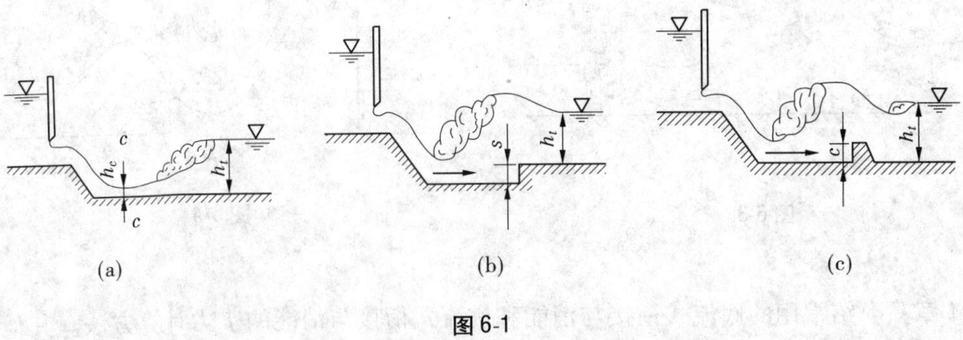

图6-1

所示,控制水跃在消力池内发生,利用水跃消能,消耗大部分下泄水流能量,同时还可以减小急流范围,使水流安全地与下游缓流衔接。在这种衔接与消能过程中,因为水流主流靠近河床底部,因此称这种衔接消能为底流式衔接与消能。底流式衔接与消能多用于中、低水头及下游地质条件较差的泄水建筑物的消能。

6.1.2 挑流式衔接与消能

这种消能方式是利用在泄水建筑物末端修建的反弧坎,将下泄的水流挑离建筑物,使之落入下游较远的河道中,如图 6-2 所示。挑射的水流在空中受到空气阻力,水舌扩散,消耗一部分能量;落入下游水流中后,与下游水体碰撞,产生剧烈的混掺紊动,又消耗大量的能量,从而达到消能的目的。因为是被挑向下游,与下游水流进行衔接,因此称这种衔接与消能为挑流式衔接与消能。挑流式衔接与消能多用于高水头且下游河床地质条件好的泄水建筑物下游的消能。

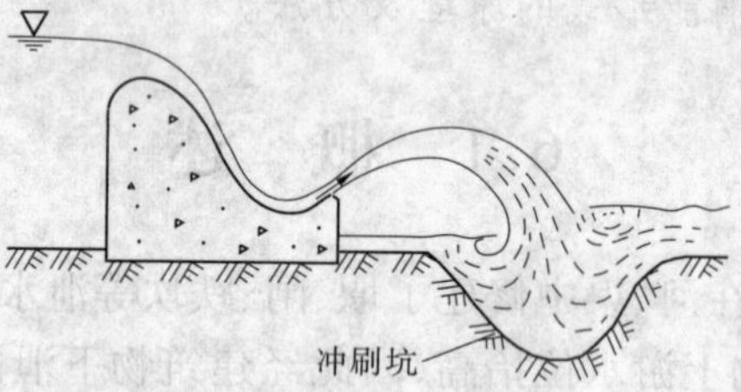

图 6-2

6.1.3 面流式衔接与消能

当下游水深较大且较稳定时,常将建筑物末端做成垂直跌坎,跌坎顶部低于下游水位,如图 6-3 所示。下泄的水流被送到下游水流表层,底部形成巨大的旋滚,然后主流在垂直方向逐渐扩散,并与下游水流衔接。其消能是在底部旋滚和主流扩散的过程中实现的。因为高流速的主流位于表层,故称这种消能衔接型式称为面流式衔接与消能。

除了上述三种基本消能型式,还可以将这三者相互结合起来得到综合式消能措施。图 6-4 所示就是一种底流与面流相结合的型式,称为戽流式衔接与消能。

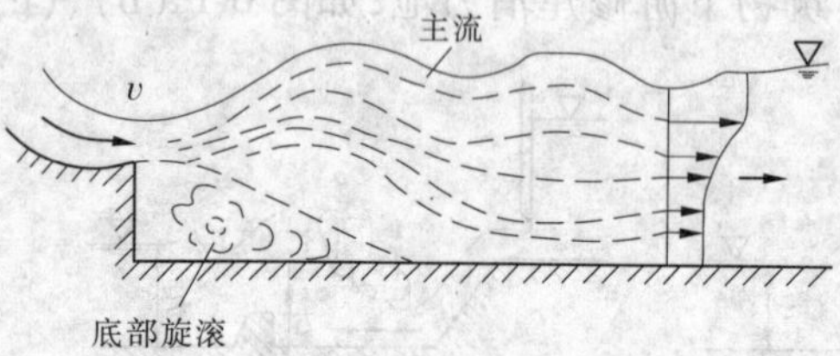

图 6-3

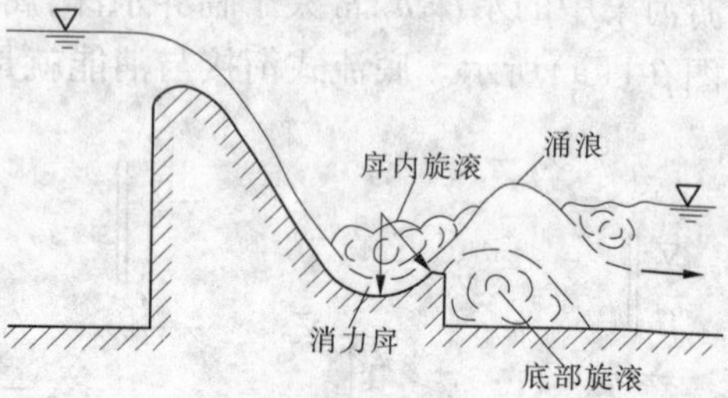

图 6-4

本章只介绍常用的底流式衔接与消能和挑流式衔接与消能的水力计算方法。其他消能方式的水力计算可查阅《水力计算手册》或《水利技术标准汇编》。

6.2 底流式衔接与消能的水力计算

由前述可知，闸、坝等泄水建筑物下泄水流要经过 $c—c$ 收缩断面并且发生水跃，以水跃的形式与下游水流衔接。研究表明，若水跃发生在收缩断面前后的位置不同，则发生不同的水跃衔接形式，而水跃衔接形式决定了是否需要采取消能措施。判断会发生哪一种水跃衔接形式又与收缩断面水深 h_c 有关，所以底流式衔接与消能的水力计算的第一步要求计算收缩断面水深 h_c；第二步由 h_c 计算 h_c''并根据 h_c''与 h_t 的关系判别水跃衔接形式，由水跃衔接形式决定是否需要进行消能；第三步才是进行消能计算。下面按步骤分别叙述。

6.2.1 收缩断面水深 h_c 的计算

以图 6-5 所示的溢流坝为例，建立收缩断面水深计算的基本方程。选通过收缩断面底部的水平面为基准面，对 0—0 断面和 $c—c$ 断面列能量方程，可得下式

$$E_0 = h_c + \frac{Q^2}{2gA_c^2\varphi^2} \tag{6-1}$$

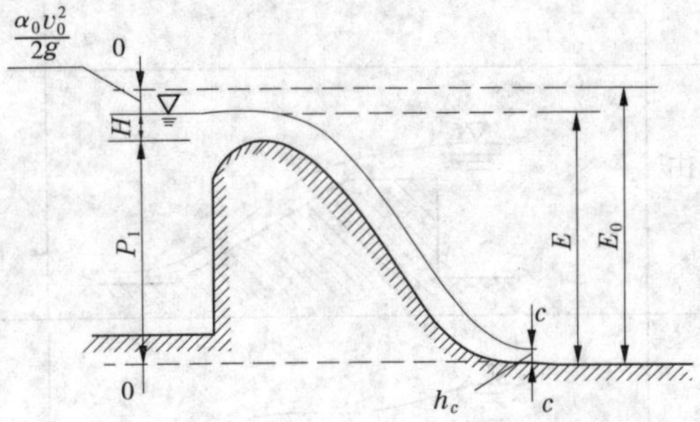

图 6-5

对于矩形断面，有 $A_c = bh_c$，取单宽流量 $q = \frac{Q}{b}$，则

$$E_0 = h_c + \frac{q^2}{2g\varphi^2 h_c^2} \tag{6-2}$$

得

$$h_c = \frac{\frac{q}{\varphi\sqrt{2g}}}{\sqrt{E_0 - h_c}} \tag{6-3}$$

式中 E_0——坝前断面的总水头，$E_0 = P_1 + H_0 = P_1 + H + \frac{\alpha_0 v_0^2}{2g}$；

φ——泄水建筑物的流速系数，$\varphi = \frac{1}{\sqrt{\alpha_c + \zeta}}$，$\varphi$ 值的大小主要取决于建筑物的型式和尺寸，初估可按表 6-1 选用。

表 6-1　泄水建筑物的流速系数 φ 值

建筑物泄流方式	图　形	φ 值
表面光滑的曲线型实用堰平板闸闸孔自由出流	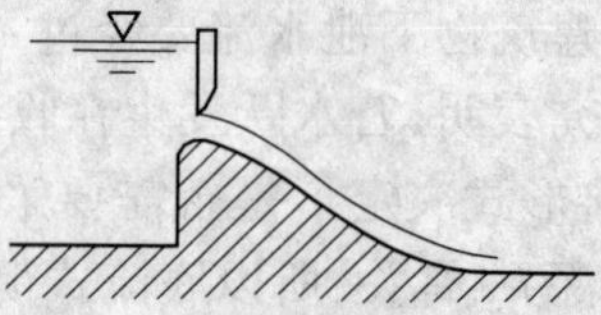	0.85～0.95
表面光滑的曲线型实用堰自由出流： (1)溢流面长度较短； (2)溢流面长度中等； (3)溢流面长度较长	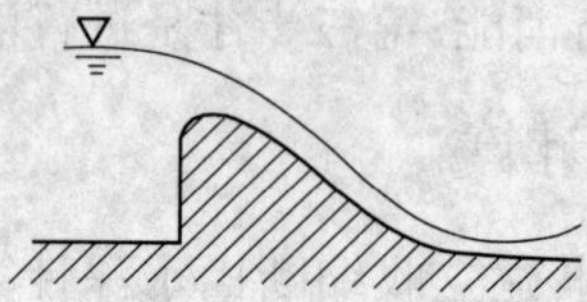	1.00 0.95 0.90
平板闸闸孔自由出流	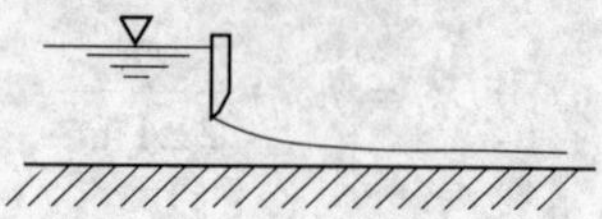	0.97～1.00
折线型断面实用堰自由出流	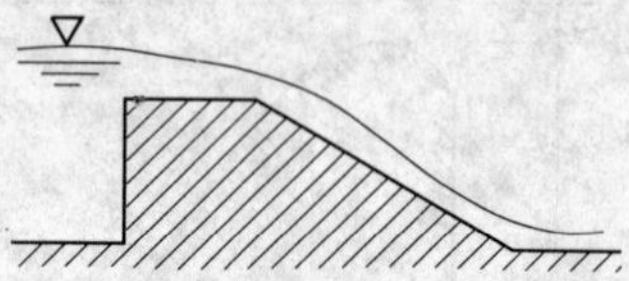	0.80～0.90
宽顶堰自由出流	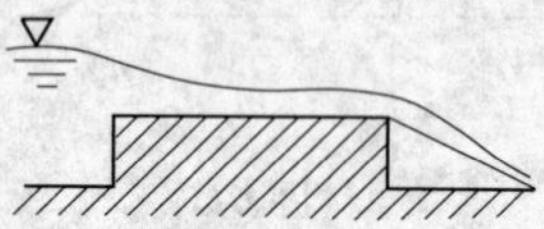	0.85～0.95
无闸门跌水	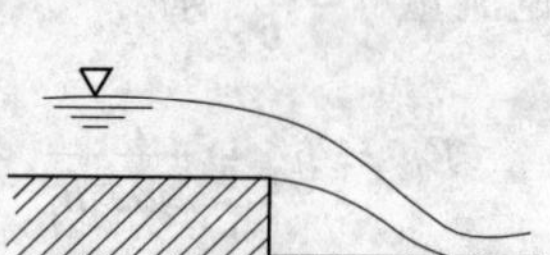	1.00
末端设闸门的跌水	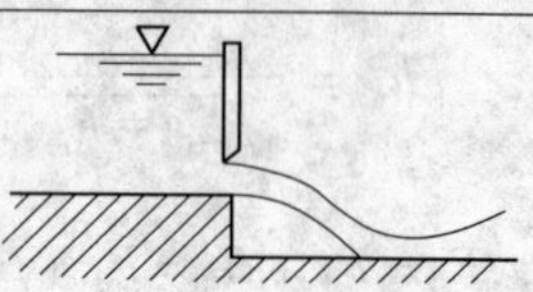	0.97～1.00

式(6-3)是 h_c 的三次方程，不便直接求解，一般采用逐次渐近法或图解法求 h_c。

6.2.1.1　**渐近法**

计算步骤如下：

(1)令 $h_c=0$ 代入式(6-3)的右边计算得 h_{c1}；

(2)将 h_{c1} 仍代入式(6-3)的右边计算得 h_{c2}，比较 h_{c1} 和 h_{c2}，如二者相等，则 h_{c2} 即为所求 h_c。否则，再将 h_{c2} 代入式(6-3)的右边计算得 h_{c3}，再比较，如不满足，再计算，就这样逐次渐近，直至二者近似相等为止。

6.2.1.2 **图解法**

对于矩形断面的 h_c，可借助本书附图1的曲线求解，步骤如下：

(1)根据已知条件计算 h_k($h_k=\sqrt[3]{\dfrac{q^2}{g}}$)和 $\xi_0=\dfrac{E_0}{h_k}$；

(2)据 φ 和 ξ_0 在附图1的关系曲线上求得 $\xi_c=\dfrac{h_c}{h_k}$ 和 $\xi_c''=\dfrac{h_c''}{h_k}$；

(3)解得 $h_c=\xi_c h_k$，$h_c''=\xi_c'' h_k$。

【例6-1】 某水闸单宽流量 $q=12.50\ m^3/(s\cdot m)$，上游水位28.00 m，下游水位24.50 m，渠底高程21.00 m，闸底高程22.00 m，$\varphi=0.95$，如图6-6所示，求闸下游收缩断面水深 h_c。

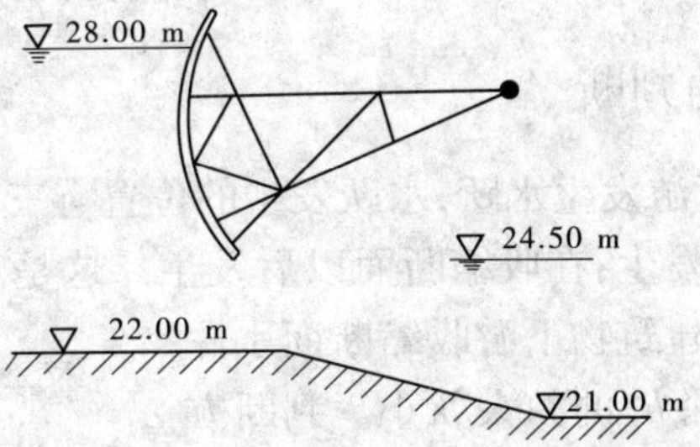

图6-6

解：首先计算 E_0。

下游坝高为

$$P_1=22.00-21.00=1.00(m)$$

由

$$H=28.00-22.00=6.00(m)$$

$$v_0=\frac{q}{H}=\frac{12.50}{6.00}=2.08\ (m/s)$$

则闸前水深为

$$H_0=H+\frac{v_0^2}{2g}=6.00+\frac{2.08^2}{19.6}=6.22\ (m)$$

故

$$E_0=P_1+H_0=1.00+6.22=7.22\ (m)$$

1. 渐进法求 h_c

计算 $$h_c=\frac{q/(\varphi\sqrt{2g})}{\sqrt{E_0-h_c}}=\frac{125/(0.95\sqrt{2\times 9.8})}{\sqrt{E_0-h_c}}=\frac{2.973}{\sqrt{E_0-h_c}}$$

令式中根号内的 $h_c=0$，则：

第一次 $$h_{c1}=\frac{2.972}{\sqrt{7.22-0}}=1.106\ (m)$$

第二次 $h_{c2}=\dfrac{2.972}{\sqrt{7.22-1.106}}=1.202\ (\mathrm{m})$

第三次 $h_{c3}=\dfrac{2.972}{\sqrt{7.22-1.202}}=1.211\ (\mathrm{m})$

第四次 $h_{c4}=\dfrac{2.972}{\sqrt{7.22-1.211}}=1.212\ (\mathrm{m})$

因 h_{c4} 与 h_{c3} 相接近,故取 $h_c=1.212$ m。

2. 图解法求 h_c

临界水深(对于矩形断面)为

$$h_k=\sqrt[3]{\frac{q^2}{g}}=\sqrt[3]{\frac{12.5^2}{9.8}}=2.52\ (\mathrm{m})$$

由

$$\xi_0=\frac{E_0}{h_k}=\frac{7.22}{2.52}=2.87$$

根据 $\xi_0=2.87$ 和 $\varphi=0.95$ 查附图1,得 $\xi_c=0.477$。

则

$$h_c=\xi_c h_k=0.477\times 2.52=1.202(\mathrm{m})$$

6.2.2 水跃衔接形式的判断

闸、坝等泄水建筑物下游发生水跃,水跃发生的位置有三种情况:正好在收缩断面处开始发生;在收缩断面以前发生;在收缩断面以后发生。这是三种不同的水跃形式,会发生何种形式的水跃,取决于建筑物下游收缩断面水深 h_c 的共轭水深 h''_c 与下游水深 h_t 的孰大孰小。判断方法是:先以 $h_c=h'$(即以收缩断面水深作为跃前水深),将 h_c 代入水跃方程求得跃后水深 h''_c,然后将求得的 h''_c 与下游水深 h_t 比较,可出现 $h_t=h''_c$、$h_t<h''_c$、$h_t>h''_0$ 三种情况,由此可判断出发生何种水跃。

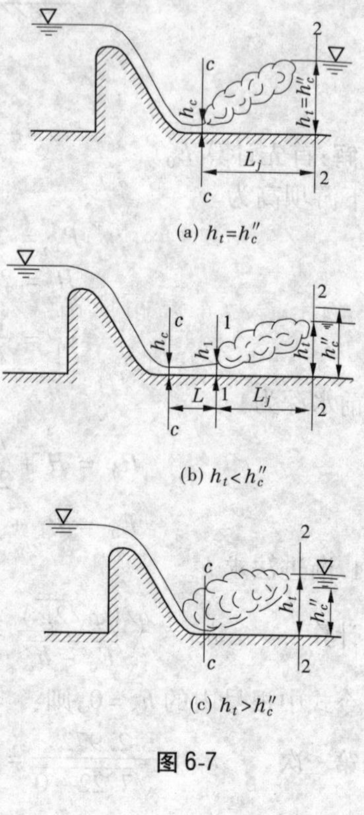

(a) $h_t=h''_c$

(b) $h_t<h''_c$

(c) $h_t>h''_c$

图 6-7

(1)$h_t=h''_c$。表明此时下游水深 h_t 正好等于收缩断面水深 h_c 所对应的跃后水深 h''_c,水跃恰好在收缩断面处开始发生,这种水跃被称为临界式水跃,这种水流衔接称为临界式水跃衔接,如图6-7(a)所示。

(2)$h_t<h''_c$。这时下游水深 h_t 小于与收缩断面水深 h_c 相对应的共轭水深 h''_c。下游水深 h_t 即为实际跃后水深,由水跃函数曲线可知,较小的跃后水深要求较大的跃前水深与之相对应,因而 h' 应大于 h_c,所以应从收缩断面后,水深增大到正好等于 h_t 的共轭水深 h' 时开始发生水跃,这种水跃被称为远离式水跃,这种衔接称为远离式水跃衔接,如图6-7(b)所示。

(3)$h_t>h''_c$。这种情况与上一种情况正好相反。水跃被水深较大的下游水流向上推移,收缩断面被淹没，因而这种水跃被称为淹没式水跃，这种衔接为淹没式水跃衔接，如图6-7(c)所示。

令$\sigma=\frac{h_t}{h_c''}$，称σ为水跃的淹没系数。它表示水跃的淹没程度。

理论和实验研究表明，临界式水跃的水流能量损失最大，其消能效果最好。但临界式水跃不稳定，当流量稍有增大或下游水深稍有减小时，很容易转变为远离式水跃，而远离式水跃其消能效果较差。而且从收缩断面到跃前断面为急流，流速较大，对河床的冲刷能力很强，不利于建筑物的安全。对于淹没式水跃，当淹没系数$\sigma>1.2$时，消能率降低，但当淹没系数$\sigma=1.05\sim1.10$时，淹没式水跃的消能效果接近临界式水跃，而且不易变为远离式水跃。

综上所述，远离式水跃衔接形式最为不利，工程中应避免出现；临界式水跃衔接形式不稳定，很容易转变为远离式水跃衔接，也应避免出现；所以选取淹没系数$\sigma=1.05\sim1.10$的稍有淹没程度的淹没式水跃衔接形式为最好。因此，当建筑物下游水流的自然衔接形式经判断为远离式水跃或临界式水跃衔接时，需要设置消能工（消能工程），即要进行相应的消能水力计算，避免出现这两种水流衔接形式。设置底流式消能工的目的就是迫使建筑物下游发生淹没系数$\sigma=1.05\sim1.10$的稍有淹没程度的淹没式水跃，使水流成为稍有淹没程度的淹没式水跃衔接。

【例6-2】 按例6-1题意，判断闸下游水流衔接形式。

解：将$h_c=1.212$ m代入水跃方程，得

$$h_c''=\frac{h_c}{2}\left(\sqrt{1+\frac{8q^2}{gh_c^3}}-1\right)=\frac{1.212}{2}\times\left(\sqrt{1+\frac{8\times12.5^2}{9.8\times1.212}}-1\right)=5.64\ (\text{m})$$

$$h_t=24.50-21.00=3.5\ (\text{m})$$

则$h_t<h_c''$，因此闸下游发生远离式水跃，需设置底流式消能工。

6.2.3 消力池的水力计算

如果判定泄水建筑物下游发生临界式或远离式水跃，则需增加下游水深，迫使其能发生淹没系数$\sigma=1.05\sim1.10$的淹没式水跃，但没有必要增加整个河道的水深，只需在靠近建筑物下游较短的距离内建一消力池（即水池），使池内水深增大到能够产生$\sigma=1.05\sim1.10$的淹没式水跃即可，底流式消能就是利用上述建消力池的方法，使池内恰好产生所需淹没式水跃达到消能的目的。消力池的水力计算就是求消力池的池深和池长。由于池内水流湍急，池底需进行强化加固，这种加固结构称为护坦。

实际工程中常见的消力池有三种：

(1)挖深式消力池（又称消力池）。主要适用于河床易开挖且造价又比较经济的情况，在泄水建筑物下游原河床下挖形成所需消力池，使池内产生所需水跃（见图6-8(a)）。

(2)坎式消力池（又称消力坎）。当河床不易开挖或开挖太深，造价不经济时，可在原河床上修建一道坎（墙），使坎前形成消力池，壅高池内水深，使池内产生所需水跃（见图6-8(b)）。

(3)综合式消力池。当单纯开挖，开挖量太大；单纯建坎，坎又太高，不经济，且坎后易形成远离式水跃，冲刷河床时，可二者兼用。这种既降低护坦高程，又修建消力坎的消

力池称为综合式消力池，见图 6-8（c）。

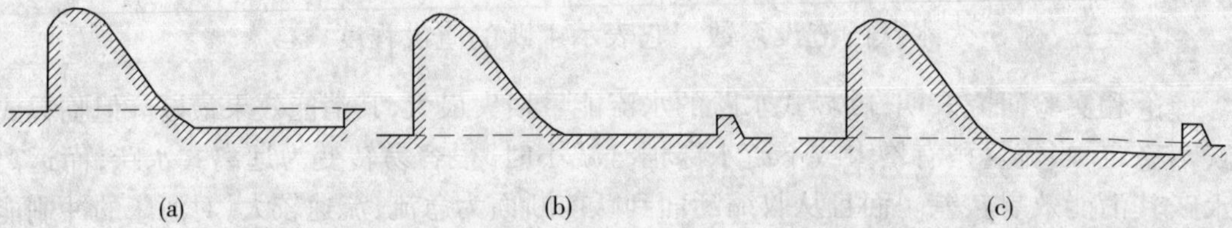

图 6-8

本节只讨论矩形断面的挖深式消力池和坎式消力池的水力计算。消力池的水力计算主要包括池深（或坎高）及池长的计算。

6.2.3.1 挖深式消力池的水力计算

1）消力池池深 S 的确定

将下游河床下挖一深度 S 后，形成消力池，池内水流现象如图 6-9 所示。出池水流由于垂向收缩，过水断面减小，动能增加，形成一水面跌落 Δz，其出池水流可视为宽顶堰流，由图 6-9 中可得池末水深 h_T。

$$h_T = S + h_t + \Delta z \tag{6-4}$$

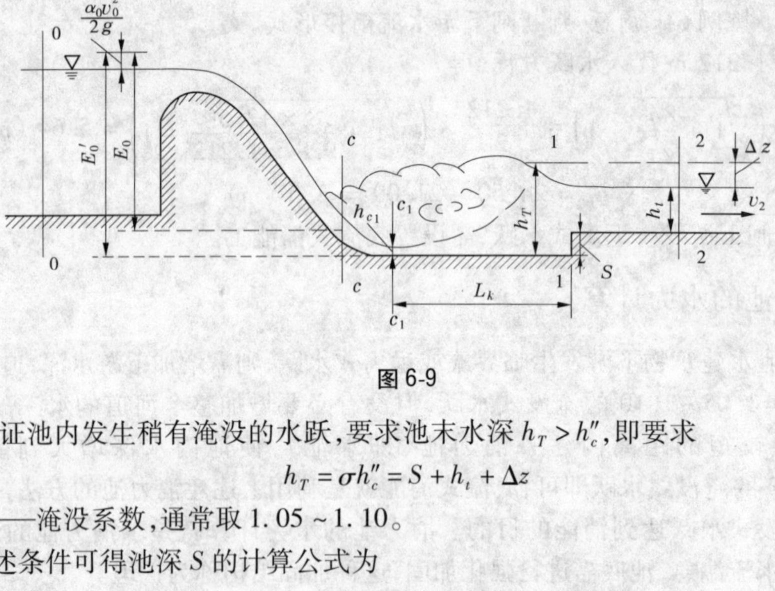

图 6-9

为保证池内发生稍有淹没的水跃，要求池末水深 $h_T > h_c''$，即要求

$$h_T = \sigma h_c'' = S + h_t + \Delta z$$

式中　σ——淹没系数，通常取 1.05～1.10。

由上述条件可得池深 S 的计算公式为

$$S = \sigma h_c'' - (h_t + \Delta z) \tag{6-5}$$

水面跌落 Δz 的计算公式，可通过对消力池出口 1—1 断面及下游 2—2 断面列能量方程（以通过 2—2 断面底部的水平面为基准面），推得

$$\Delta z = \frac{q^2}{2g}\left[\frac{1}{(\varphi' h_t)^2} - \frac{1}{(\sigma h_c'')^2}\right] \tag{6-6}$$

式中　φ'——消力池出口的流速系数，一般取 0.95 。

应当注意的是，应用式（6-5）和式（6-6）求解池深 S 时，式中的 h_c'' 应是护坦降低以后的收缩断面水深 h_c 对应的跃后水深。而护坦高程降低 S 值后，E_0 增至 $E_0 = E_0 + S$，收缩断

面位置下移。据式(6-3)可知，h_c 值必然发生改变，与其对应的 h''_c 值也随之改变。显然，S 与 h''_c 之间是一复杂的隐函数关系，所以求解 S 一般采用试算法。

求解 S 的试算步骤为：

(1)估算池深 S。初估时可用略去 Δz 的近似式

$$S = \sigma h''_c - h_t \tag{6-7}$$

式中 σ——取 1.05；

h''_c——近似用建池前 h''_c 代替建池后 h''_c，仅供估算用。

(2)计算建池后的 h_c 和 h''_c。

$$h_c = \frac{\dfrac{q}{\varphi\sqrt{2g}}}{\sqrt{E'_0 - h_c}} \quad E'_0 = E_0 + S \tag{6-8}$$

$$h''_c = \frac{h_c}{2}\left(\sqrt{1 + \frac{8q^2}{gh_c^3}} - 1\right) \tag{6-8'}$$

(3)计算 Δz(建池后 h''_c)。

$$\Delta z = \frac{q^2}{2g}\left[\frac{1}{(\varphi' h_t)^2} - \frac{1}{(\sigma h''_c)^2}\right]$$

(4)计算 σ(建池后 h''_c)。

$$\sigma = \frac{S + h_t + \Delta z}{h''_c} \tag{6-9}$$

若 σ 在 1.05 ~ 1.10 的范围内，则消力池深度 S 满足要求，否则调整 S，重复步骤(2) ~ (4)，直到满足要求为止。

2)消力池长度 L_k 的计算(适用消力池、消力坎)

消力池除需具有足够的深度，还需具有足够的长度，以保证水跃不冲出池外，而对下游河床产生不利影响。试验表明，池内淹没水跃因受池末端竖立壁坎产生的反向力作用，由池内收缩断面算起的水跃长度 L'_j 比平底渠道中产生的自由水跃长度 L_j 短 20% ~30%，则

$$L'_j = (0.7 \sim 0.8)L_j$$

当泄水建筑物为曲线型实用堰时，消力池长度 L_k 等于池内水跃长度 L'_j，即

$$L_k = L'_j = (0.7 \sim 0.8)L_j \tag{6-10}$$

式中 L_j——平底渠中自由水跃长度，$L_j = 6.9(h''_c - h_c)$(h''_c 和 h_c 为建池后跃后水深和跃前水深)。

当泄水建筑物为跌坎或宽顶堰时，消力池长度还应考虑跌坎或宽顶堰到收缩断面间的距离，具体计算请参阅《水力计算手册》或其他有关水力学书籍。

3)消力池的设计流量 Q_s、Q_L

上述消力池池深、池长的计算是在固定某一流量情况下进行的，而建好后的消力池要通过一定范围内的各种流量，那么用哪一个流量来计算池深和池长，才能使全部流量变化范围内都能保证在池内发生稍有淹没的淹没式水跃呢？显然，应考虑最不利的情况，即要选取具有最大池深和最大池长的流量作为消力池的设计流量(Q_s 为池深设计流量；Q_L 为

池长设计流量)。

由简化公式(6-7)可知,$\sigma h_c'' - h_t$ 的值最大时池深 S 最大,因此 $\sigma h_c'' - h_t$ 的值最大时所对应的流量就是设计流量,所以只要在包含 Q_{max}、Q_{min} 在内的流量变化范围内选取几个 Q 值,算出相应的 h_c''、h_t,绘出 Q 与 $\sigma h_c'' - h_t$ 的关系曲线,从曲线上选取最大的 $\sigma h_c'' - h_t$ 对应的流量,即为消力池池深的设计流量 Q_s。实践表明,池深的设计流量一般比 Q_{max} 小。

需要注意的是,池长的设计流量不等于池深的设计流量,即 $Q_L \neq Q_s$。一般情况下,水跃长度随流量的增大而增大,因此池长的设计流量 Q_L 就是建筑物所通过的最大流量 Q_{max}。

综上所述,给出底流式衔接与消能水力计算的思路步骤:

(1)求建池前的 h_c(应用式(6-3));

(2)求建池前的 h_c'',判断水跃衔接形式(应用式(4-35));

(3)经判别为临界式或远离式水跃时拟建消力池:

① 求池深 S(依次应用式(6-7)、式(6-8)、式(6-8′)、式(6-6)、式(6-9));

② 求池长 L_k(应用式(6-10))。

【例 6-3】 已知条件同例 6-1、例 6-2,拟在闸下游建一挖深式消力池,求消力池尺寸(出池水流流速系数 $\varphi' = 0.95$)。

解:1. 确定池深 S

(1)估算池深 S。

$$S = \sigma h_c'' - h_t = 1.05 \times 4.56 - 3.50 = 1.288 \ (\text{m})$$

(2)计算建池后的 h_c''。

$$E_0' = E_0 + S = 7.22 + 1.288 = 8.508 \ (\text{m})$$

将 E_0'、q、φ 代入 $h_c = \dfrac{\dfrac{q}{\varphi \sqrt{2g}}}{\sqrt{E_0' - h_c}}$,经试算求得 $h_c = 1.091$ m,则

$$h_c'' = \frac{h_c}{2}\left(\sqrt{1 + \frac{8q^2}{gh_c^3}} - 1\right) = \frac{1.091}{2} \times \left(\sqrt{1 + \frac{8 \times 12.5^2}{9.8 \times 1.091^3}} - 1\right) = 4.89 \ (\text{m})$$

(3)计算 Δz。

$$\Delta z = \frac{q^2}{2g}\left[\frac{1}{(\varphi' h_t)^2} - \frac{1}{(\sigma h_c'')^2}\right] = \frac{12.5^2}{2 \times 9.8} \times \left[\frac{1}{(0.95 \times 3.5)^2} - \frac{1}{(1.05 \times 4.89)^2}\right] = 0.419 \ (\text{m})$$

(4)计算 σ。

$$\sigma = \frac{S + h_t + \Delta z}{h_c''} = \frac{1.288 + 3.5 + 0.419}{4.89} = 1.065$$

σ 在 1.05~1.10 范围内,所以池深满足要求,为方便施工,池深取 $S = 1.3$ m。

2. 确定池长

$$L_j = 6.9(h_c'' - h_c) = 6.9 \times (4.89 - 1.091) = 26.21 \ (\text{m})$$

$$L_k = (0.7 \sim 0.8) L_j = 0.7 \times 26.21 \sim 0.8 \times 26.21 = 18.35 \sim 20.97 \ (\text{m})$$

取池长 $L_k = 20$ m。

6.2.3.2 坎式消力池的水力计算

1)坎高 C 的计算

当河床不易开挖或开挖不经济时,可在护坦末端修筑消力坎,壅高坎前水位形成消力池,以保证在建筑物下游产生稍有淹没的水跃。池内水流现象如图 6-10 所示,坎式消力池池内水流现象与挖深式消力池基本相同,但出池水流是折线型实用堰流。

同理,为保证池内产生稍有淹没的水跃,坎前水深应为

$$h_T = \sigma h_c''$$

由图 6-10 可知

$$h_T = C + H_1$$

式中 C——坎高;

H_1——坎顶水头。

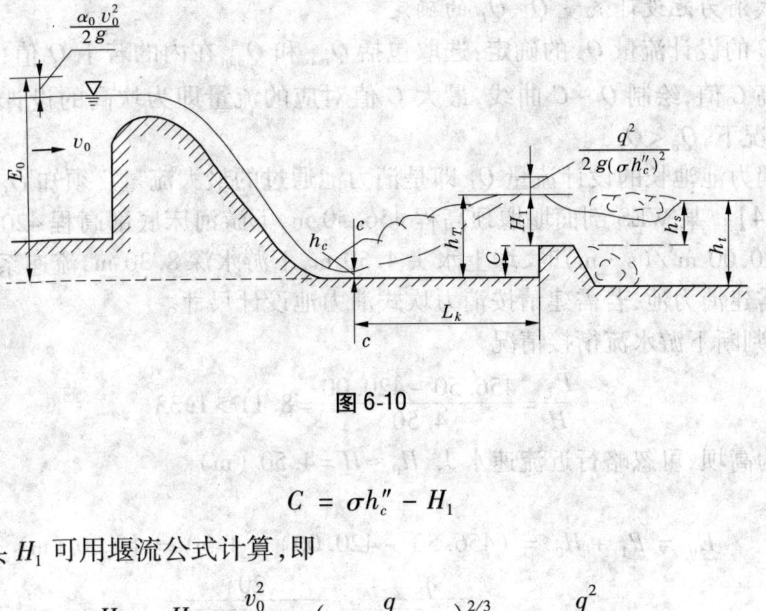

图 6-10

则坎高

$$C = \sigma h_c'' - H_1 \tag{6-11}$$

坎顶水头 H_1 可用堰流公式计算,即

$$H_1 = H_{10} - \frac{v_0^2}{2g} = \left(\frac{q}{\sigma_s m_1 \sqrt{2g}}\right)^{2/3} - \frac{q^2}{2g(\sigma h_c'')^2} \tag{6-12}$$

则

$$C = \sigma h_c'' + \frac{q^2}{2g(\sigma h_c'')^2} - \left(\frac{q}{\sigma_s m_1 \sqrt{2g}}\right)^{2/3} \tag{6-13}$$

式中 m_1——折线型实用堰的流量系数,一般取 $m_1 = 0.42$;

σ_s——消力坎淹没系数,其大小与下游水深和坎高有关,$\sigma_s = f\left(\frac{h_t - C}{H_{10}}\right) = f\left(\frac{h_s}{H_{10}}\right)$。

试验表明:当$\frac{h_s}{H_{10}} \leqslant 0.45$ 时,出池水流为堰流自由出流,$\sigma_s = 1$;当$\frac{h_s}{H_{10}} > 0.45$ 时,出池水流为堰流淹没出流,σ_s 值可根据相对淹没度$\frac{h_s}{H_{10}}$查表 6-2 确定。

表 6-2 消力坎的淹没系数 σ_s 值

h_s/H_{10}	≤0.45	0.50	0.55	0.60	0.65	0.70	0.72	0.74	0.76	0.78
σ_s	1.000	0.990	0.985	0.975	0.960	0.940	0.930	0.915	0.900	0.885
h_s/H_{10}	0.80	0.82	0.84	0.86	0.88	0.90	0.92	0.95	1.00	
σ_s	0.865	0.845	0.815	0.785	0.750	0.710	0.651	0.535	0	

应当指出的是，如果消力坎出池水流为自由出流，则应校核坎后的水流衔接情况，如坎后为临界式或远离式水跃衔接时，必须设置第二道消力坎或采取其他消能措施。消力坎的流速系数一般取 0.90 ~ 0.95。

2) 坎式消力池池长 L_k 的计算

方法同挖深式消力池。

3) 坎式消力池设计流量 Q_c、Q_L 的确定

坎高 C 的设计流量 Q_c 的确定：选取包括 Q_{max} 和 Q_{min} 在内的若干 Q 值，分别计算出其相应的坎高 C 值，绘制 $Q \sim C$ 曲线，最大 C 值对应的流量即为坎高的设计流量。实践证明，一般情况下，$Q_c < Q_{max}$。

坎式消力池池长的设计流量 Q_L 即是消力池通过的最大流量。须知 $Q_L \neq Q_c$。

【例 6-4】 某 WES 剖面堰堰顶高程 456.50 m，下游河床底部高程 420.00 m，泄流单宽流量为 20.00 $m^3/(s \cdot m)$ 时，堰上水头 4.50 m，下游水深 8.30 m，流速系数 $\varphi = 0.9$，试判断是否需建消力池，若需建请按消力坎式消力池设计尺寸。

解：1. 判断下游水流衔接情况

因为
$$\frac{P_1}{H} = \frac{456.50 - 420.00}{4.50} = 8.11 > 1.33$$

所以为高坝，可忽略行近流速水头，$H_0 \approx H = 4.50$ (m)。

$$E_0 = P_1 + H_0 = (456.50 - 420.00) + 4.50 = 41.00\ (\text{m})$$

$$h_c = \frac{\dfrac{q}{\varphi\sqrt{2g}}}{\sqrt{E_0 - h_c}} = \frac{\dfrac{20}{0.9\sqrt{19.6}}}{\sqrt{41.00 - h_c}}$$

经试算得 $h_c = 0.79$ m。

$$h_c'' = \frac{h_c}{2}\left(\sqrt{1 + \frac{8q^2}{gh_c^3}} - 1\right) = \frac{0.79}{2} \times \left(\sqrt{1 + \frac{8 \times 20^2}{9.8 \times 0.79^3}} - 1\right)$$
$$= 9.78\ (\text{m}) > h_t = 8.30\ \text{m}$$

故下游发生远离式水跃，需建消力池。

2. 确定消力坎式消力池尺寸

(1) 坎高计算：

$$C = \sigma h_c'' + \frac{q^2}{2g(\sigma h_c'')^2} - H_{10}$$

$$H_{10} = (\frac{q}{\sigma_s m_1 \sqrt{2g}})^{2/3}$$

设消力坎为自由出流，$\sigma_s = 1$，取 $m_1 = 0.42$，则

$$H_{10} = \left(\frac{20}{0.42\sqrt{2 \times 9.8}}\right)^{2/3} = 4.87\ (\text{m})$$

$$C_1 = 1.05 \times 9.78 + \frac{20^2}{2 \times 9.8 \times (1.05 \times 9.78)^2} - 4.87 = 5.59\ (\text{m})$$

$$h_s = h_t - C_1 = 8.30 - 5.59 = 2.71\ (\text{m})$$

$$\frac{h_s}{H_{10}} = \frac{2.71}{4.87} = 0.556 > 0.45$$

所以，消力坎为淹没出流，$\sigma_s < 1$，采用逐次渐近法重算坎高。

据 $\frac{h_s}{H_{10}} = 0.551$，查表 6-2 得 $\sigma_s = 0.984$，则

$$H_{10} = \left(\frac{20}{0.984 \times 0.42\sqrt{2 \times 9.8}}\right)^{2/3} = 4.92\ (\text{m})$$

$$C_2 = 1.05 \times 9.78 + \frac{20^2}{2 \times 9.8 \times (1.05 \times 9.78)^2} - 4.92 = 5.54\ (\text{m})$$

$$h_s = h_t - C_2 = 8.30 - 5.54 = 2.76\ (\text{m})$$

据 $\frac{h_s}{H_{10}} = 2.76/4.92 = 0.561$，查表 6-2 得 $\sigma_s = 0.983$，则

$$H_{10} = \left(\frac{20}{0.983 \times 0.42\sqrt{2 \times 9.8}}\right)^{2/3} = 4.93\ (\text{m})$$

$$C_3 = 1.05 \times 9.78 + \frac{20^2}{2 \times 9.8 \times (1.05 \times 9.78)^2} - 4.93 = 5.53\ (\text{m})$$

因 C_3 与 C_2 很接近，故取 $C = 5.53$ m，实际坎高可取为 5.50 m。

(2)池长计算：

$L_j = 6.9(h_c'' - h_c) = 6.9 \times (9.78 - 0.79) = 62.03\ (\text{m})$

$L_k = (0.7 \sim 0.8)L_j = 0.7 \times 62.03 \sim 0.8 \times 62.03 = 43.42 \sim 49.62\ (\text{m})$

取池长为 46 m。

6.2.3.3 辅助消能工

为提高消能效果，可在消力池中设置辅助消能工，如趾墩、消力墩、池末齿坎等，如图 6-11 所示。

1)趾墩

趾墩又称分流墩，常布置在消力池入口处。它的作用是发散入池水股，加剧消力池中水流的紊动混掺作用，提高消能效率。对于单独加设的趾墩，可以增大收缩断面水深 h_c，使共轭水深 h_c'' 减小，因此可以减小消力池的深度 S。

2)消力墩

消力墩常布置在消力池内的护坦上。它的作用除了分散水流、形成更多旋涡以提高消能效果，还有迎拒水流、对水流产生反冲击力的作用。根据动量方程分析可知，消力墩

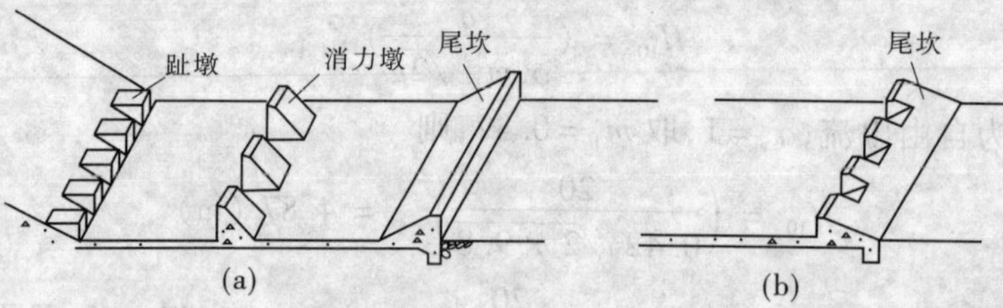

图 6-11

对水流的反冲击力将降低水跃的共轭水深,从而可以减小消力池的池深 S。

3)尾坎

尾坎的作用是将池末流速较大的底部水流挑起,改变下游的流速分布,使面层流速较大,底部流速较小,从而减轻出池水流对池后河床或海漫的冲刷作用。

辅助消能工的水力计算可查阅有关水力计算手册。

4)护坦下游的河床加固

由于出消力池水流紊动仍很剧烈,底部流速较大,故对河床仍有较强的冲刷能力。所以,在消力池后,除岩质较好,足以抵抗冲刷外,一般都要设置较为简易的河床保护段,这段保护段称为海漫。海漫不是依靠旋滚来消能的,而是通过加糙、加固过流边界,促使流速加速衰减,并改变流速分布,使海漫末端的流速沿水深的分布接近天然河床,以减小水流的冲刷能力,保护河床。因此,海漫通常用粗石料或表面凹凸不平的混凝土块铺砌而成,如图 6-12 所示。海漫长度一般采用经验公式估算。

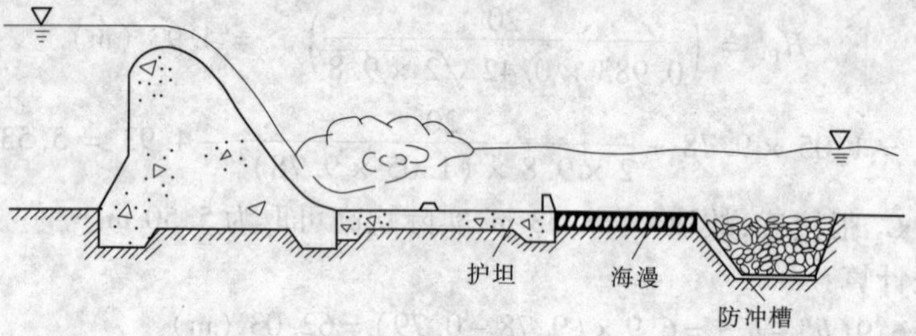

图 6-12

海漫下游水流仍具有一定的冲刷能力,会在海漫末端形成冲刷坑。为保护海漫基础的稳定,海漫后一般应设置比冲刷坑略深的齿槽或防冲槽 。具体设计可参阅有关书籍。

6.3 挑流消能的水力计算

通过中、高水头泄水建筑物下泄的水流,动能往往很大。当下游水深较小时,如采用底流式消能,常需很大的池深及池长,并且需要很强的护坦,工程费用较大,如采用面流式消能,下游水深又不能满足形成面流所需要的下游水深较大且较稳定的要求,因此可以采用挑流消能。

经挑流鼻坎将水流挑入空中后形成水舌,并降落在远离建筑物的下游,形成冲刷坑,只要冲刷坑与建筑物的距离足够长，建筑物可保安全，挑流消能的原理及过程简述如下：

一是空中消能。水舌在空中受空气阻力，逐渐扩散，与空气接触面积加大并掺入空气，空气阻力加大，水舌内摩擦碰撞加剧，消耗小部分水流能量。

二是水下消能。水舌入水后，冲刷河床，形成冲刷坑，坑深加大，形成较厚的水垫，对水舌起缓冲、消能作用，同时水舌入水后在其前后形成两个旋滚，旋滚紊动强烈，消耗了大部分水流能量。

挑流消能的优点是工程费用比底流消能节省很多，且构造简单，节约下游护砌，所以应用广泛；缺点是水舌扩散、掺气、造成下游大量雾气，且尾水波动大。

挑流消能水力计算的主要任务是：选定适宜的挑坎型式、尺寸，计算下泄水流的挑射距离（挑距）和冲刷坑深度，并校核是否影响建筑物的安全。

6.3.1 挑距 L 的计算

挑距是指挑坎末端至冲刷坑最深点间的水平距离。

计算挑距的目的是为了确定冲刷坑最深点的位置。试验和原型观测表明，冲刷坑最深点大体位于水舌轴线在水中的延长线上，如图6-13所示，挑距 L 由空中挑距 L_0 和水下挑距 L_1 组成，即

$$L = L_0 + L_1 \tag{6-14}$$

6.3.1.1 空中挑距 L_0 的计算

空中挑距 L_0 是指挑坎末端至水舌轴线与下游水面交点间的水平距离。对平滑的连续式挑坎（见图6-13），假定挑坎出口1—1断面上流速均匀分布，且为 u_1。略去空气阻力和水舌扩散的影响，把抛射水流的运动视为自由抛射体的运动，应用质点自由抛射运动原理可导出空中挑距 L_0 的计算公式

$$L_0 = \varphi^2 S_1 \sin 2\theta \left[1 + \sqrt{1 + \frac{(a - h_t)}{\varphi^2 S_1 \sin^2\theta}}\right] \tag{6-15}$$

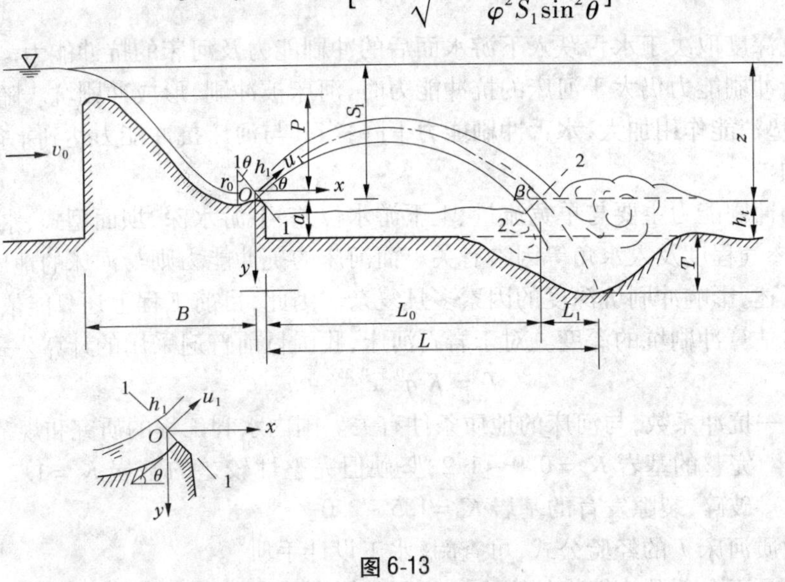

图6-13

式中 S_1——上游水面至挑坎顶部的高差；

a——挑坎高度，即下游河床至挑坎顶部的高差；

θ——鼻坎挑射角；

h_t——冲刷坑后下游水深；

φ——坝面流速系数，$\varphi=\sqrt[3]{1-\frac{0.055}{k^{0.5}}}$（长江流域规化办公室 1973 年提出的经验公式），其中 k 为流能比，有

$$k=\frac{q}{\sqrt{g}S_1^{1.5}} \tag{6-16}$$

式中，q 为单宽流量。式(6-16)用于 $k=0.004\sim0.15$，当 $k>0.15$ 时，取 $\varphi=0.95$。

6.3.1.2 水下挑距 L_1 的计算

水下挑距指水舌轴线与下游水面交点至冲刷坑最深点间的水平距离。水舌射入下游水面后，属于射流的潜没扩散运动，与质点的自由抛射运动不同。可以近似认为，水舌落入下游水面后仍沿入水角方向直线前进，并假设冲坑最深点位于该直线上，则

$$L_1=\frac{T+h_t}{\tan\beta} \tag{6-17}$$

式中 T——冲刷坑深度；

h_t——冲刷坑下游水深；

β——水舌入水角，可按下式近似计算

$$\cos\beta=\sqrt{\frac{\varphi^2S_1}{\varphi^2S_1+z-S_1}}\cos\theta \tag{6-18}$$

式中 z——上、下游水位差。

6.3.2 冲刷坑深度 T 的估算

冲刷坑深度取决于水舌跌入下游水面后的冲刷能力及河床的抗冲能力。当潜入下游河底的水舌冲刷能力仍大于河床的抗冲能力时，河床被冲刷，形成冲刷坑。随着坑深的增加，坑内水垫消能作用加大，水舌冲刷能力下降，当其与河床抗冲能力达到平衡时，冲坑深度不再增加。

水舌的冲刷能力主要与单宽流量、上下游水位差、下游水深、坝面型式、水流在空中的能量损失、掺气程度及入水角等因素有关。而河床的抗冲能力则与河床的地质条件有关。

综上所述，影响冲刷坑深度的因素多且复杂。因此，目前工程上还只能依靠一些经验公式来粗略估算冲刷坑的深度。对于岩石河床，我国目前普遍采用的计算公式为

$$T=K_sq^{0.5}z^{0.25}-h_t \tag{6-19}$$

式中 K_s——抗冲系数，与河床的地质条件有关。国内水利工程的研究和规范提出：坚硬完整的基岩 $K_s=0.9\sim1.2$；坚硬但完整性较差的基岩 $K_s=1.2\sim1.5$；软弱破碎、裂隙发育的基岩 $K_s=1.5\sim2.0$。

其他地质河床 T 的经验公式，可查阅《水工设计手册》。

冲刷坑是否会危及建筑物的安全，一般用冲刷坑后坡 i 来判断，$i=T/L$（T 为冲刷坑

深度，L 为挑距），一般认为冲刷坑最深点与挑坎末端之间的距离 L 大于 2.5～5 倍冲刷坑深度时，将不影响建筑物的安全，即允许的冲刷坑最大后坡 $i_c = 1/2.5 \sim 1/5$。

6.3.3 连续式挑坎尺寸的拟定

6.3.3.1 挑坎型式

常用的挑坎型式有连续式和差动式两种，如图 6-14 所示。连续式挑坝沿整个挑坎宽度上具有同一反弧半径 R 和挑射角 θ。其优点是施工简便，不易气蚀，比相同条件下的差动式挑坎挑射距离远；缺点是水舌比较集中，冲刷坑较深。

差动式挑坎是将挑坎做成齿状，使通过挑坎的水流分成上、下两层，优点是使水舌在垂直方向有较大扩散，增强消能效果，下游形成的冲刷坑深度较小；缺点是流速较高时，差动坎处易产生气蚀。目前多采用连续式挑坝。除上述两种挑坎外，工程中还有一些异型挑坎，如窄缝挑坎、扭曲挑坎、高低挑坎等，可查阅《水工设计手册》，但目前应用较多的是连续式挑坎。

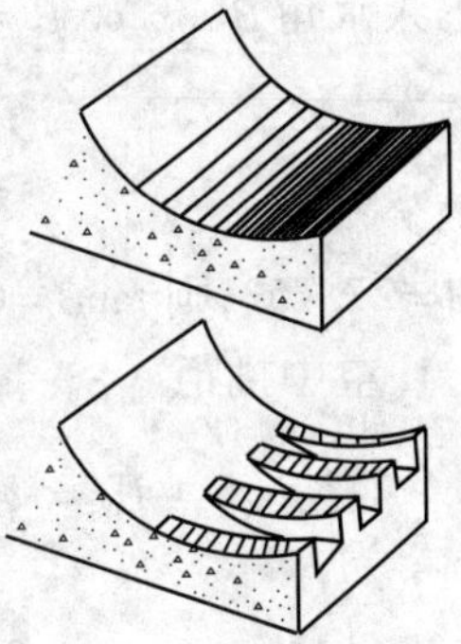

图 6-14

6.3.3.2 挑坎尺寸拟定

挑坎尺寸拟定的原则是使同样水力条件下得到的挑距最大，冲刷坑深度较浅。下面简单介绍连续式挑坎的尺寸选择。

1）挑射角 θ

根据质点抛射运动原理，当挑射角 $\theta < 45°$时，θ 值愈大，空中挑距 L_0 愈大，但入水角 β 也相应增大，水下挑距 L_1 减小，冲刷坑深度增加，而总挑距基本不变。此外，随着挑射角的增大，开始形成挑流的流量，即所谓起挑流量也增大。当下泄流量小于起挑流量时，水流挑射不出去，必在反弧段内形成旋滚，然后沿挑坎漫溢而下，冲刷坝址，危及建筑物的安全。所以，挑射角不宜选得过大。实践证明，较适当的挑射角 $\theta = 15° \sim 30°$。

2）反弧半径 r_0

水流在挑坎反弧段内运动时产生的离心力，将使反弧段内压强加大，r_0 愈小，离心力愈大，挑坎内水流的压能增大，动能减小，挑距也减小，因此为保证有较远的挑距，r_0 至少应大于反弧最低点水深 h_c 的四倍，一般设计时多采用 $r_0 = (4 \sim 10)h_c$。

3）挑坎高程

挑坎高程愈低，出口流速愈大，挑距愈远，同时减小混凝土方量、降低工程造价，但为了保证水舌下缘与坝址附近的下游水面间有足够的空间，避免因水舌运动使该空间空气被带走后得不到补充，形成真空，压低水舌，减小挑距，甚至形成贴流冲刷坝址，故在设计中一般取挑坎最低高程等于或略高于最高下游水位。

事实上，挑射角、反弧半径、挑坎高程三者是彼此相关的，应统一考虑，选择最优组合。

【例 6-5】 承例 6-4 的水力条件，溢流坝下游改为挑流消能，鼻坎高程为 429.50 m，挑射角采用 25°，下游河床基岩软弱破碎、裂隙发育。试计算水舌挑距及冲刷坑深度，并判断冲刷坑是否危及建筑物的安全。

解：基本数据计算：

$$S_1 = (456.50 + 4.50) - 429.50 = 461.00 - 429.50 = 31.50\ (\text{m})$$

$z = 461.00 - (420.00 + 8.30) = 461.00 - 428.30 = 32.70$ (m)

$a = 429.50 - 420.00 = 9.50$ (m)

$\sin 25° = 0.4226 \quad \sin(2 \times 25°) = 0.766 \quad \cos 25° = 0.9063$

流能比 $k = \dfrac{q}{\sqrt{g} S_1^{1.5}} = \dfrac{20}{\sqrt{9.8} \times 31.50^{1.5}} = 0.036$

流速系数 $\varphi = \sqrt[3]{1 - \dfrac{0.055}{k^{0.5}}} = \sqrt[3]{1 - \dfrac{0.055}{0.036^{0.5}}} = 0.892$

入水角 β

$$\cos\beta = \sqrt{\frac{\varphi^2 S_1}{\varphi^2 S_1 + z - S_1}}\cos\theta$$

$$= \sqrt{\frac{0.892^2 \times 31.50}{0.892^2 \times 31.50 + 32.70 - 31.50}} \times 0.9063 = 0.885$$

故 $\beta = 27.75°$,则 $\tan\beta = 0.5261$。

1. 空中挑距

$$L_0 = \varphi^2 S_1 \sin 2\theta \left[1 + \sqrt{1 + \frac{(a - h_t)}{\varphi^2 S_1 \sin^2\theta}}\right]$$

$$= 0.892^2 \times 31.50 \times 0.766 \times \left[1 + \sqrt{1 + \frac{(9.50 - 8.30)}{0.892^2 \times 31.50 \times 0.4226^2}}\right]$$

$$= 40.82 \text{ (m)}$$

2. 冲刷坑深度

因基岩软弱破碎、裂隙发育,故取 $K_s = 1.6$,则

$$T = K_s q^{0.5} z^{0.25} - h_t = 1.60 \times 20.00^{0.5} \times 32.70^{0.25} - 8.30 = 8.81 \text{ (m)}$$

3. 水下挑距

$$L_1 = \frac{T + h_t}{\tan\beta} = \frac{8.81 + 8.30}{0.5261} = 32.52 \text{ (m)}$$

4. 总挑距

$$L = L_0 + L_1 = 40.81 + 32.52 = 73.33 \text{ (m)}$$

冲刷坑后坡 $i = \dfrac{T}{L} = \dfrac{8.81}{73.33} = 0.12 < i_c = \dfrac{1}{5} = 0.2$

故不会危及建筑物的安全。

小 结

本章主要介绍了常见的水流衔接和消能形式,底流式衔接与消能的水力计算及挑流式衔接与消能的水力计算。

实际工程中常见的水流衔接和消能形式有底流式、挑流式和面流式。

底流式衔接与消能的水力计算的思路及步骤是先进行泄水建筑物下游水跃衔接形式的判别,从而确定是否需要修建消能孔,进而进一步进行消能设计。

挑流式衔接与消能的水力计算包括挑距计算,冲刷坑深度估算法等。

复习题

6-1　自闸、坝下泄的水流有何特点，对建筑物有什么影响？

6-2　工程中常见的水流衔接和消能措施有哪些，其消能原理是什么，如何防止冲刷破坏的发生？

6-3　底流式消能要求泄水建筑物下游的水流衔接形式是什么，如不满足可采取哪些工程措施？

6-4　计算 h_c 的目的是什么？简介常用的计算方法。

6-5　底流式消能工的作用是什么？

6-6　挑流消能的水力计算包含哪些内容？连续式挑坎的挑射角、反弧半径、挑坎高程选择应考虑哪些因素？

6-7　某矩形单孔引水闸，闸门宽等于河底宽，闸前水深 $H=8$ m，闸门开度 $e=2.5$ m 时，下泄单宽流量 $q=12$ $m^3/(s \cdot m)$，下游水深 $h_t=3.5$ m，闸下出流的流速系数 $\varphi=0.97$。要求判明下游水流的衔接情况。如需消能，请设计消力池池深、池长。

6-8　在矩形河槽中筑一曲线型溢流坝，下游坝高 $P_1=12.5$ m，流量系数 $m=0.502$，侧收缩系数 $\varepsilon=0.95$，溢流时坝上水头 $H=3.5$ m，下游水深 $h_t=5$ m，坝的流速系数 $\varphi=0.95$，试判别是否需建消力池，如需要请按消力坎式设计消力池尺寸。

6-9　某溢流坝下游采用挑流消能，其挑射角 $\theta=25°$，鼻坎高程 $Z_{鼻坎}=678$ m，鼻坎处溢流宽度 $B=40$ m，下游河床高程 $Z_{河底}=675$ m，当通过设计流量 $Q_{设}=800$ m^3/s 时，对应的上游水位 $Z_{上}=714.4$ m，堰顶水头 $H=4.4$ m，下游水位 $Z_{下}=677$ m，下游河床基岩坚硬，但完整性较差。试计算水舌挑距，估算冲刷坑深度，并校核建筑物是否安全。

第 7 章　水文循环

学习指导

目标

了解水文循环概念，理解其循环机制；掌握流域的特征及其特征值(F,L,J)；理解蒸发和入渗的变化规律，熟悉下渗能力曲线；掌握流域平均降水量的计算方法；掌握径流的形成过程、度量单位以及水量平衡原理及其方程。

重点

流域平均降水量的计算；径流的形成过程、度量单位；水量平衡原理及其方程。

7.1　水文循环

地球上的水主要受太阳辐射和地心引力的两种作用而不停地运动，其表现形式可概括为四大类型，即降水、蒸发、渗流和径流，统称为水文现象。降水的形式有雨、雪、霜、露、霰、雹等，凡空气中水汽以任何方式冷凝并降落在地表的都属降水。蒸发则是地表向空中逸散水分，这种使水上升成为水汽的途径有截留蒸发、地面蒸发、叶面散发、水面蒸发和海洋蒸发等五种。所谓截留蒸发是指那些并未落到地面而被植物截留了的降水重新蒸发的现象；所谓叶面散发是指从植物叶孔中逸出水汽的现象，有时也称为蒸腾。渗流是水从地表渗到地内，以及在地内流动的现象，可分为两步：下渗或入渗是指地表水经过土壤表面进入土壤的过程；渗透是指水分在土壤内的运动。径流分为地面径流和地下径流两种：地面径流是水在地面上流动的现象，包括坡地漫流和河槽流动两个过程；地下径流是水在地下含水层内流动的现象。

地球上的水在太阳热能的作用下，不断蒸发而成水汽，上升到高空，随大气运动而散布到各处。这种水汽如遇适当条件与环境，则凝结成降水下落到地面。到达地面的雨水，除部分为植物截留并蒸发外，一部分沿地面流动成为地面径流，一部分渗入地下沿含水层流动成为地下径流，最后它们之中的大部分都流归大海。然后，又重新蒸发，继续凝结形成降水，运转流动，往复不停。自然界的这种水分循环过程，称为水文循环，其示意可见图 7-1。

根据水文循环过程的整体性和局部性，可把水文循环分为大循环与小循环两类。由海洋蒸发的水汽降到大陆后又流归海洋的循环，称为大循环；海洋蒸发的水汽凝结后成为降水又直接降落在海洋上或者陆地上的降水在没有流归海洋之前，又蒸发到空中去的这些局部循环，称为小循环。陆地上小循环之所以重要，在于地方性蒸发所产生的水汽，既增加了当地大气中的水汽含量，又改变了大气的物理状态，因此创造了降水的有利条件，直接影响到人类的经济活动。

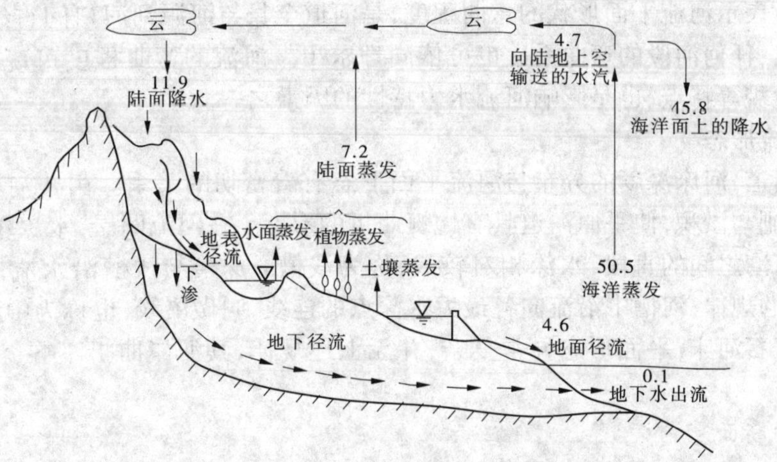

图 7-1　水文循环　（单位：$\times 10^5$ 亿 m^3）

7.2　径　流

径流是水文循环中一个重要的环节。降水落到地面，除下渗、蒸发等损失外，其余水流都以径流的形式注入河流，因此河流是水文循环的一条主要路径。在地球上的各种水体中，河流的水面面积和水量都最小，但它和人类的关系却最为密切。

河中水流以其所具有的能量，冲刷河床，搬运泥沙，改变着河谷的面貌。河流流经地区的地理特征也影响着径流的形成与变化，使流经不同自然地理环境的河流具有不同的特性，因而使它们之间的水文现象也存在着差异。了解河流特性，在于掌握河流特征与径流等水文现象之间的关系，使水文分析与计算更能符合河流的实际情况。

7.2.1　河流

7.2.1.1　水系

将汇集的水流注入海洋或内陆湖泊的河流叫做干流。甲河注入乙河，则甲河是乙河的支流。支流可分成许多级：直接汇入干流的河流叫干流的一级支流，如汉江是长江的一级支流，渭河是黄河的一级支流；直接汇入一级支流的河流叫干流的二级支流，如丹江和唐白河流入汉江，它们就是长江的二级支流；直接汇入二级支流的叫干流的三级支流，其余的可依次类推。河流的干流及其全部支流构成脉络相通的河流系统，称为河系或水系。

水系通常用干流的名称来称呼，如长江水系、黄河水系等。但在研究某一支流或某一地区的问题时，也可用该地区水系的名称来称呼它，如湘江水系、洞庭湖水系等。

从河源到河口的距离称为河长。河长是确定河流落差、比降和能量的基本参数。测定河长，要在精确的地形图上画出河道中泓线，用两脚规逐段量测。所用地图的比例尺愈大，测得的结果就愈接近于真实的河长，因为河流的弯曲程度和两脚规的开距都影响量测的结果。一般在 1∶50 000 及 1∶100 000 的地形图上量取河长时，两脚规的开距常采用 1～2 mm。

弯曲系数表示河流平面形状的弯曲程度，是河道全长与河源到河口间直线距离之比；根据这个定义，任何河段的弯曲系数也可依同理求出。河流的弯曲程度可说明河流流经地区的地质地貌等特点，也是影响河流水力特性的因素之一。

7.2.1.2 河流形态

在平原河道，河床深度的分布与河流平面形态有着密切的关系。由于河中环流的作用、泥沙的冲刷与淤积，使平原河道具有蜿蜒曲折的形态。在河流凹岸，水深较大，称为深槽。两反向河湾之间的直段，水深相对较浅，称为浅槽。深槽与浅槽沿水流流向交替出现，具有一定的规律；河槽中沿流向各最大水深点的连线，叫做溪线，也称为中泓线。山区河流一般为岩石河床，平面形态异常复杂，并无上述规律，其河岸曲折不齐，深度变化剧烈。

1）河流的断面

（1）河流的纵断面。一般是指沿河流中泓线的断面。用高程测量法测出该线上若干河底地形变化点的高程，以河长为横坐标，河底高程为纵坐标，可绘出河槽的纵断面图，其为推算水流特性和估计水能蕴藏量的主要依据。

（2）河流的横断面。一般是指与水流方向相垂直的断面。两边以河岸、下面以河底为界的称为河槽横断面，包括水位线在内的横断面则称为过水断面。根据横断面形状又可分为单式及复式两种。枯水期水流通过的部分称为基本河槽，也叫枯水河槽或主槽；只有在洪水期才为洪水泛滥淹没的部分称为洪水河槽或叫河漫滩。河流横断面是计算流量的重要依据。

河流的纵、横断面由于与水流的相互作用，都是随着时间变化的。纵断面的下游一般多因泥沙淤积而不断增高，上游则被冲刷加深。横断面则经常处于冲淤交替的过程中。河流断面的发展变化主要决定于河槽所在的地理位置和地质构造、河槽组成物质和水流情况等条件。

河流的纵比降也称坡度，任意河段首尾两端的高程差与其长度之比就是该河段的纵比降。

2）横向环流

一般河流的横断面上还存在有水面横比降。产生的原因有二：一为地球自转所产的主偏转力（或称柯里奥利斯力）；二为河流弯道离心力，河流横比降的存在，使水流在向下游运动的过程中，在水体内产生一种横向水流，它与河轴垂直，表层横向水流与底层横向水流的方向恰恰相反，在过水断面上它们的投影将构成一个封闭的环流。实际上，横向环流与纵向水流结合起来成为江河中常见的螺旋流。这种螺旋流使平原河道的凹岸受到冲刷，形成深槽；使凸岸受到淤积，形成浅滩，直接影响着水源取水口位置的选择。

3）河流分段

按照河段不同特性，一条发育完整的河流可以划分为河源、上游、中游、下游和河口几个部分。河流开始具有地面水流的地方称为河源。冰川、泉水、沼泽和湖泊往往是河流的源头。因此，所谓河源不只一点一线，而是呈扇面状。上游是直接连接着河源而奔流于深山峡谷中的一段河流，落差大，水流急，冲刷强烈，常有急滩与瀑布，两岸陡峻，为峡谷地形。中游为上游以下的一段河流，其纵比降逐渐缓和，河床冲淤接近平衡状态，两岸受河流的侵蚀而逐渐开阔，水量增加，两岸为U形河谷地形。下游是河流的最下一段，位于冲积平原之上，坡度缓，水流慢，泥沙淤积，沙洲众多，河曲连绵不断，断面复杂。河口是河流的终点，是河流注入海洋、湖泊或其他河流的地方。消失在沙漠之中的河流则没有河口。由于河口处的水流断面突然扩大，水流速度骤减，河水挟带的泥沙就大量沉积在这里，往往形成沙洲或河口三角洲。

7.2.2 分水线及流域

当地形向两侧倾斜使雨水分别汇集到两条不同的河流中去，这一地形上的脊线起着分水的作用，是相邻两流域的界线，称为分水线或分水岭。例如，降落在秦岭以南的雨水流入长江，而降落在秦岭以北的雨水则流入黄河，所以秦岭便是长江与黄河的分水岭。对较小的流域，其间虽无山岭，但有地形上的脊线，也构成分水线。求出的流域面积应与其出口断面一一对应。因此，河流的流域面积根据需要可以计算到河流的某一取水口、水文站或支流汇入处。

有些流域因水文地质条件的关系，地面分水线与地下分水线并不完全重合，因此地面集水区和地下集水区也不相重合，此时会发生两个相邻流域的水量交换。对于一般大、中流域，因地面和地下集水区不一致而产生的两相邻流域的水量交换量比流域总水量小得多，常可忽略不计。因此，可用地面集水区代表流域。但是，对于小流域，或者流域内有岩溶的石灰岩地区，有时交换水量占流域总水量的比重相当大，把地面集水区看做流域会造成很大的误差。这就必须通过地质和水文地质调查及枯水调查、泉水调查等来确定地面集水区及地下集水区的范围，估算相邻流域水量交换的大小。

7.2.3 河川径流及其表示方法

河川径流是指下落到地面上的降水，由地面和地下汇流到河槽并沿河槽流动的水流的统称。河川径流量一般是指河流出口断面的流量或某一时段内的河水总量。此出口断面常指水文站或取水构筑物所在的断面。其中来自地面部分的称为地面径流；来自地下部分的称为地下径流，也叫地下水；水流中挟带的泥沙则称为固体径流。

7.2.3.1 径流的形成过程

降雨径流是指雨水降落到流域表面上，经过流域的蓄、渗等过程分别从地表和地下汇集到河网，最终流出流域出口的水流。从降雨开始到径流流出流域出口断面的整个物理过程称为径流的形成过程，如图7-2所示。

降雨径流的形成过程，是一个极其复杂的物理过程。但人们为了研究方便，通常将其概括为产流和汇流两个过程。

1）产流过程

降雨开始时，除了很少一部分降落在河流水面直接形成径流外，其他大部分则降落到流域坡面上的各种植物枝叶表面，首先要被植物的枝叶吸附一部分，成为植物截留量，在雨后被蒸发掉。降雨满足植物截留量后便落到地面上称为落地雨，开始下渗充填土壤孔隙，随着表层土壤含水量的增加，土壤的下渗能力也逐渐减小，当降雨强度超过土壤的下渗能力时，地面就开始积水，并沿坡面流动，在流动过程中有一部分水量要流到低洼的地

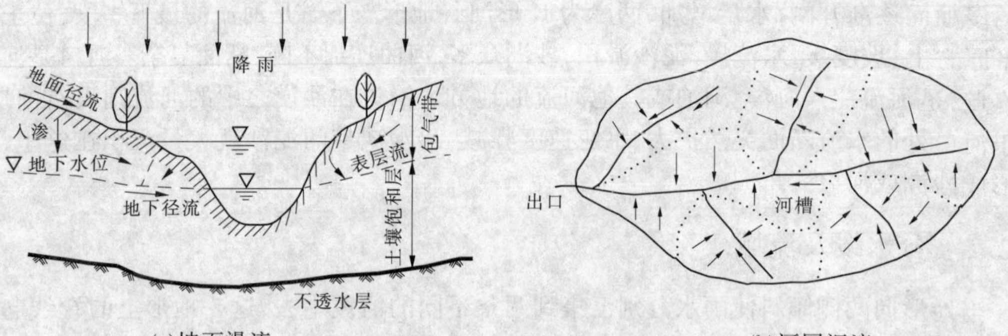

(a)坡面漫流　　　　　　　　　　(b)河网汇流

图7-2　径流形成过程示意图

方并滞留其中，称为填洼量。还有一部分将以坡面漫流的形式流入河槽形成径流，称为地面径流。下渗到土壤中的雨水，按照下渗规律由上往下不断深入。通常由于流域土壤上层比较疏松，下渗能力强，下层结构紧密，下渗能力弱，这样便在表层土壤孔隙中形成一定的水流，沿孔隙流动，最后注入河槽，这部分径流称为壤中流(或表层流)。壤中流在流动过程中是极不稳定的，往往和地面径流穿插流动，难以区分开来，故在实际水文分析中常把它归入地面径流。若降雨延续时间较长，继续下渗的雨水经过整个包气带土层，渗透到地下水库当中，经过地下水库的调蓄缓缓渗入河槽，形成浅层地下径流。另外，在流出流域出口断面的径流当中，还有与本次降雨关系不大、来源于流域深层地下水的径流，它比浅层地下径流更小、更稳定，通常称为基流。

综上所述，由一次降雨形成的河川径流包括地面径流、壤中流和浅层地下径流三部分，总称为径流量，也称产流量。降雨量与径流量之差称为损失量。它主要包括储存于土壤空隙中间的下渗量、植物截留量、填洼量和雨期蒸散发量等。可见，流域的产流过程就是降雨扣除损失，产生各种径流成分的过程。

流域特征不同，其产流机制也不同。干旱地区植被差，包气带厚，表层土壤渗水性弱，流域的降雨强度和下渗能力的相对变化支配着超渗雨的形成，一旦有超渗雨形成便产生地面径流，它是次雨洪的主要径流成分，而壤中流和浅层地下径流就比较少，这种产流方式称为超渗产流。对于气候湿润、植被良好、流域包气带透水性强的地区，通常降雨强度很难超过下渗能力，其产流量大小主要取决于流域的前期包气带的蓄水量，与雨强关系不大。如果降雨入渗的水量超过流域的缺水量，流域“蓄满”，开始产流，不仅形成地面径流、壤中流，而且也形成一定量的浅层地下径流，这种产流方式称为蓄满产流。超渗产流和蓄满产流是两种基本的产流方式，二者在一定的条件下可以相互转换。

2)汇流过程

降雨产生的径流，由流域坡面汇入河网，又通过河网由支流到干流，从上游到下游，最后全部流出流域出口断面，称为流域的汇流阶段。因为流域面积是由坡面和河网构成的，所以流域汇流又可分为坡面汇流和河网汇流两个小过程。坡面汇流是指降雨产生的各种径流由坡地表面、饱和土壤孔隙及地下水库分别注入河网，引起河槽中水量增大、水位上涨的过程。当然，这几种径流由于所流经的路径不同，各自的汇流速度也就不同。一般地面径流最快，壤中流次之，地下径流则最慢。所以，地面径流的汇入是河流涨水的主要原因。汇入河网的水流，沿着河槽继续下泄，便是河网汇流过程。在这个过程中，涨水时河槽可暂时滞蓄一部分水量而对水流起调节作用。当坡面汇流停止时，河网蓄水往往达到最大，此后则逐渐消退，直至恢复到降雨前河水的基流上。这样就形成了流域出口断面的一次洪水过程。

产流和汇流两个过程不是相互独立的，实际上几乎是同时进行的，即一边有产流，一边也有汇流，不可能截然分开。整个过程非常复杂。出口断面的洪水过程是全流域综合影响和相互作用的结果。

7.2.3.2 径流的表示方法

河川径流量的大小通常用以下几种径流特征值来表示。

1)流量

流量为单位时间内通过河流过水断面的水量，以 m^3/s 为单位。流量有瞬时流量、日平均流量、月平均流量、年平均流量和多年平均流量之分。

2)径流总量 W

径流总量为在一定时段内通过河流过水断面的总水量，单位有 m^3、万 m^3、亿 m^3，也有用(m^3/s)·月或(m^3/s)·年表示的。

3)径流深

径流深是指某一时段的径流总量平铺在流域上所求得的水层深度，单位为mm。

$$R = \frac{W}{1\ 000F} \tag{7-1}$$

4)径流模数

径流模数是指流域出口断面流量与流域面积的比值，常用的单位有 $L/(s \cdot km^2)$，计算公式为

$$M = \frac{1\ 000Q}{F} \tag{7-2}$$

5)径流系数

径流系数是指某一时段的径流深与其相应的流域平均降雨深之比值，即

$$\alpha = \frac{R}{H} \tag{7-3}$$

因 $R < H$，故 $\alpha < 1$。

7.3 降 水

降水是水文循环的一个重要环节，也是陆地水资源的主要补给来源，因此降水是最为重要的气象因素。降水是指空中的水汽以液态或固态形式从大气到达地面的各种水分的总称，通常表现为雨、雪、雹、霜、露等，其中最主要的形式是雨和雪。在我国绝大部分地区，影响河流水情变化的是降雨。因此，在这里我们重点研究降雨。

7. 3.1 降雨的成因与分类

地球周围的大气层由于所处的位置不同,各处的温度和湿度分布不均匀,大气压力也不同,使得空气由高压区向低压区流动,处在不断运动之中,这便产生了刮风等一系列的天气现象。在气象上把水平方向物理性质(温度、湿度、气压等)比较均匀的大块空气叫气团。气团按照温度的高低又可分为暖气团和冷气团,一般暖气团主要在低纬度的热带或副热带洋面上形成,冷气团则在高纬度寒冷的陆地上产生。当带有水汽的气团上升时,由于大气的气压下降,上升的空气体积不断膨胀,消耗内能,使空气在上升过程中冷却(称为动力冷却)降温,空气中的水汽随着气温的降低而凝结。凝结的内核是空气中的微尘、烟粒等。水汽分子凝结成小水滴后聚集成云。小水滴继续吸附水汽,并受气流涡动作用,相互碰撞而结合成大水滴,直到其重量超过上升气流顶托力时下降成雨。因此,降雨的形成必须要有两个基本条件:一是空气中要有一定量的水汽;二是空气要有动力上升冷却。因此,按照空气上升冷却的原因,将降雨分为锋面雨、地形雨、对流雨和台风雨四种类型。

7.3.1.1 锋面雨

当冷气团与暖气团在运动过程中相遇时,其交界面(实际上为一过渡带)叫锋面,锋面与地面的相交地带叫锋。一般地面锋区的宽度有几十公里,高空锋区的宽度可达几百公里。锋面雨便是在锋面上产生的降雨,按照冷暖气团的相对运动方向将锋面雨分为冷锋雨和暖锋雨。当冷气团向暖气团一方移动,二者相遇,因冷空气较重而楔入暖气团下方,迫使暖气团上升,形成冷锋而致雨,就是冷锋雨。冷锋雨一般强度大,历时短,雨区范围小。若冷气团相对静止,暖气团势力较强,向冷气团一方推进,二者相遇,暖气团将沿界面爬升于冷气团之上形成降雨叫暖锋雨。暖锋雨的特点是强度小,历时长,雨区范围大。

7.3.1.2 地形雨

暖湿气团在运移途中,遇到山脉、高原等阻碍,被迫上升冷却而形成的降雨叫地形雨。地形雨多发生在山的迎风坡,由于水汽大部分已在迎风坡凝结降落,而且空气过山后下沉时温度增高,因此背风坡雨量锐减。地形雨一般随高程的增加而增大,其降雨历时较短,雨区范围也不大。

7.3.1.3 对流雨

在盛夏季节,当暖湿气团笼罩一个地区时,由于太阳的强烈辐射作用,局部地区因受热不均衡而与上层冷空气发生对流作用,使暖湿空气上升冷却而降雨,叫对流雨。这种雨常发生在夏季酷热的午后,其特点是强度大,历时短,降雨面积分布小,常伴有雷电,故又称为雷阵雨。

7.3.1.4 台风雨

台风雨是由热带海洋上的风暴带到大陆上来的狂风暴雨。影响我国的热带风暴主要发生在6~10月,以7月、8月、9月最多。台风雨是一种极易形成洪涝灾害的降雨,加之狂风,破坏性极强。如1975年8月,该年第三号台风登陆后,深入到河南省林庄一带,造成非常罕见的大暴雨,中心最大24 h降雨量为1 060.3 mm,最大3日降雨量为1 605.3 mm,在淮河流域形成大洪水,给人民生命财产造成巨大损失。

在以上四种类型中，锋面雨和台风雨对我国河流洪水影响较大，其中锋面雨对大部分地区影响显著，各地全年锋面雨都在60%以上，华中和华北地区超过80%，是我国大多数河流洪水的主要来源。台风雨在东南沿海诸省，如广东、海南、福建、台湾、浙江等省发生机会较多，由台风造成的雨量占全年总雨量的20% ~30%，且极易造成洪水灾害。

此外，根据我国气象部门的规定，按照1 h或24 h的降雨量将降雨分为：

小雨——指1 h的雨量≤2.5 mm或24 h的雨量<10 mm。

中雨——指1 h的雨量为2.6 ~8.0 mm或24 h的雨量为10.0 ~24.9 mm。

大雨——指1 h的雨量8.1 ~15.9 mm或24 h的雨量为25.0 ~49.9 mm。

暴雨——指1 h的雨量≥16 mm或24 h的雨量≥50 mm。

7.3.2 点降雨特性及其分析方法

所谓点降雨量是指一个雨量观测站承雨器(口径为20 cm)所在地点的降雨量。点降雨的特性可用降雨量、降雨历时和降雨强度(简称雨强)等特征量以及雨量、雨强在时程上的变化来反映。

降雨量指一定时段内降落在单位水平面积上的雨水深度，单位用mm表示，计至0.1 mm，在标明降雨量时一定要指明时段，常用的降雨时段有分、时、日、月、年等，相应的雨量称为时段雨量、日雨量、月雨量、年雨量。

降雨历时指一场降雨从开始到结束所经历的时间，常以h为单位。

降雨强度指单位时间内的降雨量，单位以mm/min或mm/h计。

7.3.3 面雨量的特性分析与计算方法

7.3.3.1 面雨量的特性分析

1)降雨量等值线

所谓面雨量，是指一定区域面积上的平均雨量，分析面雨量的变化特性常用以下方法。对于面积较大的区域或流域，为了表示一定时段内的降雨量空间分布情况，可以绘制降雨量等值线(亦称等雨量线)。具体做法与测量学中绘制地形等高线的方法类似。首先根据需要，将一定时段内流域及其周边邻近雨量站的同期雨量标注在相应位置上，然后按照各站降雨量的大小用地理插值法，并参考地形和气候变化进行勾绘。

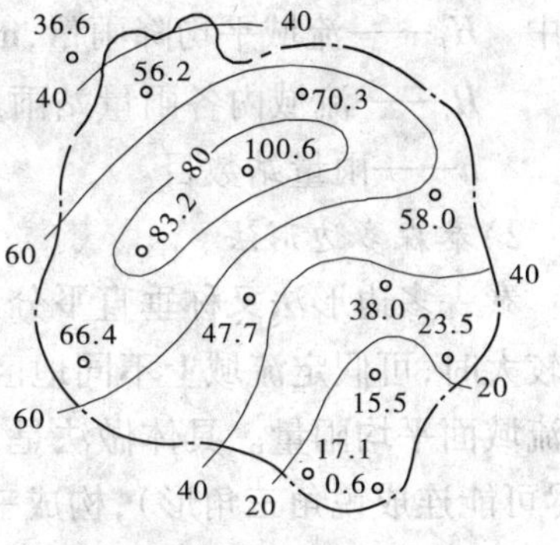

图7-3 等雨量线图 (单位:mm)

如图7-3所示，等雨量线图是研究降雨分布、暴雨中心移动及计算流域平均雨量的有力工具。但在绘制等雨量线图时，要求有足够的且控制良好的雨量站点。

2)平均雨量—面积曲线

对于一场暴雨，从等雨量线图上的暴雨中心算起，分别量取不同等雨量线所包围的面积，并计算各面积内的平均雨量，以雨量为纵坐标，面积为横坐标绘制曲线，如图7-4所示。曲线表示不同笼罩面积所对应的平均雨量。可以看出平均雨量随笼罩面积的增大而减小。

3）平均雨量—历时—面积曲线

流域上的一次降雨，其空间分布是不均匀的，除用等雨量线表示外，还可以根据不同历时的等雨量图，从暴雨中心起分别量取不同等雨量线所包围的面积，并分别计算各条等雨量线范围内的平均雨量，以雨量为纵坐标，面积为横坐标，历时为参数点绘成图。如图7-5所示。由图可知，当降雨历时一定时，暴雨所笼罩的面积愈大，则平均雨量愈小；当暴雨笼罩面积一定时，历时愈长，雨量愈大。

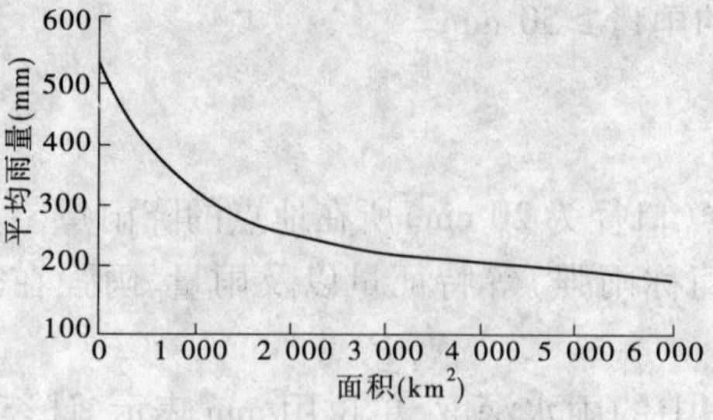

图7-4　平均雨量—面积曲线

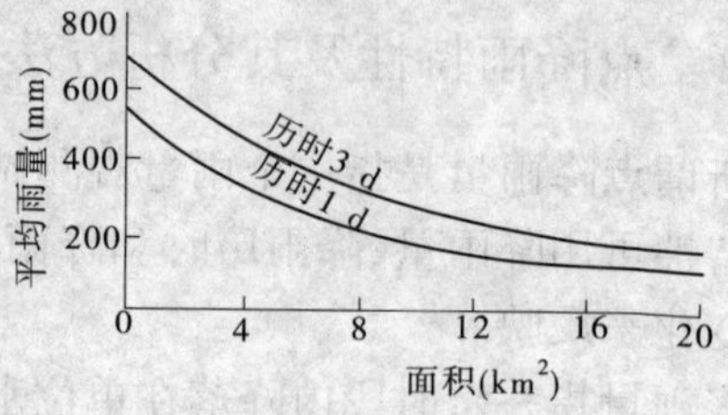

图7-5　平均雨量—历时—面积曲线

7.3.3.2　流域面平均雨量的计算方法

1）算术平均法

当流域内地形变化不大，且雨量站数目较多、分布均匀时，可根据各站同一时段内的降雨量用算术平均法计算。其计算公式为

$$H_F = \frac{H_1 + H_2 + H_3 + \cdots + H_i + \cdots + H_n}{n} \tag{7-4}$$

式中　H_F——流域平均降雨量，mm；

H_i——流域内各雨量站雨量（$i=1,2,\cdots,n$），mm；

n——雨量站数目。

2）泰森多边形法

泰森多边形法又称垂直平分法或加权平均法。当流域内雨量站分布不均匀或地形变化较大时，可假定流域上不同地区的降雨量与距其最近的雨量站的雨量相近，并用其值计算流域面平均雨量。具体做法是：先将流域内及其流域外邻近的雨量站就近连成三角形（尽可能连成锐角三角形），构成三角网，再分别作各三角形三条边的垂直平分线，而这些垂直平分线相连组成若干个不规则的多边形，如图7-6所示。每个多边形内都有一个雨量站，称为该多边形的代表站，该站的雨量就是该多边形面积f_i上的代表雨量，并将f_i与流域面积F的比值称为权重系数。该法的计算公式为

$$H_F = \frac{H_1 f_1 + H_2 f_2 + \cdots + H_i f_i + \cdots + H_n f_n}{F} \tag{7-5}$$

式中　f_i——各多边形的面积，km^2；

F——流域面积，km^2。

3)等雨量线法

如果降雨在地区上或流域上分布很不均匀,地形起伏大,则宜用等雨量线法计算面雨量。等雨量线法也属于以面积作权重的一种加权平均方法。具体做法为:先根据流域上各雨量站的雨量资料绘制出符合实际的等雨量线图,如图7-7所示,并量计出相邻两条等雨量线间的流域面积f_i,用下式计算

$$H_F = \frac{1}{F}\sum_{i=1}^{n}\frac{1}{2}(H_i + H_{i+1})f_i \tag{7-6}$$

式中 f_i——相邻两等雨量线间的面积,km^2。

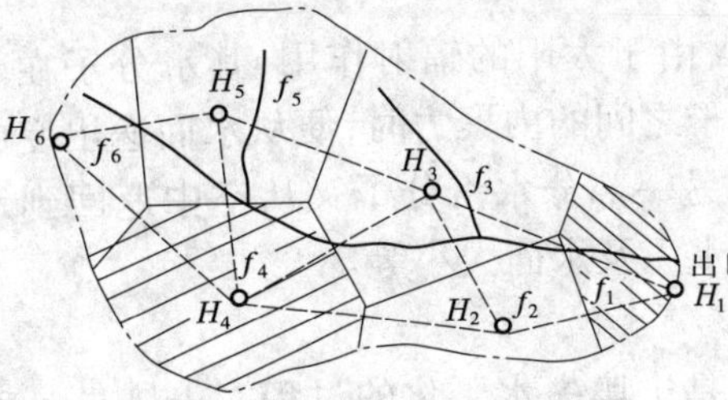

图7-6 泰森多边形法

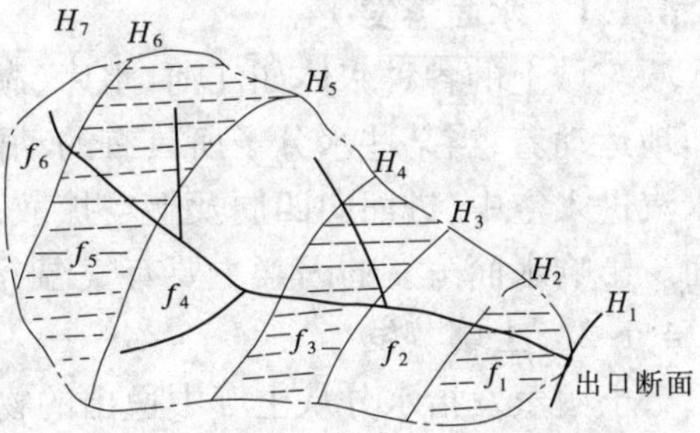

图7-7 等雨量线法

4)降雨点面关系法

当流域内雨量站少,或各雨量站观测不同步时,可用降雨的点面关系来计算面雨量。其计算公式为

$$H_F = \alpha H_0 \tag{7-7}$$

降雨的点面关系是指降雨中心或流域中心附近代表站的点雨量与一定范围内的面雨量之间的关系。它又可分为动点动面关系和定点定面关系。以降雨量等值线图上降雨中心的点雨量与其周围各条等雨量线所包围的面积上的平均雨量之比所建立的点面关系叫动点动面关系;而以流域中心或流域内某一雨量站作为定点,以流域面积作为定面,计算点绘某历时各次暴雨点雨量与流域面平均雨量之间的关系,称为定点定面关系。

由于暴雨的走向、雨量大小及地区分布的随机性,定点定面关系通常很不稳定,而且建立时需要较充分的雨量资料,因此我国水文计算中采用的暴雨点面关系,一般是动点动面关系。

以上四种方法,算术平均法最为简单,但要求的条件较高;泰森多边形法适用性较强,且有一定的精度,尤其是在流域内雨量站网一定的情况下,求得各站的面积权重系数可一直沿用,或用计算机进行计算,所以在水文上应用广泛,但在降雨分布发生变化时,计算结果不一定符合实际;等雨量线法是根据等雨量线图来计算的,因此计算精度最高,但它要有足够的雨量站,且每次计算都要绘制等雨量线,并量计相邻两条等雨量线之间的流域面积,所以计算工作量大,实际工作中应用有限;降雨点面关系法计算更为简单,但需要知道点面关系图,在流域雨量资料较差或缺乏时应用较多。

7.4 蒸发与下渗

7.4.1 蒸发

蒸发是指水由液态或固态转化为气态的物理变化过程，是水文循环的重要环节之一，也是水量平衡的基本要素和降雨径流的一种损失。水文上研究的蒸发为自然界的流域蒸发，它包括水面蒸发、土壤蒸发和植物散发。

7.4.1.1 水面蒸发

流域上的各种水体如江河、水库、湖泊、沼泽等，由于太阳的辐射作用，其水分子在不断地运动着，当某些水分子所具有的动能大于水分子之间的内聚力时，便从水面逸出变成水汽进入空中，进而向四周及上空扩散；与此同时，另一部分水汽分子又从空中返回到水面。影响水面蒸发的因素主要有气温、湿度、风速、水质及水面大小等。

7.4.1.2 土壤蒸发

土壤蒸发指水分从土壤中逸出的物理过程，也是土壤失水干化的过程。土壤是一种有孔介质，它不仅有吸水和持水能力，而且具有输送水分的能力。因此，土壤蒸发与水面蒸发不同，除了受气象因素影响，还受土壤中水分运动的影响。另外，土壤含水量、土壤结构、土壤色泽等也对土壤蒸发有一定的影响。对于某一种土壤，当气象条件一定时，土壤蒸发量的大小与土壤的供水条件有关。土壤水分按照其所受的作用力不同可以分为结合水、毛管水和自由水。当土壤中只有结合水和毛管水时，其含水量称为田间持水量。它是土壤蒸发供水条件充分与不充分的分界点。因此，根据土壤水分的变化将土壤蒸发分为三个阶段。当土壤含水量大于田间持水量时，土壤十分湿润甚至饱和，土中有自由重力水存在，且毛管可以将下层的水分运送到上层，属于充分供水条件下的蒸发，蒸发量大小只受气象条件的影响，大而稳定。由于土壤蒸发耗水作用，土壤含水量不断减少。当其减少到小于田间持水量以后，土壤中毛管的连续状态将逐渐被破坏，使得土壤内部的水分向上输送受到影响，这时土壤蒸发进入第二阶段，供水条件不如第一阶段充分，土壤蒸发量将随土壤含水量的减少而减少。如果土壤含水量继续减少，以至于毛管水不再以连续状态存在于土壤中，毛管向土壤表面输水的机制遭到完全破坏，水分只能以膜状水形式或汽态形式向上缓慢扩散，土壤蒸发进入第三阶段。这一阶段由于受供水条件的限制，土壤蒸发进行得非常缓慢，蒸发量也十分小，而且稳定。

7.4.1.3 植物散发

植物根系从土壤中吸取水分，通过其自身组织输送到叶面，再由叶面散发到空气中的过程称为植物散发或蒸腾。它既是水分的蒸发过程，也是植物的生理过程。由于植物散发是在土壤—植物—大气之间发生的现象，因此植物散发受气象因素、土壤水分状况和植物生理条件的影响。不同的植物散发量不同；同一种植物在不同的生长阶段散发量也不同。由于植物的光合作用与太阳辐射有关，大约有95%的散发量发生在白天。当气温降至4 ℃时，植物生长基本停止，相应的散发量也变得极小。植物生于土壤，因而植物散发和土壤蒸发总是同时存在的，二者合称为陆面蒸发，它是流域蒸发的主要组成部分。

7.4.1.4 流域蒸发

水文上的流域蒸发为水面蒸发、土壤蒸发和植物散发之和，即流域总蒸发量。但是其量值在目前还不能用三个量的直接相加求出，因为在一个实际流域上，水面蒸发、土壤蒸发和植物散发是很难分别测算出来的，通常是把流域当成一个整体进行研究，用水量平衡法或经验公式法间接计算出流域总蒸发量。

7.4.2 下渗

下渗也称入渗，是指水分从土壤表面向土壤内部渗入的物理过程，以垂向运动为主要特征。天然情况下的下渗主要是雨水的下渗，它是降雨径流中的主要损失，不仅直接决定地面径流量的大小，同时也影响土壤水分和地下水的增长，是连接并转换地表水和地下水的一个中间过程。

7.4.2.1 下渗的物理过程

水分在土壤中运动所受的作用力分别有分子力、毛管力和重力。重力总是垂直向下。毛管力则是指向土壤含水量较小的一方。因此，雨水的入渗过程按照所受作用力及运动特征的不同分为三个阶段。设雨前表土干燥，当雨水降落到地面后，首先受土粒分子力的作用而吸附于土粒表面形成薄膜（称为薄膜水），这为第一阶段，称为渗润阶段。当土粒表面的薄膜水达到最大时，渗润阶段逐渐消失。入渗的雨水在毛管力和重力的作用下，在土壤孔隙中向下做不稳定运动，并逐渐充填土粒孔隙，直到孔隙充满饱和，这为第二阶段，称为渗漏阶段。有时也把第一、二两阶段合称为渗漏阶段。它们共有的特点是非饱和下渗。当土壤孔隙被水充满达到饱和时，水分主要受重力作用向下做稳定的渗透运动，这为第三阶段，称为渗透阶段，属于饱和下渗。在实际的下渗过程中，以上两个阶段（渗漏和渗透）并无明显的界限，有时是相互交错的。

7.4.2.2 下渗的变化规律

从下渗的物理过程可知，水分在不同的作用力的作用下由上往下运动，直至补给地下水。下渗的快慢可用下渗率来表示。所谓下渗率，又称下渗强度，是指单位面积上、单位时间内渗入土壤中的水量，常用 mm/min 或 mm/h 计。充分供水条件下的下渗率叫下渗能力或下渗容量。下渗能力（容量）随时间变化的过程线，称为下渗能力（容量）曲线。经试验证明，下渗能力随时间变化的规律是递减的。土壤干燥的情况下，刚开始下渗时，由于土壤干燥，水分主要在分子力的作用下迅速被表层土壤所吸收，此时下渗率最大。随着下渗的继续和土壤含水量的增加，分子力和毛管力也逐渐减弱，下渗率随之递减。当土壤水分达到田间持水量以后，水分主要在重力的作用下下渗，下渗率也逐渐趋于稳定，接近为常数。

7.5 流域水量平衡

7.5.1 水量平衡原理

根据自然界的水文循环，地球水圈的不同水体在周而复始地循环运动着，从而产生了一系列的水文现象。在这些复杂的水文过程中，水分运动遵循质量守恒定律，即水量平衡原理。具体而言，就是对任一区域在给定时段内，输入区域的各种水量之总和与输出区域的各种水量之总和的差值，应等于区域内时段蓄水量的变化量。据此原理，可列出一般的水量平衡方程

$$I - O = W_2 - W_1 = \Delta W \tag{7-8}$$

式中 I——时段内输入区域的各种水量之和；

O——时段内输出区域的各种水量之和；

W_1——时段初区域内的蓄水量；

W_2——时段末区域内的蓄水量；

ΔW——时段内区域蓄水量的变化量，$\Delta W>0$ 表示时段内区域蓄水量增加，相反，$\Delta W<0$ 表示时段内区域蓄水量减少。

水量平衡原理是水文学最基本的原理之一。它在降雨径流过程分析、水利计算、水资源评价等问题中应用非常广泛。

7.5.2 流域水量平衡

在河流水资源开发利用中主要研究流域的水量平衡问题。若是闭合流域，又无跨流域引水，流域内的用水量不计，可得到闭合流域的水量平衡方程式为

$$H - (E + Y) = \Delta W \tag{7-9}$$

在实际工作中，常取研究时段为一年，则式(7-9)称为闭合流域年水量平衡方程式。

对于多年平均情况，因为 ΔW 有正有负，故水量平衡方程为

$$H_0 = E_0 + Y_0 \tag{7-10}$$

上式称为闭合流域多年平均水量平衡方程。

小　结

本章从分析水文循环入手，以河川径流为重点，详细分析了水文循环过程中各环节水文要素（降水、蒸发、下渗、径流）的基本特性。因此，在进行本章学习时，应以径流为主线加深对各节内容内在联系的认识。

径流的形成过程可概化为产流过程和汇流过程，影响径流的因素主要是下垫面因素、气候因素和人类活动因素。径流的度量单位及其特性的掌握是水文学习的基础。

复习题

7-1 河川径流是由流域降雨形成的，为什么久晴不雨河水仍然川流不息？

7-2 毁林开荒为什么会加剧下游的洪水灾害？

7-3 物质不灭定律在自然界水循环中是如何体现的？水资源为什么具有可恢复性？

7-4 为什么我国夏季常常发生大洪水？

7-5 为什么我国的年降水量从东南沿海向西北内陆递减？

7-6　对于闭合流域来说，为什么径流系数必然小于1？

7-7　围垦湖泊为什么会使洪水加剧？

7-8　一个流域上修建了一座水库后，建库后流域的径流量是增加还是减少？为什么？

7-9　某站控制流域面积 $F=121\ 000\ km^2$，多年平均年降水量 $\overline{P}=767$ mm，多年平均流量 $\overline{Q}=822\ m^3/s$，试根据这些资料计算多年平均年径流总量、多年平均年径流深、多年平均流量模数、多年平均年径流系数。

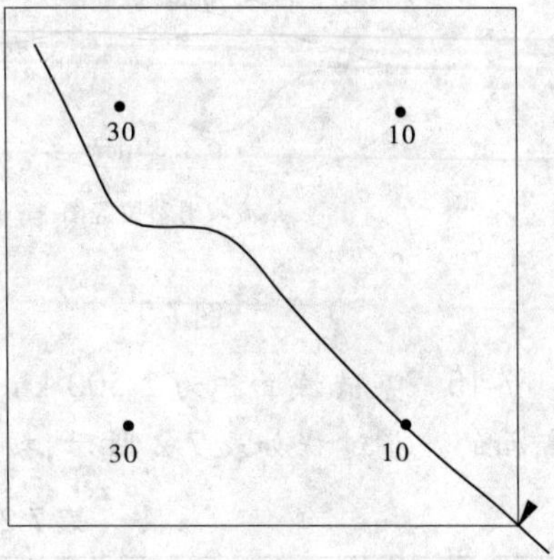

图 7-8

7-10　某流域可概化成正方形，如图 7-8 所示。流域内对称分布四个水量站，一次降雨站测得的雨量(mm)如图所示。分别用算术平均方法、泰森多边形法和等雨量线法计算该流域的面雨量，通过此例得出什么结论？

7-11　某流域面积为 $500\ km^2$，流域多年平均降雨量为 1 000 mm，多年平均流量为 $6\ m^3/s$，问该流域多年平均蒸发量为多少？若修建一座水库，水库的水面面积为 $10\ km^2$，当地实测蒸发器读数为 950 mm，蒸发器折算系数为 0.8，问建库后该流域的径流量是增加还是减少？建库后的多年平均流量是多少？

7-12　已知某水文站控制的集水面积 $F=800\ km^2$，某次洪水过程线如表 7-1 所示。试求：

(1)该次洪水的径流总量；

(2)该次洪水的径流深。

表 7-1　某水文站一次洪水过程线($\Delta t=1$ h)

时段次序	0	1	2	3	4	5	6	7
$Q(m^3/s)$	0	110	130	1 500	1 350	920	700	430
时段次序	8	9	10	11	12	13	14	15
$Q(m^3/s)$	310	260	230	200	170	150	60	0

7-13　某流域内及其附近有甲、乙、丙、丁 4 个雨量站，如图 7-9 所示。试绘出泰森多边形图。

7-14　A、B 两测站所测得的洪水过程线(见图 7-10)如果除下面指定的对比条件外，其他所有因素相同，那么：

(1)哪一个流域的流域坡度大？

(2)哪一个流域的植被多？

(3)哪一个流域的河网密度大？

(4)哪一个流域的暴雨中心离流域出口近？

(5)若雨量相同，哪一个流域的雨强大？

(6)能想象出它们的流域形状、水系的类型吗?

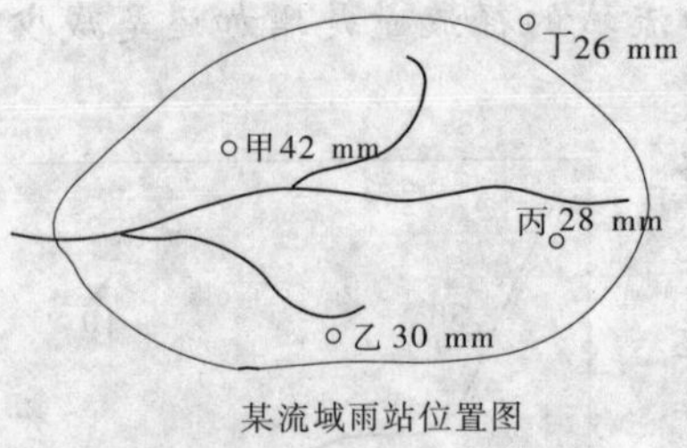

图 7-9

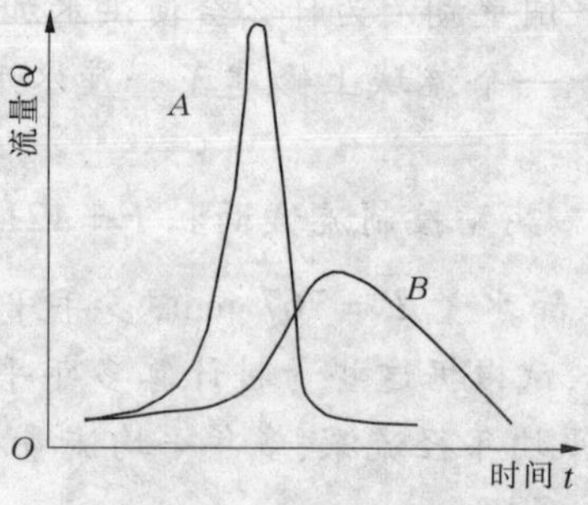

图 7-10

7-15　某流域面积为 2 500 km^2,1999 年 7 月 5 日发生一次暴雨洪水,测得其流域出口断面的流量过程如表 7-2 所示,按斜割法分割地下径流,试计算地面径流深。

表 7-2　某流域实测洪水过程线

日期	5 日				6 日				7 日				8 日	
时刻(h)	6	12	18	24	6	12	18	24	6	12	18	24	6	12
Q_0 (m^3/s)	100	480	1 600	2 400	2 200	1 700	1 360	980	680	400	180	140	120	100

7-16　某流域如图 7-11 所示,流域面积 $F=350\ km^2$,流域内及其附近有 A、B 两个雨量站,其上有一次降雨,它们的雨量依次为 360 mm 和 210 mm,试绘出泰森多边形图,并用算术平均法和泰森多边形法计算该次降雨的平均面雨量。(提示:A、B 雨量站泰森多边形权重分别为 0.78、0.22)

7-17　某流域如图 7-12 所示,流域面积 $F=300\ km^2$,流域内及其附近有 A、B、C 三个雨量站,其上有一次降雨,它们的雨量依次为 260 mm、120 mm 和 150 mm,试绘出泰森多边形图,并用算术平均法和泰森多边形法计算该次降雨的平均面雨量。(提示:A、C 雨量站泰森多边形权重分别为 0.56、0.44)

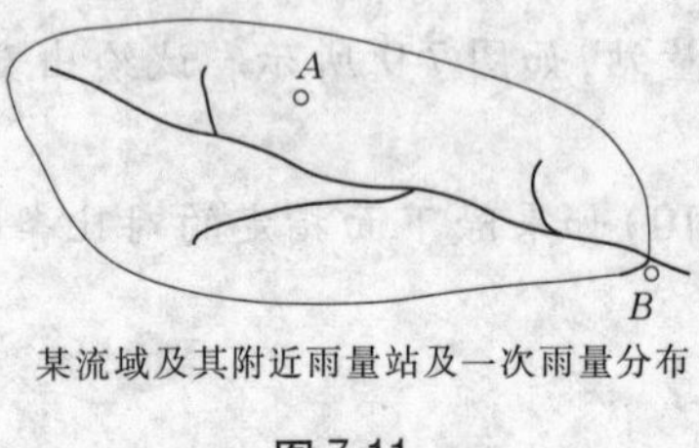

图 7-11

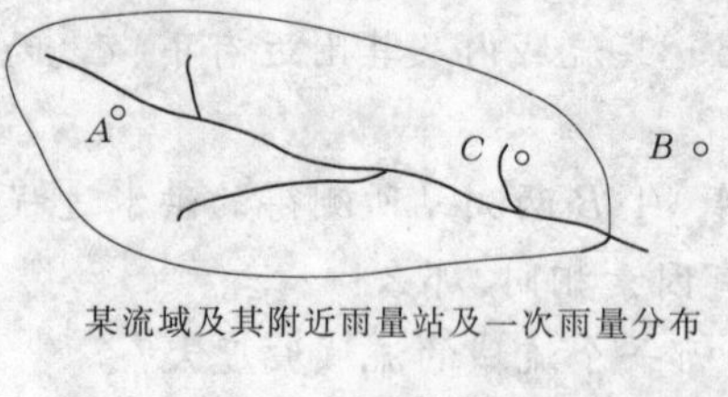

图 7-12

第 8 章 频率计算

学习指导

目标

掌握事件、概率 、频率及重现期的概念；区分总体和样本的概念；学会使用 Φ 值表或 K_P 值表；掌握矩法、三点法估算统计参数；理解统计参数对频率曲线的影响；掌握水文中频率计算适线法，理解适线的目的、步骤，掌握适线的技巧。

重点

频率及重现期的概念与关系；统计参数对频率曲线的影响；水文中频率计算——适线法。

8.1 概 述

水文现象是一种自然现象，它具有必然性的一面，也具有偶然性的一面。必然现象是指事物在发展、变化中必然会出现的现象。例如，流域上的降水或融雪必然沿着流域的不同路径流入河流、湖泊或海洋，形成径流，这是一种必然的结果。偶然现象是指事物在发展、变化中可能出现也可能不出现的现象。如上所述，降水必然形成径流，但是河流上任一断面的流量每年每月都不相同，属于偶然现象，或称随机现象。统计学的任务就是要从偶然现象中揭露事物的规律。这种规律需要从大量的随机现象中统计出来，称为统计规律。

数学中研究随机现象统计规律的学科称为概率论，而由随机现象的一部分试验资料去研究总体现象的数字特征和规律的学科称为数理统计学。概率论与数理统计学是密切相联的，数理统计学必须以概率论为基础，概率论往往把由数理统计所揭露的事实提高到理论认识。

水文统计的任务就是研究和分析水文随机现象的统计变化特性，并以此为基础对水文现象未来可能的长期变化作出在概率意义下的定量预估，以满足工程规划、设计、施工以及运营期间的需要。

8.2 概率、频率与重现期

8.2.1 概率的基本概念

8.2.1.1 事件

在概率论中，对随机现象的观测叫做随机试验，随机试验的结果称为事件。事件可以是数量性质的，例如某河某断面处最大洪峰流量值；也可以是属性性质的，例如刮风、下雨等。事件可以分为三种：

（1）必然事件。在每次试验中一定会出现的事件叫做必然事件。例如，长江汉口站年最大洪峰大于零，这是必然事件。

（2）不可能事件。在任何一次试验中都不会出现的事件叫做不可能事件。例如，流域内普遍连续降雨而河道出口处水位下降，这是不可能事件。

（3）随机事件。在一次随机试验中可能出现也可能不出现的事件叫做随机事件。例如，某河某断面每年出现的最大洪峰可能大于某一个数值，也可能小于某一个数值，事先不能确定，这是随机事件。

8.2.1.2 概率

在同等可能的条件下，随机事件在试验的结果中可能出现也可能不出现，但其出现或不出现的可能性大小则不相同。为了比较随机事件出现的可能性大小，必须要有个数量标准，这个数量标准就是随机事件的概率。

随机事件的概率可由下式计算

$$P(A) = \frac{K}{n} \times 100\% \tag{8-1}$$

式中 $P(A)$——在一定条件组合下，出现随机事件 A 的概率；

K——出现随机事件 A 的结果数；

n——在试验中所有可能出现的结果总数。

显然，必然事件的概率等于1，不可能事件的概率等于0，随机事件的概率介于0与1之间。

式(8-1)只适用于古典型随机试验，即试验的所有可能结果都是等可能的；试验可能结果的总数是有限的。事实上，水文事件不一定具备这种性质。为了计算在一般情况下随机事件的概率，下面介绍随机事件频率的概念。

8.2.2 频率

设随机事件 A 在重复 n 次试验中出现了 m 次，则称

$$P(A) = \frac{m}{n} \times 100\% \tag{8-2}$$

为事件 A 在 n 次试验中出现的频率。

当试验次数 n 不大时，事件的频率有明显的随机性，但当试验次数足够大时，随机事件 A 出现的频率具有一定的稳定性。随着试验的无限增大，随机事件的频率稳定在某一个数附近，此时频率趋于概率。正因如此，对于水文现象，可以将频率作为概率的近似值。

8.2.3 重现期

由于频率这个名词比较抽象，为便于理解，有时采用重现期这个词。所谓重现期是指在许多试验中，某一事件重复出现的时间间隔的平均数，即平均的重现间隔期。频率与重现期的关系有两种表示法：

当研究暴雨洪水问题时，一般 $P<50\%$，采用

$$T=\frac{1}{P} \tag{8-3}$$

式中 T——重现期，以年计；

P——频率，以小数或百分数计。

例如，当暴雨或洪水的频率采用 $P=1\%=0.01$，代入式(8-3)，得 $T=100$ 年，称此暴雨或洪水为百年一遇的暴雨或洪水。

当研究枯水问题时，一般 $P>50\%$，采用

$$T=\frac{1}{1-P} \tag{8-4}$$

例如，对于 $P=80\%=0.80$ 的枯水流量，将 $P=0.8$ 代入式(8-4)，得 $T=5$ 年，称此为五年一遇的枯水流量。

由于水文现象一般并无固定的周期性，所谓百年一遇的暴雨或洪水，是指大于或等于这样的暴雨或洪水在长时期内平均一百年可能发生一次，而不能认为每隔 100 年必然遇上一次。

8.3 现行水文频率计算方法——适线法

8.3.1 经验频率

设某水文变量 X 有 n 项观测资料，按各项数值由大到小排列，并以自然数顺序编序号，则此序号($m=1,2,\cdots,n$)不仅表明该水文变量取值大小的次序，同时也表示大于或等于该变量取值 X_m 的累积次数 m，将序号 m 除以样本容量 n，所得的百分数便是大于或等于水文变量取值 X_m 所对应的频率。以水文变量取值为纵坐标，对应的频率为横坐标，点绘频率点，再根据点群分布趋势连成一条光滑曲线，这就是水文上所说的经验频率分布曲线。

若掌握资料的数量很多，即样本容量充分大，相当于掌握了总体，这样确定频率并无不合理之处。但样本容量有限时就有问题了。例如，当序号 $m=n$ 时，得到的频率为 100%，它说明等于或大于样本末项的频率为 1.0，为必然事件，即意味着假定样本中的最末项就是总体中的最小值，显然这样计算经验频率是不符合事实的。所以，必须探求一种合理估算经验频率的方法。

经验频率的估算在于对样本序列中的每一项取值，估算其对应的频率。目前，水文统计中广泛应用期望公式 $P=\dfrac{m}{n+1}$来估算频率。期望公式具有一定的理论基础，用其估算经验频率是比较合理的，还有一些其他公式，但当前工程实际中很少应用，这里不作赘述。

8.3.2 矩法计算三个统计参数

8.3.2.1 均值

均值是反映随机变量系列平均情况的数，公式为

$$\bar{x} = \frac{\sum_{i=1}^{n} x_i}{n} \tag{8-5}$$

式中　n——样本系列的项数。

平均数是随机变量最基本的位置特征，它的位置在频率密度曲线与 x 轴所包围面积的形心处，说明随机变量的所有可能取值是围绕此中心分布的，故称为分布中心，它反映了随机变量的平均水平，能代表整个随机变量系列的水平高低。例如，南京的多年平均降水量为 970 mm，而北京的多年平均降水量为 670 mm，说明南京的降水比北京丰沛。

我国幅员辽阔，各种水文现象的均值分布情况各地不同，一般为东南沿海比西北内陆大、山区比平原大、南方比北方大。因降水是形成径流的主要因素，故径流的空间分布与降水量等值线图相似。

8.3.2.2　均方差和变差系数

要反映整个系列的变化幅度或者系列在均值两侧分布的离散程度，需要使用均方差或变差系数。设有实测系列为 $x_1, x_2, x_3, \cdots, x_n$，其均值为 $\bar{x}$。

均方差是随机变量离均差平方和的平均数再开方的数值，用符号 S 表示，即

$$S = \sqrt{\frac{\sum (x_i - \bar{x})^2}{n}} \tag{8-6}$$

式中　n——系列的总项数。

式(8-6)只适用于总体，对于样本系列应采用如下修正公式

$$S = \sqrt{\frac{\sum (x_i - \bar{x})^2}{n-1}} \tag{8-7}$$

均方差反映实测系列中各个随机变量离均差的平均情况，均方差大，说明系列在均值两旁的分布比较分散，整个系列的变化幅度大；均方差小表示系列的离散程度小，整个系列的变化幅度小。

均方差代表的是系列的绝对离散程度，对均值相同、均方差不同的系列，可以比较其离散程度，而对于均值不同、均方差相同与均值、均方差都不同的系列，则无法比较，这是因为均方差不仅受系列分布的影响，也与系列的水平有关。因为在两个不同水平的系列中，水平高的系列，一般来说各随机变量与均值的离差要大一些，均方差也会大些，水平较低的系列的均方差要小一些。因而均方差大时，不一定表示系列的离散程度大。

变差系数又称离差系数或离势系数，它是一个系列的均方差与其均值的比值，即

$$C_v = \frac{S}{\bar{x}} = \frac{1}{\bar{x}}\sqrt{\frac{\sum (x_i - \bar{x})^2}{n-1}} = \sqrt{\frac{\sum (K_i - 1)^2}{n-1}} \tag{8-8}$$

这样就消除了系列水平高低的影响，用相对离散度来表示系列在均值两旁的分布情况。

各种水文现象的变差系数 C_v 也可用等值线图表示其空间分布。我国降雨量和径流量的 C_v 分布大致是南方小，北方大；沿海小，内陆大；平原小，山区大。

8.3.2.3 偏态系数

变差系数说明了系列的离散程度,但不能反映系列在均值两旁分布的另一种情况,即系列在均值两旁的分布是否对称,如果不对称时,是大于均值的数出现的次数多,还是小于均值的数出现的次数多。故引入另一个参数——偏态系数(也称偏差系数)。

数理统计中以下式定义偏态系数

$$C_s = \frac{\sum (x_i - \bar{x})^3}{nS^3} = \frac{\sum (K_i - 1)^3}{nC_v^3} \tag{8-9}$$

对于样本系列

$$C_s = \frac{\sum (x_i - \bar{x})^3}{(n-3)S^3} = \frac{\sum (K_i - 1)^3}{(n-3)C_v^3} \tag{8-10}$$

式中 S——样本系列的均方差;

C_v——变差系数;

n——样本系列的项数。

公式中引用了离差的三次方,以保留离差的正负情况。当 $C_s = 0$ 时,系列在均值两旁呈对称分布;$C_s > 0$ 属正偏分布;$C_s < 0$ 属负偏分布。系列为正偏、负偏或对称可由 C_s 的符号表示出来。

一般认为,没有百年以上的资料,C_s 的计算结果很难得到一个合理的数值。实测资料往往没有这么长,因此实际工作中并不计算 C_s,而是按照 C_s 与 C_v 的经验关系,通过适线确定。C_s 与 C_v 的经验关系为:

对于设计暴雨量, $C_s = 3.5C_v$。

对于设计最大流量,当 $C_v < 0.5$ 时,$C_s = (3 \sim 4)\ C_v$;当 $C_v \geqslant 0.5$ 时,$C_s = (2 \sim 3)\ C_v$。

对于年径流及年降水, $C_s = 2\ C_v$。

8.3.3 适线法

适线法(或称配线法)是以经验频率点据为基础,在一定的适线准则下,求解与经验点据拟合最优的频率曲线参数,这是一种较好的能满足水文频率分析要求的估计方法。适线法一直是我国估计洪水频率曲线统计参数的主要方法。在实际工作中,有两种适线方法:一种是人为目估适线法,即通过人为的主观判断决定适线的优劣。此法简单灵活,并能反映设计人员的经验,但适线结果因人而异,任意性大。另一种是计算机适线,它是把理论频率曲线与经验点据的拟合误差最小作为适线准则,优选统计参数。但是这种方法不便于处理样本资料中的特大值或特小值,难于区分点子的不同精度,因此使用有关程序时要特别注意。

目估适线法估计频率曲线参数的具体步骤如下:

(1)将实测资料由大到小排列,计算各项的经验频率,在频率格纸上点绘经验点据(纵坐标为变量的取值,横坐标为对应的经验频率)。

(2)选定水文频率分布线型(一般选用皮尔逊Ⅲ型)。

(3)假定一组参数 $\bar{x}$、C_v 和 C_s。为了使假定值大致接近实际,可用矩法或权函数法求出3个参数的值，作为第一次的 $\bar{x}$、C_v 和 C_s 的假定值。当用矩法估计时，因 C_s 的抽样误差太大，一般不计算 C_s，而且根据经验假定 C_s 为 C_v 的某一倍数。

(4)根据假定的 $\bar{x}$、C_v 和 C_s，查附表1或附表2，计算 x_P 值，以 x_P 为纵坐标，P 为横坐标，即可得到频率曲线。将此线画在绘有经验点据的图上，看其与经验点据配合的情况，若不理想，则修改参数(主要调整 C_v 及 C_s)再次进行计算。

(5)最后根据频率曲线与经验点据的配合情况，从中选择一条与经验点据配合较好的曲线作为采用曲线。相应于该曲线的参数便看做是总体参数的估值。

(6)求指定频率的水文变量设计值 。

由此可见，适线法层次清楚，图像显明，方法灵活，操作容易，所以在水文计算中广泛采用。为了避免修改参数的盲目性，需要了解参数 $\bar{x}$、C_v 和 C_s 对频率曲线形状的影响。

8.3.3.1 均值 $\bar{x}$ 对频率曲线的影响

当皮尔逊Ⅲ型频率曲线的另外两个参数 C_v 和 C_s 不变时，由于均值的不同，可以使频率曲线发生很大的变化。C_v、C_s 相同时，由于均值不同，频率曲线的位置也不同，均值大的频率曲线位于均值小的频率曲线之上，如图8-1所示。

8.3.3.2 变差系数 C_v 对频率曲线的影响

为了消除均值的影响，我们以模比系数 K 为变量绘制频率曲线，如图8-2所示。当 $C_v=0$ 时，说明随机变量的取值都等于均值，故频率曲线即为 $K=1$ 的一条水平线。C_v 越大，说明随机变量相对于均值越离散，因而频率曲线将越偏离 $K=1$ 的水平线。随着 C_v 的增大，频率曲线的偏离程度也随之增大，显得越来越陡。

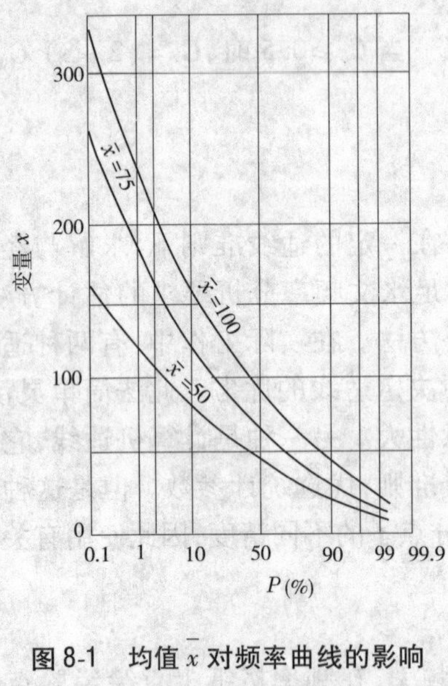

图8-1 均值 $\bar{x}$ 对频率曲线的影响

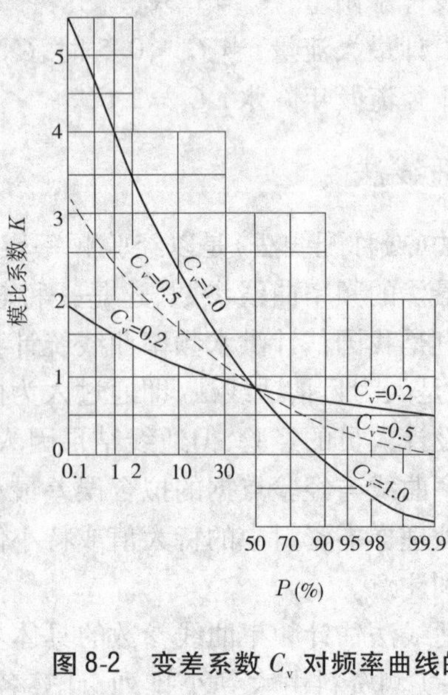

图8-2 变差系数 C_v 对频率曲线的影响

8.3.3.3 偏态系数 C_s 对频率曲线的影响

图8-3为各种不同的 C_s 对频率曲线的影响情况，从图中可以看出，正偏情况下，C_s 愈大时，均值对应的频率愈小，频率曲线的中部愈向左偏，且上段愈陡，下段愈平缓。

【例 8-1】 某枢纽处实测 21 年的年最大洪峰流量资料列于表 8-1 中第(1)、(2)栏，试根据该资料用矩法初选参数配线，并推求百年一遇的洪峰流量。

具体步骤如下：

(1)点绘经验频率曲线。

将原始资料按由大到小顺序排列，列入表 8-1 第(4)栏中，用公式 $P = m/n + 1$ 求经验频率，列入表 8-1 第(8)栏，并将第(4)栏与第(8)栏的数值对应绘出经验频率点于频率格纸上。

表 8-1 某枢纽处年最大洪峰流量频率计算表

年份	洪峰流量(m^3/s)	序号	由大到小排列的洪峰流量(m^3/s)	模比系数 K_i	K_i-1	$(K_i-1)^2$	P
(1)	(2)	(3)	(4)	(5)	(6)	(7)	(8)
1945	1 540	1	2 750	2.207	1.207	1.456 2	4.5
1946	980	2	2 390	1.918	0.918	0.842 4	9.1
1947	1 090	3	1 860	1.493	0.493	0.242 6	13.6
1948	1 050	4	1 740	1.396	0.396	0.157 0	18.2
1949	1 860	5	1 540	1.236	0.236	0.055 6	22.7
1950	1 140	6	1 520	1.220	0.220	0.048 3	27.3
1951	790	7	1 270	1.019	0.019	0.000 4	31.8
1952	2 750	8	1 260	1.011	0.011	0.000 1	36.4
1953	762	9	1 210	0.971	-0.029	0.000 8	40.9
1954	2 390	10	1 200	0.963	-0.037	0.001 4	45.5
1955	1 210	11	1 140	0.915	-0.085	0.007 3	50.0
1956	1 270	12	1 090	0.875	-0.125	0.015 7	54.5
1957	1 200	13	1 050	0.843	-0.157	0.024 8	59.1
1958	1 740	14	1 050	0.843	-0.157	0.024 8	63.6
1959	883	15	980	0.786	-0.214	0.045 6	68.2
1960	1 260	16	883	0.709	-0.291	0.084 9	72.7
1961	408	17	794	0.637	-0.363	0.131 7	77.3
1962	1 050	18	790	0.634	-0.366	0.134 0	81.8
1963	1 520	19	762	0.611	-0.389	0.151 0	86.4
1964	483	20	483	0.388	-0.612	0.375 1	90.9
1965	794	21	408	0.327	-0.673	0.452 4	95.5
总计	26 170		26 170	21.000	0.000	4.252 0	

(2)按无偏估值公式计算统计参数。

年最大洪峰流量的均值为

$$\overline{Q} = \frac{\sum_{i=1}^{n} Q_i}{n} = \frac{26\ 170}{21} = 1\ 246\ (m^3/s)$$

变差系数为

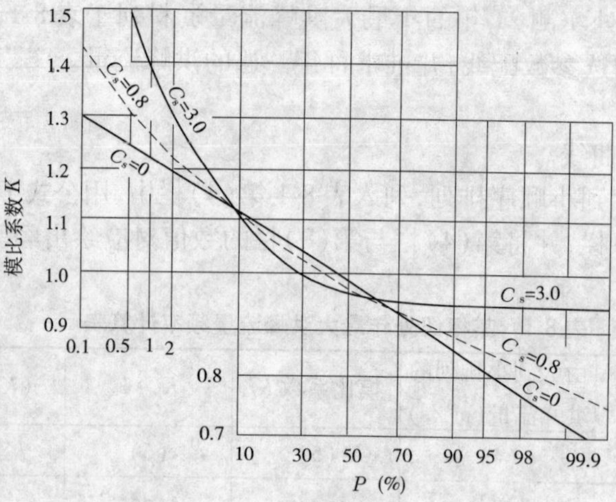

图 8-3　偏态系数 C_s 对频率曲线的影响

$$C_v = \sqrt{\frac{\sum_{i=1}^{n}(K_i - 1)^2}{n-1}} = 0.46$$

(3)选配皮尔逊Ⅲ型频率曲线。

$\overline{Q}=1\ 246\ m^3/s$，$C_v=0.5$，并假定 $C_s=2C_v=1.0$，查附表 2，读出不同 P 值对应的 K_P 值，列入表 8-2，乘以 $\overline{Q}$ 的相应的 Q_P 值，列入表 8-2。

表 8-2　洪峰频率计算表

频率 P(%)	第一次配线 $\overline{Q}=1\ 246$ $C_v=0.5$ $C_s=1.0$		第二次配线 $\overline{Q}=1\ 246$ $C_v=0.6$ $C_s=1.2$		第三次配线 $\overline{Q}=1\ 246$ $C_v=0.6$ $C_s=1.5$	
	K_P	Q_P	K_P	Q_P	K_P	Q_P
(1)	(2)	(3)	(4)	(5)	(6)	(7)
1	2.51	3 127	2.89	3 601	3.00	3 738
5	1.94	2 417	2.15	2 679	2.17	2 704
10	1.67	2 081	1.80	2 243	1.80	2 243
20	1.33	1 657	1.44	1 794	1.42	1 769
50	0.92	1 146	0.89	1 109	0.86	1 072
75	0.64	797	0.56	698	0.56	698
90	0.44	548	0.35	436	0.39	486
95	0.34	424	0.26	324	0.32	399
99	0.21	262	0.13	162	0.24	299

将表 8-2 中第(1)、(3)两栏绘成曲线，发现头部偏于经验频率点据的下方，而尾部又偏于经验频率曲线的上方，需增大 C_v。

重新配线，取 $C_v=0.6$，$C_s=2C_v=1.2$，计算不同 P 值对应的 Q_P，列入表 8-2 中，经与

经验点据配合，发现头部配合较好，但尾部与经验点据偏低较多。再次改变参数，第三次配线 $C_v=0.6$，增大 $C_s=2.5C_v=1.5$，再次计算并绘制频率曲线，与经验点据配合较为合适，即作为采用的皮尔逊Ⅲ型曲线。如图 8-4 所示。

(4) 推求百年一遇的设计洪峰流量。

由表 8-2 第(6)、(7)栏，查的 $P=1\%$ 对应的流量 $Q_P=3\ 738\ \mathrm{m^3/s}$。

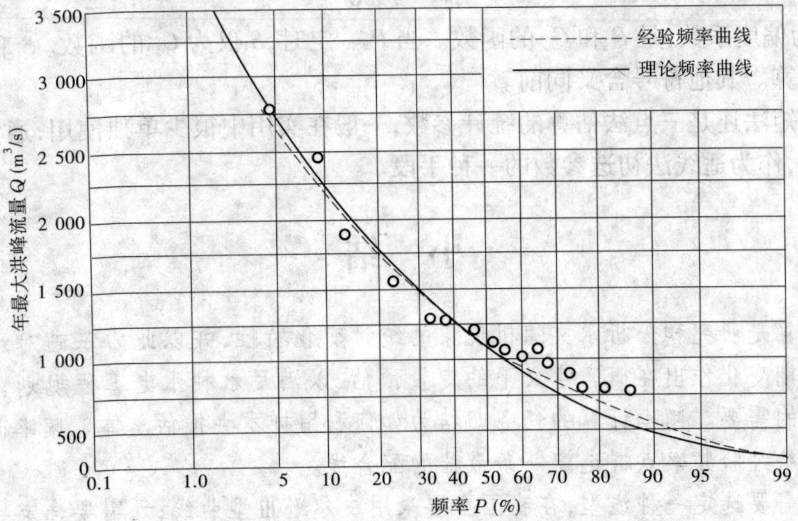

图 8-4 某枢纽处年最大洪峰流量频率曲线

8.3.4 三点法估算三个统计参数

上例中，适线用到的三个统计参数的初值是由矩法公式列表计算出来的，工作量相对较大，尤其当系列较长时更是如此。因此，实际中还常用另一种估算统计参数初值的方法——三点法。

所谓三点法，是根据实测资料系列计算点绘出经验频率曲线后，在曲线上按照点子的频率范围选取三个点，三点的取法应结合经验点最前一点和最后一点的频率大小分别选 1%—50%—99%、3%—50%—97%、5%—50%—95% 或 10%—50%—90% 等。与三个频率相应的变量值 x_{P1}、x_{P2}、x_{P3} 可分别在曲线上查出。查出各点坐标值 (P_1, x_{P1})、(P_2, x_{P2})、(P_3, x_{P3})，分别代入 $x_P=(\phi_P C_v+1)\bar{x}=\bar{x}+\sigma\Phi_P$ 建立如下联立方程

$$\left.\begin{aligned} x_{P1} &= \bar{x}+\sigma\Phi_{P1} \\ x_{P2} &= \bar{x}+\sigma\Phi_{P2} \\ x_{P3} &= \bar{x}+\sigma\Phi_{P3} \end{aligned}\right\} \tag{8-11}$$

解以上方程组，得出下列公式

$$\left.\begin{aligned} S &= \frac{x_{P1} - 2x_{P2} + x_{P3}}{x_{P1} - x_{P3}} \\ C_s &= \Phi(S) \\ \sigma &= \frac{x_{P1} - x_{P3}}{\Phi_{P1} - \Phi_{P3}} \\ \bar{x} &= x_{P2} - \Phi_{P2}\sigma \end{aligned}\right\} \tag{8-12}$$

式中,S 称为偏度系数,是 P 和 C_s 的函数。当 P 一定时,S 仅为 C_s 的函数。S 和 C_s 的关系由附表 3 查算。其他符号含义同前。

无论是矩法还是三点法估算的统计参数,一般在实用中很少单独使用,通常都是与适线法相结合,作为适线法初选参数的一种手段。

小　结

频率计算是研究和分析水文随机现象的统计变化特性,并以此为基础对水文现象未来可能的长期变化作出在概率意义下的定量预估,以满足水利水电工程规划、设计、施工和运行管理的需要。频率计算的任务归结为如何利用样本去推估总体。频率曲线的推求是用适线法给经验频率点群选配一条最佳的配合线。

适线法需要选定一种线型,在我国主要采用皮尔逊Ⅲ型曲线;还需要选定一种计算经验频率的公式,在我国主要采用数学期望公式。矩法、三点法等都是适线过程中初估统计参数的方法。频率计算的成果具有抽样误差。因此,对设计成果不仅要从统计方面分析,而且还要密切结合水文现象的物理成因及地区分布规律进行综合分析。频率计算中有一些重要概念应当注意,它们是总体、样本,概率、频率、频率与重现期的关系、随机变量、抽样误差、经验频率曲线和理论频率曲线、频率格纸、统计参数对频率曲线的影响等。

复习题

8-1　两个事件之间存在什么关系?相应出现的概率为多少?

8-2　概率和频率有什么区别和联系?

8-3　重现期与频率有何关系?$P=90\ \%$ 的枯水年,其重现期为多少年?含义是什么?

8-4　何谓经验频率?经验频率曲线如何绘制?

8-5　水文计算中常用的"频率格纸"的坐标是如何划分的?

8-6　如何利用皮尔逊Ⅲ型频率曲线的离均系数 Φ_P 值表绘制频率曲线?

8-7　简述三点法的具体做法与步骤。

8-8　统计参数 $\bar{x}$、C_v、C_s 含义及其对频率曲线的影响如何?

8-9　现行水文频率计算适线法的实质是什么?简述适线法的步骤。

8-10　某水利枢纽施工期预定 3 年,施工用的围堰的设计标准按 10 年一遇洪水设计，求在施工期内一次也不发生设计洪水的概率为多少？

8-11 某水文站有24年的实测年径流资料（见表8-3）。试根据该资料用矩法初选统计参数，用适线法推求10年一遇的设计年径流量。

表8-3 某站实测年径流量资料

年份	年径流量(m^3/s)	年份	年径流量(m^3/s)
1977	538.3	1989	789.3
1978	624.9	1990	732.9
1979	663.2	1991	1 064.5
1980	591.7	1992	769.2
1981	557.2	1993	615.5
1982	998.0	1994	417.1
1983	641.5	1995	606.7
1984	341.1	1996	586.7
1985	964.2	1997	567.4
1986	657.3	1998	587.6
1987	546.7	1999	709.0
1988	509.9	2000	883.5

第 9 章　年径流与洪水的分析及计算

学习指导

目标

• 了解影响年径流的因素；掌握具有长期实测径流资料时，设计年径流量及年内分配的分析计算方法；掌握缺乏实测径流资料时，利用等值线图法设计年径流量及年内分配的分析计算方法；了解水文比拟法。

• 掌握洪水资料的分析处理，洪水峰、量频率计算和设计洪水过程线推求的基本原理。掌握设计洪水计算成果合理性分析的方法。

• 掌握设计面暴雨量推求及设计暴雨时程分配的计算方法，掌握由设计暴雨推求设计洪水的基本原理和方法。

• 理解小流域设计暴雨的特点；掌握年最大 24 h 设计暴雨量计算、特定历时的暴雨计算公式；理解推理公式的建立及基本假定，掌握公式中各种参数的概念及推求思路。

重点

设计年径流量及年内分配的分析计算方法；利用等值线图法设计年径流量及年内分配的分析计算方法；洪水峰、量频率计算和设计洪水过程线推求；设计面暴雨量推求及设计暴雨时程分配的计算方法；由设计暴雨推求设计洪水的基本原理和方法；推理公式基本假定、公式中各种参数的概念及推求思路。

9.1　设计年径流

9.1.1　年径流

径流的天然变化过程往往与各用水部门如灌溉、发电、航运、城市和工业用水等的用水要求存在着矛盾。为了解决这一矛盾，就需要在河流上修建水利水电工程，对天然径流过程加以人工调节或控制，以满足各用水部门的要求。由于用水部门的用水和工程相应的径流调节通常是以年为周期的，故以供水为目的而进行的径流分析和预测也是以年为时段的。在一个年度内，通过江河某一断面的水量称为该断面以上流域的年径流量，简称为年径流。年径流可以用年平均流量(m^3/s)、年径流总量(m^3)、年径流深(mm)和年径流模数($m^3/(s \cdot km^2)$)表示。

在水文年鉴和水文资料数据库中，年径流资料是按照日历年度统计的。年径流的特征值及其年内变化均列在逐日平均流量表中。为了尽量消除相邻年间年径流的相关关系，使年径流样本系列满足随机独立的要求，以便采用如频率计算等现行水文计算方法。

在水文水利计算中,年径流通常是按照水文年度或水利年度统计的。由于我国南北方气候的差异,各地的水文年度或水利年度起止日期不统一。

根据实测资料的统计分析,年径流的变化具有以下特性:

(1)年径流的年内变化,按水文年度统计。表现为明显的汛期和非汛期(也称枯水期)。一般,汛期水量大且变化剧烈;非汛期水量小且变化平稳,并且各年汛期和非汛期起讫日期、历时长短不会完全一致。但为便于统计分析通常都取为一致。年径流的年内变化也称年径流的年内分配,通常用月(旬)平均流量过程线、月(旬)径流量过程线或月(旬)径流量占年径流量的百分数表示。

(2)年径流的年际变化表现为丰水年、平水年、枯水年交替出现的现象。一般将年径流量值大于多年平均年径流量的年份称为丰水年,将年径流量值接近多年平均年径流量的年份称为平水年,将年径流量值小于多年平均年径流量的年份称为枯水年。丰水年、平水年、枯水年在实际径流变化过程中,并非规则地交替出现。有时可能连续出现几个丰水年,有时也可能连续出现几个枯水年或平水年,但总的变化趋势是交替出现的。

为了分析年径流量及其变化规律,必须探讨影响年径流的因素。从闭合流域年水量平衡方程式 $H-E-Y=\Delta W$ 可以看出,影响年径流的因素主要为气候因素和流域下垫面因素。

气候因素中的年降水量和年蒸散发量对年径流的影响作用非常明显,但两者对年径流的影响程度在不同的地区有不同的情况。一般在南方湿润地区,年径流量与年降水量之间的关系较为密切,年径流的年内变化与年降水量的年内变化也具有较好的一致性,说明年降水量对年径流量起着决定性作用。在北方干旱地区,年径流量与年降水量之间关系不很密切。年降水量和年蒸散发量都对年径流量起着相当大的作用。

以冰雪融化补给为主的河流,其年径流量的大小主要取决于前一年的降雪量和当年的气温。

流域的下垫面因素主要包括地形、土壤、地质、植被、湖泊、沼泽和流域面积等。这些因素对年径流的影响,一方面表现在对流域蓄水量变化量 ΔW 的影响上;另一方面表现在对气候因素的影响而间接影响年径流。

地形主要通过对降水和蒸发等气候因素的影响间接对年径流量发生影响。一般情况下,降水量随高程的增加而增大;蒸散发量随高程的增加而减小。但也有一些资料表明,流域高程增加到一定高度后,年降水量不再增加反而有减小的趋势。

土壤和地质条件主要通过蒸发和下渗影响年径流量。土壤的结构和透水岩层的厚薄直接影响流域地下储水量的多少和调节能力的大小。在具有深厚含水层的地区,由于形成的巨大地下水库,使径流的年内变化变幅变小。

植被的影响,主要表现在森林地区对地面径流和地下径流的分配上,高植被率增大了地下径流的比例,使年径流变化趋于均匀。另外,在森林地区植物的散发作用也较强,从而有减小年径流的趋势。

湖泊、沼泽对年径流的影响,一方面表现为增大蒸发量使年径流减小,特别在干旱地区尤为明显;另一方面表现为增加流域的调蓄能力,使年径流的年内变化趋于均匀。

流域面积的大小对年径流的影响主要表现在对流域蓄水量的调节而影响年径流的变

化。一般流域面积大,其调节能力强,可使径流的年内、年际变化幅度小。

除了气候因素和下垫面因素外,人类活动对年径流的影响也越来越大。它主要表现在各种水利水电工程和水保生态工程上,短期改变流域的下垫面条件,影响年径流量及年内年际变化;长期而言,可以在一定程度上改变局部气候条件而影响年径流。这一问题也将愈来愈为人们所重视。

设计年径流计算的任务就是分析和预测工程使用期限内的年径流及其变化,为合理确定水利水电工程规模提供正确的水文数据。

9.1.2 具有长期径流资料时设计年径流的计算

在实际工程中,对于大型水利水电工程的规划设计,主要采用长系列操作法,通过历年的来水过程和用水过程进行径流调节计算,求出水库每年所需的兴利库容,然后将水库各年的兴利库容进行频率计算,求出符合某一设计保证率的兴利库容;对于中小型水利水电工程,由于资料条件的限制,通常采用实际代表年或设计代表年的年、月径流量。

9.1.2.1 实际代表年的年、月径流量的选取

在规划灌溉工程时,对当地历史上发生过的旱灾情况进行调查分析,确定各干旱年份的干旱程度,然后根据要求从实测年、月径流资料中选定某一实际的干旱年份作为代表年,该年的径流过程就是实际代表年的年、月径流量。以此作为未来设计条件下的来水,再算出该年的灌溉用水过程,通过径流调节计算,即可求得灌溉工程的规模。应当指出,这种方法确定的工程规模不一定满足设计保证率,但由于历史上曾经发生的干旱年份给人以深刻的印象,且在处理代表年用水过程方面比较合理,故在中小型灌溉水库的规划设计中应用广泛。

9.1.2.2 设计代表年的年径流量及年内分配的计算

设计代表年法的出发点是将河川年径流量看做一个随机变量,用频率计算的方法找出它所具有的统计规律,即年径流量的频率分布曲线(或者是三个统计参数),据此来推求指定设计保证率的年径流量,即设计年径流量。设计年径流量在年内各月(旬)的水量分配过程称为设计年径流的年内分配,通常是用同倍比法或同频率法缩放所选用的代表年(也称典型年)径流过程求得,所以称为设计代表年的年、月径流量。

这种类型的设计年径流成果主要用来配合水利计算中的设计代表年法。用设计代表年的年、月径流量作为工程使用期限内的设计来水,据此确定工程的规模。

1)设计代表年年径流量的计算

(1)计算时段的确定和时段径流量的统计。在确定设计代表年的径流过程时,一般要求年径流量及其他一些计算时段的径流量同时达到指定的设计保证率。所以,除了选定以水文年或水利年为设计时段,还要选择其中的一些控制时段。控制时段的确定与工程要求有关,如灌溉工程的规模与灌溉期来水量大小密切相关,因此可取灌溉期作为控制时段。时段也可取多个,如南方某双季稻灌区灌溉期为4~10月,但主要需水期为7~9月,故可以取两个控制时段来统计时段径流量。再如水电工程,枯季径流量影响着发电效益,因此可取枯水期作为控制时段,但在统计枯季径流量时,多不固定起讫时间,而是选年内最小值,如选年最小3个月的径流量,则是根据历年逐月径流资料统计各年连续最小3

个月的径流量,而不管各年的起讫月份是否一致,有时可能会出现跨年统计。至于年径流量,一般按平均情况取固定日期作为水文年或水利年的起讫点。

(2)频率计算。通过对实测径流资料审查和对不同计算时段的径流量进行统计选样后,便得到各计算时段的长期径流量系列,然后用第 8 章介绍的适线法分别进行频率计算,从而推求出指定设计保证率的设计年径流量和其他控制时段的设计径流量。根据资料经适线法频率计算,求得该站年平均流量及最小 4 个月水量的设计成果,如表 9-1 所示。

表 9-1 某站径流量频率计算成果

名称	统计参数			设计值		
	均值	C_v	C_s/C_v	$P=10\%$	$P=50\%$	$P=90\%$
年平均流量	8.97 m^3/s	0.30	2.0	12.6 m^3/s	8.7 m^3/s	5.74 m^3/s
最小 4 个月水量 $W_{4,P}$	8.45 (m^3/s)·月	0.65	2.0	15.8 (m^3/s)·月	7.35 (m^3/s)·月	2.62 (m^3/s)·月

在频率适线过程中,应尽量照顾大部分点据分布趋势,侧重于考虑中下部平水年和枯水年的点群分布定线。C_s/C_v 值除特殊地区外一般可采用 2 ~ 3,但最终应以适线结果为准。

另外,对于实测资料系列中的特殊年份,由于其年径流量值比其他枯水年数值小得多,常称为特小值,它对于枯水年段的适线影响较大,因此应对其出现的重现期进行认真的分析考证,然后合理地延长、修正其经验频率,重新绘点适线,使设计成果尽量合理。

(3)成果的合理性分析是指分析频率计算成果是否符合客观规律。对年径流量的计算成果合理性分析可以从以下两个方面进行:

①与上下游、干支流或邻近河流的年径流量统计参数进行比较分析。年径流量的均值、C_v 值在地区上分布应符合一般规律。即径流量的均值应随流域面积的增大而增大,C_v 值一般随流域面积的增大而有减小的趋势。

②与流域平均年降水量统计参数进行比较。一般年径流量的均值(以径流深表示)应小于流域平均年降水量均值,年径流的 C_v 应大于年降水量的 C_v。

2)设计年径流的年内分配计算

设计年径流的年内分配计算就是推求设计代表年的逐月(旬)径流量。通常采用同倍比法或同频率法缩放选用的实际代表年(也称典型年)的径流过程而求得。

(1)代表年的选择。代表年应从实测资料中选择。并要求符合下述两条原则:

①水量相近原则,即选取代表年的年径流应与设计值相接近。

②对工程不利的原则,即选出的代表年的年内径流分配过程是对工程不利的。如灌溉工程,就应选择灌溉季节来水较枯;非灌溉季节径流量相对较大的年份需较大的蓄水库容才能保证供水;对发电工程而言,枯水期越长,枯水期径流量占全年径流量的百分数愈小的年份愈不利。

水电工程一般选丰水、平水和枯水三个代表年,而灌溉工程只选枯水代表年。相对于这三个代表年的设计年径流的频率可取 $P \leqslant 25\%$、$P = 50\%$ 和 $P \geqslant 75\%$。

(2)代表年逐月(旬)径流过程的缩放。

①同倍比法是将选出的代表年年内各月(旬)径流量乘以相同的缩放系数 K 便可得到设计年径流的年内分配过程。缩放系数

$$K = \frac{Q_P}{Q_D} \tag{9-1}$$

式中 Q_P、Q_D——设计年径流量和代表年径流量。

式(9-1)是以年水量为控制的,当把其他某计算时段的设计径流量和代表年内相应计算时段的径流量代入式(9-1)中,就是以某时段水量为控制的,如设计枯水年常常用灌溉期或最小几个月的水量为控制,其成果要比年水量控制的更为合理些。

同倍比法计算简单,且设计的年内分配变化规律与代表年一致。但是,推求出的设计年径流过程各控制时段的径流量并不一定全部符合设计频率。因此,实际工作中还经常使用同频率法进行计算。

②同频率法也称多倍比法,即将代表年各月(旬)的径流量分段按不同的倍比缩放。例如,若要求设计最小1个月、最小3个月、最小5个月以及全年的径流量(W_{1P}、W_{3P}、W_{5P}、W_{12P})都符合设计频率,则各时段的缩放倍比为:

最小1个月的倍比 $$K_1 = \frac{W_{1P}}{W_{1D}} \tag{9-2}$$

最小3个月其余两个月的倍比 $$K_{3-1} = \frac{W_{3P} - W_{1P}}{W_{3D} - W_{1D}} \tag{9-3}$$

最小5个月其余两个月的倍比 $$K_{5-3} = \frac{W_{5P} - W_{3P}}{W_{5D} - W_{3D}} \tag{9-4}$$

全年其余7个月的倍比 $$K_{12-5} = \frac{W_{12P} - W_{5P}}{W_{12D} - W_{5D}} \tag{9-5}$$

式中 W_{1D}、W_{3D}、W_{5D}、W_{12D}——代表年最小1个月、最小3个月、最小5个月和全年的径流量。

用同频率法求出的各时段的缩放倍比 K_i 对代表年各相应时段进行分段缩放,即得出设计年径流的年内分配。此时,各时段径流量都符合设计频率的要求,比同倍比法计算的结果要合理一些。但由于采用了几个倍比缩放,破坏了代表年径流的分配形状。因此,对同频率法所得的成果常常要作径流成因分析,以探求这种径流年内分配的合理性。

【例9-1】 某设计站设计年径流量 $Q_P = 118.5\ m^3/s$,设计最大1个月、3个月的径流量分别为450 $(m^3/s)\cdot$月、896 $(m^3/s)\cdot$月,典型年年径流量为128 m^3/s,年内分配见表9-2,试用同频率法计算设计年的年内分配。

解:(1)计算缩放倍比。

代表年最大1个月(9月)的水量 $W_{1D} = 415\ (m^3/s)\cdot$月;代表年最大3个月(8、9、10月)的水量 $W_{3D} = 864\ (m^3/s)\cdot$月。

$$K_1 = 450/415 = 1.084$$
$$K_{3-1} = (896 - 450)/(864 - 415) = 0.993$$

$$K_{12-3} = (118.5 \times 12 - 896) / (128 \times 12 - 864) = 0.783$$

(2)用同频率法计算设计年内分配,如表 9-2 所示。

表 9-2 同频率法设计年径流年内分配计算表 (单位:m^3/s)

月份	1	2	3	4	5	6	7	8	9	10	11	12
典型年	42.3	55.8	85.5	91.0	83.3	40.7	99.3	204	415	245	123	77.6
缩放倍数	0.783	0.783	0.783	0.783	0.783	0.783	0.783	0.993	1.084	0.993	0.783	0.783
设计年	33.1	43.7	66.9	71.3	65.2	31.9	77.8	202.6	449.9	243.3	96.3	60.8

9.1.3 缺乏实测径流资料时设计年径流的计算

在中小型水利水电工程规划设计中,经常会遇到缺乏实测径流资料的情况,或者虽有短期实测径流资料,但无法通过相关关系展延。此时,设计年径流量及其年内分配只能通过间接途径来推求。目前,在水文分析计算中常用等值线图法和水文比拟法来估算年径流的三个统计参数,然后计算设计代表年的年径流量,并进一步推求设计年径流的年内分配。

9.1.3.1 等值线图法

各省(区)《水文手册》(图集)中,均刊载有多年平均年径流深等值线图和年径流量变差系数 C_v 等值线图,偏差系数 C_s 的分区图或建议的 C_s/C_v 倍比值,可供缺乏资料地区查用。

1)多年平均年径流量的估算

水文特征值的等值线图是表示水文特征值的地理分布规律的方法。当影响某一水文特征值的因素主要是分区性因素(如气候因素)时,则该特征值就随地理坐标的不同而发生连续均匀的变化,利用这种特性就可以在地图上作出它的等值线图。反之,如影响某一水文特征值的因素主要是非分区性因素(如下垫面因素、流域面积、河槽下切深度、湖泊、沼泽等)时,用该特征值就不随地理坐标而连续变化,也就无法作出等值线图。对于同时受到分区性和非分区性因素影响的特征值,如果能设法消除非分区性因素的影响,就可提高等值线图的精度。

影响闭合流域多年平均年径流量的主要因素是气候因素:降雨和蒸发。由于降雨量和蒸发量具有地理分布规律,因此多年平均年径流量也具有这种规律,可以绘制等值线图,并用它来推求缺乏实测径流资料的多年平均年径流量。为消除流域面积这一非分区性因素的影响,等值线图以多年平均年径流深(单位为 mm)表示。

对于属某一点的水文特征值(如降水量、蒸发量等),可将观测值直接标注在地图上的观测点处,然后绘出该特征值的等值线图。但是对于径流量来说,河流任一测流断面的径流量是由断面以上流域各点的径流汇集而成的。径流量不是该断面处的数值,而是流域的平均值。所以在绘制多年平均年径流深等值线图时,不应将数值点绘在测流断面处,而应点绘在流域的形心处。所谓流域形心,就是沿任意几个方向都能将流域面积划分成两等份的几条直线的交点。在山区,径流有随高程的增加而加大的趋势,故常将数值点绘在流域平均高程处。

由于多年平均径流深等值线图是按上述原则绘制的，因此在应用该图来推求无实测径流资料情况下设计断面处的多年平均径流量时，先在等值线图上勾绘出设计流域工程所在断面以上的流域分水线，并找出流域形心位置。当流域面积较小，穿过流域内的等值线条数较少时，可直接采用直线内插法查读出流域形心处的数值，即为设计流域多年平均年径流深。当设计流域面积较大，穿过流域内的等值线条数较多时，则应采用面积加权平均法来计算设计流域的多年平均径流深。

必须指出，多年平均年径流深等值线图，一般都是依据中等流域的实测径流资料绘制的。因此，等值线图应用于中等流域比较适合，成果精度较高。若应用于小流域，由于流域河槽下切深度浅等原因，可能造成地下径流量的差异，必要时要进行实地调查，适当加以修正。

2）年径流变差系数 C_v 的估算

如上所述，影响年径流变化的主要因素是气候因素。因此，在一定程度上也可以用等值线图来表示年径流量的 C_v 值在地区上的变化规律。

年径流量 C_v 等值线图的绘制方法和查用方法，与多年平均年径流深 $\bar{y}$ 等值线图相似。但应注意，年径流量 C_v 等值线图的精度一般较低，特别是用于小流域，由于小流域支流少，水量丰枯补偿小，同时地下水补给少，使小流域年径流量的 C_v 值大于大、中流域。因此，把依据中等流域资料绘制的年径流量 C_v 等值线图用于小流域时，由图上查读的 C_v 值可能比实际的偏小，必须结合具体条件加以修正。

3）年径流量偏差系数 C_s 的估算

年径流量偏差系数 C_s 一般在地区上变化规律不明显，通常表示为分区图（表），可直接选取用 C_s/C_v 的倍比。一般多采用 $C_s=2C_v$。

4）设计年径流量及其年内分配的计算

通过查等值线图或分区图（表）得到三个统计参数后，根据指定的设计频率，查皮尔逊Ⅲ型曲线模比系数 K_P 值表确定 K_P，就可计算出设计年径流量 Q_P。

为配合参数等值线图的应用，各省（区）《水文手册》（图集）中，都按气候和地理条件划分了水文分区，并给出了各分区的丰、平、枯各种年型径流的典型分配过程，可供无资料流域推求设计年径流年内分配时查用。

9.1.3.2 水文比拟法

水文比拟法是将参证流域的水文特征值移用到设计流域或进行成果合理性分析的一种有效方法。应用此法的关键在于选择合适的参证流域，参证流域应符合以下条件：

（1）参证流域应具有长期实测径流资料，而且代表性好。

（2）参证流域与设计流域必须属同一气候区且自然地理条件相似。

（3）参证流域与设计流域面积不能相差太大。

根据以上条件选出参证流域后，若设计流域与参证流域面积相差不超过3%时，可直接将参证站三个统计参数移用到设计站来；若流域面积相差在3%～15%以内，则应按面积比修正的方法来推求设计站多年平均流量，即

$$Q_{0,设} = \frac{F_{设}}{F_{参}} Q_{0,参} \tag{9-6}$$

式中 $Q_{0,设}$、$Q_{0,参}$——设计流域和参证流域多年平均流量；

$F_{设}$、$F_{参}$——设计流域和参证流域的流域面积。

当流域面积相差超过15%时，不能简单地按面积比修正，尚需考虑其他因素的影响。至于年径流量的 C_v 值和 C_s/C_v 值，可直接移用参证流域的相应数值，或根据流域特性的差异略加修正。

对于无实测径流资料地区，设计年径流的年内分配广泛使用水文比拟法，即将参证流域的代表年（或典型年）的径流年内分配百分数移用到设计流域中，进而推求设计年径流的年内分配。

9.2 设计暴雨

由暴雨资料推求设计洪水是以径流形成的产汇流理论为基础，假定设计洪水是由同频率的暴雨所形成的，其计算过程由设计暴雨的推求、设计净雨的推求和设计洪水过程线的推求三个步骤构成。

设计暴雨是指符合给定设计标准的一次暴雨量及其在时间和空间上的分布。推求设计洪水所需要的是流域上的设计面暴雨过程。根据当地雨量资料条件，计算方法可分直接法和间接法两种。直接法是由面平均雨量系列直接进行频率计算，适用于雨量资料充分的流域；间接法是通过降雨的点面关系，由设计点雨量间接推求设计面暴雨量，适用于雨量资料短缺的中小流域。

9.2.1 暴雨资料充分时设计面暴雨的计算

9.2.1.1 面暴雨量的选样

面暴雨资料的选样一般采用年最大值法，其方法是：先根据当地雨量站的观测站资料，根据设计精度要求确定设计时段，一般为6 h、12 h、1 d、3 d、7 d、…，并计算出各时段面平均雨量；然后再按独立选样方法，选取历年各时段的年最大面平均雨量组成面暴雨量系列。

为了保证频率计算成果的精度，应尽量插补展延面暴雨资料系列，并对系列进行可靠性、一致性与代表性的审查与修正。

9.2.2.2 面暴雨量的频率计算

面暴雨量的频率分析计算所选用的线型和经验频率公式与前面所属的频率分析计算相同，其计算步骤包括暴雨特大值的处理、适线法绘制频率曲线、设计值的推求及合理性分析等。

9.2.2 暴雨资料短缺时设计面暴雨量的计算

当流域内的雨量站较少，或各雨量站资料长短不一，难以求出满足设计要求的面暴雨量系列时，可先求出流域中心的设计点雨量，然后通过降雨的点面关系进行转换，求出设计面暴雨量。

9.2.2.1 设计点雨量计算

求设计点雨量时，如果在流域中心处有雨量站且系列足够长，则可用该站的暴雨资料直接进行频率计算求得设计点雨量。如果在流域中心没有这种雨量测站，则可先求出所在流域中心附近各测站的设计点雨量，然后通过地理插值，求出流域中心的设计点雨量；若流域缺乏暴雨资料时，则通过各省区《水文手册》（图集）所提供的各时段年最大暴雨量的 $\bar{H}$、C_v 的等值线图及 C_s/C_v 的比值，计算设计点雨量。

此外，对于流域面积小、历时短的设计暴雨，也可采用暴雨公式计算设计点雨量。其方法是根据各地区的《水文手册》（图集）查得设计流域中心的 24 h 暴雨统计参数（$\bar{H}_{24\,h}$、C_v、C_s），计算出该流域 24 h 设计雨量 $H_{24\,h,P}$，并按暴雨公式求出设计雨力 S_P，其计算式为

$$S_P = H_{24\,h,P}24^{n-1} \tag{9-7}$$

任一历时的设计暴雨 $H_{t,P}$ 可通过暴雨公式转换得到，计算式为

$$H_{t,P} = S_P t^{1-n} \tag{9-8}$$

暴雨递减指数 n 要经实测资料分析，通过地区综合得出。暴雨递减指数 n 一般不是常数，当 $t<t_0$ 时，$n=n_1$；当 $t \geqslant t_0$ 时，$n=n_2$。$t_0=1$ h 或 $t_0=6$ h。具体应用时，可由当地的《水文手册》（图集）查得。

9.2.2.2 设计面暴雨量的计算

按上述方法求出设计点雨量后，就可由流域降雨点面关系，很容易地转换出流域设计平均雨量，即设计面暴雨量。

暴雨的点面关系是指暴雨中心或流域内某一特定位置的点雨量与一定范围内相应的面雨量之间的相关关系。

根据径流试验站的观测资料分析表明：当流域面积较小时，暴雨的时空分布基本均匀，可直接以点雨量代替面雨量，不作点面关系的转换。随着流域面积的增大，点面雨量的差异也随之加大。例如，某流域 $F=342\ km^2$，流域内有 4 个雨量站，1983 年 7 月 26 日大暴雨，算得的最大 24 h 流域平均雨量为 115.7 mm，而 4 个站观测的最大 24 h 点雨量为 205.1 mm，最小点雨量为 38.9 mm，相差 5 倍多，最大点雨量为流域平均雨量的 1.8 倍。显然，用点雨量代替面雨量的误差一定较大，这时应通过点面关系将点雨量转换成面雨量。点面关系的建立有两种方式，其分别介绍如下。

1）定点定面关系

用流域中心或流域内某一雨量站作为定点，以设计流域面积作为定面，计算某历时次暴雨的点雨量及相应的流域平均雨量，建立点雨量与面雨量的相关关系，叫做定点定面关系。

点面关系图以流域面积为横坐标，以面雨量与相应的点雨量之比值，即点面折扣系数为纵坐标。

$$\alpha = H_F/H_0 \tag{9-9}$$

式中 α——点面折扣系数；

H_F——面雨量，mm；

H_0——代表站或流域中心处的点雨量，mm。

暴雨在地区上的分布是极不均匀的，其变化不受流域边界约束，只受气候、地形及自然条件的影响。因此，各次暴雨的点面关系均不会相同，致使点面相关点据比较散乱。生产中常将点面关系取其平均或取外包线，加以综合后绘制成点面关系图。

2）动点动面关系

由于暴雨的走向、雨量大小及地区分布的随机性，有时定点定面关系很不稳定，规范建议在定点定面关系不好的情况下，可建立动点动面关系来推求设计面雨量。

动点动面关系根据某一历时的暴雨图分析计算求得。即以暴雨图上暴雨中心的点雨量与其四周等雨量线围成的面积的平均雨量建立点面关系。关系图的绘制与前述相同。但横坐标 F 已不是流域面积，而是各等雨量线包围的面积。并将点面关系加以综合即得暴雨动点动面关系图。

以上两种点面关系，前者面积为固定的流域面积，点是特定的点。因暴雨中心不一定正好落在特定点上，因此点雨量不一定大于面雨量，故点面折扣系数可能出现大于 1.0 的情况，但经综合后均小于 1.0；后者点的位置和面的范围都是变动的，点雨量是暴雨中心的雨量，因此一定大于面雨量，点面折扣系数均小于 1.00。

各省（区）的《水文手册》（图集）中刊有不同历时暴雨的点面关系图（表），可供查用。

当流域较小时，可直接用设计点雨量代替设计面暴雨量。

9.2.3 设计暴雨的时程分配

拟定设计暴雨在时间上的分配过程的具体方法是：

在求出各种历时的设计面雨量以后，首先在设计流域（若缺乏实测暴雨资料，则在其邻近流域）内选取一次实测大暴雨过程作为典型。典型暴雨的选择原则是：

（1）所选典型暴雨的分配过程应为本流域设计条件下比较容易发生的雨型，即所选的典型暴雨的雨峰个数、主雨峰位置、实际降雨时段数是大暴雨中较常见的；

（2）所选典型暴雨的雨量与设计暴雨量相近；

（3）所选典型暴雨的分配过程对工程不利，即为雨量集中、主峰偏后的暴雨，这样的暴雨对水利工程安全不利。

然后采用同倍比法或同频率法放大典型暴雨过程。有时在小流域上也可以采用单站雨量（点雨量）过程作为典型，但在大流域上应尽可能地避免，因为单站的典型暴雨更容易产生偏大的结果。

【例 9-2】 某流域具有充分的雨量资料。经面暴雨量频率计算得各时段 $P=1\%$ 的设计雨量为 $H_{6\,\mathrm{h}}=64$ mm，$H_{24\,\mathrm{h}}=106$ mm，$H_{72\,\mathrm{h}}=178$ mm。求 $P=1\%$ 的设计暴雨过程。

解：（1）对流域内的某次实测大暴雨过程进行分析比较后，选定 2002 年 7 月的一次大暴雨作为典型，其暴雨过程如表 9-3 所示。

（2）根据典型暴雨过程，经统计得典型最大 6 h、24 h、72 h 雨量及位置分别如下：

最大 6 h 为第 9 时段，$H_{D,6}=46.7$ mm；

最大 24 h 为第 7 ~ 10 时段，$H_{D,24}=84.2$ mm；

最大 72 h 为第 1 ~ 12 时段，$H_{D,72}=141.0$ mm。

表 9-3　某流域设计暴雨过程计算结果

时段(6 h)	1	2	3	4	5	6	7	8	9	10	11	12	合计
典型暴雨	12.2	6.8	0	20.0	1.5	3.8	4.7	11.3	46.7	21.5	3.8	8.7	141.0
放大倍比	1.27	1.27	1.27	1.27	1.27	1.27	1.12	1.12	1.37	1.12	1.27	1.27	
设计暴雨	15.5	8.6	0	25.4	1.9	4.8	5.3	12.7	64.0	24.1	4.8	11.0	178.1

(3)各种历时的放大倍比系数为

$$K_1 = \frac{64.0}{46.7} = 1.37$$

$$K_{4-1} = \frac{106.0 - 64.0}{84.2 - 46.7} = 1.12$$

$$K_{12-4} = \frac{178.0 - 106.0}{141.0 - 84.2} = 1.27$$

(4)用同频率控制放大法推求设计暴雨过程,将各放大倍比系数填在表 9-3 与典型暴雨过程相对应的位置上,通过放大计算得设计暴雨过程,如表 9-3 所示。

9.3　设计净雨

净雨量是指降雨扣除损失后剩余的雨量,又称为产流量。设计净雨的推求也就是设计条件下产流量的推求,是从设计暴雨中扣除损失量的计算过程。由于产流过程是十分复杂的过程,损失量一般无法直接测量,通常用间接的方法来确定,其常用方法有降雨径流相关图法和初损后损法两种。

9.3.1　降雨径流相关图的建立

降雨径流相关图是指流域面雨量与所形成的径流深及影响因素之间的相关曲线。一般以次降雨量 H 为纵坐标,以相应的径流深 Y 为横坐标,以流域前期影响雨量 P_a 为参数,然后按点群分布的趋势和规律,定出一条以 P_a 为参数的等值线。这就是该流域的 $H \sim P_a \sim Y$ 三变量降雨径流相关图,如图 9-1(a)所示。相关图做好后,要用若干次未参加制作相关图的雨洪资料,对相关图的精度进行检验与修正,以满足精度要求。当降雨径流资料不多,相关点据较少,按上述方法定线有一定的困难时,可绘制简化的三变量相关图,即以 $H + P_a$ 为纵坐标、径流深 Y 为横坐标的 $(H + P_a) \sim Y$ 相关图,如图 9-1(b)所示。

必须指出,降雨径流相关图中的径流有地面径流与总径流之分。两者有很大的差别,前者是以超渗产流为基础建立的,而后者则是以蓄满产流为基础建立的。

有的省对降雨径流相关图选配了数学公式;有的省不考虑 P_a 值,直接建立两变量的降雨径流相关图;有的省则采用直线表示上述两变量的降雨径流相关图,亦即径流系数法;而有的省采用了理论的降雨径流关系,即蓄满产流模型来推求设计净雨。具体见各省(区)的《水文手册》(图集)。

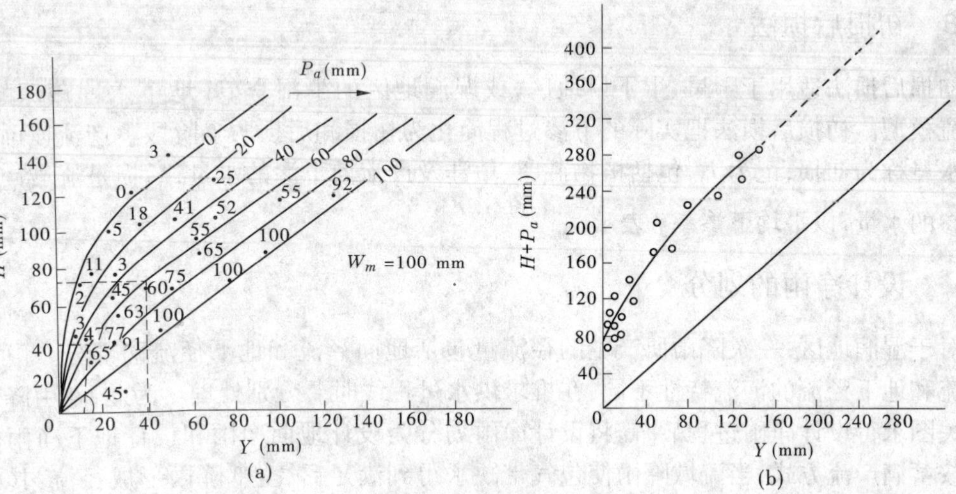

图 9-1　降雨径流相关图

9.3.2　降雨径流相关图的应用

利用降雨径流相关图由设计暴雨及过程可查出设计净雨及过程。其方法是由时段累加暴雨量,查降雨径流相关图曲线得相应的时段累加净雨量,然后将相邻累加净雨量相减得到各时段的设计净雨量。

需要强调的是,由实测降雨径流资料建立起来的降雨径流相关图应用于设计条件时,必须处理如下两方面的问题:

(1)降雨径流相关图的外延。设计暴雨常常超出实测点据范围,使用降雨径流相关图时,需对相关曲线作外延。以蓄满产流为主的湿润地区,其上部相关线接近于45°直线,外延比较方便。干旱地区的产流方案外延时任意性大,必须慎重。

(2)设计条件下 P_{a_p} 的确定。有长期实测暴雨洪水资料的流域,可直接计算各次暴雨的 P_a 值,用频率计算法求得设计值 P_{a_p},有时也用几场大暴雨所分析的 P_a 值,取其平均值作为 P_{a_p} 值。

中小流域缺乏实测资料时,可采用各省(区)《水文手册》(图集)分析的成果确定。P_{a_p} 值大约为 I_m 的 2/3 倍,湿润地区大一些,干旱地区一般较小。

设计产流过程的推求是利用降雨径流相关图(以 $y=f(H+P_a)$ 表示)和 P_{a_p} 值,推求产流的过程,其具体步骤是:

(1)雨量过程按时序逐时段累加起来,求得时段累积雨量 $H_1=\Delta H_1, H_2=H_1+\Delta H_2, H_3=H_2+\Delta H_3, \cdots$

(2)在 $y=f(H+P_{a_p})$ 图上,用时段累积雨量加 P_{a_p} 值为纵坐标值,查读横坐标值,求得时段累积径流深 Y_1、Y_2、Y_3、…

(3)将各时段累积径流深相减,即求得各时段径流深,从而也就求得了产流过程。即 $\Delta Y_1=Y_1, \Delta Y_2=Y_2-Y_1, \cdots$

9.3.3　初损后损法

初损后损法适用于干旱、半干旱地区，或湿润地区的少雨季节(地下水埋藏深的)超渗产流模型。初损后损法把实际的下渗过程简化为初损和后损两个阶段。产流以前的总损失水量称为初损，记为 I_0，包括植物截留、填洼及产流前下渗的水量；后损是流域产流以后下渗的水量，以平均下渗率 $\bar{f}$ 表示。

9.3.4　设计净雨的划分

对于湿润地区，一次降雨所产生的径流量包括地面径流和地下径流两部分。由于地面径流和地下径流的汇流特性不同，在推求洪水过程线时要分别处理。为此，在由降雨径流相关图求得设计净雨过程后，需将设计净雨划分为设计地面净雨和设计地下净雨两部分。按蓄满产流方式，当流域降雨使包气带缺水得到满足后，全部降雨形成径流，其中按稳定入渗率 f_c 入渗的水量形成地下径流 h_g，降雨强度 i 超过 f_c 的那部分水量形成地面径流 h_s。

设时段为 Δt，时段净雨为 h，则：

当 $i > f_c$ 时，有

$$h_g = f_c\Delta t$$

$$h_s = h - h_g = (i - f_c)\Delta t$$

当 $i \leqslant f_c$ 时，有

$$h_g = h = i\Delta t$$

$$h_s = 0$$

可见，f_c 是个关键数值，只要知道 f_c 就可以将设计净雨划分为 h_s 和 h_g 两部分。f_c 是流域土壤、地质、植被等因素的综合反映。如流域自然条件无显著变化，一般认为 f_c 是不变的，因此 f_c 可通过实测雨洪资料分析求得。各省(区)的《水文手册》(图集)中，刊有 f_c 分析成果，可供无资料的中小流域查用。

对于干旱地区的超渗产流方式，除有少量的深层地下水外，几乎没有浅层地下径流，因此求得的设计净雨基本上全部是地面径流，不存在设计净雨划分的问题。

9.4　设计洪水

由径流形成过程可知，流域上各点产生的净雨，经过坡地和河网汇流形成出口断面流量过程线的整个过程为流域汇流。设计洪水过程线的推求，就是设计净雨的汇流计算。一般中小流域的设计地面洪水过程线采用综合单位线法来推求。设计地下洪水过程线采用简化的方法推求。

9.4.1　综合单位线法的基本概念

单位线法是把一次地面净雨产生的出口断面的地面径流过程线看成是由单位时段内，单位净雨深经流域调蓄后在出口断面上形成的一条单位流量过程线(单位线)经倍比

放大，错开时段叠加而形成的。

小流域一般缺乏实测暴雨资料，往往不能直接求得单位线。此时，可根据附近地区的单位线，建立单位线要素（即洪峰流量 Q_m、洪峰滞时 t_p 与总历时 T）与流域特征的经验关系。对于无资料地区，只要知道它的流域特征，便可通过地区经验公式确定它的单位线要素，从而求得该流域的单位线。由于上述单位线要素与流域特征的经验关系是根据地区的各种流域特征资料综合而来的，故称为综合单位线。综合单位线又分为综合时段单位线和综合瞬时单位线两种。其中，综合瞬时单位线目前在全国应用的最为广泛，这里只介绍用综合瞬时单位线推求设计洪水过程线的方法。

9.4.2 单位线的定义及其假定

单位线是指在特定的流域上，单位时段内均匀分布的单位地面净雨在流域出口断面所形成的地面径流过程线，如图 9-2（a）所示。单位净雨（h）一般取 10 mm。单位时段则根据流域的特性而定，一般取涨洪历时的 1/4 ~ 1/2，常取的时段有 1 h、3 h、6 h、12 h、24 h 等。所取的时段不同，单位线也就不同，所以基于时段降雨资料分析出的单位线常称为时段单位线。

单位线包围的面积 W（径流量）换算成径流 Y 应为 10 mm，可据此校核单位线，即

$$Y = \frac{3.6\Delta t \sum q_i}{F} \tag{9-10}$$

式中 Y——径流深，mm；

F——流域面积，km^2；

Δt ——单位线时段长，h；

q_i——单位线的纵坐标，m^3/s。

（1）倍比假定。如果单位时段内的净雨深不是 1 个单位，而是 n 个单位，则它所形成的流量过程线总历时与单位线底宽相同，各时刻流量则为单位线的 n 倍。

（2）叠加假定。如果地面净雨历时不是一个时段，而是 n 个时段，则各时段净雨深所形成的部分流量过程之间互不干扰，出口断面的流量过程线等于 n 个部分流量过程错开时段相加，如图 9-2 所示。

9.4.3 瞬时单位线的概念

瞬时单位线是指流域上均匀分布的瞬时时刻（即 $\Delta t \to 0$）的单位净雨在出口断面处形成的地面径流过程线。其纵坐标常以 $u(0,t)$ 或 $u(t)$ 表示，无因次。瞬时单位线可用数学方程式表示，概括性强，便于分析。

J. E. Nash 设想流域的汇流可看做是 n 个调蓄作用相同的串联水库的调节，且假定每一个水库的蓄泄关系为线性，则可导出瞬时单位线的数学方程为

$$u(t) = \frac{1}{K\Gamma(n)}\left(\frac{t}{K}\right)^{n-1} e^{-t/K} \tag{9-11}$$

式中 $u(t)$——t 时刻的瞬时单位线的纵高；

n——线性水库的个数；

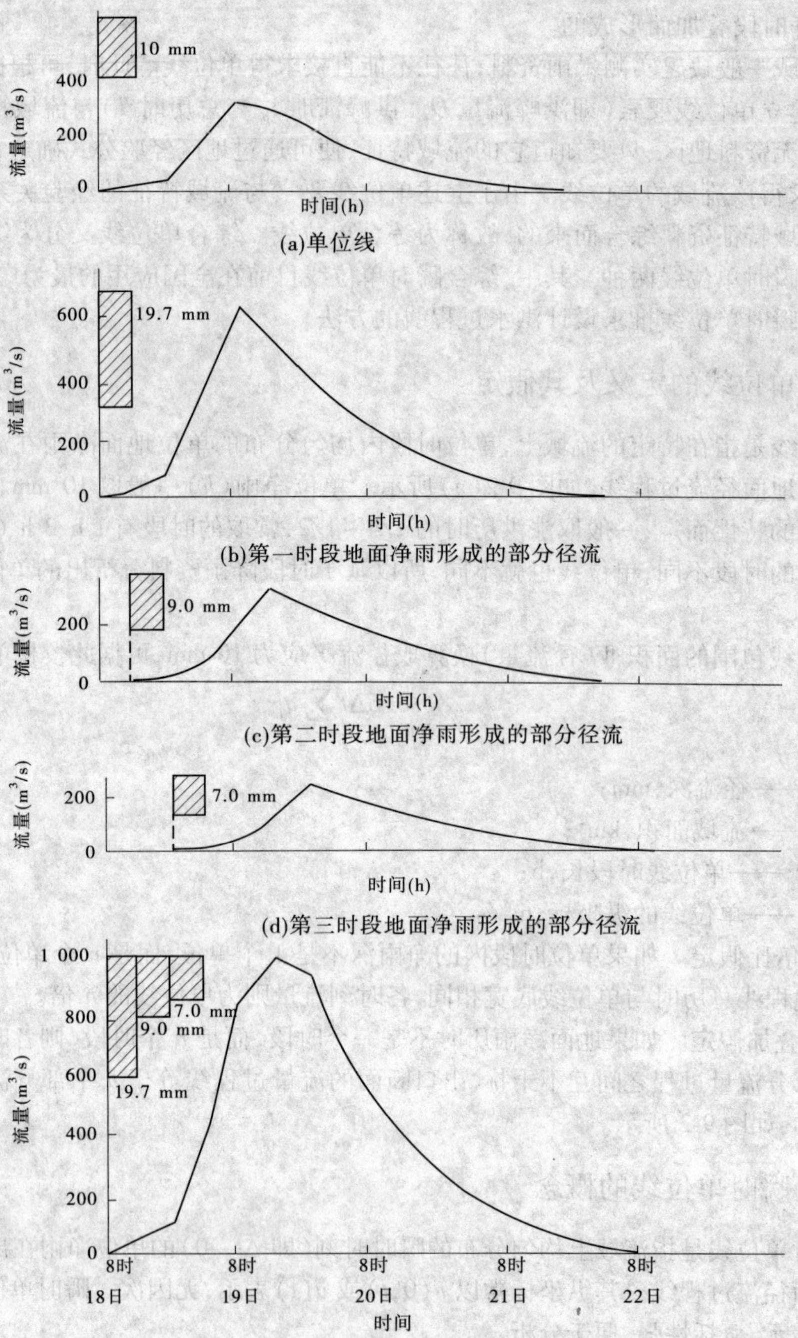

(a)单位线

(b)第一时段地面净雨形成的部分径流

(c)第二时段地面净雨形成的部分径流

(d)第三时段地面净雨形成的部分径流

(e)本次降雨形成的地面径流过程线

图 9-2　单位线及推流计算示意图

$\Gamma(n)$ ——n 的伽马函数；

e——自然对数的底，e＝2.718 28；

K——线性水库的调节系数，具有时间单位。

单位线的上述两个基本假定同样适用于瞬时单位线，瞬时单位线与时间轴所包围的面积为1.0，即

$$\int_0^\infty u(0,t)\,\mathrm{d}t = 1.0 \tag{9-12}$$

显然，决定瞬时单位线的参数只有 n、K 两个。n 值越大，流域调节作用越强；K 值相当于每个线性水库输入与输出的时间差，即滞时。整个流域的调蓄作用所造成的流域滞时为 nK。只要求出流域的 n 值、K 值，就可推求该流域的瞬时单位线。

9.4.4 瞬时单位线的综合

瞬时单位线的综合实质上就是参数 n、K 的综合。但是，在实际工作中一般并不直接对 n、K 进行综合，而是根据中间参数 m_1、m_2 等来间接综合，$m_1 = nK$，$m_2 = 1/n$。实践证明，n 值相对稳定，综合的方法比较简单，如湖北省Ⅱ片的 $n = 0.529F^{0.25}J^{0.2}$，江苏省山丘区的 $n=3$。因此，一般先对 m_1 进行地区综合，根据已确定的 n 值，就很容易确定出 K 值。

对 m_1 进行地区综合一般是首先通过建立单站的 m_1 与雨强 i 之间的关系，其关系式为 $m_1 = ai^{-b}$，求出相应于雨强为10 mm/h（或其他指定值）的 $m_{1,(10)}$。然后根据各站的 $m_{1,(10)}$ 与流域地理因子（如 F、J、L 等）建立关系，$m_{1,(10)} = f(F,J,L,\cdots)$，则 $m_1 = m_{1,(10)} \times (10/i)^b$，从而求得任一雨强 i 相应的 m_1。如湖北省Ⅱ片的 $m_{1,(10)} = 1.64F^{0.231}L^{0.131}J^{-0.08}$。其次是对指数 b 进行地区综合。一般 b 随流域面积的增大而减小。有时也可直接对单站的 $m_1 \sim i$ 关系式中的 a、b 进行综合，而不经 $m_{1,(10)}$ 的转换，如黑龙江省的 $m_1 = CF^{0.27}i^{-0.31}$，C 可查图得到。

9.4.5 综合瞬时单位线的应用

由于瞬时单位线是由瞬时净雨产生的，而实际应用时无法提供瞬时净雨，所以用综合瞬时单位线推求设计地面洪水过程线时，需将瞬时单位线转换成时段为 Δt（与净雨时段相同）、净雨深为10 mm的时段单位线后，再进行汇流计算。具体步骤如下。

9.4.5.1 求瞬时单位线的 S 曲线

S 曲线是瞬时单位线的积分曲线，其公式为

$$S(t) = \int_0^t u(0,t)\,\mathrm{d}t = \frac{1}{K\Gamma(n)}\int_0^{t/k}\left(\frac{t}{K}\right)^{n-1}\mathrm{e}^{-t/K}\mathrm{d}\left(\frac{t}{K}\right) \tag{9-13}$$

公式表明 $S(t)$ 曲线也是参数 n、K 的函数。生产中为了应用方便，已制成 $S(t)$ 关系表供查用，见附表5。

9.4.5.2 求无因次时段单位线

将求出的 $S(t)$ 曲线向后错开一个时段 Δt，即得 $S(t-\Delta t)$ 曲线，两条 S 曲线的纵坐标差即为时段为 Δt 的无因次时段单位线，其计算公式为

$$u(\Delta t,t) = S(t) - S(t-\Delta t) \tag{9-14}$$

9.4.5.3 求有因次时段单位线

根据单位线的特性可知，有因次时段单位线的纵坐标之和为 $\sum q_i = \dfrac{10F}{3.6\Delta t}$；而无因次

时段单位线的纵坐标之和为$\sum u(\Delta t,t)=1.0$。

有因次时段单位线的纵高 q_i 与无因次时段单位线的纵高 $u(\Delta t,t)$之比等于其总和之比，即

$$\frac{q_i}{u(\Delta t,t)}=\frac{\sum q_i}{\sum u(\Delta t,t)}=\frac{10F}{3.6\Delta t}$$

由此可知，时段为 Δt 时，10 mm 净雨深时段单位线的纵坐标为

$$q_i=\frac{10F}{3.6\Delta t}u(\Delta t,t) \tag{9-15}$$

9.4.5.4 汇流计算

根据单位线的定义及倍比假定和叠加假定。用各时段设计地面净雨（换算成 10 mm 的倍数）分别去乘单位线的纵高得到对应的部分地面径流过程，然后把它们分别错开一个时段后叠加即得到设计地面洪水过程。

根据单位线的定义可知，单位线只能用来推求流域设计地面洪水过程线。湿润地区的设计洪水过程线还包括设计地下洪水过程线。如果流域的基流量较大，不可忽略时，则还需平加上基流。所以，湿润地区的设计洪水过程线是设计地面洪水过程线、设计地下洪水过程线和基流三部分叠加而成的。干旱地区的设计地面洪水过程线即为所求的设计洪水过程线。

设计地下洪水过程线可采用下述简化三角形的方法推求。该法认为地面、地下径流的起涨点相同，由于地下汇流较地面汇流缓慢，所以将地下径流过程线概化为三角形过程，且将峰值放在地面径流过程的终止点。三角形面积为地下径流总量 W_g，计算式为

$$W_g=\frac{Q_{m,g}T_g}{2} \tag{9-16}$$

而地下径流总量等于地下净雨总量，即 $W_g=1\,000h_gF$，则

$$Q_{m,g}=\frac{2W_g}{T_g}=\frac{2\,000h_gF}{T_g} \tag{9-17}$$

式中 $Q_{m,g}$——地下径流过程线的洪峰流量，m^3/s；

T_g——地下径流过程总历时，s；

h_g——地下净雨深，mm；

F——流域面积，km^2。

按式(9-17)可计算出地下径流的峰值，其底宽一般取地面径流过程的 2 ~ 3 倍，由此可推求出设计地下径流过程。

【例 9-3】 江苏省某流域属于山丘区，流域面积 $F=118\ km^2$，干流平均坡度 $J=0.05$，$P=1\%$ 的设计地面净雨过程（$\Delta t=6$ h），$h_1=15$ mm、$h_2=25$ mm，设计地下总净雨深 $h_g=9.5$ mm，基流 $Q_{基}=5\ m^3/s$，地下径流历时为地面径流的 2 倍。求该流域 $P=1\%$ 的设计洪水过程线。

解：1. 推求瞬时单位线的 $S(t)$ 曲线和无因次时段单位线

(1) 根据该流域所在的区域，查《江苏省暴雨洪水手册》得 $n=3$，$m_1=2.4(F/J)^{0.28}=21.1$，则 $K=m_1/n=21.1/3=7.0$(h)。

(2)因 $\Delta t=6$ h，用 $t=N\Delta t, N=(0,1,2,\cdots)$，算出 t，填入表9-4 中的第(1)栏。

(3)由参数 $n=3$、$K=7.0$，计算 t/K，见第(3)栏，查附表5 得瞬时单位线的 $S(t)$ 曲线，见第(4)栏。

(4)将 $S(t)$ 曲线顺时序向后移一个时段($\Delta t=6$ h)，得 $S(t-\Delta t)$ 曲线，见第(5)栏，用式(9-14)计算无因次时段单位线，见第(6)栏。

表9-4 设计洪水过程线计算

时段(6 h)	设计净雨(mm)	t/K	$S(t)$	$S(t-\Delta t)$	$u(t)$	$q(t)$ (m^3/s)	部分地面径流(m^3/s)		$Q_s(t)$ (m^3/s)	$Q_g(t)$ (m^3/s)	$Q_{基}$ (m^3/s)	Q_P (m^3/s)
							15 mm	25 mm				
(1)	(2)	(3)	(4)	(5)	(6)	(7)	(8)		(9)	(10)	(11)	(12)
0	15	0	0		0	0	0		0	0	5.0	5.0
1	25	0.9	0.063	0	0.063	3.4	5.1	0	5.1	0.2	5.0	10.3
2		1.7	0.243	0.063	0.180	9.8	14.7	8.5	23.2	0.4	5.0	28.6
3		2.6	0.482	0.243	0.239	13.1	19.7	24.5	44.2	0.6	5.0	49.8
4		3.4	0.660	0.482	0.178	9.7	14.6	32.8	47.4	0.8	5.0	53.2
5		4.3	0.803	0.660	0.143	7.8	11.7	24.3	36.0	1.0	5.0	42.0
6		5.1	0.884	0.803	0.081	4.4	6.6	19.5	26.1	1.2	5.0	32.3
7		6	0.938	0.884	0.054	3.0	4.5	11.0	15.5	1.4	5.0	21.9
8		6.9	0.968	0.938	0.030	1.6	2.4	7.5	9.9	1.6	5.0	16.5
9		7.7	0.983	0.968	0.015	0.8	1.2	4.0	5.4	1.8	5.0	12.0
10		8.6	0.991	0.983	0.008	0.4	0.6	2.0	2.9	2.0	5.0	9.6
11		9.4	0.995	0.991	0.004	0.2	0.3	1.0	1.3	2.2	5.0	8.5
12		10.3	0.998	0.995	0.003	0.2	0.3	0.5	0.8	2.4	5.0	8.2
13		11.1	0.999	0.998	0.001	0.1	0.2	0.5	0.7	2.6	5.0	8.3
14		12	1.000	0.999	0.001	0.1	0.2	0.3	0.5	2.8	5.0	8.3
15				1.000	0	0	0	0.3	0.3	3.0	5.0	8.3
16								0	0	3.2	5.0	8.2
17										3.0	5.0	8.0
18										2.8	5.0	7.8
										2.6	5.0	7.6
合计					1.0	54.6						

2. 将无因次时段单位线转换为6 h、10 mm 的时段单位线

用式(9-15)，将第(6)栏中的无因次时段单位线转换为有因次的时段单位线，填入第(7)栏。

检验时段单位线，由

$$Y=\frac{3.6\Delta t\sum q_i}{F}=10\ \text{mm}$$

因此，计算正确。

3. 设计洪水过程线的推求

(1)计算设计地面径流过程。

根据单位线的特性，各时段设计地面净雨换算成10 的倍数后，分别去乘单位线的纵

坐标得到相应的部分地面径流过程，然后把它们分别错开一个时段后叠加便得到设计地面洪水过程，见第(8)、(9)栏。

(2)计算设计地下径流过程。

$$T_g = 2T_s = 2 \times 16 \times 6 = 192(\text{h})$$

据式(9-17)计算，得 $Q_{m,g} = 3.2\ \text{m}^3/\text{s}$，按直线比例内插的每一时段地下径流的涨落均为0.2 m^3/s。经计算即可得出第(10)栏的设计地下径流过程。

(3)将设计地面径流、地下径流及基流(第(11)栏)相加，得设计洪水过程线。见第(12)栏。

9.5 小流域设计洪水

小流域设计洪水计算方法繁多，除了用由流量资料和暴雨资料两种途径推求设计洪水外，还可以采用其他一些简化方法来间接地估算缺乏水文资料地区的设计洪峰流量，并简单地概化出设计洪水过程线。归纳起来有推理公式法、经验公式法、综合单位线法等。这些方法均以间接的途径由设计暴雨推求设计洪水。

为了提高小流域设计洪水成果的精度及合理性，应重视历史洪水调查工作，采用多种途径进行计算，经分析比较后合理选用设计值。为了工农业生产的迫切需要，我国各省(区)、各部门对小流域设计洪水计算进行了大量的探索，积累了丰富的经验，并结合当地情况编制了各种计算图表和参考资料，收集在《水文手册》和《雨洪图册》之中，为小流域设计洪水计算提供了可靠而又方便的计算依据。

9.5.1 小流域设计暴雨

小流域设计暴雨指具有某一规定设计频率 $P(\%)$、一定历时(t)的最大暴雨量或平均暴雨强度。假定这里所说的暴雨的设计频率与所形成的洪峰流量或洪水总量具有相同的频率。一定历时是指中小河流计算最大流量时，往往采用几十分钟，几小时或最大 24 h 等历时的最大设计暴雨量。

在小流域推求设计暴雨时，由于流域面积较小，因而假定暴雨强度不随时间而变化，并且忽略暴雨在地区上分布的不均匀性，直接以流域中心或其他代表站的点雨量代替流域平均面雨量，在一般情况下，无须做点面雨量的推算。

小流域往往缺乏实测雨量资料，或虽有资料但系列不长，难以直接用雨量系列进行频率计算来推求不同时段的设计暴雨，通常采用短历时暴雨公式及暴雨统计参数间接计算设计暴雨。

9.5.2 推理公式法

推理公式法是由暴雨资料推求设计洪水的一种简化方法。它是把流域上的产流、汇流条件均匀概化，利用等流时线原理，经过一定的推理过程，得出小流域设计洪峰流量的推求方法。

9.5.2.1 **推理公式的基本形式**

在一个小流域中,若流域的最大汇流长度为 L,流域的汇流时间为 τ,根据等流时线原理,当净雨历时 t_c 大于等于汇流历时 τ 时称全面汇流,即全流域面积 F 上的净雨汇流形成洪峰流量;当 t_c 小于 τ 时称部分汇流,即部分流域面积上 F_{t_c} 的净雨汇流形成洪峰流量,形成最大流量的部分流域面积 F_{t_c},是汇流历时相差 t_c 的两条等流时线在流域中所包围的最大面积,又称最大等流时面积。

当 $t_c \geqslant \tau$ 时,根据小流域的特点,假定 τ 历时内净雨强度均匀,流域出口断面的洪峰流量 Q_m 为

$$Q_m = 0.278\frac{h_\tau}{\tau}F \tag{9-18}$$

式中 h_τ——τ 历时内的净雨深,mm;

0.278——Q_m 的单位为 m^3/s、F 的单位为 km^2、τ 的单位为 h 时的单位换算系数。

当 $t_c < \tau$ 时,只有部分面积 F_{t_c} 上的净雨产生出口断面最大流量,计算公式为

$$Q_m = 0.278\frac{h_R}{t_c}F_{t_c} \tag{9-19}$$

式中 h_R——次降雨产生的全部净雨深,mm。

F_{t_c} 与流域形状、汇流速度和 t_c 大小等有关,因此详细计算是比较复杂的。生产实际中一般采用水文研究所的简化方法,其近似假定 F_{t_c} 随汇流时间的变化可概化为线性关系,即

$$F_{t_c} = \frac{F}{\tau}t_c \tag{9-20}$$

将式(9-20)代入式(9-19),则部分汇流计算洪峰流量的简化公式为

$$Q_m = 0.278\frac{h_R}{\tau}F \tag{9-21}$$

综合上述全面汇流($t_c \geqslant \tau$)与部分汇流($t_c < \tau$)的情况,计算洪峰流量公式为

$$Q_m = 0.278\frac{h_\tau}{\tau}F \qquad (t_c \geqslant \tau)$$

$$Q_m = 0.278\frac{h_R}{\tau}F \qquad (t_c < \tau)$$

上两式即为推理公式的基本形式,式中 τ 用下式计算。

$$\tau = \frac{0.278L}{mJ^{1/3}Q_m^{1/4}} \tag{9-22}$$

式中 J——流域平均坡度,包括坡面和河网,实用上以主河道平均比降来代表,以小数计;

L——流域汇流的最大长度,km;

m——汇流参数,与流域及河道情况等条件有关。

推理公式的基本形式简单、应用方便,是无资料情况下推求洪峰流量常用的方法。但它是在特定的概化假定条件下建立的,它的基本假定是:

(1)设计暴雨与设计洪峰为同频率。

(2)在流域汇流历时 τ 内,产流强度为时、空均匀不变的常数。

(3)将集雨面积概化为矩形,流域汇流符合线性规律。

这一假定实质上是不考虑汇流过程中流域的调蓄作用,认为汇流速度沿流程不变。

式(9-18)及式(9-19)中的地面净雨计算可分为两种情况,如图 9-3 所示。

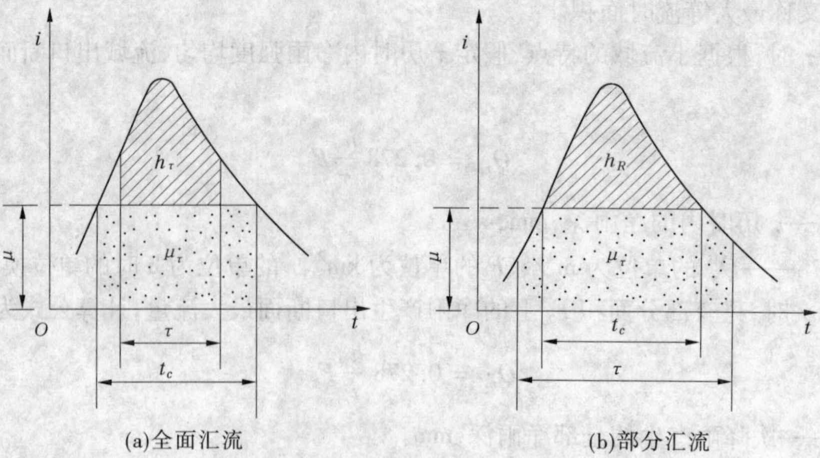

图 9-3　两种汇流情况示意图

当 $t_c \geqslant \tau$ 时,历时 τ 的地面净雨深 h_τ 可用式(9-18)计算,则

$$h_\tau = (\bar{i}_\tau - \mu)\tau = S_P \tau^{1-n} - \mu\tau \tag{9-23}$$

当 $t_c < \tau$ 时,产流历时内的净雨深 h_R 可用式(9-19)计算,则

$$h_R = (\bar{i}_{t_c} - \mu)t_c = nS_P t_c^{1-n} \tag{9-24}$$

式中　$\bar{i}_\tau$、$\bar{i}_{t_c}$——汇流历时与产流历时内的平均雨强,mm/h;

μ——产流参数,mm/h。

经推导,净雨历时 t_c 可用式(9-25)计算,即

$$t_c = \left[(1-n)\frac{S_P}{\mu}\right]^{\frac{1}{n}} \tag{9-25}$$

9.5.2.2　求解设计洪峰流量的两组公式

由全面汇流或部分汇流的推理公式可知,求解 Q_m 需要确定流域汇流历时 τ,而 τ 的计算公式中又包含未知数 Q_m,因此必须建立两个方程式联立求解 Q_m 和 τ。

当 $t_c \geqslant \tau$ 时,有

$$Q_{mP} = 0.278\left(\frac{S_P}{\tau^n} - \mu\right)F$$

$$\tau = \frac{0.278L}{mJ^{1/3}Q_m^{1/4}}$$

当 $t_c < \tau$ 时,有

$$Q_{mP} = 0.278(nS_P t_c^{1-n}/\tau)F$$

$$\tau = \frac{0.278L}{mJ^{1/3}Q_m^{1/4}}$$

可见,由推理公式计算小流域设计洪峰流量的参数有三类:流域特性参数 F、L、J;暴雨特性参数 n 、S_P;产、汇流参数 μ、m。求解过程中,首先确定 7 个参数,而后用图解交点法或试算法求解 Q_{mP} 和 τ。

9.5.2.3 产、汇流参数的确定

产流参数 μ 代表产流历时 t_c 内地面平均入渗率,又称损失参数。推理公式法假定流域各点的损失相同,把其视为常数。μ 值的大小与所在地区的土壤透水性能、植被情况、降雨量的大小及分配、前期影响雨量等因素有关。不同地区其数值不同,且变化较大。

汇流参数 m 是流域中反映水力因素的一个指标,用以说明洪水汇集的特性。它与流域地形、植被、坡度、河道糙率和河道断面形状等因素有关。一般可根据雨洪资料反算,然后进行地区综合,建立其与流域特征因素间的关系以解决无资料地区确定 m 的问题。各省在分析大暴雨洪水资料后都提供了 μ 和 m 值的简便计算方法。

【例 9-4】 江西省某流域上需建一座小水库,要求用推理公式法计算 $P=1\%$ 的设计洪峰流量。

计算步骤如下:

(1)流域特征参数 F、L、J 的确定。

$F(km^2)$:代表出口断面以上的流域面积,在适当比例尺地形图上勾绘出流域分水线后用求积仪量算。

$L(km)$:从出口断面起沿主河道至分水岭的最长距离,在适当比例尺的地形图上用分规量算。

J(小数计):沿 L 的坡面和河道平均比降。

本例中,已知流域特征如下:

$$F=104\ km^2,\ L=26\ km,\ J=8.75‰$$

(2)设计暴雨参数 n 和 S_P 的确定。

$$S_P=24^{n-1}H_{24\,h,P}=24^{n-1}\alpha H_{1\,d,P}$$

暴雨衰减指数 n 由各省(区)实测暴雨资料分析定量,查当地《水文手册》即可获得,一般 n 的数值以定点雨量资料代替面雨量资料,不作修正。

现从江西省水文手册的设计流域最大 1 d 雨量的参数:

$$H_{1\,d}=115\ mm,\ C_{v,1\,d}=0.42\ ,C_{s,1\,d}=3.5\ C_{v,1\,d}$$

查得 $K_{P=1\%}=2.39$,则

$$n_2=0.60,\ H_{24\,h}=1.1\ H_{1\,d}$$

$$S_P=24^{n_2-1}H_{24\,h,P}=1.1\times115\times2.39\times24^{0.60-1}=84.8\ (mm/h)$$

(3)设计流域损失参数和汇流参数的确定:$\mu=3.0$ mm/h,$m=0.70$。

(4)用迭代试算法求解。

表 9-5　迭代试算法成果表

τ(h)	6.0	9.57	10.37	10.51	10.54
$Q_{m,p}$(m³/s)	750.01	545.60	515.86	511.03	510.01
τ'(h)	9.57	10.37	10.51	10.54	10.54

假定 $t_c \geqslant \tau$，选定 τ 的初始值 $\tau = 6$ h，求得 $Q_m = 750.01$ m³/s，再根据 Q_m 求得 $\tau' = 9.57$，$\tau' \neq \tau$，可令 $\tau = 9.57$ h，进行第二次迭代求得 $\tau' = 10.37$ h，在比较 τ' 和 τ，若两者不相等，则继续迭代直到两者相等为止，迭代试算结果见表 9-5。

从迭代试算得出 $Q_{m,p} = 510$ m³/s，$\tau = 10.54$ h。

（5）检验。算得 $t_c = 57$ h（见式(9-25)）$> \tau$，故 $Q_{m,p} = 510$ m³/s 即为所求。

9.5.3 经验公式法推求洪峰流量

计算洪峰流量的经验公式由于结构形式简单、计算环节较少，便于学生掌握，在农村小型水利工程设计中，有的地区广为使用。

经验公式的建立，依据特定地区各河流的实测洪水和调查洪水资料，采用相关分析的方法，分析洪峰流量（或洪水总量）与流域特征参数（如 F、L、J）以及降雨特征值（如 $H_{24\,h}$、i）等主要影响因素之间的相关关系，并用数学方程式表示出来。由于公式中包含有经验性参数和系数，因而称为经验公式。

影响洪峰流量的因素很多，其中有的因素时空变化复杂，建立经验公式时，不可能一一加以考虑，只能突出反映一个或几个主要的因素，而将其余的因素对洪峰的影响，概括综合在经验性系数之中。

单因素洪峰流量经验公式的基本形式为

$$Q_{mP} = C_P F^n \tag{9-26}$$

式中 F——流域面积，km²；

Q_{mP}——设计洪峰流量，m³/s；

C_P——经验性系数。

多因素洪峰流量经验公式有如下形式

$$Q_{mP} = CH_{24\,h,P}F^n \tag{9-27}$$

$$Q_{mP} = CH_{24\,h,P}K_f^m F^n \tag{9-28}$$

$$Q_{mP} = C\overline{H}_{24\,h,P}K_f^m J^\beta F^n \tag{9-29}$$

式中 $\overline{H}_{24\,h}$、$\overline{H}_{24\,h,P}$——24 h 雨量均值及设计值；

K_f——流域形状系数，$K_f = \dfrac{F}{L^2}$；

C、n、m——经验性系数和指数。

有的省区已把经验公式收集在《水文手册》之中了，供无资料地区使用，经验性系数可分区确定或绘成等值线图。但是，使用时应注意建立公式的使用条件及流域面积范围，否则会导致错误结果。

经验公式的应用区域性很强，即使公式的基本形式相同，各地区的参数和系数也不一定相同。推求洪峰流量时，应尽量利用设计流域或参证流域的实测及调查洪水资料，对公式中的经验系数进行验证才能取得合理的成果。

9.5.4 设计洪水总量及设计洪水过程线

具有一定防洪库容的中、小型水库，或多沙河流上的水库，为了排沙，汛期必须降低水位运行，因而形成较大的滞洪库容。这种情况下水库具有一定的调洪削峰作用。

为了分析水库的调洪能力、防洪效果以及防洪建筑物的设计，除需要一定频率的设计洪峰外，还需求设计洪水总量及设计洪水过程线。

9.5.4.1 设计洪量的推求

小流域设计洪水总量，一般由设计24 h净雨量乘以流域面积求得。即

$$W_P = 0.1h_PF \text{ 或 } W_P = 0.1\alpha H_{24\,\mathrm{h},P}F \tag{9-30}$$

式中 W_P——设计洪水总量，万 m^3；

h_P——设计净雨量，mm；

$H_{24\,\mathrm{h},P}$——最大24 h设计雨量，mm；

F——流域面积，km^2；

α——24 h暴雨径流系数；

0.1——单位换算系数。

当利用推理公式法计算洪峰流量时，设计洪量也可由 h_R 或 h_τ 直接计算，即

$$W_P = 0.1h_RF \quad (t_c < \tau) \tag{9-31}$$

$$W_P = 0.1h_\tau F \quad (t_c \geqslant \tau) \tag{9-32}$$

9.5.4.2 设计洪水过程线的拟定

拟定小流域设计洪水过程线，要求方法简便而又能达到一定的精度。常用的方法有概化过程线法及综合单位线法。

概化过程线由实测洪水过程线进行综合分析和概化得出。例如，将洪水过程概化为三角形、五边形或将实测洪水过程综合成以相对量表示的标准概化过程线等。

1）三角形概化过程线

用三角形概化过程线推求设计洪水过程还要先求设计洪水总量，其计算公式为

$$W_P = 0.1h_{RP}F \tag{9-33}$$

式中 W_P——设计洪水总量，万 m^3；

0.1——单位转换系数；

F——流域面积，km^2；

h_{RP}——频率为 P 的降雨在产流历时 t_c 时段内的净雨量，或采用最大24 h设计暴雨所产生的净雨量，mm。

三角形洪水过程线的总历时为

$$T = T_1 + T_2 = \frac{2W_P}{Q_{mP}} \tag{9-34}$$

式中 T、T_1、T_2——设计洪水过程的总历时、涨洪历时、退洪历时。T_2 应大于 T_1，令 $T_2/T_1 = r$，其取值一般在1.5~3.0之间。

2）标准概化过程线

标准概化过程线是根据实测典型洪水资料综合出来的，以 Q_i/Q_m 为纵坐标，t_i/T 为横坐标的无因次洪水过程线。在使用时，用 Q_{mP}、T 分别乘以标准过程线的纵、横坐标值，便得到设计洪水过程线。

小　结

设计年径流量及其年内分配的计算分三种情况：一是具有长期实测径流资料时，设计年径流量及其年内分配的计算；二是具有短期实测径流资料时，设计年径流量及年内分配的计算；三是缺乏实测径流资料时，设计年径流量及年内分配的分析计算。

设计暴雨是一场特定的面设计暴雨过程，根据资料条件可通过直接法或间接法求得。由设计暴雨推求设计洪水实质是流域产、汇流问题，重点叙述了利用降雨径流相关法由设计暴雨推求设计净雨、利用时段单位线和瞬时单位线进行汇流计算推求设计洪水的过程。

着重论述小流域设计暴雨计算方法以及设计洪峰流量计算方法。设计洪峰流量的计算介绍了推理公式法。

复习题

9-1　什么叫设计洪水，设计洪水包括哪三个要素？

9-2　为什么要计算设计年径流？设计年径流有哪几种形式？不同的资料条件计算途径如何？

9-3　何谓年径流？它的表示方法和度量单位是什么？试分析年径流的基本特征及其影响因素。

9-4　制作年径流统计参数等值图的依据是什么？为什么不用多年平均流量或多年平均年径流量绘制等值线图？年径流统计参数等值线图完全适用于小流域吗？使用年径流等值线图和降雨量等值线图有什么不同？

9-5　缺乏实测资料时，怎么推求设计年径流量？

9-6　为什么要计算设计年径流的年内分配？年径流应如何进行分配？同倍比法和同频率法有何不同，各有什么优缺点？

9-7　何谓设计暴雨？设计暴雨包括哪些内容？由暴雨资料推求设计洪水的前提假定是什么？

9-8　降雨径流相关图有几种绘制方法？有何特点？

9-9　何谓单位线？单位线有哪些假定？据实际的雨洪资料分析，不同洪水分析出不同的单位线，说明什么问题？如何处理？

9-10　怎样利用降雨径流相关图推求设计净雨量及净雨过程？

9-11　推理公式法的假定及公式的基本形式是什么？公式中有几类基本参数？各参数的物理意义如何？

9-12　汇流参数 m 的影响因素是什么？

9-13　试以框图的形式说明推理公式法推求小流域设计洪峰流量计算步骤。

9-14　某流域概化为边长 2 cm 的正方形，比例尺为 1∶100 万，流域多年平均径流深 Y_0 和 C_v 等值线如图 9-4 所示，$C_s = 2C_v$，设计保证率为 $P = 80\%$。试求：

(1) 设计年径流深 Y_P(mm)；

(2)设计年平均流量 Q_P(m^3/s)。

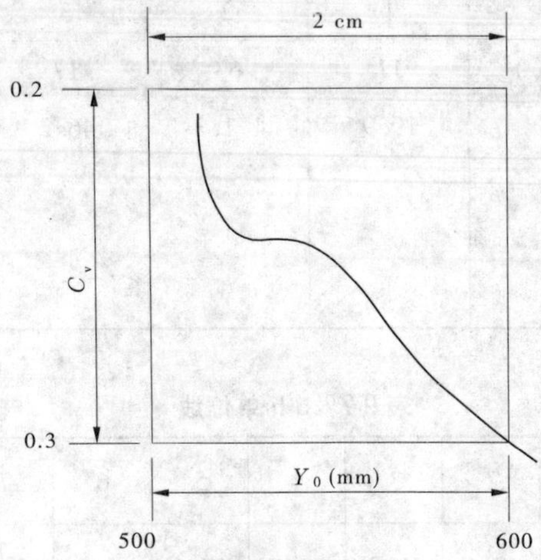

图 9-4

9-15 某以灌溉为主的水库,设计断面以上流域面积为 497 km^2,无实测径流资料,但气候条件和下垫面条件都相似的相邻流域面积为 535 km^2,设计保证率为 80% 的设计年径流量为 8.5 m^3/s。试用水文比拟法推求设计站设计保证率为 80% 的设计年径流量。

9-16 已知某流域的 F 为 194 km^2,L 为 32.1 km,J 为 9.32‰,已知:

(1)以流域中心的地理位置查暴雨统计参数等值线图,得 $\overline{H}_{24\,h}=90$ mm,$C_v=0.45$,$C_s=3.5C_v$,$\Phi_{P=1\%}=3.39$。

(2)查暴雨洪水图集 $\mu=3.0$ mm/h,由流域所在地区汇流参数 m 的综合结果可知 $m=1.0$。

(3)$n_1=0.35$,$n_2=0.75$。

(4)试算 Q_m 的误差允许在 2‰以内。

求 $P=1\%$ 的设计洪峰流量 Q_{mP}。

9-17 已知某小流域有下述资料:

(1)流域特征参数。流域面积 $F=194$ km^2,主河长 $L=32.1$ km,河流比降 $J=$ 9.32‰。

(2)流域暴雨参数。由《水文手册》查得该流域中心处年最大 24 h 暴雨的统计参数为:$\overline{H}_{24\,h}=85.0$ mm,$C_v=0.45$,$C_s/C_v=3.5$,$n=0.75$。

(3)流域产汇流参数。由当地《水文手册》查得 $m=0.092[L/(J^{1/3}F^{1/4})]^{0.636}$,$\mu=3.0$ mm/h。设计洪水过程线为三角形过程线,且 $r=T_2/T_1=2$。

试用推理公式法计算 $P=1\%$ 的设计洪水过程。

9-18 已知:某流域 $F=341$ km^2,$I_m=100$ mm,$Pa_p=78$ mm,$f_c=1.5$ mm/h;$P=2\%$ 的设计面暴雨过程、6 h 单位线见表 9-6 与表 9-7,试推求该设计暴雨形成的设计洪水。

9-19 某水库设计保证率 $P=80\%$,设计年径流量 $Q_P=8.76$ m^3/s,从坝址 18 年径流资料中选取接近设计年径流量、且分配较为不利的 1953～1954 年作设计代表年(典型年),其分配过程列于表 9-8,试求设计年径流量的年内分配。

表 9-6　$P=2\%$ 的设计暴雨时程分配

时段数($\Delta t=6$ h)	1	2	3	4	合计
占最大一天的分配百分数(%)	11	63	17	9	100
设计面暴雨(mm)	19.9	171.3	46.2	24.6	262
设计净雨(mm)					
地下净雨(mm)					
地面净雨(mm)					

表 9-7　6 h 单位线

时段数($\Delta t=6$ h)	0	1	2	3	4	5	6	7	8	9	10
q(m^3/s)	0	8.4	49.6	33.8	24.6	17.4	10.8	7.0	4.4	1.8	0

表 9-8　某水库 1953 ~ 1954 年(典型年)径流过程

年份	1953								1954				年平均
月份	5	6	7	8	9	10	11	12	1	2	3	4	
Q(m^3/s)	6.00	5.28	32.9	26.3	5.84	3.55	4.45	3.27	3.75	4.72	5.45	4.18	8.81

第 10 章　水库调度

学习指导

目标

掌握径流调节的相关概念；理解水库防洪设计标准和兴利设计标准的概念；掌握水库的特征水位及特征库容；掌握年调节水库兴利调节计算的原理及具体方法、步骤；了解多年调节计算的数理统计法，理解年调节灌溉水库兴利调度的方法；掌握无闸门控制水库防洪调节计算的原理及单辅助曲线法的调节计算方法与步骤；理解兴利调度和防洪调度的基本概念、作用和调度图编制的基本思路。

重点

水库的特征水位及特征库容；年调节水库兴利调节计算的原理及具体方法；单辅助曲线法的调节计算方法与步骤。

10.1　水库兴利调节

天然情况下的河川径流，有着年内和年际的变化，且地区间的分布也不均衡，因此无法满足国民经济各用水部门对水资源利用的要求，需要通过水利工程的控制和调节来重新分配河川径流的时空分布，以解决来用水在时间与数量上不相适应的矛盾。这种利用专门水工建筑物（如大坝、水库和渠道等）来重新分配河川径流以适应需水过程的措施为径流调节。其中，为减免洪水灾害，在汛期拦蓄洪水、削减洪峰的调节称为防洪调节；为满足用水部门需水要求的调节称为兴利调节。

10.1.1　水库兴利调节的含义与分类

拦河筑坝将天然径流蓄存，形成水库，修建水库是进行径流调节的主要措施。所谓水库的兴利调节，就是当来水大于用水时，水库将多余的水蓄存起来，等到来水小于用水时，再放水补充，以满足兴利部门的用水要求。水库的蓄泄随来水与用水的变化而变化。

由库空到蓄满，再到放空，循环一次所经历的时间，称为调节周期。按调节周期的长短，可分为日调节、周调节、年调节和多年调节。

10.1.1.1　日调节

日调节一般多见于发电水库。它是将昼夜间基本均匀的来水进行重新分配，即将夜间多余的水量蓄存起来，待白天用水多时再放出。

10.1.1.2　周调节

周调节是将星期日的多余水量蓄存起来，在其他用水多的日子里放出，调节周期为一周。

10.1.1.3　**年调节**

年调节是将一年内洪、枯季节的径流进行重新分配，即将年内洪水期多余水量蓄存起来，等枯水期缺水时放出，调节周期为一年。

10.1.1.4　**多年调节**

多年调节是将丰水年多余的水量蓄存起来，用以补充枯水年或枯水年组的用水不足。水库往往需要经若干年后才能蓄满，再经若干枯水年后才能将蓄水用掉，并非年年蓄满或放空，即调节周期为多年。

水库用以兴利调节的库容相对于河流的多年平均年径流量越大，调节径流的性能就越好，调节周期也就越长。此外，调节周期的长短还取决于来水与用水的矛盾。目前，在水资源供需矛盾十分突出的北方地区，水库基本上都需要进行多年调节。实际上，长调节周期的水库往往可以兼有短调节周期水库的作用，如多年调节水库同时可以进行年调节、周调节或日调节。

若按径流利用调节程度来分，其又可分为完全调节和不完全调节，前者指水库在调节周期中没有弃水，后者则有弃水。

10.1.2　水库兴利调节所需的基本资料

水库的兴利调节，是通过水库的蓄泄操作使来水过程适应需水过程的要求，因此调节的基本资料包括河川径流过程、兴利部门的用水过程和水库的特性资料。

河川径流过程，即来水资料，是兴利调节的基本依据。由于水文现象的随机性和多变性，通常只能用以往的资料来预估水库运行期间的水文情势和来水特性。即通过前面所述的水文分析计算方法来得到水库设计与运行中的设计来水过程。

兴利部门的用水要求，即用水资料，是兴利调节的又一依据。为了确定用水过程，需要了解与掌握用水部门的用水情况，以及当前和远景的发展计划。在用水调查的基础上，作出用水预测，得出水库设计与运行中的设计用水过程。

水库的特性资料主要是水库的面积，容积特性，蒸发和渗漏损失，以及淤积、淹没和浸没等资料。这些资料通常是根据库区地形资料和水文地质资料，以及淹没和浸没损失的社会调查材料来分析确定的。

上述资料直接影响着水库兴利调节计算的精度，应力求可靠和准确。并需要根据设计阶段和运行阶段的变化情况，及时作出修正和补充。

10.1.3　水库特性曲线及特征水位

用来反映水库库区地形特性的曲线称为水库特性曲线，有水库的水位—面积曲线和水位—容积曲线两种，也可简称为面积曲线和容积曲线。用来反映水库工作状况的水位称为水库特征水位，与水库特征水位相应的库容称为水库特征库容。特性曲线和特征水位（或特征库容）都是水库规划设计的重要依据，下面将分别作介绍。

10.1.3.1　**水库特性曲线**

1）水位—面积曲线

水库的水面面积是随着库水位而变化的。在1/10 000～1/5 000比例尺的地形图上，用求积仪或数方格的方法，可求得相应于不同高程的水库面积。然后以水位为纵坐标，以相应面积为横坐标，即可点绘成水位—面积曲线，曲线的坡度随库区形状和河道纵坡而变。库区开阔，河道纵坡较缓者面积随水位增加很快，曲线坡度较小；库区狭窄河道纵坡较陡者，面积随水位增加较慢，曲线坡度较大。

2）水位—容积曲线

水位—容积曲线，是水库水位与水库容积的关系曲线，可由面积曲线积分求得。实际工作中，它是通过计算相邻水层深度或等高线间的部分容积，再自库底向上累加而得的。

10.1.3.2 水库特征水位与特征库容（见图10-1）

1）死水位和死库容

水库建成后，并不是全部库容都是可用来进行径流调节的。首先，泥沙的沉积迟早会将部分库容淤满；自流灌溉、发电、航运、渔业以及旅游等用水部门也要求水库水位不能低于某一高程。死水位是指在正常运用情况下，允许水库消落的最低水位。死水位以下的库容称为死库容或垫底库容。水库正常运行时一般不能低于死水位。除非特殊干旱年份或其他特殊情况，如战备要求、地震等，为保证紧要用水、安全等要求，经慎重研究，才允许临时动用死库容部分存水。确定死水位所应考虑的主要因素是：

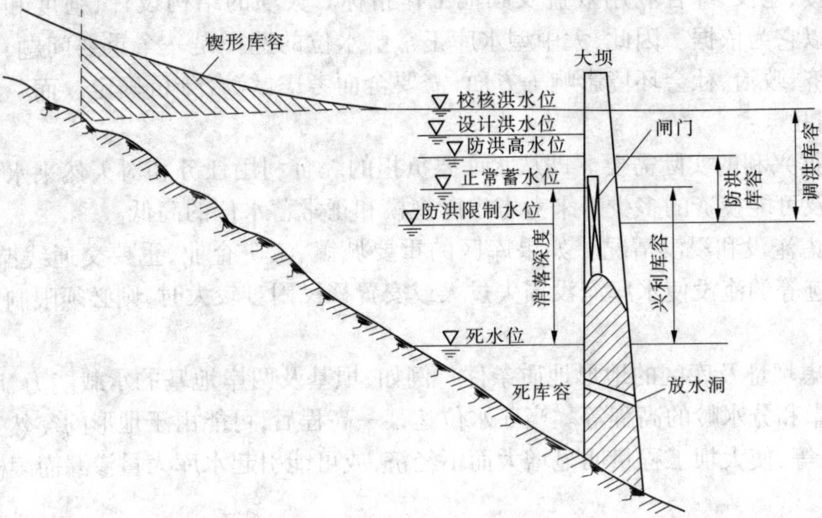

图10-1 水库特征水位与特征库容

（1）保证水库有足够的、发挥正常效用的使用年限（俗称水库寿命）。主要是考虑留部分库容供泥沙淤积的需要。

（2）保证水电站所需要的最低水头和自流灌溉必要的引水高程。水电站水轮机的选择都有一个允许的水头变化范围，其取水口的高程也要求水库水位始终保持在某一高程以上。自流灌溉要求水库水位不低于灌区地面高程加上引水水头损失值。死水位愈高，则自流灌溉的控制面积也愈大；在抽水灌溉时，也可使抽水的扬程减小。

（3）库区航运和渔业的要求。当水库回水尾端有浅滩，影响库尾水体的流速和航道尺寸，或库区有港口，则为维持最小航深，均要求死水位不能低于上述相应的水位。水库的建造为发展渔业提供了优良的条件。因此，死库容的大小必须顾及在水库水位消落到最低时，尚有足够的水面面积和水库容积以维持鱼群生存的需要。对于北方地区的水库，因冬季有冰冻现象，尚应计及在死水位冰层以下，仍能保留足够的容积，供鱼群栖息。

水库在供水期末，可以也应该放空到死水位，以便能充分利用水库库容和河川来水，而死水位以下，则应视为运行禁区。但在过去一段时期，不少地区因供水、供电紧张，常强制水库不断排放死库容中的存水，致使水库长期处于低水位的不正常状态。这种“死水位不死”的不合理调度，不仅大大降低了水资源利用的效率，导致恶性循环，也使机组设备的损耗加剧。

2）正常蓄水位和兴利库容

在正常运行条件下，为了满足兴利部门枯水期的正常用水，水库在供水开始时应蓄到的最高水位称为正常蓄水位，又称正常高水位。正常蓄水位到死水位之间的库容，是水库实际可用于径流调节的库容，称为兴利库容，又称调节库容。正常蓄水位与死水位之间的深度，称为消落深度，又称工作深度。

溢洪道无闸门时，正常蓄水位就是溢洪道堰顶的高程；当溢洪道有操作闸门时，多数情况下正常蓄水位也就是闸门关闭时的门顶高程。

正常蓄水位是水库最重要的特征水位之一。因为它直接关系到一些主要水工建筑物的尺寸、投资、淹没、综合利用效益及其他工作指标。大坝的结构设计、强度和稳定性计算，也主要以它为依据。因此，大中型水库正常蓄水位的选择是一个重要问题，往往牵涉到技术、经济、政治、社会环境影响等方面，需要全面考虑、综合分析确定。而一般的考虑原则有下列几点：

（1）根据兴利的实际需要。即从水库要负担的综合利用任务和对天然来水的调节程度要求，以及可能投资的多少等来考虑水库规模和正常蓄水位的高低。

（2）考虑淹没和浸没情况。如果库区的重要城镇、工矿企业、重要交通线路、大片耕地、名胜古迹等的淹没使水库淹没损失过大或安置移民困难较大时，则必须限制正常蓄水位的提高。

（3）考虑坝址及库区的地形地质条件。例如，坝基及两岸地基的承载能力、库区周边的地形、库岸和分水岭的高程等。当库水位达某一高程后，可能由于地形的突然开阔或坝肩出现垭口等，使大坝工程量明显增大而不经济，或可能引起水库大量渗漏而限制库水位的抬高。

（4）考虑河段上下游已建和拟建水库枢纽情况。主要是梯级水库水头的合理衔接问题，以及不影响已建工程的效益等。

正常蓄水位是一个重要的设计数据。因此，在水库建成运行时，必须严格遵守设计规定，才能保证工程效能的正常发挥，满足用户正常供水、供电的需要。有些水库一度出现的“正常蓄水位不正常”的现象，或任意超高蓄水，加重淹没，或水库多年达不到满蓄要求等都是不允许的。

3）防洪限制水位和结合库容

水库在汛期允许兴利蓄水的上限水位，称为防洪限制水位，又称为汛期限制水位。兴建水库后，为了汛期安全泄洪和减少泄洪设备，常要求有一部分库容作为拦蓄洪水和削减洪峰之用。这个水位以上的库容就是作为滞蓄洪水的库容。只有在出现洪水时，水库水位才允许超过防洪限制水位。当洪水消退时,水库水位应回降到防洪限制水位。在我国,防洪限制水位是个很重要的参数,它比死水位更重要,它牵涉的面更广,如库尾淹没问题就常取决于这个水位的高低。防洪限制水位,可根据洪水特性、防洪要求和水文预报条件,在汛期不同时段分期拟定。例如,按主汛期、非主汛期,或按分期设计洪水分别拟定不同的防洪限制水位。防洪限制水位应尽可能定在正常蓄水位以下,以减少专门的防洪库容,特别是当水库溢洪道设闸门时,一般闸门顶高程与正常蓄水位齐平,而防洪限制水位就常定在正常蓄水位之下。防洪限制水位与正常蓄水位之间的库容,称为结合库容,又称共用库容或重叠库容,因为它在汛期是防洪库容的一部分,在汛后又是兴利库容的一部分。

4)防洪高水位和防洪库容

当水库下游有防洪要求时,遇到下游防护对象的设计标准洪水时,经水库调洪后,在坝前达到的最高水位称为防洪高水位。它至防洪限制水位之间的库容称为防洪库容。

5)设计洪水位和拦洪库容

当遇到大坝设计标准洪水时,经水库调洪,在坝前达到的最高水位称为设计洪水位。它至防洪限制水位之间的水库容积称为拦洪库容。

设计洪水位是水库的重要参数之一,它决定了设计洪水情况下的上游洪水淹没范围,它同时又与泄洪建筑物的尺寸、型式有关,而泄洪设备型式(包括溢流堰、泄洪孔、泄洪隧洞)的选择则应根据设计工程的地形地质条件和坝型、枢纽布置特点拟定,并应注意以下几点:

(1)如拦河坝为不允许溢流的土坝、堆石坝等当地材料坝,则除有专门论证外,应设置开敞式溢洪道。

(2)为增加水库运用的灵活性,尤其是下游有防洪任务的水库,一般均宜设置部分泄洪底孔和中孔。泄洪底孔要尽可能与排沙、放空底孔相结合。

(3)泄洪设备的型式选择,应考虑经济性和技术可靠性。当在河床布置有困难时,可研究在河岸布置部分旁侧溢洪道和泄洪隧洞。

(4)泄洪闸门类型和启闭设备的选择,应满足洪水调度等方面的要求。

6)校核洪水位和调洪库容

当遇到大坝校核标准洪水时,经水库调洪后,在坝前达到的最高水位,称为校核洪水位。它至防洪限制水位间的水库容积称为调洪库容。

校核洪水位(或正常蓄水位)以下的全部水库容积就是水库的总库容。校核洪水位(或正常蓄水位)至死水位之间的库容称为有效库容。总库容是水库最主要的一个指标。设计洪水位或校核洪水位加上一定数量的风浪爬高值和安全超高值,得到的就是坝顶高程。

10.1.4　设计保证率

由于河川径流的多变性,年际、年内水量均不相同,如果在很少出现的特殊枯水年份也要保证各兴利部门的正常用水要求,则必须建设很大的水库及相应的水利设施,这在技术上可能有困难,在经济上需要耗费较多人力、物力和财力,显然不经济也不合理。为此,一般不要求在设计使用年限的全部时间内都能绝对保证正常供水，而是可以在非常情况下允许水库适当的断水或减少供水量。这就要求研究各用水部门允许减少供水的可能性和合理范围，定出在多年工作期间；用水部门的正常用水得到保证的程度（或几率），这一保证程度，常用正常供水保证率来表示。因为这个保证程度在设计规划水库时，就应预先选定，所以也称设计正常供水保证率，简称设计保证率，常以 $P_{设}$ 来表示。

设计保证率通常有年保证率和历时保证率两种形式，二者都是以多年工作期中保证用水时间的相对百分数来表示的，形式上是一样的，但统计方法不同，含义也不同。例如，设计保证率 $P=90\%$，第一种形式是指多年工作期中保证用水的相对年数占90%，第二种形式指保证用水的相对历时占90%。

年保证率指多年期间正常工作年数占运行总年数的百分比。

不能维持正常供水的年数，即破坏年数，不论其年内缺水持续时间的长短和缺水数量的多少，都属于破坏年。目前，在水库规划设计中是最常用的形式，如灌溉供水、蓄水式电站、工业和民用供水等的设计保证率都是用多年工作期中能保证正常工作的相对年数来表示的。

灌溉设计保证率应结合灌区的水利、土壤资源情况、作物种类、气象水文条件、水量调节程度和国家对当地农业生产的要求等因素分析确定。一般的原则是：南方地区高于北方地区；自流灌高于提水灌；远景规划工程高于近期工程；大型工程高于中型工程。

水电站的设计保证率主要根据水电站所在电力系统的负荷特性、水电容量的比重、水库的调节性能、水电站的规模及其在电力系统中的作用等因素来确定。

城市与工业供水的设计保证率一般较高，为95%～99%。航运的设计保证率为90%～99%。

10.1.5　水库的水量损失

水库建成蓄水后，一方面引起了库区与库周的地下水运动变化，库水将补给周围的地下水，因而增加了渗漏损失量；另一方面，库水面也比天然河道增大很多，因而增加了蒸发损失量。这两部分水量损失统称为水库的水量损失。在水库的规划设计和运用中，必须考虑这些损失，以保证正常供水。

10.1.5.1　水库的蒸发损失

建库前，只有河道有水面蒸发，其余库区都是陆面蒸发，且这部分陆面蒸发量已反映在坝址断面处的实测径流资料中。建库后，库区由陆面变为水面的这部分面积，因水面蒸发大于陆面蒸发而额外增加了蒸发量。这额外增加的蒸发量，就是水库的蒸发损失。用 ΔW 表示，则有

$$\Delta W = 1\,000(E_{水} - E_{陆})F_{库} \tag{10-1}$$

式中　$E_{水}$——水面蒸发水层深度，mm；

$E_{陆}$——陆面蒸发水层深度，mm；

$F_{库}$——水库计算面积，km^2，即水库库面面积与建库前原有水面面积之差，当原有水面面积相对库面面积较小时，则取库面面积；

ΔW——水库的蒸发损失量，m^3。

10.1.5.2　**水库的渗漏损失**

建库蓄水后，由于水压力的作用，库中蓄水可通过库床、库岸、坝身和坝端产生渗漏。渗漏量的大小与库区、坝址的地质及水文地质条件，以及坝的施工质量有关。由于难以用理论公式计算，在生产实践中，常根据库区、坝址的地质与水文地质情况，选用经验指标进行估算。

北方严寒地区的水库，除应考虑上述两种水库水量损失外，还应考虑结冰损失。所谓结冰损失，是指冬季库水位消落时，冰层仍留于岸边，暂时不能利用所造成的损失，它与水库的调节性能有关。对于调节性能差的水库，结冰损失将引起枯水季节利用水量的减少。但由于该项损失较小，可按冰冻期库水位变动范围内水库面积之差乘以平均结冰厚度的0.9倍计算。

10.1.6　水库死水位的确定

水库死水位是水库正常运行的最低水位。死水位以下的死库容是不能用来进行径流调节的。死库容的作用主要是淤积部分泥沙和抬高库水位。在规划设计水库时，需要先确定死水位，再进行调节计算，以求得兴利库容和正常蓄水位。水库死水位的确定主要应考虑以下几个方面。

10.1.6.1　**满足自流灌溉引水要求**

对于承担灌溉任务的水库，往往希望其能自流灌溉。为此，放水建筑物的下游水位要有一定高程，这一高程可由灌区控制高程及渠道的纵坡和长度推算。而泄放渠道设计流量的最小水头 H_{min} 可根据放水建筑物的型式通过水力计算求得。于是高程加上 H_{min}，即得到满足自流灌溉引水要求的设计死水位。

10.1.6.2　**满足水库泥沙淤积要求**

在多沙河流上修建水库，必须考虑泥沙淤积对水库运用的影响。水库在调节径流的同时需要排沙减淤以延长使用寿命。为了对泥沙进行调节，需要有专门的堆沙库容，但由于库中泥沙的运行规律比较复杂，淤积过程难以精确计算，且泥沙在水库中的淤积形态也多种多样，因此常用简化的方法，即假定有部分泥沙沉积在库内，且淤积直抵坝前呈水平状态，来计算水库运用多年后的淤积总容积公式为

$$V_{沙总} = TV_{沙年} \tag{10-2}$$

$$V_{沙年} = \frac{mW_0\rho_0}{\gamma_0} \tag{10-3}$$

式中　T——水库正常使用年限，年，按规定小水库为20～30年，中型水库为50年，大型水库为50～100年；

$V_{沙年}$——多年平均年淤积容积，m^3/年；

ρ_0——坝址断面多年平均含沙量，kg/m^3；

W_0——坝址断面多年平均年径流量，m^3；

m——库中泥沙沉积率，%；

γ_0——淤积泥沙的干容重，kg/m^3。

其中，上面公式仅对悬移质泥沙而言。若推移质泥沙占一定比重，则应在总入库泥沙

中予以考虑。一般可以悬移质泥沙的某一百分数作为推移质泥沙量。

以此淤积总容积查库容曲线，即可得满足泥沙淤积要求的死水位。

10.1.6.3　满足水电站最低水头要求

对于承担发电任务的水库，死水位或正常蓄水位以及消落深度的选择是需要通过经济比较的。而当正常蓄水位受地形地质条件限制先选定时，若死水位过高，固然可以增加出力，但兴利库容减小，水库调节能力降低；若死水位降低，虽然兴利库容加大，但如过低，也将大大降低水轮机的效率，甚至无法工作。因此，需要在水轮机的允许水头变化范围内，保证所需要的最低水头来选择死水位。

10.1.6.4　满足其他兴利部门的要求

当水库上游有通航要求时，水库死水位不得低于最小航深的要求，同时需要考虑船闸、码头与库水位的关系。

为发展水库养鱼，死水位的确定又要保证有足够的水面面积与容积以满足鱼类生存的需要。

北方严寒地区的水库还需考虑冰冻，即在死水位冰层以下，应保留足够的容积，供鱼类栖息。

另外，为了满足生态、环境、旅游、卫生等的需要，要求水库水位消落到死水位时，有一定的面积与容积。

总之，对于综合利用的水库，需要同时满足各部门对死水位的要求，通过综合分析论证，选定较合理的死水位。

10.1.7　年调节计算

一般来说，兴利调节计算的任务是：在已知设计保证率的天然来水量的条件下，根据用水部门要求的调节流量决定所需的水库兴利库容；或者根据已定水库兴利库容来决定可提供的调节流量。

在已知来水条件下，一般采用时历列表法、差积曲线图解法。时历列表法又可分典型年法（设计代表年法）和长系列法。

时历列表法，是用列表计算的方式，将多年天然来水资料与相应年的用水过程按水量平衡方程，推求出各年所需兴利库容，将此兴利库容系列按由小到大的顺序排列，计算每个库容值的频率，然后绘制库容频率曲线。根据设计保证率，即可在库容频率曲线上定出欲求的兴利库容，这种方法称长系列法或时历年法。中小型水库一般仅对设计枯水年进行列表调节计算，求出该年满足兴利用水的兴利库容，这种方法称为典型年法。

10.1.7.1　年调节水库运用情况

水库在调节年度内进行充蓄、泄放的过程叫水库运用。蓄泄一次称为水库一次运用，蓄泄多次称为多次运用。根据来水和用水过程的不同，一年中水库运用情况有以下几种。

1）一次运用

水库在一个调节年度内充蓄一次，供水一次，当余水 W_1 大于亏水 W_2 时，W_2 是唯一的亏水量（即供水量），只要水库能够充蓄 W_2 的水量，就能保证这一年用水的需要，故水库兴利库容 $V_{兴} = W_2$。

2)二次运用

水库在一个调节年度内,充蓄二次、供水二次称为二次运用。

3)多次运用

水库在一个调节年度内,充蓄、泄放多于二次时,即为多次运用。此时,确定兴利库容可从空库时刻起算($V_{兴}=0$)。现分为逆时序和顺时序两种计算方法,简述如下。

(1)逆时序计算。从 $V_{兴}=0$ 开始,遇亏水量相加,余水量相减,减后若小于零即取为零,这样可求出各时刻所需的蓄水量,取其大者为兴利库容 $V_{兴}$。

(2)顺时序计算。从 $V_{兴}=0$ 开始,由零顺时序累加 $W_{来}-W_{用}$ 值,经过一个调节年度又回到计算的起点,当$\sum(W_{来}-W_{用})$不为零时,则有余水量 C,兴利库容用下式计算

$$V_{兴}=\sum(W_{来}-W_{用})_{max}-C \tag{10-4}$$

10.1.7.2 根据用水要求确定兴利库容

根据兴利用水要求确定必需的兴利库容是水库规划设计的重要内容之一。当用水量(调节水量)是已知值时,根据设计枯水年天然来水资料定出水库补充放水的起讫时间,按水库运用情况,即可求出所需的兴利库容。

年调节水库的调节周期为1年,调节计算时,首先确定水库兴利蓄水为零的时刻作为计算起点。显然,兴利蓄水量为零即库空之时,应为供水期末。从库空之后水库转为蓄水期。从水库开始蓄水到翌年放空的周期,称为调节年或水利年,时间为12个月左右。

1)典型年法

首先求出相应于设计保证率的设计年径流量和年内分配作为水库设计代表年的来水过程,再列出相应的用水过程,根据水量平衡方程,列表逐时段计算,求出兴利库容。列表计算可以顺时序向前推算,也可逆时序向后推算。

(1)不计入损失的列表计算。由于不计入损失,流出水库的水量只包括各部门用水量,于是可以直接计算来水量与用水量的差值 $W_{来}-W_{用}$,正者为多余水量,负者为不足水量。兴利库容的大小就取决于多余水量与不足水量的配合情况,如表10-1所示。

因为没有考虑水库的水量损失,只能做进一步计入损失计算的依据。有些小型水库因无水库损失资料,可简化处理,在此兴利库容计算的基础上加大10%~15%作为计入损失水量所需兴利库容。

(2)计入损失的列表计算。当水库蒸发、渗漏损失较大时,上述不计损失计算所求得的兴利库容偏小,因此必须考虑水库损失水量的影响,计入损失的列表计算法是在不计损失列表计算基础上进行的。方法要点是:先根据不考虑损失近似求得各时段蓄水库容,进而求出水库时段水量损失,将水库时段损失水量作为增加的用水量,加到用水量中,重新进行调节计算,求得考虑损失后所需的兴利库容 $V_{兴}$。当然,按照水量损失的本意,也可从来水量中扣去损失变成净来水量,再作调节计算求得 $V_{兴}$。

在水库规划设计中主要采取早蓄方案的顺时序计算法,而迟蓄方案的逆时序计算法多用于水库兴利调度图的编制工作。

2)长系列法

根据实测的多年径流系列和用水系列,按前述年调节典型年列表计算法逐年进行调节计算,求出每年所需兴利库容,再将所求的库容按由小到大的次序排列,计算经验频率,

绘年调节兴利库容频率曲线，根据设计保证率 $P(\%)$ 在兴利库容频率曲线上即可查出相应的年调节兴利库容 $V_{兴P}$。

表 10-1　某水库不计损失的年调节计算表　　（单位：万 m^3）

时间（年-月）	来水量	用水量	来水量 - 用水量		早蓄方案		迟蓄方案	
			余水（+）	缺水（-）	月末蓄水	弃水	月末	弃水
①	②	③	④	⑤	⑥	⑦	⑧	⑨
					0		0	3 691
1988-07	21 140	8 356	12 784		12 784		9 093	
1988-08	8 560	2 941	5 619		18 403		14 712	
1988-09	6 390	930	5 460		23 863		20 170	
1988-10	7 360	640	6 720		30 583		26 890	
1988-11	4 500	2 205	2 295		31 337	1 541	29 187	
1988-12	1 860	0	1 860		31 337	1 860	31 047	
1989-01	1 320	1 930		610	30 727		30 437	
1989-02	1 255	355	900		31 337	290	31 337	
1989-03	1 487	5 204		3 717	27 620		27 620	
1989-04	2 524	11 169		8 645	18 975		18 975	
1989-05	3 362	14 416		11 054	7 921		7 921	
1989-06	4 624	12 545		7 921	0		0	
合计	64 382	60 691	35 638	31 947		3 691		3 691
校核	64 382 - 60 691 = 3 691		35 638 - 31 947 = 3 691					

注：$V_{兴}$ = 31 337 万 m^3。

3）根据兴利库容确定调节流量

在规划设计阶段，由于某些制约因素的限制，先要确定一定大小的兴利库容，进而研究能将天然枯水径流调节到何等程度。为此，针对所拟定的诸方案分别推算出供水期的调节流量值，从而分析每个方案的效益，为选定较优方案提供依据。

解决这类问题时，由于调节流量是未知值，难于确定蓄水期和供水期。此时可先假设若干个供水期调节流量方案，对于每个方案采用本节前述方法求出所需的兴利库容，然后点绘成调节流量与兴利库容关系曲线，在该曲线上根据给定的兴利库容 $V_{兴}$，即可查出所求的供水期调节流量 $Q_{调}$。

对年调节水库，可以应用简化水量平衡方程的方法进行调节计算，比较方便，下面介绍此法。

径流调节计算的基本原理是把整个调节周期分成若干时段，然后逐时段进行水量平衡，求得水量蓄供过程。如果把整个调节周期划分成两个计算时段，即蓄水期和供水期，进行水量平衡计算就是简化水量平衡方程调节计算的关键所在。

由列表计算法可知，水库兴利库容 $V_{兴}$ 取决于亏水期最大累积缺水量，即

$$V_{兴} = W_{月调}T_{供} - \sum W_{供来} \tag{10-5}$$

式中　$W_{月调}$——供水期月调节水量，m^3/月；

$T_{供}$——供水期时段数，月；

$W_{供来}$——设计枯水年供水期来水总量，m^3。

当月调节水量 $W_{月调}$ 已知时，用式(10-5)可确定兴利库容。反之，当已知兴利库容 $V_{兴}$ 时，也可用该式来计算月调节水量，即

$$W_{月调} = (\sum W_{供来} + V_{兴})/T_{供} \tag{10-6}$$

计入水量损失时，可用整个供水期平均蓄水量分别来估算供水期水量损失 $\sum\Delta W_{供损}$ 及蓄水期水量损失 $\sum\Delta W_{蓄损}$，则式(10-5)和式(10-6)可写为

$$V_{兴} = W_{月调}T_{供} + \sum\Delta W_{供损} - \sum W_{供来} \tag{10-7}$$

$$W_{月调} = (\sum W_{供来} - \sum\Delta W_{供损} + V_{兴})/T_{供} \tag{10-8}$$

用上式求已知兴利库容的调节流量(或调节水量)较为简明，但必须注意两个问题：

(1)水库调节性能问题。先应判明水库是否为年调节，因只有年调节水库的 $V_{兴}$ 才是当年蓄满且全部蓄水用在该调节年度的供水期内。所以，只有当蓄水期来水总量 $\sum W_{蓄来}$ 与蓄水期的调节水量(用水量)的差值大于兴利库容才能成立。即应使下面不等式成立

$$\sum W_{供来} - W_{月调}T_{蓄} \geqslant V_{兴} \tag{10-9}$$

或者考虑损失水量

$$\sum W_{供来} - W_{月调}T_{蓄} - \sum\Delta W_{蓄损} \geqslant V_{兴} \tag{10-10}$$

如果不能满足上式的要求，应属多年调节。

在供水期和蓄水期未定的情况下，也可用经验性库容系数 $\beta = V_{兴}/\overline{W}_{年} = 8\% \sim 30\%$ 作为年调节水库的判定系数。

(2)划定蓄、供水期问题。供水期 $T_{供}$ 的确定与调节水量 $W_{月调}$ 有关。径流调节供水期是指天然来水小于用水，需要水库放水补充的时期。假定水库是一次运用，在调节年度内一次充蓄、一次供水的情况下，供水期开始时刻应是天然流量开始小于调节流量之时，而终止时刻则是天然流量大于调节流量之时。因此，供水期长短是相对的，时段调节水量越大，则供水期越长。由于调节水量是未知值，故不能直接定出供水期，通常供水期要由试算确定。即先假定供水期，待求出调节水量后进行核算，如不正确则重新假定后再试算。

【例 10-1】　南方某拟建以发电为主的水库，集水面积 $F = 102\ km^2$，坝址处多年平均年来水量 13 400 万 m^3，$\overline{Q} = 4.25\ m^3/s$，设计保证率 $P = 90\%$，设计枯水年来水量 $W_{设年}$ = 9 000万 m^3，其年内分配见表 10-2，由于受淹没损失控制，初定兴利库容 $V_{兴}$ = 3 000 万 m^3，按月均分 $\sum\Delta W_{月损} = 30$ 万 m^3，试计算调节水量和调节系数。

解：1. 初步判定水库调节性能

水库库容系数 $\beta = V_{兴}/\overline{W}_{年} = 3\ 000/13\ 400 = 0.22$，初步定为年调节水库。

2. 按已知兴利库容确定调节水量

由表 10-2 初步判断设计枯水年供水期，假定设计枯水年供水期为 10 月～次年 4 月，

设 $T_{供}=7$ 个月,10 月～次年 4 月来水总量 $\sum W_{供来}=1\ 900$ 万 m^3,损失水量 $\sum \Delta W_{供损}=7\times 30=210$(万 m^3),供水期的月调节水量由式(10-8)得

表 10-2　某水库设计枯水年来水过程($P=90\%$)　　(单位:万 m^3)

月份	5	6	7	8	9	10	11	12	1	2	3	4	合计
来水量	990	2 800	1 030	890	1 390	231	468	63	88	286	254	510	9 000

$$W_{月调}=(\sum W_{供来}-\sum \Delta W_{供损}+V_{兴})/T_{供}=(1\ 900-210+3\ 000)/7=670\ (万\ m^3)$$

以 $W_{月调}=670$ 万 m^3 与表 10-2 中各月来水量对比可以看出,假定供水期为 7 个月是正确的。如以流量表示,取 1 个月秒数 $\approx 2.63\times 10^6$ s,则

$$Q_{调}=670\times 10^4\div(2.63\times 10^6)=2.55\ (m^3/s)$$

3. 检验

用式(10-10)检验,$V_{兴}=3\ 000$ 万 m^3,5～9 月蓄水期来水总量 $\sum W_{蓄来}=7\ 100$ 万 m^3。

$$7\ 100-670\times 5-30\times 5=3\ 600(万\ m^3)>V_{兴}$$

该水库当 $V_{兴}=3\ 000$ 万 m^3 时,设计枯水年所能获得的月调节水量为 670 万 m^3(或 $Q_{调}=2.55\ m^3/s$),调节系数 $\alpha=0.60$ 。

10.1.8　多年调节计算

在多年调节中,由于调节周期可长达几年至十几年,即使有较长的水文资料,多年调节循环的数目也不多,因此用时历法根据不太长的实测系列计算的结果往往带有一定的偶然性,不能正确反映水库未来工作的一切可能情况。特别是当用水保证率和调节程度较高时,用时历法考虑稀遇的径流变化和组合情况就更为困难。

由于径流的年际变化服从随机事件的统计规律,可以用包含几个统计参数 $\overline{Q}$、C_v、C_s 的频率曲线来描述其变化特性,其统计规律可移用于今后,根据水量平衡和频率组合的原理可推求水库多年的工作情况。

目前,国内外常用的多年调节数理统计法的计算方法可分成两大类:一类是把总库容划成多年库容 $V_{多年}$ 和年库容 $V_{年}$ 两部分,分别计算这两部分库容后再相加得总库容,一般称这类方法为合成总库容法;另一类是同时考虑径流的年际及年内变化,一次求出总的兴利库容,称为直接总库容法。

10.2　水库兴利调度图的绘制及应用

水库灌溉调度就是为了合理解决河流天然来水与灌溉用水之间的矛盾;同时,也只有在水库安全的条件下,才能发挥其兴利效益,解决这些问题。它是通过编制调度图来具体实施的。

10.2.1　水库兴利调度图的绘制

在水库灌溉调度过程中,调度图起着重要的指导作用。关于绘制调度图的方法叙述

如下。

10.2.1.1 选择代表年

绘制年调节水库的灌溉调度图，采用实际代表年法或设计代表年法。

1）实际代表年法

从实测的年来水量和年用水量系列中，选择年来水量和年用水量都接近灌溉设计保证率的年份3～5年。其中应包括不同年内分配的来水和用水典型，如灌溉期来水量较少、偏前、偏后等各种情况。

2）设计代表年法

将上述所选择的实际代表年来水量、用水量都分别缩放，转换为与设计保证率相应的设计年来水量、用水量。所求得的各种设计代表年的年来水量、用水量都是相等的，只是其年内分布各不相同而已。

10.2.1.2 计算与绘制兴利调度图

对所选择的代表年来水量、用水量作年调节计算。方法与兴利计算相同，从死水位开始，逆时序逐月进行水量平衡，遇亏水相加，遇余水相减。一直计算到水库开始蓄水位的时刻为止，即可得出各月末应蓄水量及其相应的库水位。之所以从死水位开始逆时序调节是因为年调节水库每年供水期末都可降至死水位，只要求供水期开始时水库所蓄水量能满足用水就可以了。

分别对每个代表年都以同样的方法进行调节计算，得到若干条水库水位与时间的关系线（即调度线），绘于同一图上（见图10-2）。连接各月水位的最高点得外（上）包线；连接各月水位的最低点得内（下）包线。外包线与内包线之间为正常供水区。外包线以上为加大供水区，因为按保证率供水，水库蓄水量不必再多于外包线。如果外包线以上再有多余的水，就可加大供水，故外包线称加大供水线；否则，在外包线以下加大供水，就可能引起正常灌溉供水的破坏，故外包线又称防破坏线。内包线以下为减少供水区，因为水库蓄水若低于内包线水位，按保证率供水就没有保证，故应限制供水，尽可能使库水位保持在正常供水区内，故内包线称限制供水线。

10.2.2 灌溉水库调度图的应用

前面讲述的年调节和多年调节水库调度图是根据历史水文资料统计计算的，故称为统计调度图。当年灌溉计划调度线与统计调度图绘在一起，作为指导水库运行的依据。由于年初编制计划调度线，来水量是根据长期气象水文预报推算的，可能产生较大误差，所以在调度中要结合中短期水文预报和统计调度图使水库调度更为合理。

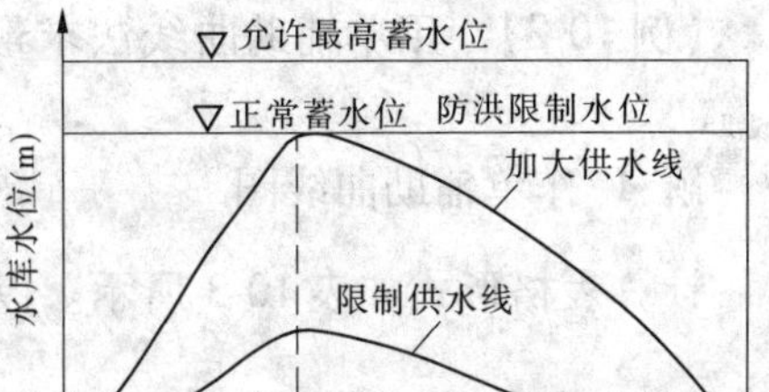

图10-2 某年调节水库兴利调度图

在水库运行中，若当时水库水位在加大供水区，则按统计调度图和计划调度线应该加大供水，但是短期预报近期来水少，则应控制加大供水或正常供水，以防后期缺水；若当时库水位在正常供水区，短期预报有大水，则可适当加大供水，以防止或减少弃水；若当时库水位高出限制供水线不多，则短期预报来水少，则应节约用水，及早采取措施，防止供水破坏。总之，要根据水库当时水位、统计调度图、计划调度线和中短期水文预报认真分析，对究竟是正常供水、加大供水还是减少供水作出科学的判断，正确的决策。

10.3 水库的防洪计算

我国常用的调洪计算方法主要有列表试算法、半图解法和简化三角形法等，半图解法包括单辅助曲线法和双辅助曲线法，其中，单辅助曲线法应用广泛。

单辅助曲线法的基本原理仍然是逐时段连续求解水库的水量平衡方程和蓄泄方程，但为了避免试算，需对这两个方程作适当的变换。可改写为如下的形式：

$$\frac{V_2}{\Delta t} + \frac{q_2}{2} = \frac{Q_1 + Q_2}{2} - q_1 + \left(\frac{V_1}{\Delta t} + \frac{q_1}{2}\right) \tag{10-11}$$

$$q = f\left(\frac{V}{\Delta t} + \frac{q}{2}\right) \tag{10-12}$$

为了实用上的方便，可将式(10-12)表示为 $q \sim \left(\frac{V}{\Delta t} + \frac{q}{2}\right)$ 辅助线。

联解式(10-11)、式(10-12)则无需试算，其方法是：

调洪开始时，对于第一时段，Q_1、Q_2、V_1、q_1 皆为已知，将它们代入式(10-11)的右端，即得左端的$\frac{V_2}{\Delta t} + \frac{q_2}{2}$，依此数值在 $q \sim \left(\frac{V}{\Delta t} + \frac{q}{2}\right)$ 线上即可查出 q_2；对于第二时段，上时段末的 q_2、Q_2、$\frac{V_2}{\Delta t} + \frac{q_2}{2}$就是本时段初的 q_1、Q_1、$\frac{V_1}{\Delta t} + \frac{q_1}{2}$，重复第一时段的解算过程，又可求得第二时段末的$\frac{V_2}{\Delta t} + \frac{q_2}{2}$、$q_2$，这样逐时段连续计算，便可求得水库下泄流量过程 $q \sim t$ 。

必须指出，由于该法在作单辅助曲线时 Δt 需取定值，和所使用的 $q \sim \left(\frac{V}{\Delta t} + \frac{q}{2}\right)$ 线是由泄流能力曲线 $q \sim V$ 转换而来，所以该法只适用于自由泄流（无闸或闸门全开的泄流）和 Δt 固定的情况，当用闸门控制泄流时，应按拟定的调洪方式确定下泄流量，当 Δt 有变化，即与作辅助线所选用的 Δt 不一致时，需采用试算法计算。

【例 10-2】 用单辅助曲线法求最大下泄流量 q_m、设计调洪库容 $V_{设洪}$ 和设计洪水位 $Z_{设洪}$。

解：1. 作单辅助曲线图

计算表格形式如表 10-3 所示。以第⑤栏与第⑦栏对应值绘制单辅助曲线 $q \sim \left(\frac{V}{\Delta t} + \frac{q}{2}\right)$，用第⑤栏与第①栏绘制水位与下泄流量关系曲线 $q \sim Z$ 。

2. 用单辅助曲线法进行调洪计算

计算表格见表 10-4。

表 10-3　某水库单辅助曲线计算($P=1\%$)

水库水位 Z (m)	总库容 (万 m^3)	溢流堰顶以上库容 (万 m^3)	$\frac{V}{\Delta t}$(m^3/s)	下泄流量 q (m^3/s)	$q/2$ (m^3/s)	$\frac{V}{\Delta t}+\frac{q}{2}$
①	②	③	④	⑤	⑥	⑦
59.98	1 296	0	0	0	0	0
60.5	1 460	164	456	46	23	479
61.0	1 621	325	903	127	64	967
61.5	1 800	504	1 400	232	116	1 516
62.0	1 980	684	1 900	356	178	2 078
62.5	2 180	884	2 456	496	248	2 704
63.0	2 378	1 082	3 006	650	325	3 331
63.5	2 598	1 302	3 617	818	409	4 026
64.0	2 817	1 521	4 225	999	500	4 725
64.5	3 000	1 704	4 733	1 191	596	5 329

表 10-4　某水库单辅助曲线法调洪计算($P=1\%$)

时间 t (h)	流量 Q (m^3/s)	时段 Δt (1 h)	平均流量 $\overline{Q}$ (m^3/s)	时段末的 $\frac{V}{\Delta t}+\frac{q}{2}$	时段末的下泄流量 q(m^3/s)	总库容 (万 m^3)	库水位 Z (m)
①	②	③	④	⑤	⑥	⑦	⑧
0	0	0	0	0	0	1 296	59.98
1	390	0 ~ 1	195	195	18		
2	770	1 ~ 2	580	757	88		
3	1 150	2 ~ 3	960	1 629	256		
4	986	3 ~ 4	1 068	2 441	436		
5	820	4 ~ 5	903	2 908	544		
6	656	5 ~ 6	738	3 102	596	2 307	62.83
7	492	6 ~ 7	574	3 080	588		
8	326	7 ~ 8	409	2 901	545		
9	162	8 ~ 9	244	2 600	475		
10	0	9 ~ 10	81	2 206	384		
11		10 ~ 11	0	1 822	298		
12		11 ~ 12		1 524	235		
13		12 ~ 13		1 289	188		
14		13 ~ 14		1 101	152		

第 1 时段，$\overline{Q}_1=195\ m^3/s$，起调时段初，$q_1=0$，$V_1=0$，将它们代入式(10-11)的右端，即得左端的$\frac{V_2}{\Delta t}+\frac{q_2}{2}=\frac{V_1}{\Delta t}+\frac{q_1}{2}-q_1+\overline{Q}_1=195+0-0=195\ (m^3/s)$，填入第⑤栏，在单辅助曲线 $q\sim(\frac{V}{\Delta t}+\frac{q}{2})$ 曲线上，由横坐标 195 m^3/s 得相应的纵坐标为 18 m^3/s，这就是该时段末

的下泄流量 q_2，填入第⑥栏。

第 2 时段，$\overline{Q}_1=580\ m^3/s$，时段初，$q_1=18\ m^3/s$，$\frac{V_1}{\Delta t}+\frac{q_1}{2}=195\ m^3/s$，则 $\frac{V_2}{\Delta t}+\frac{q_2}{2}=\frac{V_1}{\Delta t}+\frac{q_1}{2}+\overline{Q}_1-q_1=195+580-18=757\ (m^3/s)$，填入第⑤栏，在 $q\sim(\frac{V}{\Delta t}+\frac{q}{2})$ 线上即可查出 $q_2=88\ m^3/s$，填入第⑥栏。

这样逐时段连续计算，便可求得水库下泄流量过程 $q\sim t$ 关系线，最大下泄流量 $q_m=596\ m^3/s$。

3. 求设计调洪库容及设计洪水位

根据 $q_m=596\ m^3/s$，查曲线图 $q=f(v)$ 得最大库容 $V_{总}=2\ 307$ 万 m^3，已知起调库容 $V=1\ 296$ 万 m^3，则设计调洪库容 $V_{设洪}=2\ 307-1\ 296=1\ 011$（万 m^3），以 $q_m=596\ m^3/s$ 得设计洪水位 $Z_{设洪}=62.83\ m$。

10.4 水库防洪调度

10.4.1 水库防洪调度的任务

水库防洪调度的主要任务是：确保工程安全，有效地利用防洪库容拦蓄洪水、削减洪峰、减免洪水灾害，正确处理防洪与兴利的矛盾，充分发挥水库的综合效益。

水库防洪调度方案，在设计阶段就已拟定，但那是为了检验水库主要参数的合理性，估算防洪效益。由于当时的资料相对较少，对水库实际调度中的影响因素考虑不够，所以在设计阶段拟订的防洪调度方案，一般难以完全实施。水库投入运行以后，水库的规模及设备的主要参数已定，随着运行年限的增长，各种资料的增加，水库特性及下游防洪要求的变化，每年都要结合现时的具体要求和来水情况，制订防洪调度的方案和措施，满足国民经济建设的要求。

10.4.2 防洪调度图

防洪调度图是由水库在汛期各个时刻的蓄水指示线所组成，如图 10-3 所示。它是反映汛期内不同时刻为了拦蓄洪水水库所必须留出的防洪库容。它包括防洪限制水位、防洪调度线、防洪高水位及由这些线所划分的调洪区。

在防洪调度图中的校核洪水位、设计洪水位、防洪高水位，都是以防洪限制水位为起调水位，分别对水库的校核洪水、设计洪水及相应于下游防洪标准的洪水进行调洪计算推求而来的。

防洪调度线是根据下游防洪标准的设计洪水过程线，从防洪限制水位开始，进行调洪计算而得出的水库蓄水指示线。

图 10-3 中的防洪限制水位 $Z_{限}$ 是假定不同时段的起调水位，分别对校核洪水、设计洪水过程线进行顺时序调洪演算，求出相应的校核洪水位、设计洪水位，且考虑兴利的要求后，进行比较确定的。

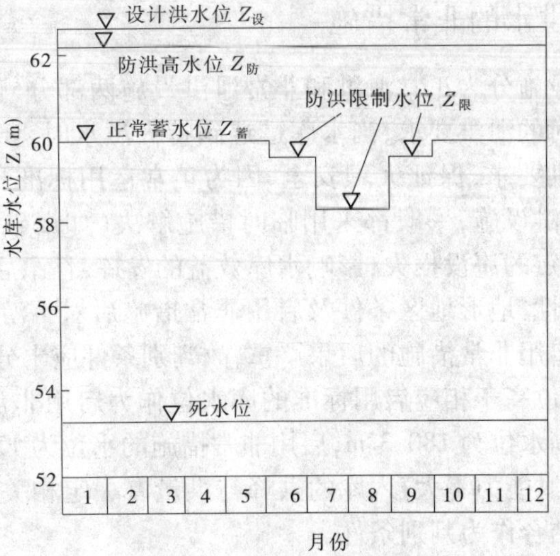

图 10-3 水库防洪调度图

10.4.3 洪水预报调度

现在许多运行的水库都在不同程度上开展了洪水预报调度工作。有了洪水预报,可以在洪水到来之前,将水库的蓄水尽量下泄,腾出一部分库容,让这部分库容与原来被充蓄的库容共同调蓄洪水,同时利用洪水预报可以适时拦蓄洪水,尽量减少弃水,充分利用水能,最大限度地发挥水库的综合利用效益。例如,富春江水库,利用洪水预报,平均一次洪水可多发电 150 万 kWh。丰满水库自 1953 年就开始利用预报进行调度,已多发电十几亿千瓦时。总之,利用预报进行防洪调度,可以使防洪与兴利更好的结合,能做到一库多用、一水多用,充分利用水资源。

10.4.3.1 利用洪水预报进行预泄

利用洪水预报进行预泄的目的是在洪水到来之前,腾出一部分汛限水位以下的库容,从而减少预留的防洪库容,增加兴利效益。当水库建立了降雨径流预报方案,在水库得到降雨的情报之后,便可通过产流、汇流计算,求出入库的径流过程。水库可以根据预报(在预见期之内),预先加大泄量,降低水库水位,腾出一部分库容,以便拦蓄洪水,削减洪峰在进行预泄的调洪计算中,要注意以下 4 点:

(1)预泄流量,即本时段入流加上预见期以后时段的预报流量。

(2)预泄流量不大于下游安全泄量。

(3)预泄流量不超过泄洪建筑物的泄洪能力。

(4)须是在预报精度较高的情况下进行。

10.4.3.2 利用预报拦蓄洪水余量

汛末能否及时拦蓄洪水余量,使水库水位达到正常高水位,是关系到供水期的供水能否得到保证的大问题,因此抓住蓄水的时机,争取汛末水库蓄满也是非常重要的。

汛末关闸回蓄的时间,通常要根据洪水的特性,水库调度的经济,结合中短期水文预报来确定。

10.4.4 防御特大洪水的非常措施

一般水库的泄洪设施分为正常泄洪和非常泄洪设施两部分，正常泄洪设施的泄洪能力应能满足正常运用时的泄洪要求，当水库遭遇到特大洪水时，要启用非常泄洪设施，以满足非常运用时的泄洪要求，保证大坝安全，因为正常运用标准与非常运用标准相差较大，所以非常运用的泄洪设施，一般都采用临时措施解决（如爆破副坝）。启用非常措施后，将会使下游遭受一定的淹没损失，影响水库效益的发挥，且汛后还必须修复。因此，应根据水库的规模、重要性、地形地区条件及启用非常措施后对下游影响程度等方面，慎重拟定启用标准。因为启用非常措施的后果严重，故判别条件应十分可靠，如果水库调洪能力较大，可采用以库水位高于相应启用标准的库水位作为启用非常措施的判别条件。如河南省鸭河口水库最高水位为180.3 m，启用非常措施的水位为178.5 m，这样既安全，又比较明确，如果水库调洪能力不大，入库的洪峰与洪量有一定相关关系的水库，可采用按入库流量及库水位相结合作为判别条件。

水库非常泄洪设施可采用非常溢洪道及非常泄洪洞，也有采用爆破副坝或自溃坝等非常泄洪措施。鸭河口水库拟定当库水位达到178.5 m时启用非常设施，其具体办法就是爆破副坝。但爆破副坝泄洪，不仅每年要准备炸药，管理费用大，而且在狂风暴雨下难以实施。为解决这个困难，有的水库采用引冲自溃坝泄洪的措施，但一般都须经过模型试验。

小　结

介绍了水库兴利调节计算的原理，并举例说明年调节水库兴利调节计算的具体方法步骤；水库防洪调节计算的原理以及水库防洪调节计算的具体方法步骤。另外，还介绍了水库调度的基本知识、以灌溉水库为主的水库兴利调度和以无闸门控制为主的防洪调度基本内容。

在水库的兴利调节计算中，重点叙述了已知来水、用水求兴利库容和已知兴利库容、来水求调节流量的问题。在水库的防洪调节计算中，给出了调节计算的单辅助线法。

复习题

10-1　什么是径流调节？径流调节可分哪几类？兴利调节又可分为哪几类？

10-2　如何绘制水库的面积特性曲线？它有什么作用？

10-3　如何绘制水库的容积特性曲线？它有什么作用？

10-4　水库的特征水位和特征库容有哪些？其含义各是什么？

10-5　水库的水量损失包括哪些？兴利调节计算是如何考虑的？

10-6　确定水库死水位应考虑哪些主要因素？

10-7　水库兴利调节计算的原理是什么？

10-8　水库防洪调节计算的基本原理是什么？

10-9　单辅助曲线法调洪计算的原理和计算步骤是什么？

10-10　简述水库防洪调度图的组成及绘制步骤。

10-11　简述水库兴利调度图的组成及绘制步骤。

10-12　已知某水库坝址设计枯水年来水过程如表 10-5 所示，多年平均流量 $Q_0=10$ m^3/s，兴利库容为 27 (m^3/s)·月试求：

(1)水库调节类型；

(2)水库能提供的各月的调节流量(不计入损失)。

表 10-5　某水库设计枯水年调节流量

月份	4	5	6	7	8	9	10	11	12	1	2	3
流量 (m^3/s)	15	30	20	8	7	4	5	2	3	1	3	5
$Q_{调}$ (m^3/s)												

10-13　某年调节水库的流域面积 62 km^2，水库水位—库容曲线见表 10-6，灌溉要求死水位 53.32 m。相应于灌溉设计保证率 $P_{灌}=80\%$ 的枯水代表年的来水过程及用水过程见表 10-7，设计标准 $P=1\%$ 的设计洪水过程见表 10-8，溢洪道为无闸门控制的实用堰，堰宽 $B=70$ m，实用堰的流量系数 $M=1.77$，下游没有防护要求。要求：

表 10-6　某水库水位—库容曲线摘录

水位(m)	50.5	51.0	52.0	53.0	54.0	55.0	56.0	57.0
库容(万 m^3)	0.0	1.3	20.0	65.3	140.2	246.7	386.4	560.7
水位(m)	58.0	59.0	60.0	61.0	62.0	63.0	64.0	65.0
库容(万 m^3)	770.4	1 016.8	1 300.0	1 620.7	1 980.0	2 378.3	2 817.0	3 297.0

表 10-7　某水库 $P_{灌}=80\%$ 设计代表年来水、用水资料

月份	4	5	6	7	8	9	10	11	12	1	2	3
来水量 (万 m^3)	136	197	117	78	79	360	436	203	85	63	62	79
用水量 (万 m^3)	181	335	483	502	148							

(1)不考虑蒸发、渗漏损失，确定设计保证率 $P_{灌}=80\%$ 的设计兴利库容和正常蓄水位；

(2)求设计标准为 $P=1\%$ 的下泄流量过程、水库蓄水过程、最大泄流量、设计调洪库容和设计洪水位。

表 10-8　某水库设计洪水过程线资料

时间 t(h)	0	1	2	3	4	5	6	7	8	9	10
$Q_{1\%}$ (m^3/s)	0	390	770	1 150	986	820	656	492	326	162	0

附　录

附表 1　皮尔逊Ⅲ型频率曲线的离均系数 Φ_P 值表

C_s \ P(%)	0.01	0.1	0.2	0.33	0.5	1	2	5	10	20	50	75	90	95	99
0	3.72	3.09	2.88	2.71	2.58	2.33	2.05	1.64	1.28	0.84	0	-0.67	-1.28	-1.64	-2.33
0.1	3.93	3.23	3.00	2.82	2.67	2.40	2.11	1.67	1.29	0.84	-0.02	-0.68	-1.27	-1.62	-2.25
0.2	4.15	3.38	3.12	2.92	2.76	2.47	2.16	1.70	1.30	0.83	-0.03	-0.69	-1.26	-1.59	-2.18
0.3	4.37	3.52	3.24	3.03	2.86	2.54	2.21	1.73	1.31	0.82	-0.05	-0.70	-1.24	-1.55	-2.10
0.4	4.60	3.67	3.36	3.14	2.95	2.62	2.26	1.75	1.32	0.82	-0.07	-0.71	-1.23	-1.52	-2.03
0.5	4.82	3.81	3.48	3.25	3.04	2.68	2.31	1.77	1.32	0.81	-0.08	-0.71	-1.22	-1.49	-1.96
0.6	5.05	3.96	3.60	3.35	3.13	2.75	2.35	1.80	1.33	0.80	-0.10	-0.72	-1.20	-1.45	-1.88
0.7	5.27	4.10	3.72	3.45	3.22	2.82	2.40	1.82	1.33	0.79	-0.12	-0.72	-1.18	-1.42	-1.81
0.8	5.50	4.24	3.85	3.55	3.31	2.89	2.45	1.84	1.34	0.78	-0.13	-0.73	-1.17	-1.38	-1.74
0.9	5.73	4.39	3.97	3.65	3.40	2.96	2.50	1.86	1.34	0.77	-0.15	-0.73	-1.15	-1.35	-1.66
1.0	5.96	4.53	4.09	3.76	3.49	3.02	2.54	1.88	1.34	0.76	-0.16	-0.73	-1.13	-1.32	-1.59
1.1	6.18	4.67	4.20	3.86	3.58	3.09	2.58	1.89	1.34	0.74	-0.18	-0.74	-1.10	-1.28	-1.52
1.2	6.41	4.81	4.32	3.95	3.66	3.15	2.62	1.91	1.34	0.73	-0.19	-0.74	-1.08	-1.24	-1.45
1.3	6.64	4.95	4.44	4.05	3.74	3.21	2.67	1.92	1.34	0.72	-0.21	-0.74	-1.06	-1.20	-1.38
1.4	6.87	5.09	4.56	4.15	3.83	3.27	2.71	1.94	1.33	0.71	-0.22	-0.73	-1.04	-1.17	-1.32
1.5	7.09	5.23	4.68	4.24	3.91	3.33	2.74	1.95	1.33	0.69	-0.24	-0.73	-1.02	-1.13	-1.26
1.6	7.32	5.37	4.80	4.34	3.99	3.39	2.78	1.96	1.33	0.68	-0.25	-0.73	-0.99	-1.10	-1.20
1.7	7.54	5.50	4.91	4.43	4.07	3.44	2.82	1.98	1.32	0.68	-0.27	-0.72	-0.97	-1.06	-1.14
1.8	7.77	5.64	5.01	4.52	4.15	3.50	2.85	1.99	1.32	0.64	-0.28	-0.72	-0.94	-1.02	-1.09
1.9	7.99	5.77	5.12	4.61	4.23	3.55	2.88	2.00	1.31	0.63	-0.29	-0.72	-0.92	-0.98	-1.04

续附表 1

$P(\%)$ / C_s	0.01	0.1	0.2	0.33	0.5	1	2	5	10	20	50	75	90	95	99
2.0	8.21	5.91	5.22	4.70	4.30	3.61	2.91	2.00	1.30	0.61	-0.31	-0.71	-0.895	-0.949	-0.989
2.1	8.43	6.04	5.33	4.79	4.37	3.66	2.93	2.00	1.29	0.59	-0.32	-0.71	-0.869	-0.914	-0.945
2.2	8.65	6.17	5.43	4.88	4.44	3.71	2.96	2.00	1.28	0.57	-0.33	-0.70	-0.844	-0.879	-0.905
2.3	8.87	6.30	5.53	4.97	4.51	3.76	2.99	2.01	1.27	0.55	-0.34	-0.69	-0.820	-0.849	-0.867
2.4	9.08	6.42	5.63	5.05	4.58	3.81	3.02	2.01	1.26	0.54	-0.35	-0.68	-0.795	-0.820	-0.831
2.5	9.30	6.55	5.73	5.12	4.65	3.85	3.04	2.01	1.25	0.52	-0.36	-0.67	-0.772	-0.791	-0.800
2.6	9.51	6.67	5.82	5.20	4.72	3.89	3.06	2.01	1.23	0.50	-0.37	-0.66	-0.748	-0.764	-0.769
2.7	9.72	6.79	5.92	5.28	4.78	3.93	3.09	2.01	1.22	0.48	-0.37	-0.65	-0.726	-0.736	-0.740
2.8	9.93	6.91	6.01	5.36	4.84	3.97	3.11	2.01	1.21	0.46	-0.38	-0.64	-0.702	-0.710	-0.714
2.9	10.14	7.03	6.10	5.44	4.90	4.01	3.13	2.01	1.20	0.44	-0.39	-0.63	-0.680	-0.687	-0.690
3.0	10.35	7.15	6.20	5.51	4.96	4.05	3.15	2.00	1.18	0.42	-0.39	-0.62	-0.658	-0.665	-0.667
3.1	10.56	7.26	6.30	5.59	5.02	4.08	3.17	2.00	1.16	0.40	-0.40	-0.60	-0.639	-0.644	-0.645
3.2	10.77	7.38	6.39	5.66	5.08	4.12	3.19	2.00	1.14	0.38	-0.40	-0.59	-0.621	-0.624	-0.625
3.3	10.97	7.49	6.48	5.74	5.14	4.15	3.21	1.99	1.12	0.36	-0.40	-0.58	-0.604	-0.606	-0.606
3.4	11.17	7.60	6.56	5.80	5.20	4.18	3.22	1.98	1.11	0.34	-0.41	-0.57	-0.587	-0.588	-0.588
3.5	11.37	7.72	6.65	5.86	5.25	4.22	3.23	1.97	1.09	0.32	-0.41	-0.55	-0.570	-0.571	-0.571
3.6	11.57	7.83	6.73	5.93	5.30	4.25	3.24	1.96	1.08	0.30	-0.41	-0.54	-0.555	-0.556	-0.556
3.7	11.77	7.94	6.81	5.99	5.35	4.28	3.25	1.95	1.06	0.28	-0.42	-0.53	-0.540	-0.541	-0.541
3.8	11.97	8.05	6.89	6.05	5.40	4.31	3.26	1.94	1.04	0.26	-0.42	-0.52	-0.526	-0.526	-0.526
3.9	12.16	8.15	6.97	6.11	5.45	4.34	3.27	1.93	1.02	0.24	-0.41	-0.506	-0.513	-0.513	-0.513
4.0	12.36	8.25	7.05	6.18	5.50	4.37	3.27	1.92	1.00	0.23	-0.41	-0.495	-0.500	-0.500	-0.500
4.1	12.55	8.35	7.13	6.24	5.54	4.39	3.28	1.91	0.98	0.21	-0.41	-0.484	-0.488	-0.488	-0.488
4.2	12.74	8.45	7.21	6.30	5.59	4.41	3.29	1.90	0.96	0.19	-0.41	-0.473	-0.476	-0.476	-0.476
4.3	12.93	8.55	7.29	6.36	5.63	4.44	3.29	1.88	0.94	0.17	-0.41	-0.462	-0.465	-0.465	-0.465
4.4	13.12	8.65	7.36	6.41	5.68	4.46	3.30	1.87	0.92	0.16	-0.40	-0.453	-0.455	-0.455	-0.455

续附表 1

P(%) / C_s	0.01	0.1	0.2	0.33	0.5	1	2	5	10	20	50	75	90	95	99
4.5	13.30	8.75	7.43	6.46	5.72	4.48	3.30	1.85	0.90	0.14	-0.40	-0.444	-0.444	-0.444	-0.444
4.6	13.49	8.85	7.50	6.52	5.76	4.50	3.30	1.84	0.88	0.13	-0.40	-0.435	-0.435	-0.435	-0.435
4.7	13.67	8.95	7.57	6.57	5.80	4.52	3.30	1.82	0.86	0.11	-0.39	-0.426	-0.426	-0.426	-0.426
4.8	13.85	9.04	7.64	6.63	5.84	4.54	3.30	1.80	0.84	0.09	-0.39	-0.417	-0.417	-0.417	-0.417
4.9	14.04	9.13	7.70	6.68	5.88	4.55	3.30	1.78	0.82	0.08	-0.38	-0.408	-0.408	-0.408	-0.408
5.0	14.22	9.22	7.77	6.73	5.92	4.57	3.30	1.77	0.80	0.06	-0.379	-0.400	-0.400	-0.400	-0.400
5.1	14.40	9.31	7.84	6.78	5.95	4.58	3.30	1.75	0.78	0.05	-0.374	-0.392	-0.392	-0.392	-0.392
5.2	14.57	9.40	7.90	6.83	5.99	4.59	3.30	1.73	0.76	0.03	-0.369	-0.385	-0.385	-0.385	-0.385
5.3	14.75	9.49	7.96	6.87	6.02	4.60	3.30	1.72	0.74	0.02	-0.363	-0.377	-0.377	-0.377	-0.377
5.4	14.92	9.57	8.02	6.91	6.05	4.62	3.29	1.70	0.72	0.00	-0.358	-0.370	-0.370	-0.370	-0.370
5.5	15.10	9.66	8.08	6.96	6.08	4.63	3.28	1.68	0.70	-0.01	-0.353	-0.364	-0.364	-0.364	-0.364
5.6	15.27	9.71	8.14	7.00	6.11	4.64	3.28	1.66	0.67	-0.03	-0.349	-0.357	-0.357	-0.357	-0.357
5.7	15.45	9.82	8.21	7.04	6.14	4.65	3.27	1.65	0.65	-0.04	-0.344	-0.351	-0.351	-0.351	-0.351
5.8	15.62	9.91	8.27	7.08	6.17	4.67	3.27	1.63	0.63	-0.05	-0.339	-0.345	-0.345	-0.345	-0.345
5.9	15.78	9.99	8.32	7.12	6.20	4.68	3.26	1.61	0.61	-0.06	-0.334	-0.339	-0.339	-0.339	-0.339
6.0	15.94	10.07	8.38	7.15	6.23	4.68	3.25	1.59	0.59	-0.07	-0.329	-0.333	-0.333	-0.333	-0.333
6.1	16.11	10.15	8.43	7.19	6.26	4.69	3.24	1.57	0.57	-0.08	-0.325	-0.328	-0.328	-0.328	-0.328
6.2	16.28	10.22	8.49	7.23	6.28	4.70	3.23	1.55	0.55	-0.09	-0.320	-0.323	-0.323	-0.323	-0.323
6.3	16.45	10.30	8.54	7.26	6.30	4.70	3.22	1.53	0.53	-0.10	-0.315	-0.317	-0.317	-0.317	-0.317
6.4	16.61	10.38	8.60	7.30	6.32	4.71	3.21	1.51	0.51	-0.11	-0.311	-0.313	-0.313	-0.313	-0.313

附表2　皮尔逊Ⅲ型曲线的模比系数 K_P 值表

(1) $C_s = C_v$

C_v \ P(%)	0.01	0.1	0.5	1	2	5	10	20	50	75	90	95	99
0.05	1.19	1.16	1.13	1.12	1.11	1.09	1.07	1.04	1.00	0.97	0.94	0.92	0.89
0.10	1.39	1.32	1.27	1.24	1.21	1.17	1.13	1.08	1.00	0.93	0.87	0.84	0.78
0.15	1.61	1.50	1.41	1.37	1.32	1.26	1.20	1.13	1.00	0.90	0.81	0.77	0.67
0.20	1.83	1.68	1.55	1.49	1.43	1.34	1.26	1.17	0.99	0.86	0.75	0.68	0.56
0.25	2.07	1.86	1.70	1.63	1.55	1.43	1.33	1.21	0.99	0.83	0.69	0.61	0.47
0.30	2.31	2.06	1.86	1.76	1.66	1.52	1.39	1.25	0.98	0.79	0.63	0.54	0.37
0.35	2.57	2.26	2.02	1.91	1.78	1.61	1.46	1.29	0.98	0.76	0.57	0.47	0.28
0.40	2.84	2.47	2.18	2.05	1.90	1.70	1.53	1.33	0.97	0.72	0.51	0.39	0.19
0.45	3.13	2.69	2.35	2.19	2.03	1.79	1.60	1.37	0.97	0.69	0.45	0.33	0.10
0.50	3.42	2.91	2.52	2.34	2.16	1.89	1.66	1.40	0.96	0.65	0.39	0.26	0.02
0.55	3.72	3.14	2.70	2.49	2.29	1.98	1.73	1.44	0.95	0.61	0.34	0.20	−0.06
0.60	4.03	3.38	2.88	2.65	2.41	2.08	1.80	1.48	0.94	0.57	0.28	0.13	−0.13
0.65	4.36	3.62	3.07	2.81	2.55	2.18	1.87	1.52	0.93	0.53	0.23	0.07	−0.20
0.70	4.70	3.87	3.25	2.97	2.68	2.27	1.93	1.55	0.92	0.50	0.17	0.01	−0.27
0.75	5.05	4.13	3.45	3.14	2.82	2.37	2.00	1.59	0.91	0.46	0.12	−0.05	−0.33
0.80	5.40	4.39	3.65	3.31	2.96	2.47	2.07	1.62	0.90	0.42	0.06	−0.10	−0.39
0.85	5.78	4.67	3.86	3.49	3.11	2.57	2.14	1.66	0.88	0.37	0.01	−0.16	−0.44
0.90	6.16	4.95	4.06	3.66	3.25	2.67	2.21	1.69	0.86	0.34	−0.04	−0.22	−0.49
0.95	6.56	5.24	4.28	3.84	3.40	2.78	2.28	1.73	0.85	0.31	−0.09	−0.27	−0.55
1.00	6.96	5.53	4.49	4.02	3.54	2.88	2.34	1.76	0.84	0.27	−0.13	−0.32	−0.59

续附表 2

(2) $C_s = 2C_v$

C_v \ P(%)	0.01	0.1	0.5	1	2	5	10	20	50	75	90	95	99
0.05	1.20	1.16	1.13	1.12	1.11	1.08	1.06	1.04	1.00	0.97	0.94	0.92	0.89
0.10	1.42	1.34	1.27	1.25	1.21	1.17	1.13	1.08	1.00	0.93	0.87	0.84	0.78
0.15	1.67	1.54	1.43	1.38	1.33	1.26	1.20	1.12	0.99	0.90	0.81	0.77	0.69
0.20	1.92	1.73	1.59	1.52	1.45	1.35	1.26	1.16	0.99	0.86	0.75	0.70	0.59
0.22	2.04	1.82	1.66	1.58	1.50	1.39	1.29	1.18	0.98	0.84	0.73	0.67	0.56
0.24	2.16	1.91	1.73	1.64	1.55	1.43	1.32	1.19	0.98	0.83	0.71	0.64	0.53
0.25	2.22	1.96	1.77	1.67	1.58	1.45	1.33	1.20	0.98	0.82	0.70	0.63	0.52
0.26	2.28	2.01	1.80	1.70	1.60	1.46	1.34	1.21	0.98	0.82	0.69	0.62	0.50
0.28	2.40	2.10	1.87	1.76	1.66	1.50	1.37	1.22	0.97	0.79	0.66	0.59	0.47
0.30	2.52	2.19	1.94	1.83	1.71	1.54	1.40	1.24	0.97	0.78	0.64	0.56	0.44
0.35	2.86	2.44	2.13	2.00	1.84	1.64	1.47	1.28	0.96	0.75	0.59	0.51	0.37
0.40	3.20	2.70	2.32	2.16	1.98	1.74	1.54	1.31	0.95	0.71	0.53	0.45	0.30
0.45	3.59	2.98	2.53	2.33	2.13	1.84	1.60	1.35	0.93	0.67	0.48	0.40	0.26
0.50	3.98	3.27	2.74	2.51	2.27	1.94	1.67	1.33	0.92	0.64	0.44	0.34	0.21
0.55	4.42	3.58	2.97	2.70	2.42	2.04	1.74	1.41	0.90	0.59	0.40	0.30	0.16
0.60	4.85	3.89	3.20	2.89	2.57	2.15	1.80	1.44	0.89	0.56	0.35	0.26	0.13
0.65	5.33	4.22	3.44	3.09	2.74	2.25	1.87	1.47	0.87	0.52	0.31	0.22	0.10
0.70	5.81	4.56	3.68	3.29	2.90	2.36	1.94	1.50	0.87	0.49	0.27	0.18	0.08
0.75	6.33	4.93	3.93	3.50	3.06	2.46	2.00	1.52	0.82	0.45	0.24	0.15	0.06
0.80	6.85	5.30	4.19	3.71	3.22	2.57	2.06	1.54	0.80	0.42	0.21	0.12	0.04
0.85	7.41	5.69	4.46	3.93	3.39	2.68	2.12	1.56	0.77	0.39	0.18	0.10	0.03
0.90	7.93	6.08	4.74	4.15	3.56	2.78	2.19	1.58	0.75	0.35	0.15	0.08	0.02
0.95	8.59	6.48	5.02	4.38	3.74	2.89	2.25	1.60	0.72	0.31	0.13	0.07	0.01
1.00	9.21	6.91	5.30	4.61	3.91	3.00	2.30	1.61	0.69	0.29	0.11	0.05	0.01

续附表 2

(3) $C_s = 3C_v$

P(%) / C_v	0.01	0.1	0.5	1	2	5	10	20	50	75	90	95	99
0.05	1.20	1.17	1.14	1.12	1.11	1.08	1.07	1.04	1.00	0.97	0.94	0.92	0.89
0.10	1.44	1.35	1.29	1.25	1.22	1.17	1.13	1.08	0.99	0.93	0.88	0.85	0.79
0.15	1.71	1.56	1.45	1.40	1.35	1.26	1.20	1.12	0.99	0.89	0.82	0.78	0.70
0.20	2.02	1.79	1.63	1.55	1.47	1.36	1.27	1.16	0.98	0.86	0.76	0.71	0.62
0.25	2.35	2.05	1.82	1.72	1.61	1.46	1.34	1.20	0.97	0.82	0.71	0.65	0.56
0.30	2.72	2.32	2.02	1.89	1.75	1.56	1.40	1.23	0.96	0.78	0.66	0.60	0.50
0.35	3.12	2.61	2.24	2.07	1.90	1.66	1.47	1.26	0.94	0.74	0.61	0.55	0.46
0.40	3.56	2.92	2.46	2.26	2.05	1.76	1.54	1.29	0.92	0.70	0.57	0.50	0.42
0.42	3.75	3.06	2.56	2.34	2.11	1.81	1.56	1.31	0.91	0.69	0.55	0.49	0.41
0.45	4.04	3.26	2.70	2.46	2.21	1.87	1.60	1.32	0.90	0.67	0.53	0.47	0.39
0.48	4.34	3.47	2.85	2.58	2.31	1.93	1.65	1.34	0.89	0.65	0.51	0.45	0.38
0.50	4.55	3.62	2.96	2.67	2.37	1.98	1.67	1.35	0.88	0.64	0.49	0.44	0.37
0.52	4.76	3.76	3.06	2.75	2.44	2.02	1.69	1.36	0.87	0.62	0.48	0.42	0.36
0.54	4.98	3.91	3.16	2.84	2.51	2.06	1.72	1.36	0.86	0.61	0.47	0.41	0.36
0.55	5.09	3.99	3.21	2.88	2.54	2.08	1.73	1.36	0.86	0.60	0.46	0.41	0.36
0.56	5.20	4.07	3.27	2.93	2.57	2.10	1.74	1.37	0.85	0.59	0.46	0.40	0.35
0.58	5.43	4.23	3.38	3.01	2.64	2.14	1.77	1.38	0.84	0.58	0.45	0.40	0.35
0.60	5.66	4.38	3.49	3.10	2.71	2.19	1.79	1.38	0.83	0.57	0.44	0.39	0.35
0.65	6.26	4.81	3.77	3.33	2.88	2.29	1.85	1.40	0.80	0.53	0.41	0.37	0.34
0.70	6.90	5.23	4.06	3.56	3.08	2.40	1.90	1.41	0.78	0.50	0.39	0.36	0.34
0.75	7.57	5.68	4.36	3.80	3.24	2.50	1.96	1.42	0.76	0.48	0.38	0.35	0.34
0.80	8.26	6.14	4.66	4.05	3.42	2.61	2.01	1.43	0.72	0.46	0.36	0.34	0.34
0.85	9.00	6.62	4.98	4.29	3.59	2.71	2.06	1.43	0.69	0.44	0.35	0.34	0.34
0.90	9.75	7.11	5.30	4.54	3.78	2.81	2.10	1.43	0.67	0.42	0.35	0.34	0.33
0.95	10.54	7.62	5.62	4.80	3.96	2.91	2.14	1.43	0.64	0.39	0.34	0.34	0.33
1.00	11.35	8.15	5.98	5.05	4.15	3.00	2.18	1.42	0.61	0.38	0.34	0.34	0.33

续附表2

(4) $C_s = 4C_v$

P(%) / C_v	0.01	0.1	0.5	1	2	5	10	20	50	75	90	95	99
0.05	1.21	1.17	1.14	1.12	1.11	1.08	1.06	1.04	1.00	0.97	0.94	0.92	0.89
0.10	1.46	1.37	1.30	1.26	1.23	1.18	1.13	1.08	0.99	0.93	0.88	0.85	0.80
0.15	1.76	1.59	1.47	1.41	1.35	1.27	1.20	1.12	0.98	0.89	0.82	0.78	0.72
0.20	2.10	1.85	1.66	0.58	1.49	1.37	1.27	1.16	0.97	0.85	0.77	0.72	0.65
0.25	2.49	2.13	1.87	1.76	1.64	1.47	1.34	1.19	0.96	0.82	0.72	0.67	0.60
0.30	2.92	2.44	2.10	1.94	1.79	1.57	1.40	1.22	0.94	0.78	0.68	0.63	0.56
0.35	3.40	2.78	2.34	2.14	1.95	1.68	1.47	1.25	0.92	0.74	0.64	0.59	0.54
0.40	3.92	3.15	2.60	2.36	2.11	1.78	1.53	1.27	0.90	0.71	0.60	0.56	0.52
0.42	4.15	3.30	2.70	2.44	2.18	1.83	1.56	1.28	0.89	0.70	0.59	0.55	0.52
0.45	4.49	3.54	2.87	2.58	2.28	1.89	1.59	1.29	0.87	0.68	0.58	0.54	0.51
0.48	4.86	3.79	3.04	2.71	2.39	1.96	1.63	1.30	0.86	0.66	0.56	0.54	0.51
0.50	5.10	3.96	3.15	2.80	2.45	2.00	1.65	1.31	0.84	0.64	0.55	0.53	0.50
0.52	5.36	4.12	3.27	2.90	2.52	2.04	1.67	1.31	0.83	0.63	0.55	0.53	0.50
0.55	5.76	4.39	3.44	3.03	2.63	2.10	1.70	1.31	0.82	0.62	0.54	0.52	0.50
0.58	6.18	4.67	3.62	3.19	2.74	2.16	1.74	1.32	0.80	0.60	0.53	0.51	0.50
0.60	6.45	4.85	3.75	3.29	2.81	2.21	1.76	1.32	0.79	0.59	0.52	0.51	0.50
0.65	7.18	5.34	4.07	3.53	2.99	2.31	1.80	1.32	0.76	0.57	0.51	0.50	0.50
0.70	7.95	5.84	4.39	3.78	3.18	2.41	1.85	1.32	0.73	0.55	0.51	0.50	0.50
0.75	8.76	6.36	4.72	4.03	3.36	2.50	1.88	1.32	0.71	0.54	0.51	0.50	0.50
0.80	9.62	6.90	5.06	4.30	3.55	2.60	1.91	1.30	0.68	0.53	0.50	0.50	0.50
0.85	10.49	7.46	5.42	4.55	3.74	2.68	1.94	1.29	0.65	0.52	0.50	0.50	0.50
0.90	11.41	8.05	5.77	4.82	3.92	2.76	1.97	1.27	0.63	0.51	0.50	0.50	0.50
0.95	12.37	8.65	6.13	5.09	4.10	2.84	1.99	1.25	0.60	0.51	0.50	0.50	0.50
1.00	13.36	9.25	6.50	5.37	4.27	2.92	2.00	1.23	0.59	0.50	0.50	0.50	0.50

附表3 三点法用表——S 与 C_s 关系表

(1) $P=1\%$—50%—99%

S	0	1	2	3	4	5	6	7	8	9
0.0	0.00	0.03	0.05	0.07	0.10	0.12	0.15	0.17	0.20	0.23
0.1	0.26	0.28	0.31	0.34	0.36	0.39	0.41	0.44	0.47	0.49
0.2	0.52	0.54	0.57	0.59	0.62	0.65	0.67	0.70	0.73	0.76
0.3	0.78	0.81	0.84	0.86	0.89	0.92	0.94	0.97	1.00	1.02
0.4	1.05	1.08	1.10	1.13	1.16	1.18	1.21	1.24	1.27	1.30
0.5	1.32	1.36	1.39	1.42	1.45	1.48	1.51	1.55	1.58	1.61
0.6	1.64	1.68	1.71	1.74	1.78	1.81	1.84	1.88	1.92	1.95
0.7	1.99	2.03	2.07	2.11	2.16	2.20	2.25	2.30	2.34	2.39
0.8	2.44	2.50	2.55	2.61	2.67	2.74	2.81	2.89	2.97	3.05
0.9	3.14	3.22	3.33	3.46	3.59	3.73	3.92	4.14	4.44	4.90

例:当 $S=0.43$ 时,$C_s=1.13$。

(2) $P=3\%$—50%—97%

S	0	1	2	3	4	5	6	7	8	9
0.0	0.00	0.04	0.08	0.11	0.14	0.17	0.20	0.23	0.26	0.29
0.1	0.32	0.35	0.38	0.42	0.45	0.48	0.51	0.54	0.57	0.60
0.2	0.63	0.66	0.70	0.73	0.76	0.79	0.82	0.86	0.89	0.92
0.3	0.95	0.98	1.01	1.04	1.08	1.11	1.14	1.17	1.20	1.24
0.4	1.27	1.30	1.33	1.36	1.40	1.43	1.46	1.49	1.52	1.56
0.5	1.59	1.63	1.66	1.70	1.73	1.76	1.80	1.83	1.87	1.90
0.6	1.94	1.97	2.00	2.04	2.08	2.12	2.16	2.20	2.23	2.27
0.7	2.31	2.36	2.40	2.44	2.49	2.54	2.58	2.63	2.68	2.74
0.8	2.79	2.85	2.90	2.96	3.02	3.09	3.15	3.22	3.29	3.37
0.9	3.46	3.55	3.67	3.79	3.92	4.08	4.26	4.50	4.75	5.21

(3) $P=5\%$—50%—95%

S	0	1	2	3	4	5	6	7	8	9
0.0	0.00	0.04	0.08	0.12	0.16	0.20	0.24	0.27	0.31	0.35
0.1	0.38	0.41	0.45	0.48	0.52	0.55	0.59	0.63	0.66	0.70
0.2	0.73	0.76	0.80	0.84	0.87	0.90	0.94	0.98	1.01	1.04
0.3	1.08	1.11	1.14	1.18	1.21	1.25	1.28	1.31	1.35	1.38
0.4	1.42	1.46	1.49	1.52	1.56	1.59	1.63	1.66	1.70	1.74
0.5	1.78	1.81	1.85	1.88	1.92	1.95	1.99	2.03	2.06	2.10
0.6	2.13	2.17	2.20	2.24	2.28	2.32	2.36	2.40	2.44	2.48
0.7	2.53	2.57	2.62	2.66	2.70	2.76	2.81	2.86	2.91	2.97
0.8	3.02	3.07	3.13	3.19	3.25	3.32	3.38	3.46	3.52	3.60
0.9	3.70	3.80	3.91	4.03	4.17	4.32	4.49	4.72	4.94	5.43

续附表 3

(4) $P=10\%$—50%—90%

S	0	1	2	3	4	5	6	7	8	9
0.0	0.00	0.05	0.10	0.15	0.20	0.24	0.29	0.34	0.38	0.43
0.1	0.47	0.52	0.56	0.60	0.65	0.69	0.74	0.78	0.83	0.87
0.2	0.92	0.96	1.00	1.04	1.08	1.13	1.17	1.22	1.26	1.30
0.3	1.34	1.38	1.43	1.47	1.51	1.55	1.59	1.63	1.67	1.71
0.4	1.75	1.79	1.83	1.87	1.91	1.95	1.99	2.02	2.06	2.10
0.5	2.14	2.18	2.22	2.26	2.30	2.34	2.38	2.42	2.46	2.50
0.6	2.54	2.58	2.62	2.66	2.70	2.74	2.78	2.82	2.86	2.90
0.7	2.95	3.00	3.04	3.08	3.13	3.18	3.24	3.28	3.33	3.38
0.8	3.44	3.50	3.55	3.61	3.67	3.74	3.80	3.87	3.94	4.02
0.9	4.11	4.20	4.32	4.45	4.59	4.75	4.96	5.20	5.56	—

附表 4　三点法用表——C_s 与有关 Φ 值的关系表

C_s	$\Phi_{50\%}$	$\Phi_{1\%}-\Phi_{99\%}$	$\Phi_{3\%}-\Phi_{97\%}$	$\Phi_{5\%}-\Phi_{95\%}$	$\Phi_{10\%}-\Phi_{90\%}$
0.0	0.000	4.652	3.762	3.290	2.564
0.1	-0.017	4.648	3.756	3.287	2.560
0.2	-0.033	4.645	3.750	3.284	2.557
0.3	-0.055	4.641	3.743	3.278	2.550
0.4	-0.068	4.637	3.736	3.273	2.543
0.5	-0.084	4.633	3.732	3.266	2.532
0.6	-0.100	4.629	3.727	3.259	2.522
0.7	-0.116	4.624	3.718	3.246	2.510
0.8	-0.132	4.620	3.709	3.233	2.498
0.9	-0.148	4.615	3.692	3.218	2.483
1.0	-0.164	4.611	3.674	3.204	2.468
1.1	-0.179	4.606	3.656	3.185	2.448
1.2	-0.194	4.601	3.638	3.167	2.427
1.3	-0.208	4.595	3.620	3.144	2.404
1.4	-0.223	4.590	3.601	3.120	2.380
1.5	-0.238	4.586	3.582	3.090	2.353
1.6	-0.253	4.586	3.562	3.062	2.326
1.7	-0.267	4.587	3.541	3.032	2.296
1.8	-0.282	4.588	3.520	3.002	2.265
1.9	-0.294	4.591	3.499	2.974	2.232
2.0	-0.307	4.594	3.477	2.945	2.198
2.1	-0.319	4.603	3.496	2.918	2.164
2.2	-0.330	4.613	3.440	2.890	2.130
2.3	-0.340	4.625	3.421	2.862	2.095
2.4	-0.350	4.636	3.403	2.833	2.060
2.5	-0.359	4.648	3.385	2.806	2.024

续附表 4

C_s	$\Phi_{50\%}$	$\Phi_{1\%}-\Phi_{99\%}$	$\Phi_{3\%}-\Phi_{97\%}$	$\Phi_{5\%}-\Phi_{95\%}$	$\Phi_{10\%}-\Phi_{90\%}$
2.6	-0.367	4.660	3.367	2.778	1.987
2.7	-0.376	4.674	3.350	2.749	1.949
2.8	-0.383	4.687	3.333	2.720	1.911
2.9	-0.389	4.701	3.318	2.695	1.876
3.0	-0.395	4.716	3.303	2.670	1.840
3.1	-0.399	4.732	3.288	2.645	1.806
3.2	-0.404	4.748	3.273	2.619	1.772
3.3	-0.407	4.765	3.259	2.594	1.738
3.4	-0.410	4.781	3.245	2.568	1.705
3.5	-0.412	4.796	3.225	2.543	1.670
3.6	-0.414	4.810	3.216	2.518	1.635
3.7	-0.415	4.824	3.203	2.494	1.600
3.8	-0.416	4.837	3.189	2.470	1.570
3.9	-0.415	4.850	3.175	2.446	1.536
4.0	-0.414	4.863	3.160	2.422	1.502
4.1	-0.412	4.876	3.145	2.396	1.471
4.2	-0.410	4.888	3.130	2.372	1.440
4.3	-0.407	4.901	3.115	2.348	1.408
4.4	-0.404	4.914	3.100	2.325	1.376
4.5	-0.400	4.924	3.084	2.300	1.345
4.6	-0.396	4.934	3.067	2.276	1.315
4.7	-0.392	4.942	3.050	2.251	1.286
4.8	-0.388	4.949	3.034	2.226	1.257
4.9	-0.384	4.955	3.016	2.200	1.229
5.0	-0.379	4.961	2.997	2.174	1.200
5.1	-0.374		2.978	2.148	1.173
5.2	-0.370		2.960	2.123	1.145
5.3	-0.365			2.098	1.118
5.4	-0.360			2.072	1.090
5.5	-0.356			2.047	1.063
5.6	-0.350			2.021	1.035

附表 5　瞬时单位线 S 曲线查用表

n / t/K	1.0	1.1	1.2	1.3	1.4	1.5	1.6	1.7	1.8	1.9	2.0	2.1	2.2	2.3	2.4	2.5	2.6	2.7	2.8	2.9	3.0
0	0	0	0	0	0	0	0	0	0	0	0	0	0	0	0	0	0	0	0	0	0
0.1	0.095	0.072	0.054	0.041	0.030	0.022	0.017	0.012	0.009	0.006	0.005	0.003	0.002	0.002	0.001	0.001	0.001	0.000	0.000	0.000	0.000
0.2	0.181	0.147	0.118	0.095	0.075	0.060	0.047	0.037	0.029	0.023	0.018	0.014	0.010	0.008	0.006	0.005	0.004	0.003	0.002	0.002	0.001
0.3	0.259	0.218	0.182	0.152	0.126	0.104	0.085	0.069	0.056	0.046	0.037	0.030	0.024	0.019	0.015	0.012	0.009	0.007	0.006	0.005	0.004
0.4	0.330	0.285	0.245	0.209	0.178	0.151	0.127	0.107	0.089	0.074	0.062	0.051	0.042	0.034	0.028	0.023	0.019	0.015	0.012	0.010	0.008
0.5	0.393	0.347	0.304	0.265	0.230	0.199	0.171	0.147	0.125	0.106	0.090	0.076	0.064	0.054	0.045	0.037	0.031	0.026	0.021	0.018	0.014
0.6	0.451	0.404	0.359	0.319	0.281	0.247	0.216	0.188	0.164	0.141	0.122	0.105	0.090	0.076	0.065	0.055	0.047	0.039	0.033	0.028	0.023
0.7	0.503	0.456	0.412	0.370	0.331	0.294	0.261	0.231	0.203	0.178	0.156	0.136	0.118	0.102	0.088	0.076	0.065	0.056	0.047	0.040	0.034
0.8	0.551	0.505	0.460	0.418	0.378	0.341	0.306	0.273	0.243	0.216	0.191	0.169	0.148	0.130	0.113	0.099	0.086	0.074	0.064	0.055	0.047
0.9	0.593	0.549	0.505	0.463	0.423	0.385	0.349	0.315	0.284	0.255	0.228	0.203	0.180	0.159	0.141	0.124	0.109	0.095	0.083	0.072	0.063
1.0	0.632	0.589	0.547	0.506	0.466	0.428	0.391	0.356	0.324	0.293	0.264	0.238	0.213	0.190	0.170	0.151	0.134	0.118	0.104	0.092	0.080
1.1	0.667	0.626	0.585	0.545	0.506	0.468	0.431	0.396	0.363	0.331	0.301	0.273	0.247	0.222	0.200	0.179	0.160	0.143	0.127	0.113	0.100
1.2	0.699	0.660	0.621	0.582	0.544	0.506	0.470	0.435	0.401	0.368	0.337	0.308	0.281	0.255	0.231	0.209	0.188	0.169	0.151	0.135	0.121
1.3	0.727	0.691	0.654	0.616	0.579	0.543	0.507	0.471	0.437	0.405	0.373	0.343	0.315	0.288	0.262	0.239	0.216	0.196	0.177	0.159	0.143
1.4	0.753	0.719	0.684	0.648	0.612	0.577	0.541	0.507	0.473	0.440	0.408	0.378	0.348	0.321	0.294	0.269	0.246	0.224	0.203	0.184	0.167
1.5	0.777	0.744	0.711	0.677	0.643	0.608	0.574	0.540	0.507	0.474	0.442	0.411	0.382	0.353	0.326	0.300	0.275	0.252	0.231	0.210	0.191
1.6	0.798	0.768	0.736	0.704	0.671	0.638	0.605	0.572	0.539	0.507	0.475	0.444	0.414	0.385	0.357	0.331	0.305	0.281	0.258	0.237	0.217
1.7	0.817	0.789	0.759	0.729	0.698	0.666	0.634	0.602	0.570	0.538	0.507	0.476	0.446	0.417	0.389	0.361	0.335	0.310	0.287	0.264	0.243
1.8	0.835	0.808	0.781	0.752	0.722	0.692	0.661	0.630	0.599	0.568	0.537	0.507	0.477	0.448	0.419	0.392	0.365	0.340	0.315	0.292	0.269
1.9	0.850	0.826	0.800	0.773	0.745	0.716	0.687	0.657	0.627	0.596	0.566	0.536	0.507	0.478	0.449	0.421	0.395	0.368	0.343	0.319	0.296
2.0	0.865	0.842	0.818	0.792	0.766	0.739	0.710	0.682	0.653	0.623	0.594	0.565	0.536	0.507	0.478	0.451	0.423	0.397	0.372	0.347	0.323
2.1	0.878	0.856	0.834	0.810	0.785	0.759	0.733	0.705	0.677	0.649	0.620	0.592	0.563	0.535	0.507	0.479	0.452	0.425	0.400	0.375	0.350

续附表5

t/K \ n	1.0	1.1	1.2	1.3	1.4	1.5	1.6	1.7	1.8	1.9	2.0	2.1	2.2	2.3	2.4	2.5	2.6	2.7	2.8	2.9	3.0
2.2	0.889	0.870	0.849	0.826	0.803	0.779	0.753	0.727	0.700	0.673	0.645	0.618	0.590	0.562	0.534	0.507	0.480	0.453	0.427	0.402	0.377
2.3	0.900	0.882	0.862	0.841	0.819	0.796	0.772	0.748	0.722	0.696	0.669	0.642	0.615	0.588	0.560	0.533	0.507	0.480	0.454	0.429	0.404
2.4	0.909	0.893	0.875	0.855	0.835	0.813	0.790	0.767	0.742	0.717	0.692	0.665	0.639	0.613	0.586	0.559	0.533	0.507	0.481	0.455	0.430
2.5	0.918	0.902	0.886	0.868	0.849	0.828	0.807	0.784	0.761	0.737	0.713	0.688	0.662	0.636	0.610	0.584	0.558	0.532	0.506	0.481	0.456
2.6	0.926	0.912	0.896	0.879	0.861	0.842	0.822	0.801	0.779	0.756	0.733	0.708	0.684	0.659	0.634	0.608	0.582	0.557	0.532	0.506	0.482
2.7	0.933	0.920	0.905	0.890	0.873	0.855	0.836	0.816	0.796	0.774	0.751	0.728	0.704	0.680	0.656	0.631	0.606	0.581	0.556	0.531	0.506
2.8	0.939	0.927	0.914	0.899	0.884	0.867	0.849	0.831	0.811	0.790	0.769	0.747	0.724	0.701	0.677	0.653	0.629	0.604	0.579	0.555	0.531
2.9	0.945	0.934	0.922	0.908	0.894	0.878	0.862	0.844	0.825	0.806	0.785	0.764	0.742	0.720	0.697	0.674	0.650	0.626	0.602	0.578	0.554
3.0	0.950	0.940	0.929	0.916	0.903	0.888	0.873	0.856	0.839	0.820	0.801	0.781	0.760	0.738	0.716	0.694	0.671	0.648	0.624	0.600	0.577
3.1	0.955	0.946	0.935	0.924	0.911	0.898	0.883	0.868	0.851	0.834	0.815	0.796	0.776	0.756	0.734	0.713	0.691	0.668	0.645	0.622	0.599
3.2	0.959	0.951	0.941	0.930	0.919	0.906	0.893	0.878	0.863	0.846	0.829	0.811	0.792	0.772	0.752	0.731	0.709	0.688	0.665	0.643	0.620
3.3	0.963	0.955	0.946	0.937	0.926	0.914	0.902	0.888	0.873	0.858	0.841	0.824	0.806	0.787	0.768	0.748	0.727	0.706	0.685	0.663	0.641
3.4	0.967	0.959	0.951	0.942	0.932	0.921	0.910	0.897	0.883	0.869	0.853	0.837	0.820	0.802	0.783	0.764	0.744	0.724	0.703	0.682	0.660
3.5	0.970	0.963	0.956	0.947	0.938	0.928	0.917	0.905	0.892	0.879	0.864	0.849	0.832	0.815	0.798	0.779	0.760	0.741	0.721	0.700	0.679
3.6	0.973	0.967	0.960	0.952	0.944	0.934	0.924	0.913	0.901	0.888	0.874	0.860	0.844	0.828	0.811	0.794	0.776	0.757	0.737	0.718	0.697
3.7	0.975	0.970	0.963	0.956	0.948	0.940	0.930	0.920	0.909	0.897	0.884	0.870	0.856	0.840	0.824	0.807	0.790	0.772	0.753	0.734	0.715
3.8	0.978	0.973	0.967	0.960	0.953	0.945	0.936	0.926	0.916	0.905	0.893	0.880	0.866	0.851	0.836	0.820	0.804	0.786	0.768	0.750	0.731
3.9	0.980	0.975	0.970	0.964	0.957	0.950	0.941	0.932	0.923	0.912	0.901	0.889	0.876	0.862	0.848	0.832	0.817	0.800	0.783	0.765	0.747
4.0	0.982	0.977	0.973	0.967	0.961	0.954	0.946	0.938	0.929	0.919	0.908	0.897	0.885	0.872	0.858	0.844	0.829	0.813	0.796	0.779	0.762
4.1	0.983	0.980	0.975	0.970	0.964	0.958	0.951	0.943	0.935	0.925	0.915	0.905	0.893	0.881	0.868	0.854	0.840	0.825	0.809	0.793	0.776
4.2	0.985	0.981	0.977	0.973	0.967	0.962	0.955	0.948	0.940	0.931	0.922	0.912	0.901	0.890	0.877	0.864	0.851	0.837	0.822	0.806	0.790
4.3	0.986	0.983	0.979	0.975	0.970	0.965	0.959	0.952	0.945	0.937	0.928	0.919	0.909	0.898	0.886	0.874	0.861	0.847	0.833	0.813	0.803

续附表 5

t/K \ n	1.0	1.1	1.2	1.3	1.4	1.5	1.6	1.7	1.8	1.9	2.0	2.1	2.2	2.3	2.4	2.5	2.6	2.7	2.8	2.9	3.0
4.4	0.988	0.985	0.981	0.977	0.973	0.968	0.962	0.956	0.949	0.942	0.934	0.925	0.915	0.905	0.894	0.883	0.870	0.857	0.844	0.830	0.815
4.5	0.989	0.986	0.983	0.979	0.975	0.971	0.966	0.960	0.953	0.947	0.939	0.931	0.922	0.912	0.902	0.891	0.879	0.867	0.854	0.841	0.826
4.6	0.990	0.987	0.985	0.981	0.978	0.973	0.968	0.963	0.957	0.951	0.944	0.936	0.928	0.919	0.909	0.899	0.888	0.876	0.864	0.851	0.837
4.7	0.991	0.989	0.986	0.983	0.980	0.976	0.971	0.966	0.961	0.955	0.948	0.941	0.933	0.925	0.916	0.906	0.895	0.884	0.873	0.861	0.848
4.8	0.992	0.990	0.987	0.985	0.981	0.978	0.974	0.969	0.964	0.958	0.952	0.946	0.938	0.930	0.922	0.913	0.903	0.892	0.881	0.870	0.857
4.9	0.993	0.991	0.988	0.986	0.983	0.980	0.976	0.972	0.967	0.962	0.956	0.950	0.943	0.936	0.928	0.919	0.910	0.900	0.889	0.878	0.867
5.0	0.993	0.992	0.990	0.987	0.984	0.981	0.978	0.974	0.970	0.965	0.960	0.954	0.947	0.940	0.933	0.925	0.916	0.907	0.897	0.886	0.875
5.1	0.994	0.992	0.990	0.988	0.986	0.983	0.980	0.976	0.972	0.968	0.963	0.957	0.951	0.945	0.938	0.930	0.922	0.913	0.904	0.894	0.884
5.2	0.994	0.993	0.991	0.989	0.987	0.985	0.982	0.978	0.975	0.970	0.966	0.961	0.955	0.949	0.942	0.935	0.928	0.919	0.911	0.901	0.891
5.3	0.995	0.994	0.992	0.990	0.988	0.986	0.983	0.980	0.977	0.973	0.969	0.964	0.959	0.953	0.947	0.940	0.933	0.925	0.917	0.908	0.898
5.4	0.995	0.994	0.993	0.991	0.989	0.987	0.985	0.982	0.979	0.975	0.971	0.967	0.962	0.957	0.951	0.945	0.938	0.930	0.923	0.914	0.905
5.5	0.996	0.995	0.994	0.992	0.990	0.988	0.986	0.983	0.980	0.977	0.973	0.969	0.965	0.960	0.955	0.949	0.942	0.935	0.928	0.920	0.912
5.6	0.996	0.995	0.994	0.993	0.991	0.989	0.987	0.985	0.982	0.979	0.976	0.972	0.968	0.963	0.958	0.952	0.946	0.940	0.933	0.926	0.918
5.7	0.997	0.996	0.995	0.993	0.992	0.990	0.988	0.986	0.984	0.981	0.978	0.974	0.970	0.966	0.961	0.956	0.950	0.944	0.938	0.931	0.923
5.8	0.997	0.996	0.995	0.994	0.993	0.991	0.989	0.987	0.985	0.982	0.979	0.976	0.973	0.969	0.964	0.959	0.954	0.948	0.942	0.936	0.928
5.9	0.997	0.997	0.996	0.995	0.993	0.992	0.990	0.988	0.986	0.984	0.981	0.978	0.975	0.971	0.967	0.962	0.957	0.952	0.946	0.940	0.933
6.0	0.998	0.997	0.996	0.995	0.994	0.993	0.991	0.989	0.987	0.985	0.983	0.980	0.977	0.973	0.969	0.965	0.961	0.956	0.950	0.944	0.938
6.1	0.998	0.997	0.996	0.996	0.994	0.993	0.992	0.990	0.988	0.986	0.984	0.981	0.979	0.975	0.972	0.968	0.964	0.959	0.954	0.948	0.942
6.2	0.998	0.997	0.997	0.996	0.995	0.994	0.993	0.991	0.989	0.988	0.985	0.983	0.980	0.977	0.974	0.970	0.966	0.962	0.957	0.952	0.946
6.3	0.998	0.998	0.997	0.996	0.995	0.994	0.993	0.992	0.990	0.989	0.987	0.984	0.982	0.979	0.976	0.973	0.969	0.965	0.960	0.955	0.950
6.4	0.998	0.998	0.997	0.997	0.996	0.995	0.994	0.993	0.991	0.990	0.988	0.986	0.983	0.981	0.978	0.975	0.971	0.967	0.963	0.959	0.954
6.5	0.998	0.998	0.998	0.997	0.996	0.995	0.994	0.993	0.992	0.990	0.989	0.987	0.985	0.982	0.980	0.977	0.973	0.970	0.966	0.962	0.957
6.6	0.999	0.998	0.998	0.997	0.997	0.996	0.995	0.994	0.993	0.991	0.990	0.988	0.986	0.984	0.981	0.978	0.975	0.972	0.968	0.964	0.960

续附表 5

t/K \ n	1.0	1.1	1.2	1.3	1.4	1.5	1.6	1.7	1.8	1.9	2.0	2.1	2.2	2.3	2.4	2.5	2.6	2.7	2.8	2.9	3.0
6.7	0.999	0.998	0.998	0.997	0.997	0.996	0.995	0.994	0.993	0.992	0.991	0.989	0.987	0.985	0.983	0.980	0.977	0.974	0.971	0.967	0.963
6.8	0.999	0.999	0.998	0.998	0.997	0.996	0.996	0.995	0.994	0.993	0.991	0.990	0.988	0.986	0.984	0.982	0.979	0.976	0.973	0.969	0.966
6.9	0.999	0.999	0.998	0.998	0.997	0.997	0.996	0.995	0.994	0.993	0.992	0.991	0.989	0.987	0.985	0.983	0.981	0.978	0.975	0.972	0.968
7.0	0.999	0.999	0.998	0.998	0.998	0.997	0.996	0.996	0.995	0.994	0.993	0.991	0.990	0.988	0.986	0.984	0.982	0.980	0.977	0.974	0.970
7.1	0.999	0.999	0.999	0.998	0.998	0.997	0.997	0.996	0.995	0.994	0.993	0.992	0.991	0.989	0.988	0.986	0.983	0.981	0.979	0.976	0.973
7.2	0.999	0.999	0.999	0.998	0.998	0.998	0.997	0.996	0.996	0.995	0.994	0.993	0.992	0.990	0.989	0.987	0.985	0.983	0.980	0.977	0.975
7.3	0.999	0.999	0.999	0.999	0.998	0.998	0.997	0.997	0.996	0.995	0.994	0.993	0.992	0.991	0.989	0.988	0.986	0.984	0.982	0.979	0.976
7.4	0.999	0.999	0.999	0.999	0.998	0.998	0.998	0.997	0.996	0.996	0.995	0.994	0.993	0.992	0.990	0.989	0.987	0.985	0.983	0.981	0.978
7.5	0.999	0.999	0.999	0.999	0.999	0.998	0.998	0.997	0.997	0.996	0.995	0.994	0.993	0.992	0.991	0.990	0.988	0.986	0.984	0.982	0.980
7.6	0.999	0.999	0.999	0.999	0.999	0.998	0.998	0.998	0.997	0.996	0.996	0.995	0.994	0.993	0.992	0.990	0.989	0.987	0.986	0.983	0.981
7.7	1.000	0.999	0.999	0.999	0.999	0.998	0.998	0.998	0.997	0.997	0.996	0.995	0.994	0.994	0.992	0.991	0.990	0.988	0.987	0.985	0.983
7.8	1.000	0.999	0.999	0.999	0.999	0.999	0.998	0.998	0.997	0.997	0.996	0.996	0.995	0.994	0.993	0.992	0.991	0.989	0.988	0.986	0.984
7.9	1.000	1.000	0.999	0.999	0.999	0.999	0.998	0.998	0.998	0.997	0.997	0.996	0.995	0.995	0.994	0.993	0.991	0.990	0.989	0.987	0.985
8.0	1.000	1.000	0.999	0.999	0.999	0.999	0.999	0.998	0.998	0.997	0.997	0.996	0.996	0.995	0.994	0.993	0.992	0.991	0.989	0.988	0.986
8.1	1.000	1.000	0.999	0.999	0.999	0.999	0.999	0.998	0.998	0.998	0.997	0.997	0.996	0.995	0.995	0.994	0.993	0.992	0.990	0.989	0.987
8.2	1.000	1.000	1.000	0.999	0.999	0.999	0.999	0.999	0.998	0.998	0.997	0.997	0.996	0.996	0.995	0.994	0.993	0.992	0.991	0.990	0.988
8.3	1.000	1.000	1.000	0.999	0.999	0.999	0.999	0.999	0.998	0.998	0.998	0.997	0.997	0.996	0.995	0.995	0.994	0.993	0.992	0.990	0.989
8.4	1.000	1.000	1.000	1.000	0.999	0.999	0.999	0.999	0.999	0.998	0.998	0.997	0.997	0.996	0.996	0.995	0.994	0.993	0.992	0.991	0.990
8.5	1.000	1.000	1.000	1.000	0.999	0.999	0.999	0.999	0.999	0.998	0.998	0.998	0.997	0.997	0.996	0.996	0.995	0.994	0.993	0.992	0.991
8.6	1.000	1.000	1.000	1.000	0.999	0.999	0.999	0.999	0.999	0.999	0.998	0.998	0.997	0.997	0.996	0.996	0.995	0.994	0.994	0.993	0.991
8.7	1.000	1.000	1.000	1.000	1.000	0.999	0.999	0.999	0.999	0.999	0.998	0.998	0.998	0.997	0.997	0.996	0.996	0.995	0.994	0.993	0.992
8.8	1.000	1.000	1.000	1.000	1.000	0.999	0.999	0.999	0.999	0.999	0.999	0.998	0.998	0.997	0.997	0.997	0.996	0.995	0.994	0.994	0.993
8.9	1.000	1.000	1.000	1.000	1.000	1.000	0.999	0.999	0.999	0.999	0.999	0.998	0.998	0.998	0.997	0.997	0.996	0.996	0.995	0.994	0.993
9.0	1.000	1.000	1.000	1.000	1.000	1.000	0.999	0.999	0.999	0.999	0.999	0.999	0.998	0.998	0.997	0.997	0.997	0.996	0.995	0.995	0.994
9.1	1.000	1.000	1.000	1.000	1.000	1.000	1.000	0.999	0.999	0.999	0.999	0.999	0.998	0.998	0.998	0.997	0.997	0.996	0.996	0.995	0.994

续附表5

t/K \ n	3.1	3.2	3.3	3.4	3.5	3.6	3.7	3.8	3.9	4.0	4.1	4.2	4.3	4.4	4.5	4.6	4.7	4.8	4.9	5.0	5.1
0	0	0	0	0	0	0	0	0	0	0	0	0	0	0	0	0	0	0	0	0	0
0.1	0	0	0	0	0	0	0	0	0	0	0	0	0	0	0	0	0	0	0	0	0
0.2	0.001	0.001	0	0	0	0	0	0	0	0	0	0	0	0	0	0	0	0	0	0	0
0.3	0.003	0.002	0.002	0.001	0.001	0.001	0.001	0	0	0	0	0	0	0	0	0	0	0	0	0	0
0.4	0.006	0.005	0.004	0.003	0.003	0.002	0.002	0.001	0.001	0.001	0.001	0	0	0	0	0	0	0	0	0	0
0.5	0.012	0.010	0.008	0.006	0.005	0.004	0.003	0.003	0.002	0.002	0.001	0.001	0.001	0.001	0.001	0	0	0	0	0	0
0.6	0.019	0.016	0.013	0.011	0.009	0.007	0.006	0.005	0.004	0.003	0.003	0.002	0.002	0.001	0.001	0.001	0.001	0.001	0	0	0
0.7	0.029	0.024	0.021	0.017	0.014	0.012	0.010	0.008	0.007	0.006	0.005	0.004	0.003	0.003	0.002	0.002	0.001	0.001	0.001	0.001	0.001
0.8	0.041	0.035	0.030	0.025	0.021	0.018	0.015	0.013	0.011	0.009	0.008	0.006	0.005	0.004	0.004	0.003	0.003	0.002	0.002	0.001	0.001
0.9	0.054	0.047	0.041	0.035	0.030	0.026	0.022	0.019	0.016	0.013	0.011	0.010	0.008	0.007	0.006	0.005	0.004	0.003	0.003	0.002	0.002
1.0	0.070	0.061	0.053	0.046	0.040	0.035	0.030	0.026	0.022	0.019	0.016	0.014	0.012	0.010	0.009	0.007	0.006	0.005	0.004	0.004	0.003
1.1	0.088	0.077	0.068	0.060	0.052	0.045	0.040	0.034	0.030	0.026	0.022	0.019	0.016	0.014	0.012	0.010	0.009	0.008	0.006	0.005	0.005
1.2	0.107	0.095	0.084	0.074	0.066	0.058	0.051	0.044	0.039	0.034	0.029	0.026	0.022	0.019	0.017	0.014	0.012	0.011	0.009	0.008	0.007
1.3	0.128	0.114	0.102	0.091	0.081	0.071	0.063	0.056	0.049	0.043	0.038	0.033	0.029	0.025	0.022	0.019	0.017	0.014	0.012	0.011	0.009
1.4	0.150	0.135	0.121	0.109	0.097	0.087	0.077	0.069	0.061	0.054	0.047	0.042	0.037	0.032	0.028	0.025	0.022	0.019	0.016	0.014	0.012
1.5	0.173	0.157	0.142	0.128	0.115	0.103	0.092	0.083	0.074	0.066	0.058	0.052	0.046	0.040	0.036	0.031	0.028	0.024	0.021	0.019	0.016
1.6	0.198	0.180	0.164	0.148	0.134	0.121	0.109	0.098	0.088	0.079	0.070	0.063	0.056	0.050	0.044	0.039	0.035	0.031	0.027	0.024	0.021
1.7	0.223	0.204	0.186	0.170	0.154	0.140	0.127	0.115	0.103	0.093	0.084	0.075	0.067	0.060	0.054	0.048	0.043	0.038	0.033	0.030	0.026
1.8	0.248	0.228	0.210	0.192	0.175	0.160	0.146	0.132	0.120	0.109	0.098	0.089	0.080	0.072	0.064	0.058	0.051	0.046	0.041	0.036	0.032
1.9	0.274	0.253	0.234	0.215	0.197	0.181	0.166	0.151	0.138	0.125	0.114	0.103	0.093	0.084	0.076	0.068	0.061	0.055	0.049	0.044	0.039
2.0	0.301	0.279	0.258	0.239	0.220	0.203	0.186	0.171	0.156	0.143	0.130	0.119	0.108	0.098	0.089	0.080	0.072	0.065	0.059	0.053	0.047
2.1	0.327	0.305	0.283	0.263	0.244	0.225	0.208	0.191	0.176	0.161	0.148	0.135	0.123	0.112	0.102	0.093	0.084	0.076	0.069	0.062	0.056
2.2	0.354	0.331	0.309	0.287	0.267	0.248	0.230	0.212	0.196	0.181	0.166	0.153	0.140	0.128	0.117	0.107	0.097	0.088	0.080	0.072	0.066

续附表5

t/K \ n	3.1	3.2	3.3	3.4	3.5	3.6	3.7	3.8	3.9	4.0	4.1	4.2	4.3	4.4	4.5	4.6	4.7	4.8	4.9	5.0	5.1
2.3	0.380	0.356	0.334	0.312	0.291	0.271	0.252	0.234	0.217	0.201	0.185	0.171	0.157	0.144	0.132	0.121	0.111	0.101	0.092	0.084	0.076
2.4	0.406	0.382	0.359	0.337	0.316	0.295	0.275	0.256	0.238	0.221	0.205	0.190	0.175	0.161	0.149	0.137	0.125	0.115	0.105	0.096	0.087
2.5	0.432	0.408	0.385	0.362	0.340	0.319	0.299	0.279	0.260	0.242	0.225	0.209	0.194	0.179	0.166	0.153	0.141	0.129	0.119	0.109	0.100
2.6	0.457	0.433	0.410	0.387	0.364	0.343	0.322	0.302	0.283	0.264	0.246	0.229	0.213	0.198	0.183	0.170	0.157	0.145	0.133	0.123	0.113
2.7	0.482	0.458	0.434	0.411	0.389	0.367	0.346	0.325	0.305	0.286	0.268	0.250	0.233	0.217	0.202	0.187	0.174	0.161	0.149	0.137	0.126
2.8	0.506	0.482	0.459	0.436	0.413	0.391	0.369	0.348	0.328	0.308	0.289	0.271	0.253	0.237	0.221	0.206	0.191	0.178	0.165	0.152	0.141
2.9	0.530	0.506	0.483	0.460	0.437	0.414	0.392	0.371	0.350	0.330	0.311	0.292	0.274	0.257	0.240	0.224	0.209	0.195	0.181	0.168	0.156
3.0	0.553	0.530	0.506	0.483	0.460	0.438	0.416	0.394	0.373	0.353	0.333	0.314	0.295	0.277	0.260	0.244	0.228	0.213	0.198	0.185	0.172
3.1	0.576	0.552	0.529	0.506	0.483	0.461	0.439	0.417	0.396	0.375	0.355	0.335	0.316	0.298	0.280	0.263	0.247	0.231	0.216	0.202	0.188
3.2	0.597	0.574	0.552	0.529	0.506	0.484	0.462	0.440	0.418	0.397	0.377	0.357	0.338	0.319	0.301	0.283	0.266	0.250	0.234	0.219	0.205
3.3	0.618	0.596	0.573	0.551	0.528	0.506	0.484	0.462	0.441	0.420	0.399	0.379	0.359	0.340	0.321	0.303	0.286	0.269	0.253	0.237	0.223
3.4	0.638	0.616	0.594	0.572	0.550	0.528	0.506	0.484	0.463	0.442	0.421	0.400	0.380	0.361	0.342	0.324	0.306	0.289	0.272	0.256	0.240
3.5	0.658	0.636	0.615	0.593	0.571	0.549	0.528	0.506	0.485	0.463	0.442	0.422	0.402	0.382	0.363	0.344	0.326	0.308	0.291	0.275	0.259
3.6	0.677	0.656	0.634	0.613	0.592	0.570	0.549	0.527	0.506	0.485	0.464	0.443	0.423	0.403	0.384	0.365	0.346	0.328	0.311	0.294	0.277
3.7	0.695	0.674	0.653	0.633	0.612	0.590	0.569	0.548	0.527	0.506	0.485	0.464	0.444	0.424	0.404	0.385	0.366	0.348	0.330	0.313	0.296
3.8	0.712	0.692	0.672	0.651	0.631	0.610	0.589	0.568	0.547	0.527	0.506	0.485	0.465	0.445	0.425	0.406	0.387	0.368	0.350	0.332	0.315
3.9	0.728	0.709	0.689	0.670	0.649	0.629	0.609	0.588	0.567	0.547	0.526	0.506	0.485	0.465	0.446	0.426	0.407	0.388	0.370	0.352	0.334
4.0	0.744	0.725	0.706	0.687	0.667	0.648	0.627	0.607	0.587	0.567	0.546	0.526	0.506	0.486	0.466	0.446	0.427	0.408	0.389	0.371	0.353
4.1	0.759	0.741	0.723	0.704	0.685	0.665	0.646	0.626	0.606	0.586	0.566	0.546	0.526	0.506	0.486	0.466	0.447	0.428	0.409	0.391	0.373
4.2	0.773	0.756	0.738	0.720	0.701	0.682	0.663	0.644	0.624	0.605	0.585	0.565	0.545	0.525	0.506	0.486	0.467	0.448	0.429	0.410	0.392
4.3	0.787	0.770	0.753	0.735	0.717	0.699	0.680	0.661	0.642	0.623	0.603	0.584	0.564	0.545	0.525	0.506	0.486	0.467	0.448	0.430	0.411
4.4	0.799	0.783	0.767	0.750	0.733	0.715	0.697	0.678	0.660	0.641	0.621	0.602	0.583	0.563	0.544	0.525	0.506	0.486	0.468	0.449	0.430
4.5	0.812	0.796	0.781	0.764	0.747	0.730	0.712	0.695	0.676	0.658	0.639	0.620	0.601	0.582	0.563	0.544	0.524	0.505	0.487	0.468	0.449

续附表5

t/K \ n	3.1	3.2	3.3	3.4	3.5	3.6	3.7	3.8	3.9	4.0	4.1	4.2	4.3	4.4	4.5	4.6	4.7	4.8	4.9	5.0	5.1
4.6	0.674	0.656	0.637	0.619	0.600	0.581	0.562	0.543	0.524	0.505	0.487	0.468	0.450	0.432	0.414	0.397	0.379	0.363	0.346	0.330	0.314
4.7	0.690	0.672	0.654	0.636	0.617	0.599	0.580	0.561	0.543	0.524	0.505	0.487	0.469	0.451	0.433	0.415	0.398	0.381	0.364	0.348	0.332
4.8	0.706	0.688	0.671	0.653	0.634	0.616	0.598	0.579	0.561	0.542	0.524	0.505	0.487	0.469	0.451	0.433	0.416	0.399	0.382	0.365	0.349
4.9	0.721	0.704	0.686	0.669	0.651	0.633	0.615	0.597	0.578	0.560	0.542	0.524	0.505	0.487	0.469	0.452	0.434	0.417	0.400	0.383	0.366
5.0	0.735	0.718	0.702	0.685	0.667	0.650	0.632	0.614	0.596	0.578	0.560	0.541	0.523	0.505	0.487	0.470	0.452	0.435	0.418	0.401	0.384
5.1	0.749	0.733	0.716	0.700	0.683	0.665	0.648	0.630	0.613	0.595	0.577	0.559	0.541	0.523	0.505	0.488	0.470	0.453	0.435	0.418	0.402
5.2	0.762	0.746	0.731	0.714	0.698	0.681	0.664	0.647	0.629	0.612	0.594	0.576	0.558	0.541	0.523	0.505	0.488	0.470	0.453	0.436	0.419
5.3	0.775	0.760	0.744	0.728	0.712	0.696	0.679	0.662	0.645	0.628	0.610	0.593	0.575	0.558	0.540	0.523	0.505	0.488	0.471	0.453	0.437
5.4	0.787	0.772	0.757	0.742	0.726	0.710	0.694	0.678	0.661	0.644	0.627	0.609	0.592	0.575	0.557	0.540	0.522	0.505	0.488	0.471	0.454
5.5	0.798	0.784	0.770	0.755	0.740	0.724	0.708	0.692	0.676	0.659	0.642	0.626	0.608	0.591	0.574	0.557	0.539	0.522	0.505	0.488	0.471
5.6	0.809	0.796	0.782	0.768	0.753	0.738	0.722	0.707	0.691	0.674	0.658	0.641	0.624	0.607	0.590	0.573	0.556	0.539	0.522	0.505	0.488
5.7	0.820	0.807	0.793	0.780	0.765	0.751	0.736	0.720	0.705	0.689	0.673	0.656	0.640	0.623	0.606	0.590	0.573	0.556	0.539	0.522	0.505
5.8	0.830	0.818	0.805	0.791	0.777	0.763	0.749	0.734	0.719	0.703	0.687	0.671	0.655	0.639	0.622	0.606	0.589	0.572	0.555	0.538	0.522
5.9	0.840	0.828	0.815	0.802	0.789	0.775	0.761	0.747	0.732	0.717	0.701	0.686	0.670	0.654	0.638	0.621	0.605	0.588	0.571	0.555	0.538
6.0	0.849	0.837	0.825	0.813	0.800	0.787	0.773	0.759	0.745	0.730	0.715	0.700	0.684	0.668	0.652	0.636	0.620	0.604	0.587	0.571	0.554
6.1	0.857	0.846	0.835	0.823	0.811	0.798	0.785	0.771	0.757	0.743	0.728	0.713	0.698	0.683	0.667	0.651	0.635	0.619	0.603	0.587	0.570
6.2	0.866	0.855	0.844	0.833	0.821	0.808	0.796	0.782	0.769	0.755	0.741	0.726	0.712	0.696	0.681	0.666	0.650	0.634	0.618	0.602	0.586
6.3	0.874	0.863	0.853	0.842	0.830	0.818	0.806	0.793	0.780	0.767	0.753	0.739	0.725	0.710	0.695	0.680	0.664	0.649	0.633	0.617	0.601
6.4	0.881	0.871	0.861	0.851	0.840	0.828	0.816	0.804	0.791	0.778	0.765	0.751	0.737	0.723	0.708	0.693	0.678	0.663	0.648	0.632	0.616
6.5	0.888	0.879	0.869	0.859	0.848	0.837	0.826	0.814	0.802	0.789	0.776	0.763	0.749	0.735	0.721	0.707	0.692	0.677	0.662	0.646	0.631
6.6	0.895	0.886	0.877	0.867	0.857	0.846	0.835	0.824	0.812	0.800	0.787	0.774	0.761	0.748	0.734	0.720	0.705	0.690	0.676	0.661	0.645
6.7	0.901	0.893	0.884	0.875	0.865	0.855	0.844	0.833	0.822	0.810	0.798	0.785	0.772	0.759	0.746	0.732	0.718	0.704	0.689	0.674	0.659
6.8	0.907	0.899	0.891	0.882	0.872	0.863	0.853	0.842	0.831	0.820	0.808	0.796	0.783	0.771	0.758	0.744	0.730	0.716	0.702	0.688	0.673

续附表5

t/K \ n	3.1	3.2	3.3	3.4	3.5	3.6	3.7	3.8	3.9	4.0	4.1	4.2	4.3	4.4	4.5	4.6	4.7	4.8	4.9	5.0	5.1
6.9	0.964	0.960	0.955	0.950	0.945	0.939	0.933	0.927	0.920	0.913	0.905	0.897	0.889	0.880	0.870	0.861	0.850	0.840	0.829	0.818	0.806
7.0	0.967	0.963	0.958	0.954	0.949	0.943	0.938	0.932	0.925	0.918	0.911	0.903	0.895	0.887	0.878	0.868	0.859	0.848	0.838	0.827	0.816
7.1	0.969	0.965	0.961	0.957	0.952	0.947	0.942	0.936	0.930	0.923	0.916	0.909	0.901	0.893	0.885	0.876	0.866	0.857	0.846	0.836	0.825
7.2	0.971	0.968	0.964	0.960	0.955	0.951	0.946	0.940	0.934	0.928	0.921	0.915	0.907	0.899	0.891	0.883	0.874	0.864	0.855	0.844	0.834
7.3	0.973	0.970	0.967	0.963	0.959	0.954	0.949	0.944	0.938	0.933	0.926	0.920	0.913	0.905	0.897	0.889	0.881	0.872	0.862	0.853	0.843
7.4	0.975	0.972	0.969	0.965	0.961	0.957	0.953	0.948	0.942	0.937	0.931	0.925	0.918	0.911	0.903	0.896	0.887	0.879	0.870	0.860	0.851
7.5	0.977	0.974	0.971	0.968	0.964	0.960	0.956	0.951	0.946	0.941	0.935	0.929	0.923	0.916	0.909	0.902	0.894	0.886	0.877	0.868	0.859
7.6	0.979	0.976	0.973	0.970	0.966	0.963	0.959	0.954	0.950	0.945	0.939	0.934	0.928	0.921	0.914	0.907	0.900	0.892	0.884	0.875	0.866
7.7	0.980	0.978	0.975	0.972	0.969	0.965	0.961	0.957	0.953	0.948	0.943	0.938	0.932	0.926	0.919	0.913	0.906	0.898	0.890	0.882	0.873
7.8	0.982	0.979	0.977	0.974	0.971	0.968	0.964	0.960	0.956	0.952	0.947	0.942	0.936	0.930	0.924	0.918	0.911	0.904	0.896	0.888	0.880
7.9	0.983	0.981	0.979	0.976	0.973	0.970	0.966	0.963	0.959	0.955	0.950	0.945	0.940	0.935	0.929	0.923	0.916	0.909	0.902	0.894	0.887
8.0	0.984	0.982	0.980	0.978	0.975	0.972	0.969	0.965	0.962	0.958	0.953	0.949	0.944	0.939	0.933	0.927	0.921	0.915	0.908	0.900	0.893
8.1	0.986	0.984	0.981	0.979	0.977	0.974	0.971	0.968	0.964	0.960	0.956	0.952	0.947	0.942	0.937	0.932	0.926	0.919	0.913	0.906	0.899
8.2	0.987	0.985	0.983	0.981	0.978	0.976	0.973	0.970	0.967	0.963	0.959	0.955	0.951	0.946	0.941	0.936	0.930	0.924	0.918	0.911	0.904
8.3	0.988	0.986	0.984	0.982	0.980	0.977	0.975	0.972	0.969	0.965	0.962	0.958	0.954	0.949	0.945	0.940	0.934	0.929	0.923	0.916	0.910
8.4	0.989	0.987	0.985	0.983	0.981	0.979	0.977	0.974	0.971	0.968	0.964	0.961	0.957	0.953	0.948	0.943	0.938	0.933	0.927	0.921	0.915
8.5	0.989	0.988	0.986	0.985	0.983	0.980	0.978	0.976	0.973	0.970	0.967	0.963	0.960	0.956	0.951	0.947	0.942	0.937	0.931	0.926	0.920
8.6	0.990	0.989	0.987	0.986	0.984	0.982	0.980	0.977	0.975	0.972	0.969	0.966	0.962	0.958	0.954	0.950	0.945	0.941	0.935	0.930	0.924
8.7	0.991	0.990	0.988	0.987	0.985	0.983	0.981	0.979	0.976	0.974	0.971	0.968	0.965	0.961	0.957	0.953	0.949	0.944	0.939	0.934	0.929
8.8	0.992	0.990	0.989	0.988	0.986	0.984	0.982	0.980	0.978	0.976	0.973	0.970	0.967	0.963	0.960	0.956	0.952	0.948	0.943	0.938	0.933
8.9	0.992	0.991	0.990	0.989	0.987	0.985	0.984	0.982	0.980	0.977	0.975	0.972	0.969	0.966	0.962	0.959	0.955	0.951	0.946	0.942	0.937
9.0	0.993	0.992	0.991	0.989	0.988	0.986	0.985	0.983	0.981	0.979	0.976	0.974	0.971	0.968	0.965	0.961	0.958	0.954	0.950	0.945	0.940
9.1	0.993	0.992	0.991	0.990	0.989	0.987	0.986	0.984	0.982	0.980	0.978	0.976	0.973	0.970	0.967	0.964	0.960	0.957	0.953	0.948	0.944

续附表5

t/K \ n	5.2	5.3	5.4	5.5	5.6	5.7	5.8	5.9	6.0	6.1	6.2	6.3	6.4	6.5	6.6	6.7	6.8	6.9	7.0
0	0	0	0	0	0	0	0	0	0	0	0	0	0	0	0	0	0	0	0
0.1	0.000	0.000	0.000	0.000	0.000	0.000	0.000	0.000	0.000	0.000	0.000	0.000	0.000	0.000	0.000	0.000	0.000	0.000	0.000
0.2	0.000	0.000	0.000	0.000	0.000	0.000	0.000	0.000	0.000	0.000	0.000	0.000	0.000	0.000	0.000	0.000	0.000	0.000	0.000
0.3	0.000	0.000	0.000	0.000	0.000	0.000	0.000	0.000	0.000	0.000	0.000	0.000	0.000	0.000	0.000	0.000	0.000	0.000	0.000
0.4	0.000	0.000	0.000	0.000	0.000	0.000	0.000	0.000	0.000	0.000	0.000	0.000	0.000	0.000	0.000	0.000	0.000	0.000	0.000
0.5	0.000	0.000	0.000	0.000	0.000	0.000	0.000	0.000	0.000	0.000	0.000	0.000	0.000	0.000	0.000	0.000	0.000	0.000	0.000
0.6	0.000	0.000	0.000	0.000	0.000	0.000	0.000	0.000	0.000	0.000	0.000	0.000	0.000	0.000	0.000	0.000	0.000	0.000	0.000
0.7	0.001	0.000	0.000	0.000	0.000	0.000	0.000	0.000	0.000	0.000	0.000	0.000	0.000	0.000	0.000	0.000	0.000	0.000	0.000
0.8	0.001	0.001	0.001	0.001	0.000	0.000	0.000	0.000	0.000	0.000	0.000	0.000	0.000	0.000	0.000	0.000	0.000	0.000	0.000
0.9	0.002	0.001	0.001	0.001	0.001	0.001	0.001	0.000	0.000	0.000	0.000	0.000	0.000	0.000	0.000	0.000	0.000	0.000	0.000
1.0	0.003	0.002	0.002	0.002	0.001	0.001	0.001	0.001	0.001	0.000	0.000	0.000	0.000	0.000	0.000	0.000	0.000	0.000	0.000
1.1	0.004	0.003	0.003	0.002	0.002	0.002	0.001	0.001	0.001	0.001	0.001	0.001	0.000	0.000	0.000	0.000	0.000	0.000	0.000
1.2	0.006	0.005	0.004	0.003	0.003	0.002	0.002	0.002	0.002	0.001	0.001	0.001	0.001	0.001	0.001	0.000	0.000	0.000	0.000
1.3	0.008	0.007	0.006	0.005	0.004	0.004	0.003	0.003	0.002	0.002	0.002	0.001	0.001	0.001	0.001	0.001	0.001	0.000	0.000
1.4	0.011	0.009	0.008	0.007	0.006	0.005	0.004	0.004	0.003	0.003	0.002	0.002	0.002	0.001	0.001	0.001	0.001	0.001	0.001
1.5	0.014	0.012	0.011	0.009	0.008	0.007	0.006	0.005	0.004	0.004	0.003	0.003	0.002	0.002	0.002	0.002	0.001	0.001	0.001
1.6	0.018	0.016	0.014	0.012	0.011	0.009	0.008	0.007	0.006	0.005	0.005	0.004	0.003	0.003	0.002	0.002	0.002	0.002	0.001
1.7	0.023	0.020	0.018	0.016	0.014	0.012	0.011	0.009	0.008	0.007	0.006	0.005	0.005	0.004	0.003	0.003	0.003	0.002	0.002
1.8	0.029	0.025	0.022	0.020	0.017	0.015	0.013	0.012	0.010	0.009	0.008	0.007	0.006	0.005	0.005	0.004	0.003	0.003	0.003
1.9	0.035	0.031	0.028	0.025	0.022	0.019	0.017	0.015	0.013	0.012	0.010	0.009	0.008	0.007	0.006	0.005	0.005	0.004	0.003
2.0	0.042	0.038	0.034	0.030	0.027	0.024	0.021	0.019	0.017	0.015	0.013	0.011	0.010	0.009	0.008	0.007	0.006	0.005	0.005
2.1	0.050	0.045	0.041	0.036	0.032	0.029	0.026	0.023	0.020	0.018	0.016	0.014	0.013	0.011	0.010	0.009	0.008	0.007	0.006
2.2	0.059	0.053	0.048	0.043	0.039	0.035	0.031	0.028	0.025	0.022	0.020	0.018	0.016	0.014	0.012	0.011	0.010	0.008	0.007

续附表 5

t/K \ n	5.2	5.3	5.4	5.5	5.6	5.7	5.8	5.9	6.0	6.1	6.2	6.3	6.4	6.5	6.6	6.7	6.8	6.9	7.0
2.3	0.069	0.062	0.057	0.051	0.046	0.041	0.037	0.033	0.030	0.027	0.024	0.021	0.019	0.017	0.015	0.013	0.012	0.011	0.009
2.4	0.080	0.072	0.066	0.060	0.054	0.049	0.044	0.040	0.036	0.032	0.029	0.026	0.023	0.021	0.018	0.016	0.015	0.013	0.012
2.5	0.091	0.083	0.076	0.069	0.063	0.057	0.051	0.047	0.042	0.038	0.034	0.031	0.028	0.025	0.022	0.020	0.018	0.016	0.014
2.6	0.103	0.095	0.086	0.079	0.072	0.066	0.060	0.054	0.049	0.044	0.040	0.036	0.033	0.029	0.027	0.024	0.021	0.019	0.017
2.7	0.116	0.107	0.098	0.090	0.082	0.075	0.068	0.062	0.057	0.052	0.047	0.042	0.038	0.035	0.031	0.028	0.025	0.023	0.021
2.8	0.130	0.120	0.110	0.101	0.093	0.085	0.078	0.071	0.065	0.059	0.054	0.049	0.045	0.040	0.037	0.033	0.030	0.027	0.024
2.9	0.144	0.133	0.123	0.114	0.105	0.096	0.088	0.081	0.074	0.068	0.062	0.057	0.052	0.047	0.043	0.039	0.035	0.032	0.029
3.0	0.160	0.148	0.137	0.127	0.117	0.108	0.099	0.091	0.084	0.077	0.071	0.065	0.059	0.054	0.049	0.045	0.041	0.037	0.034
3.1	0.175	0.163	0.151	0.140	0.130	0.120	0.111	0.102	0.094	0.087	0.080	0.073	0.067	0.061	0.056	0.051	0.047	0.043	0.039
3.2	0.192	0.179	0.166	0.155	0.144	0.133	0.123	0.114	0.105	0.097	0.090	0.082	0.076	0.070	0.064	0.058	0.053	0.049	0.045
3.3	0.208	0.195	0.182	0.170	0.158	0.147	0.136	0.126	0.117	0.108	0.100	0.092	0.085	0.078	0.072	0.066	0.061	0.056	0.051
3.4	0.226	0.211	0.198	0.185	0.173	0.161	0.150	0.139	0.129	0.120	0.111	0.103	0.095	0.088	0.081	0.075	0.069	0.063	0.058
3.5	0.243	0.229	0.214	0.201	0.188	0.176	0.164	0.153	0.142	0.132	0.123	0.114	0.106	0.098	0.090	0.084	0.077	0.071	0.065
3.6	0.261	0.246	0.231	0.217	0.204	0.191	0.179	0.167	0.156	0.145	0.135	0.126	0.117	0.108	0.100	0.093	0.086	0.079	0.073
3.7	0.280	0.264	0.249	0.234	0.220	0.207	0.194	0.182	0.170	0.159	0.148	0.138	0.129	0.120	0.111	0.103	0.096	0.088	0.082
3.8	0.298	0.282	0.266	0.251	0.237	0.223	0.210	0.197	0.184	0.173	0.162	0.151	0.141	0.131	0.122	0.114	0.106	0.098	0.091
3.9	0.317	0.300	0.284	0.269	0.254	0.239	0.226	0.212	0.199	0.187	0.176	0.164	0.154	0.144	0.134	0.125	0.116	0.108	0.101
4.0	0.336	0.319	0.303	0.287	0.271	0.256	0.242	0.228	0.215	0.202	0.190	0.178	0.167	0.156	0.146	0.137	0.128	0.119	0.111
4.1	0.355	0.338	0.321	0.305	0.289	0.274	0.259	0.244	0.231	0.217	0.205	0.193	0.181	0.170	0.159	0.149	0.139	0.130	0.121
4.2	0.374	0.357	0.340	0.323	0.307	0.291	0.276	0.261	0.247	0.233	0.220	0.207	0.195	0.183	0.172	0.162	0.151	0.142	0.133
4.3	0.393	0.375	0.358	0.341	0.325	0.309	0.293	0.278	0.263	0.249	0.236	0.222	0.210	0.198	0.186	0.175	0.164	0.154	0.144
4.4	0.412	0.394	0.377	0.360	0.343	0.327	0.311	0.295	0.280	0.266	0.251	0.238	0.225	0.212	0.200	0.188	0.177	0.157	0.156
4.5	0.431	0.413	0.395	0.378	0.361	0.344	0.328	0.312	0.297	0.282	0.268	0.254	0.240	0.227	0.214	0.202	0.191	0.180	0.169

续附表5

t/K \ n	5.2	5.3	5.4	5.5	5.6	5.7	5.8	5.9	6.0	6.1	6.2	6.3	6.4	6.5	6.6	6.7	6.8	6.9	7.0
4.6	0.450	0.432	0.414	0.397	0.379	0.363	0.346	0.330	0.314	0.299	0.284	0.270	0.256	0.242	0.229	0.217	0.205	0.193	0.182
4.7	0.469	0.451	0.433	0.415	0.398	0.381	0.364	0.348	0.332	0.316	0.301	0.286	0.272	0.258	0.244	0.232	0.219	0.207	0.195
4.8	0.487	0.469	0.451	0.433	0.416	0.399	0.382	0.365	0.349	0.333	0.318	0.303	0.288	0.274	0.260	0.247	0.234	0.221	0.209
4.9	0.505	0.487	0.469	0.452	0.434	0.417	0.400	0.383	0.366	0.350	0.335	0.319	0.304	0.290	0.276	0.262	0.249	0.236	0.223
5.0	0.523	0.505	0.487	0.470	0.452	0.435	0.418	0.401	0.384	0.368	0.352	0.336	0.321	0.306	0.292	0.278	0.264	0.251	0.238
5.1	0.541	0.523	0.505	0.488	0.470	0.453	0.435	0.418	0.402	0.385	0.369	0.353	0.338	0.322	0.308	0.293	0.279	0.266	0.253
5.2	0.558	0.541	0.523	0.505	0.488	0.470	0.453	0.436	0.419	0.402	0.386	0.370	0.354	0.339	0.324	0.309	0.295	0.281	0.268
5.3	0.575	0.558	0.540	0.523	0.505	0.488	0.471	0.453	0.437	0.420	0.403	0.387	0.371	0.356	0.340	0.326	0.311	0.297	0.283
5.4	0.592	0.575	0.557	0.540	0.522	0.505	0.488	0.471	0.454	0.437	0.421	0.404	0.388	0.372	0.357	0.342	0.327	0.312	0.298
5.5	0.608	0.591	0.574	0.557	0.539	0.522	0.505	0.488	0.471	0.454	0.438	0.421	0.405	0.389	0.374	0.358	0.343	0.328	0.314
5.6	0.624	0.607	0.590	0.573	0.556	0.539	0.522	0.505	0.488	0.471	0.455	0.438	0.422	0.406	0.390	0.375	0.359	0.344	0.330
5.7	0.640	0.623	0.606	0.590	0.573	0.556	0.539	0.522	0.505	0.488	0.472	0.455	0.439	0.423	0.407	0.391	0.376	0.360	0.346
5.8	0.655	0.639	0.622	0.606	0.589	0.572	0.555	0.538	0.522	0.505	0.488	0.472	0.456	0.439	0.423	0.408	0.392	0.377	0.362
5.9	0.670	0.654	0.638	0.621	0.605	0.588	0.571	0.555	0.538	0.522	0.505	0.488	0.472	0.456	0.440	0.424	0.408	0.393	0.378
6.0	0.684	0.668	0.652	0.636	0.620	0.604	0.587	0.571	0.554	0.538	0.521	0.505	0.489	0.472	0.456	0.440	0.425	0.409	0.394
6.1	0.698	0.683	0.667	0.651	0.635	0.619	0.603	0.587	0.570	0.554	0.538	0.521	0.505	0.489	0.473	0.457	0.441	0.425	0.410
6.2	0.712	0.696	0.681	0.666	0.650	0.634	0.618	0.602	0.586	0.570	0.553	0.537	0.521	0.505	0.489	0.473	0.457	0.441	0.426
6.3	0.725	0.710	0.695	0.680	0.664	0.649	0.633	0.617	0.601	0.585	0.569	0.553	0.537	0.521	0.505	0.489	0.473	0.457	0.442
6.4	0.737	0.723	0.708	0.693	0.678	0.663	0.648	0.632	0.616	0.600	0.585	0.569	0.553	0.537	0.521	0.505	0.489	0.473	0.458
6.5	0.749	0.735	0.721	0.707	0.692	0.677	0.662	0.646	0.631	0.615	0.600	0.584	0.568	0.552	0.536	0.521	0.505	0.489	0.473
6.6	0.761	0.748	0.734	0.720	0.705	0.690	0.676	0.661	0.645	0.630	0.614	0.599	0.583	0.568	0.552	0.536	0.520	0.505	0.489
6.7	0.772	0.759	0.746	0.732	0.718	0.704	0.689	0.674	0.659	0.644	0.629	0.614	0.598	0.583	0.567	0.551	0.536	0.520	0.505
6.8	0.783	0.771	0.758	0.744	0.730	0.716	0.702	0.688	0.673	0.658	0.643	0.628	0.613	0.597	0.582	0.567	0.551	0.536	0.520

续附表 5

t/K \ n	5.2	5.3	5.4	5.5	5.6	5.7	5.8	5.9	6.0	6.1	6.2	6.3	6.4	6.5	6.6	6.7	6.8	6.9	7.0
6.9	0.794	0.782	0.769	0.756	0.742	0.729	0.715	0.701	0.686	0.672	0.657	0.642	0.627	0.612	0.597	0.581	0.566	0.551	0.535
7.0	0.804	0.792	0.780	0.767	0.754	0.741	0.727	0.713	0.699	0.685	0.671	0.656	0.641	0.626	0.611	0.596	0.581	0.566	0.550
7.1	0.814	0.802	0.790	0.778	0.765	0.752	0.739	0.726	0.712	0.698	0.684	0.669	0.655	0.640	0.625	0.610	0.595	0.580	0.565
7.2	0.823	0.812	0.800	0.788	0.776	0.764	0.751	0.738	0.724	0.710	0.697	0.682	0.668	0.654	0.639	0.624	0.610	0.595	0.580
7.3	0.832	0.821	0.810	0.798	0.787	0.774	0.762	0.749	0.736	0.723	0.709	0.695	0.681	0.667	0.653	0.638	0.624	0.609	0.594
7.4	0.841	0.830	0.819	0.808	0.797	0.785	0.773	0.760	0.747	0.734	0.721	0.708	0.694	0.680	0.666	0.652	0.637	0.623	0.608
7.5	0.849	0.839	0.828	0.818	0.806	0.795	0.783	0.771	0.759	0.746	0.733	0.720	0.706	0.693	0.679	0.665	0.651	0.636	0.622
7.6	0.857	0.847	0.837	0.826	0.816	0.805	0.793	0.781	0.769	0.757	0.744	0.731	0.718	0.705	0.691	0.678	0.664	0.650	0.635
7.7	0.864	0.855	0.845	0.835	0.825	0.814	0.803	0.791	0.780	0.768	0.755	0.743	0.730	0.717	0.704	0.690	0.676	0.663	0.649
7.8	0.871	0.862	0.853	0.843	0.833	0.823	0.812	0.801	0.790	0.778	0.766	0.754	0.741	0.729	0.716	0.702	0.689	0.675	0.662
7.9	0.878	0.870	0.861	0.851	0.842	0.832	0.821	0.810	0.799	0.788	0.776	0.765	0.752	0.740	0.727	0.714	0.701	0.688	0.674
8.0	0.885	0.877	0.868	0.859	0.850	0.840	0.830	0.819	0.809	0.798	0.786	0.775	0.763	0.751	0.738	0.726	0.713	0.700	0.687
8.1	0.891	0.883	0.875	0.866	0.857	0.848	0.838	0.828	0.818	0.807	0.796	0.785	0.773	0.762	0.749	0.737	0.724	0.712	0.699
8.2	0.897	0.889	0.881	0.873	0.864	0.855	0.846	0.836	0.826	0.816	0.805	0.795	0.783	0.772	0.760	0.748	0.736	0.723	0.710
8.3	0.903	0.895	0.888	0.880	0.871	0.863	0.854	0.844	0.835	0.825	0.814	0.804	0.793	0.782	0.770	0.759	0.747	0.734	0.722
8.4	0.908	0.901	0.894	0.886	0.878	0.870	0.861	0.852	0.843	0.833	0.823	0.813	0.802	0.791	0.780	0.769	0.757	0.745	0.733
8.5	0.913	0.907	0.899	0.892	0.884	0.876	0.868	0.859	0.850	0.841	0.831	0.821	0.811	0.801	0.790	0.779	0.767	0.756	0.744
8.6	0.918	0.912	0.905	0.898	0.891	0.883	0.875	0.866	0.858	0.849	0.839	0.830	0.820	0.810	0.799	0.788	0.777	0.766	0.754
8.7	0.923	0.917	0.910	0.903	0.896	0.889	0.881	0.873	0.865	0.856	0.847	0.838	0.828	0.818	0.808	0.798	0.787	0.776	0.765
8.8	0.927	0.921	0.915	0.909	0.902	0.895	0.887	0.880	0.872	0.863	0.855	0.846	0.836	0.827	0.817	0.807	0.796	0.785	0.774
8.9	0.931	0.926	0.920	0.914	0.907	0.900	0.893	0.886	0.878	0.870	0.862	0.853	0.844	0.835	0.825	0.815	0.805	0.795	0.784
9.0	0.935	0.930	0.924	0.918	0.912	0.906	0.899	0.892	0.884	0.877	0.869	0.860	0.851	0.842	0.833	0.824	0.814	0.804	0.793
9.1	0.939	0.934	0.929	0.923	0.917	0.911	0.904	0.897	0.890	0.883	0.875	0.867	0.859	0.850	0.841	0.832	0.822	0.812	0.802

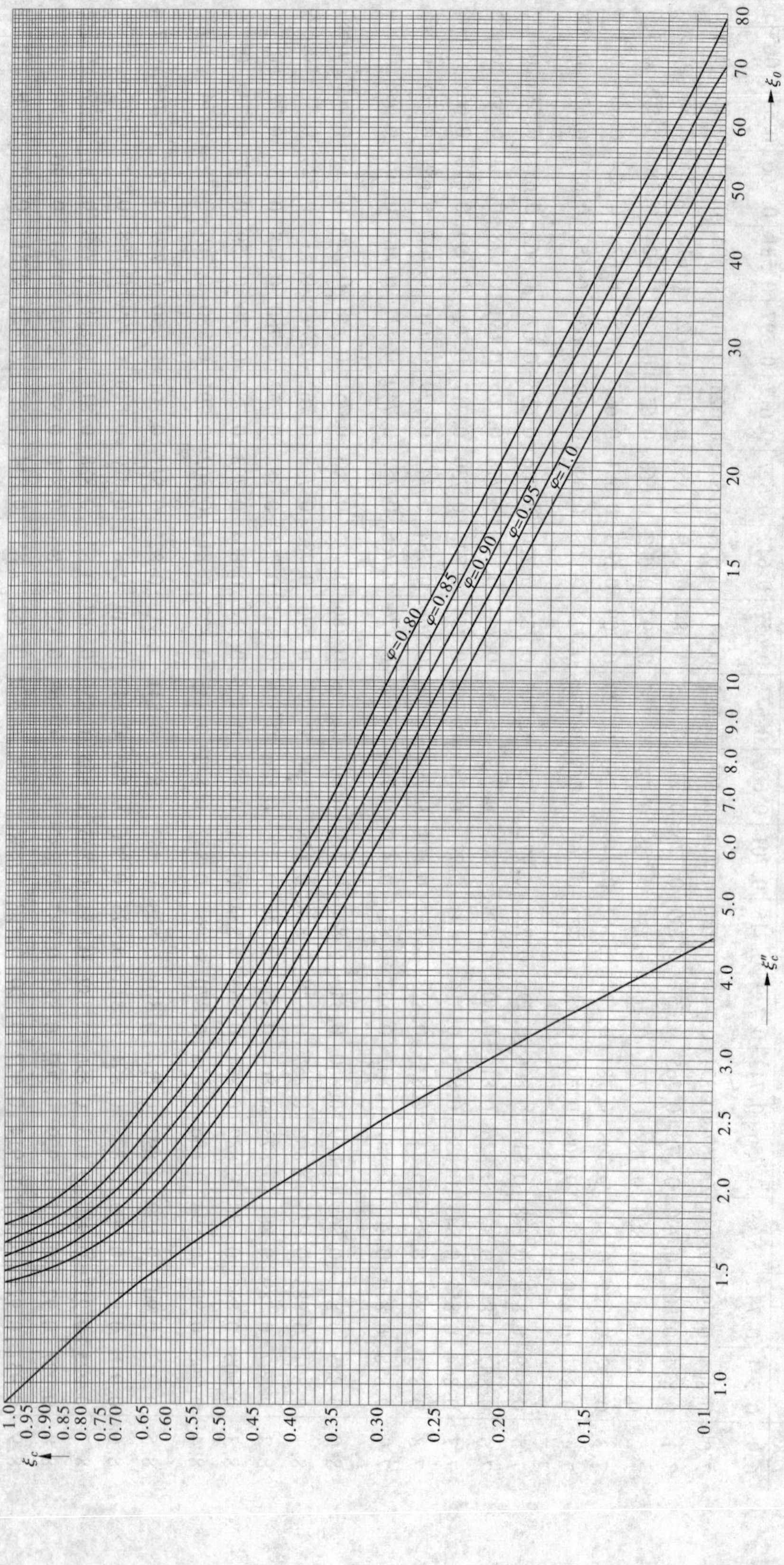

附图1　建筑物下游河槽为矩形时收缩断面水深及其共轭水深求解图

参 考 文 献

[1] 刘纯义,张耀先. 水力学[M]. 北京:中国水利水电出版社,2001.

[2] 阮本清,梁瑞驹,王浩,等. 流域水资源管理[M]. 北京:科学出版社,2001.

[3] 张耀先,丁新求. 水力学[M]. 郑州:黄河水利出版社,2002.

[4] 叶镇国. 水力学与桥涵水文[M]. 北京:人民交通出版社,1998.

[5] 大连工学院水力学教研室. 水力学解题指导及习题集[M]. 北京:高等教育出版社,1984.

[6] 叶守泽,夏军. 水文科学研究的世纪回眸与展望[J]. 水科学进展,2002,1(13):93-104.

[7] 清华大学水力学教研组. 水力学[M]. 北京:高等教育出版社,1983.

[8] 耿鸿江. 工程水文基础[M]. 北京:中国水利水电出版社,2003.

[9] 林益冬,孙保沭,林丽蓉. 工程水文学[M]. 南京:河海大学出版社,2003.

[10] 叶守泽. 水文水利计算[M]. 北京:中国水利水电出版社,1992.

[11] 詹道江,叶守泽. 工程水文学[M]. 北京:中国水利水电出版社,1987.

[12] 蒋金珠. 工程水文及水利计算[M]. 北京:中国水利水电出版社,1992.

[13] 崔振才. 水文及水利水电规划[M]. 北京:中国水利水电出版社,2007.

[14] 宋星原,雒文生,等. 工程水文题库及题解[M]. 北京:中国水利水电出版社,2003.

[15] 丁新求. 水力学习题集[M]. 北京:中国水利水电出版社,1995.

[16] 朱歧武,拜存有. 水文与水利水电规划[M]. 郑州:黄河水利出版社,2003.

[17] 马细霞,康万营,等. 工程水文学学习与指导[M]. 北京:气象出版社,1997.

[18] 张建云,姚永熙,唐镇松. 我国水文自动测报系统的发展[J]. 水文,2006,26(3):52-56.

[19] 胡方荣,侯宇光. 水文学原理(一)[M]. 北京:水利电力出版社,1988.

[20] 刘雅鸣. 水利技术标准汇编(水文卷)[G]. 北京:中国水利水电出版社,2002.

[21] 华东水利学院. 水文学的概率统计基础[M]. 北京:水利电力出版社,1981.

[22] 孙荣恒,等. 概率与数理统计[M]. 重庆:重庆大学出版社,2000.

[23] 禹华谦. 工程流体力学[M]. 北京:高等教育出版社,2004.

[24] 谭维炎,张维然,等. 水文统计常用图表[M]. 北京:水利出版社,1982.

[25] 张立中. 水资源管理[M]. 北京:中央广播电视大学出版社,2001.

[26] 蔡文祥,许大明. 水文计算[M]. 南京:河海大学出版社,1989.

[27] 季山,周倜. 水利计算及水利规划[M]. 北京:中国水利水电出版社,1998.

[28] 叶守泽. 水文水利计算[M]. 北京:中国水利水电出版社,1992.

[29] 魏永霞,王丽学. 工程水文学[M]. 北京:中国水利水电出版社,2005.

[30] 马学尼,黄廷林. 水文学[M]. 3 版. 北京:中国建筑工业出版社,1998.

[31] 范荣生,王大齐. 水资源水文学[M]. 北京:中国水利水电出版社,1996.

[32] 李大美,杨小亭. 水力学[M]. 武汉:武汉大学出版社,2004.

[33] 中华人民共和国水利电力部. SL76—94 小水电水能计算规程[S]. 北京:中国水利水电出版社,1994.

[34] 叶振国. 土木工程水文学[M]. 北京:人民交通出版社,2001.

[35] 赵建东,者建伦. 水力学[M]. 北京:中国水利水电出版社,2007.